BIBLIOTHÈQUE
DES MERVEILLES

PUBLIÉE SOUS LA DIRECTION

DE M. ÉDOUARD CHARTON

———

LES

MÉTAMORPHOSES DES INSECTES

OUVRAGES DU MÊME AUTEUR

Le Phylloxera de la vigne ; mœurs, procédés de destruction. 4ᵉ édition. Paris, Hachette et Cⁱᵉ.

Catalogue raisonné des animaux utiles et nuisibles de la France, ouvrage publié sous les auspices du Ministère de l'Instruction publique. 2 fasc. in-8. Paris, 2ᵉ édition, 1879, Hachette et Cⁱᵉ.

Péron, naturaliste, voyageur aux terres australes; ouvrage couronné par la Société d'émulation de l'Allier et publié sous ses auspices. — Paris, J.-B. Baillière et fils, 1857.

Notions entomologiques et Nouvelles Notices entomologiques. 1ʳᵉ, 2ᵉ et 3ᵉ séries. Paris, 1859, 1866, 1869, 1878. — Félix Malteste.

Les Auxiliaires du ver a soie. Paris, 1864. — J.-B. Baillière et Fils.

Les Insectes utiles et nuisibles a l'Exposition universelle. — Paris, 1867. Librairie de la Maison rustique.

Études sur la chaleur libre dégagée par les animaux invertébrés et spécialement par les insectes. — Paris, V. Masson et fils, 1869. (Thèse de doctorat ès sciences de la Faculté des sciences de Paris.)

Mémoires et Notes dans les Bulletins de la Société d'acclimatation, de la Société centrale d'horticulture, de la Société des agriculteurs de France.

Études sur les insectes carnassiers utiles à introduire dans les jardins ou à protéger contre la destruction. — Paris, 1873. (Adopté par la Commission des bibliothèques scolaires.)

Traité élémentaire d'entomologie, avec les applications de cette science. Tome I, *Introduction et Coléoptères.* Paris, J.-B. Baillière et Fils, 1875. Tome II, fasc. 1, *Orthoptères et Névroptères,* 1876, fasc. 2, *Hyménoptères,* 1878. Tome III, fasc. 1, *Hyménoptères, Lépidoptères.*

Les Abeilles, organes et fonctions, éducation et produits, miel et cire. Paris, 1878. J.-B. Baillière et Fils, avec 1 pl. col. et fig. dans le texte.

Zoologie, à l'usage des Écoles normales primaires et des Instituteurs. Tome I, *Généralités, Anatomie et Physiologie, Mammifères, Oiseaux.* Delagrave, 1885.

BIBLIOTHÈQUE DES MERVEILLES

LES
MÉTAMORPHOSES
DES INSECTES

PAR

MAURICE GIRARD

Ancien président de la Société entomologique de France
docteur ès sciences naturelles

OUVRAGE COURONNÉ PAR L'ACADÉMIE FRANÇAISE

SIXIÈME ÉDITION
REVUE ET AUGMENTÉE PAR L'AUTEUR

ET ILLUSTRÉE DE 414 VIGNETTES DESSINÉES SUR BOIS

PAR

MESNEL, DELAHAYE, FORMANT, CLEMENT, ETC.

PARIS
LIBRAIRIE HACHETTE ET Cie
79, BOULEVARD SAINT-GERMAIN, 79

1884

AVERTISSEMENT

DE LA SIXIÈME ÉDITION

Des obligations croissantes s'imposent à l'auteur et aux éditeurs des *Métamorphoses des Insectes*, en raison de la bienveillance du public qui a rendu nécessaires des éditions successives. Dans cette sixième édition, je n'ai pas voulu demander aux éditeurs, si généreux à cet égard, des sacrifices hors de toute proportion avec le prix modique qui est une des conditions de succès de la *Bibliothèque des Merveilles*. Aussi je me suis contenté d'améliorations et d'additions de détail. J'ai dû toutefois faire exception en présence de deux fléaux récents sortis du monde des insectes. L'un est la *Doryphore des pommes de terre*, actuellement en Europe, et qui est une menace incessante pour notre pays ; l'autre, de trop ruineuse actualité, est le *Phylloxera de la vigne*, dont l'étude était encore très incomplète en 1874, lors de la quatrième édition de ce livre. On trouvera l'histoire de l'évolution biologique de ces deux espèces, éclairée par les figures les plus exactes, dans cette nouvelle édition, pour laquelle, en remerciant les lecteurs, nous les prions de nous continuer le favorable accueil fait aux éditions précédentes. Spécialement, la sixième édition renferme une étude nouvelle du Puceron lanigère du pommier, fléau moins grave que le *Phylloxera*, il est vrai, mais cependant d'une importance considérable.

MAURICE GIRARD.

LES

MÉTAMORPHOSES

DES INSECTES

CHAPITRE PREMIER

INTRODUCTION

Prétendue génération spontanée des insectes. — Expériences de Redi. — Insectes séparés des autres annelés. — Organisation des insectes. — Sens merveilleux. — Instincts, intelligence. — Principales subdivisions.

> Va-t'en, chétif insecte, excrément de la terre.

Ce vers dédaigneux, placé par le fabuliste dans la bouche du lion, résume les idées des anciens sur l'origine des insectes. Pour tous les petits animaux difficiles à bien observer, on trouvait beaucoup plus commode la plus large acception des générations spontanées. La paresse de notre esprit aime ces solutions simples et générales, en accord avec le naïf orgueil de la suprême ignorance. On voyait sortir du sol, du milieu des gazons, ces petits êtres ailés qui, par l'éclat de leurs couleurs, rivalisent souvent avec les fleurs d'or et d'azur; c'étaient les gracieux enfants de la terre, de cette mère commune d'où naissaient à la fois les végétaux maintenus immobiles sur son sein fécondant, et les insectes remplissant l'atmosphère de leurs scintillations, du murmure confus de leurs bourdonnements. La vase, séchée et crevassée par le soleil, engendrait les noirs essaims des mouches qui tourbillonnent à sa surface. D'autres prenaient leur origine dans la chair corrompue des cadavres d'animaux abandonnés à l'air. Souvent les qualités des insectes dépendaient de l'animal d'où ils tiraient le jour par une prétendue fermentation. Les abeilles mêmes, ces fières habitantes des monts sacrés, ces douces nourrices de Jupiter enfant, n'échappaient pas à la loi commune. Celles qui proviennent des entrailles du lion, dit Élien, sont indociles, farouches, rebelles au travail ; celles qui naissent du mouton, molles et paresseuses ; au contraire, on recherchait les abeilles sorties des flancs du taureau : elles étaient laborieuses, obéissantes. Virgile, dans la fable d'Aristée, nous raconte comment ce secret fut connu des hommes. Les nymphes des eaux, compagnes d'Eurydice, dont Aristée avait involontairement causé la mort, la vengeaient en faisant périr ses abeilles. Pour apaiser leur courroux, il amène dans leur temple quatre magnifiques taureaux et les immole sur quatre autels. Il retourne dans le bois. O prodige inouï et soudain ! Il entend bourdonner dans les entrailles corrompues des taureaux des essaims d'abeilles. Elles percent frémissantes les cavités impures qui les retiennent, se répandent en nuage immense, gagnent le sommet d'un arbre et y restent suspendues comme la grappe au cep d'où elle retombe.

Jusqu'au dix-septième siècle on ignora comment la larve qui rampe sur le sol se rattache à l'adulte ailé dont la subtile atmosphère devient le domaine. Cependant l'observation des petits animaux remonte à la plus haute antiquité, surtout à cause des dangers qu'ils font courir à l'agriculture. Les scarabées sacrés, qui enterrent et enlèvent les immondices corrupteurs de l'air, sont reproduits sur les monuments de l'antique Égypte. L'Exode nous apprend que l'Éternel fit des sauterelles une des plus terribles plaies infligées à l'Égypte. Elles couvrirent par son ordre tout le pays, amenées par un vent d'orient, et disparurent, balayées par un vent d'occident, lorsque le Pharaon consterné eut promis de laisser partir le peuple de Dieu. Moïse indique divers insectes du même ordre, les grillons, les truxales, etc., au sujet des animaux qu'il est permis ou non de manger. Il y a aussi de très anciennes observations des Chinois sur les insectes. Aristote s'est occupé assez longuement d'entomologie et avait reconnu les principaux groupes naturels de ces êtres. Il donne des détails sur le chant des cigales et de nombreuses et intéressantes observations sur les abeilles. Il avait remarqué que les piqûres des insectes sont tantôt causées par la bouche, tantôt par l'aiguillon de l'abdomen, que les premières sont dues à des insectes à deux ailes[1], les secondes produites par des insectes à quatre ailes. Mais Aristote et son disciple Théophraste partagent la grande erreur de l'antiquité sur la génération spontanée des insectes. Or rien n'était plus propre à écarter les observateurs que l'origine immonde de ces animaux objets de dégoût. Ne trouvons-nous pas comme un dernier écho de ces fables séculaires dans la répugnance imméritée qu'ils inspirent encore à tant de personnes, dans l'idée que leur contact est malpropre et dangereux?

L'erreur capitale de l'antiquité relative à la génération des insectes devait tomber sous la vulgaire observation des plus simples faits. Il a fallu de longs siècles pour arriver à cette vérité, si banale aujourd'hui, qu'avant d'établir aucun raisonnement sur le monde extérieur, on doit daigner l'observer. Un médecin italien, Redi, eut l'idée que les vers qui fourmillent dans les viandes corrompues et qui donnent bientôt naissance à des mouches, proviennent des œufs déposés par les femelles. Il exposa à l'air un grand nombre de boîtes sans couvercles dans chacune desquelles il avait placé un morceau de viande, tantôt crue, tantôt cuite, afin d'inviter les mouches, attirées par l'odeur, à venir pondre leurs œufs sur ces chairs. Non seulement Redi mit dans ces boîtes des chairs de mammifères communs, comme celles de taureau, de veau, de cheval, de buffle, d'âne, de daim, etc., mais aussi des chairs de quadrupèdes plus rares, qui lui furent fournies par la ménagerie du grand-duc de Toscane, comme le lion et le tigre. Il essaya aussi

---

1. Il faut faire une exception à cet égard pour certains hémiptères, insectes à quatre ailes, les réduves, parmi les terrestres, et plusieurs genres de punaises d'eau, qui enfoncent une trompe en lancette acérée dans les doigts qui les saisissent.

les chairs des petits quadrupèdes, d'agneau, de chevreau, de lièvre, de lapin, de taupe, etc. ; celles de différents oiseaux, de poule, de coqs d'Inde, de caille, de moineau, d'hirondelle, etc, ; de plusieurs sortes de poissons de rivière et de mer, comme l'espadon et le thon ; enfin des chairs de reptiles, notamment de serpents.

Ces chairs si variées attirèrent des mouches dont Redi sut constater la ponte, et bientôt il vit apparaître de nombreux vers nés des œufs. Ils lui donnèrent, dit-il, quatre sortes de mouches, des mouches bleues (*Calliphora vomitoria*), des mouches noires chamarrées de blanc (*Sarcophaga carnaria* ou *vivipara*), des mouches pareilles à celles des maisons (*Musca domestica*), des mouches vert doré (*Lucilia cæsar*). L'accroissement de ces vers de la viande ou larves de mouches est énorme. Redi reconnut qu'en vingt-quatre heures les larves de la mouche bleue dévorant un poisson augmentèrent selon les sujets, de cent cinquante-cinq à deux cent dix fois le poids nitial.

Il fallait faire une contre-épreuve décisive. Les mêmes viandes furent placées dans des boîtes recouvertes de toiles à claire voie, afin que l'air pût circuler librement et amener la putréfaction, mais de sorte que les mouches, attirées par l'odeur et arrêtées par la toile, fussent dans l'impossibilité de déposer leurs œufs. Redi vit les chairs se corrompre, mais aucun ver ne s'y développa. Il observa des femelles de mouches introduisant l'extrémité de leur abdomen entre les mailles du réseau, pour tâcher de faire passer leurs œufs, et deux petits vers, issus d'une éclosion interne chez la mouche vivipare, trouvèrent ainsi le moyen de passer à travers la toile.

Redi réfuta aussi l'opinion commune, si souvent répétée dans les sermons des prédicateurs, dans les écrits des moralistes de tous les temps, sur la vanité de l'homme, pâture des vers immondes après sa mort. Il fit voir, par expérience, que les mouches ne savent point fouiller la terre, et que les lombrics ou vers de terre, qui abondent dans le sol végétal, ne sont pas carnassiers et ne vivent que de l'humus, dont ils peuvent extraire les sucs nutritifs. Il constata, par de nombreuses épreuves, que les chairs et les cadavres placés sous terre, même à une médiocre profondeur, se corrompent lentement, mais ne sont la proie d'aucun ver. Il est curieux de voir combien une erreur habituelle est difficile à combattre et s'empare même des hommes les plus instruits. Ne la trouvons-nous pas dans l'épitaphe de Franklin, d'une piété si originale : « Ici repose, livré aux vers, le corps de Benjamin Francklin, imprimeur, comme la couverture d'un vieux livre dont les feuillets sont arrachés et le titre et la dorure effacés; mais pour cela l'ouvrage ne sera pas perdu, car il reparaîtra, comme il le croyait, dans une nouvelle et meilleure édition, revue et corrigée par l'auteur. »

Pendant longtemps on a confondu, sous le nom général d'insectes, un grand nombre d'animaux qui présentent entre eux des analogies incontestables, mais pour lesquels la multiplicité des formes secondaires amenait de grandes complications dans l'étude d'un groupe aussi étendu. Le mot *insecte*, en effet, signifie corps coupé en anneaux ou segments placés bout à bout, en série. Suivant une conception fort originale de Dugès, médecin naturaliste de l'École de Montpellier, on peut se figurer ces segments comme autant d'animaux distincts, se nourrissant et se reproduisant à part, et cependant coordonnant leurs volontés et leurs sensations, de manière à former un être à la fois multiple et un. La nature réalise presque complètement cette idée hardie dans les affreux vers solitaires qui produisent parfois les troubles les plus funestes dans notre santé.

Si le lecteur veut bien nous le permettre, nous allons rejeter successivement les êtres à anneaux sériés dont l'étude n'est pas notre objet, et nous arriverons bientôt aux véritables insectes.

Il est d'abord des animaux dégradés sans pattes, ou n'offrant que quelques mamelons mous ou quelques poils comme organes de locomotion. J'ai nommé les vers qui vivent dans les intestins et dans les tissus de l'homme et des animaux, surtout chez les sujets affaiblis, au début ou à la fin de l'existence, les lombrics que nous voyons sortir avec délices, après les fortes averses, des trous de la terre de nos jardins. Ils se hissent au dehors en s'appuyant de toute part, au moyen de soies raides, crochues, dirigées en arrière, comme le ramoneur qui monte dans une cheminée, étalent sur la terre humide leurs anneaux visqueux, et rejettent l'humus dont leur corps est gorgé et qui est leur seule nourriture.

Les eaux, séjour de prédilection des êtres inférieurs, fourmillent d'autres annélides de toutes sortes. Les eaux douces de France contenaient autrefois en abondance les sangsues, aux triples mâchoires dentelées, puissant auxiliaire de la médecine, e que nos marchands demandent aujourd'hui aux marais de la Hongrie et plus loin encore. Sur nos côtes, nous rencontrons les serpules vivant dans les tubes entrelacés et serpentants dont elles recouvrent les rochers et les coquilles, et laissant sortir au dehors un très élégant panache de branchies; le sable est rempli de trous où habitent les arénicoles, ces vers noirâtres qui servent aux pêcheurs à amorcer leurs lignes, et dont une sécrétion, d'un jaune vif, tache les doigts qui les saisissent; enfin, après le gros temps, la marée montante jette sur les rivages de l'Océan les aphrodites, au corps couvert de longs poils, comme une soie marine, irisés des mille couleurs de l'arc-en-ciel.

La nature s'est complu, chez d'autres êtres du grand groupe dont nous parlons, à perfectionner les organes et, comme enchantée du plan d'après lequel leur corps se divise en anneaux, elle a reproduit la même formule pour leurs membres. Qu'on prenne la patte d'une écrevisse ou d'une araignée, on y verra une série de pièces articulées l'une à la suite de l'autre, succession de leviers coudés que termine une griffe. Nous écarterons d'abord des insectes les crustacés, Habitants presque exclusifs des eaux, surtout des eaux salées, ils présentent des pattes en nombre très variable, dix chez les homards, les langoustes, les écrevisses et chez les crabes, si nombreux et de formes si diverses, dont la plupart ne quittent pas les eaux peu profondes des côtes, dont quelques-uns, munis de palettes ou rames puissantes, nagent au milieu des fucus flottants, loin de toute terre, dans l'immensité de la plaine liquide. On trouve, d'autre part, quatorze pattes dans ces paisibles cloportes endormis sous les pots à fleurs de nos jardins, dans ces armadilles qui vivent sous la mousse humide des bois et se roulent en boule dès qu'on les touche, ne présentent plus au dehors que les cuirasses articulées du dos de leurs anneaux. Bien plus grand encore est le nombre des pattes dans les mille-pieds, qui en comptent environ de vingt et une à cent cinquante paires. Ils restent les derniers réunis aux insectes, et ressemblent, en effet, aux états inférieurs des insectes, lorsque ceux-ci rampent en larves sur le sol avant d'acquérir ces ailes, apanage de la locomotion aérienne, objet des ardents désirs de l'homme, attribut quasi divin. Notre grand Cuvier n'était pas encore arrivé à rejeter hors des insectes ces formes inférieures et dégradées.

Le nombre des pattes se restreint et devient fixe dans le groupe bizarre et menaçant des arachnides. Nous trouvons huit pattes seulement dans les araignées, qui tendent de toutes parts leurs toiles perfides, et qui sont, malgré leur mauvaise mine, nos meilleurs amis en détruisant tant d'insectes nuisibles; dans ces phrynes des tropiques, horribles courtisanes aux triples griffes acérées comme des glaives; dans ces scorpions, chassant aux insectes terrestres comme les araignées chassent aux insectes aériens, et frappant leurs victimes à coups redoublés de leur queue, munie d'un venimeux aiguillon.

Nous arrivons enfin aux insectes, et ce qui nous frappe tout d'abord c'est qu'à l'état parfait ils n'ont jamais plus de six pattes, attachées en dessous à la poitrine. Leur corps paraît se diviser naturellement en trois parties : la tête, le thorax, l'abdomen (fig. 1). La tête présente en avant deux appendices, simulant des cornes ; ce sont les antennes, qui offrent les formes les plus diverses. On dirait de minces alènes, des soies, des chapelets, des fuseaux, des massues, des peignes, des plumes aux longues barbules. Elles se dirigent en avant lors du vol, les pattes, au contraire, se repliant en arrière. Ces organes sont les oreilles des insectes, ce sont des tiges qui vibrent sous l'influence des sons extérieurs comme de minces baguettes de métal qu'on placerait sur la caisse d'un piano. Les insectes s'appellent, en effet, par les stridulations les plus variées, et il est bien probable que ceux, en grand nombre, qui nous paraissent muets produisent des sons si légers que notre tympan ne peut les percevoir, tandis que les délicates antennes en éprouvent un imperceptible frémissement. Les antennes sont encore des organes d'odorat. Puis viennent, sur les côtés, deux globes où les appareils grossissants font découvrir des facettes hexagonales par milliers. Ce sont des télescopes que l'insecte braque sur tous les points de l'horizon, et qui servent à lui faire voir les objets à une assez grande distance. Les courbures variables des petites cornées indiquent que l'insecte se sert successivement de ses nombreux télescopes selon les distances des objets. Qu'on prenne une de ces sveltes *demoiselles*, ces chasseresses cruelles volant presque toujours au bord des eaux, ou bien une de ces grosses mouches qui abondent dans nos bois en automne, une simple loupe permettra d'admirer l'élégant réseau des facettes de ses yeux multiples. En outre, le dessus de la tête porte, chez beaucoup d'insectes, trois petits yeux, disposés en triangle. Ce sont trois puissants microscopes très bombés. On les trouve surtout chez les insectes qui habitent des galeries peu éclairées ou qui construisent des nids. Ils ont besoin d'apercevoir de très près les plus petits objets. En dessous, la tête présente des pièces buccales variées agissant latéralement l'une contre l'autre, servant à saisir les aliments. Tantôt ce sont des meules puissantes, destinées à broyer des corps durs, ou des cisailles aiguës qui déchirent. Après cette première paire de mandibules, viennent les mâchoires et la lèvre inférieure, autres pièces dont les lobes festonnés ou dentelés réduisent les aliments en miettes, et en même temps les maintiennent en place devant la cavité de la bouche : d'autres fois, et nous formons ainsi un second groupe d'insectes, les mêmes organes deviennent des tubes destinés à sucer les liquides. Ces tubes s'enroulent en flexibles spirale chez les papillons, après que ces insectes les ont retirés du fond des fleurs ; ils restent droits chez les punaises et une partie des mouches, et s'enfoncent comme des stylets sous la peau des animaux, sous l'écorce des plantes. D'autres mouches, comme celles des maisons, ont une trompe molle, charnue, se projetant sur les objets et les mouillant de salive, pour permettre l'aspiration de leur surface liquéfiée. Des palpes grêles, poilus, entourent les mâchoires et la lèvre inférieure, destinés à retenir les petits fragments rejetés sur les côtés et qui pourraient tomber, servant aussi à donner les sensations d'un tact exquis, nécessaires pour reconnaître la nature, la consistance de l'aliment.

Le thorax, qui succède à la tête, offre trois anneaux, chacun ayant en dessous une paire de pattes (ce sont le *prothorax*, le

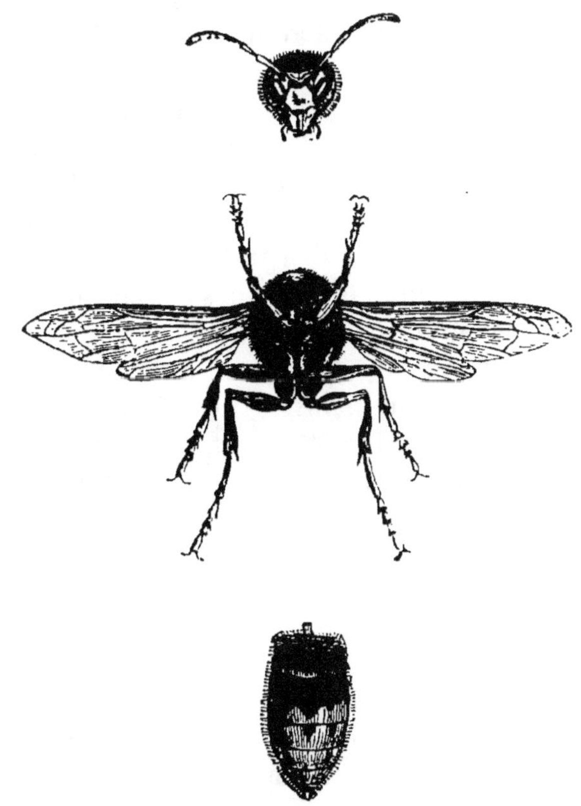

Fig. 1. — Guêpe frelon en trois segments.

mésothorax, le *métathorax*). Jamais le premier ne porte d'ailes; quand ces organes existent, ils sont placés à la face dorsale des deux autres segments. Les ailes sont constituées par une fine membrane portée par des baguettes ou nervures. Elles présentent, quand elles servent au vol, une épaisseur qui décroît d'avant en arrière, loi indispensable et trop méconnue dans tous les essais aéronautiques de notre époque; sinon elles ne servent que de fourreaux, et se nomment alors *élytres*.

On trouve, entre les nervures, des cellules constituant un réseau. Des poils, des écailles comme une fine poussière, par exemple chez les papillons, peuvent recouvrir la membrane des ailes ; ou bien elle reste nue et transparente ; telles sont les ailes des abeilles, des bourdons, des mouches. Les pattes offrent plusieurs parties ou articles qui se replient l'une contre l'autre, à la façon de l'avant-bras sur le bras. Les principales sont la cuisse, la jambe, le tarse à l'extrémité, formé, le plus souvent de trois à cinq articles successifs, terminé par des ongles permettant à l'insecte de s'accrocher aux plus faibles aspérités, et par des poils ou des pelotes charnues donnant à l'animal les sensations de la dureté et de la chaleur des corps sur lesquels il marche.

L'abdomen qui termine le corps des insectes ne porte pas de membres chez les adultes, sauf dans l'ordre dégradé des *Thysanoures*. Ses anneaux peuvent tourner l'un contre l'autre, et en outre se relever plus ou moins. A l'extrémité, on trouve chez les mâles des crochets, tantôt cachés, tantôt apparents au dehors, et chez les femelles l'abdomen est prolongé pour la ponte des œufs, soit sous forme d'un tube ou tarière pointue, parfois perforante, soit par la simple protraction de ses derniers anneaux, emboîtés l'un dans l'autre et se dégageant comme les tuyaux d'une lunette.

Une enveloppe coriace, cornée, revêt les anneaux des trois parties de ce corps, et ne devient molle et mince qu'aux articulations. A l'intérieur, nous rencontrons les grands appareils de nos fonctions vitales, qui, sous d'autres types, présentent une complication comparable à notre organisme. Tant pis pour l'orgueil du roi de la création si les pauvres insectes deviennent ses rivaux, comme le lis, dont le simple vêtement éclipsait, dit l'Écriture sainte, Salomon dans toute sa gloire. De la bouche à l'extrémité opposée du corps, règne un tube muni de plusieurs renflements. A l'entrée, une abondante salive imprègne les aliments divisés par les pièces de la bouche. Parfois, détournée de son usage habituel, elle devient le fil avec lequel l'insecte enveloppe le berceau mystérieux de sa dernière transformation ; elle nous fournit la plus riche matière textile qui réjouisse notre vanité, cette soie dont les plis voluptueux, flottant autour d'Héliogabale, scandalisèrent le sénat dégénéré ; cette soie, qui se payait, poids pour poids, avec de l'or, et qui fit couler les larmes de l'impératrice Sévérina, épouse d'Aurélien, mari trop économe, peu imité de nos jours. Moins heureuse que les femmes de nos ouvriers et de nos paysans, elle se vit refuser une robe de soie par le maître du monde. Les aliments arrivent ensuite dans un estomac où ils s'imprègnent de sucs, et enfin vers l'extrémité de ce tube digestif, des canaux viennent verser un liquide urinaire constitué par les éléments du sang purifié.

Le sang des insectes est fluide, incolore ou d'une teinte grisâtre à peine sensible, ce qui avait autrefois fait croire que ces animaux étaient privés de sang (*animalia exsanguia*). Un long canal, formé de chambres successives règne le long du dos de l'insecte. On le voit très bien dans les chenilles rases, à peau translucide, par exemple, chez les vers à soie. On y remarque, dans ses diverses chambres, des mouvements de contraction et de dilatation qui poussent le sang d'arrière en avant. A l'entrée de la tête, au sortir de ces cœurs et d'une courte artère qui les prolonge en avant, le liquide nourricier s'épanche entre les organes et suit divers courants qui le conduisent dans les pattes, dans les antennes, dans les ailes au moment où elles se forment. Ces courants sanguins sont manifestes pour l'œil armé d'un verre grossissant chez certains insectes des eaux à leurs premiers états ; tels sont les éphémères, où la peau transparente permet de suivre le mouvement vital intérieur.

Chez l'insecte, comme chez tous les animaux, il faut que l'air vienne réparer les pertes du sang épuisé parce qu'il a nourri les organes. Il doit reprendre cet *air vital*, cet oxygène qui lui rend son action vivifiante. Qu'on imagine de chaque côté du corps de l'insecte deux troncs formés par des vaisseaux à mince paroi, d'où partent des rameaux en tous sens, simulant des arbuscules très délicats ; qu'on suppose ce système relié à l'air extérieur par des paires d'orifices s'ouvrant sur les côtés des anneaux, on aura l'idée de l'appareil de la respiration. Ces orifices, comme des boutonnières, se nomment *stigmates*, et se voient très bien, surtout sur les chenilles, où la couleur de leur pourtour tranche sur celle de la peau de l'animal. Un cercle corné, le *péritrème*, maintient le calibre de la fente. La délicate arborisation de ces *trachées* (tel est le nom des tubes à air) s'observe parfaitement, quand à l'aide d'une aiguille on dissèque sous l'eau les tissus d'un insecte ; on dirait des fils d'argent. L'air les remplit et se trouve ainsi en rapport avec le sang. Quand l'insecte vole un peu ou qu'il est à l'état de larve rampante, ces tubes sont cylindriques partout ; dans les insectes qui volent bien, ils se renflent en ampoules. Celles-ci se remplissent d'air qui gonfle le corps de l'animal et facilitent sa locomotion aérienne en diminuant sa densité moyenne. En outre, ils mettent en magasin le corps comburant, source de la force musculaire considérable nécessaire pour le vol. Par une conséquence naturelle, la température du corps de ces forts voiliers peut s'élever beaucoup au-dessus de celle du milieu ambiant, de 12° à 15° centigrades parfois dans ces gros sphinx qui butinent le soir sur nos fleurs en agitant leurs ailes avec une vibration rapide. C'est surtout dans le thorax, où s'attachent les ailes, que la chaleur propre ainsi développée est considérable et peut monter parfois de 6° à 8° et même plus, au-dessus de la température de l'abdomen du même insecte. Il y a dans le thorax un véritable foyer, lié directement et comme proportionnellement à l'énergie du vol[1]. Les adultes ne sont pas doués exclusivement chez les insectes de la faculté calorifique : on est étonné, dans divers cas, de la chaleur énorme que peuvent produire certaines larves. J'ai vu, dans des gâteaux d'abeilles remplis par les larves remuantes de la *galerie de la cire*, le thermomètre monter de 24° à 27° centigrades au-dessus de l'air extérieur, au point que la main était très fortement impressionnée. Quand on saisit dans le filet les gros sphinx, on sent très bien entre les doigts la chaleur de leur corps frémissant.

Les insectes font entrer l'air dans les trachées avant de s'envoler, au moyen de dilatations et de contractions successives

---

1. Voy. *Ann. des sciences natur. zool.*, 1869, Maurice Girard, *Études sur la chaleur libre dégagée par les animaux invertébrés, et particulièrement les insectes* (Thèse de doctorat de la Faculté des sciences de Paris, 1869.)

de leur abdomen, qui remplissent l'office d'un piston de pompe foulante. On observe très bien le hanneton soulevant nombre de fois ses élytres, et faisant ainsi glisser de l'air le long de son corps, puis le forçant à pénétrer dans ses stigmates par l'abaissement de cette sorte de valve de soufflet : les enfants disent alors qu'il *compte ses écus*. Enfin, suffisamment gonflé, il prend son essor. De même on voit d'habitude les criquets, aux ailes inférieures en éventail, souvent bleues ou rouges, ne s'élancer dans leur vol qu'à deux ou trois mètres; mais certaines espèces, quand la nourriture manque, poussées par un mystérieux instinct, doivent au contraire parcourir d'immenses distances, à l'aide du vent, en nuées dévastatrices. Elles se préparent plusieurs jours d'avance à ces funestes voyages, et se remplissent peu à peu d'air. Leurs trachées, qui à l'ordinaire apparaissent dans la dissection sous l'eau comme des rubans aplatis, sont alors des tubes ronds et renflés, avec des ampoules distendues çà et là.

Il faut un moyen de relier les fonctions diverses de ces admirables appareils, d'envoyer à tous les organes de ce petit corps les ordres souverains et de rapporter au frêle individu les sensations extérieures si intéressante pour la conservation de son existence. L'insecte est muni d'un système nerveux compliqué, formé principalement d'un cerveau dans la tête, envoyant de minces nerfs aux antennes et aux yeux simples, et de gros nerfs optiques aux yeux composés, qui s'irradient en milliers de petits filets pour chaque œil élémentaire. Puis un collier nerveux qui entoure le tube digestif unit ce cerveau à une chaîne nerveuse qui s'étend en dessous tout le long de la face ventrale et se renfle en série de ganglions. En outre des systèmes nerveux accessoires, plus spéciaux, sont chez les insectes, les analogues des nerfs pneumo-gastriques et du grand sympathique de l'homme.

Des organes aussi parfaits indiquent dans l'insecte une créature très élevée, malgré sa petitesse. C'est lui qui offre la plus puissante locomotion connue. Des mouches, en été, suivent les convois de chemin de fer lancés à toute vitesse et parviennent à entrer dans les wagons. Certains papillons, comme le sphinx du laurier-rose, le sphinx rayé, le sphinx célério sont originaires de l'Afrique et même du cap de Bonne-Espérance, et se transportent en certaines années dans l'Europe centrale et vont parfois jusqu'en Angleterre. Nous avons déjà fait mention de la vue, de l'ouïe et du toucher des insectes en rapport avec des organes très développés. C'est surtout l'odorat, dont le siège laisse encore certaine incertitude, qui est le sens éminemment subtil des ces faibles animaux. Les antennes, outre leur fonction acoustique, semblent aussi les organes de l'odorat. Voici une expérience récente et curieuse de M. Balbiani, qui paraît bien concluante. Dans deux boîtes séparées et éloignées étaient, dans l'une des femelles de papillons de vers à soie, dans l'autre des mâles, dont une partie avait les antennes coupées. Dès qu'on plaçait au-dessus d'eux le couvercle de la boîte des femelles, imprégné de leur odeur, les mâles à antennes agitaient leurs ailes et leur pattes, les mutilés restaient parfaitement calmes. Ici on ne peut invoquer ni vue, ni ouïe, l'odorat seul a agi par les antennes. Les mouches à progéniture carnivore sont attirées de très loin par l'odeur des viandes, même quand celle-ci sont recouvertes de linges qui en empêchent la vue. Bien plus, trompées par l'odeur de certaines plantes fétides, elles vont confier à leurs corolles nauséabondes des œufs dont les produits sont destinés à périr faute d'aliments. L'instinct maternel est égaré et vaincu par l'attrait sensuel.

Les sexes sont toujours séparés chez les insectes, et ce sont surtout les mâles qui présentent la locomotion la plus active, les antennes plus longues, plus fortes, plus ramifiées, les yeux plus gros. Chez beaucoup d'insectes, le mâle est voyageur, la femelle sédentaire.

On trouve en général, dans les papillons de nuit, la femelle lourde, paresseuse, fixée aux branches ou contre les troncs, et, qui plus est, parfois même privée d'ailes, à organes des sens presque nuls. En revanche, le mâle est attiré par des émanations odorantes à d'incroyables distances. On a vu dans des appartements, au milieu de Paris, les mâles d'un papillon qu'on nomme bombyx tau ou la hachette (d'après la forme des taches qu'offrent ses ailes) venir chercher les femelles, et l'espèce n'existe au plus près qu'à Bondy et à Saint-Germain.

Rien de plus curieux que de suivre dans nos bois les vagabondes excursions du mâle du minime à bandes (*Bombyx quercus*). Il vole par mouvements saccadés avec de continuels crochets. Si son odorat lui indique une femelle tapie dans la mousse ou sous un buisson, il tournoie tout autour, s'éloigne un peu, revient, frôle les feuilles sèches ou les herbes. Il paraît suivre une piste volatilisée, ou écouter de faibles sons de la femelle, imperceptibles pour nous, ne l'aperçoit que lorsqu'il en est proche, et fond alors vers elle en ligne droite, comme une flèche.

J'ai vu les petits mâles du Bombyce disparate venir voler contre les vitres d'une chambre contenant une femelle; ils en sentaient l'odeur les fenêtres closes. Si on parcourt les bois, en ayant dans la poche une boîte contenant une femelle de quelque Bombycien sylvestre, on est bientôt suivi par les mâles qui volent en tournoyant et touchent même vos mains et vos vêtements. On peut donc bien aisément se donner un brevet de charmeur de papillons, de demi-sorcier. De même des apiculteurs adroits, portant cachée une reine captive, se font suivre par l'essaim des Abeilles.

La conservation d'une postérité que les insectes ne connaîtront pas pour la plupart, l'édification des nids où elle devra trouver un abri chaud, une table succulente, mais sans restes, et mesurée d'avance jour par jour, la fabrication des pièges de chasse les plus ingénieux, la construction de fourreaux, de coques protectrices pour passer certaines phases de leur existence où ils sont mal armés et contre les éléments et contre d'innombrables ennemis, les ruses pour échapper aux agresseurs, tous ces besoins complexes exigent de prodigieux instincts. Je dirai plus, une véritable intelligence éclate parfois chez les insectes placés dans des circonstances anormales, imprévues, et l'observateur demeure confondu d'étonnement et d'admiration en reconnaissant chez ces êtres, parfois presque imperceptibles, des idées communiquées et les lueurs divines de ce raisonnement que le Créateur n'a pas accordé à l'homme seul, dût s'en humilier notre orgueil. En rejetant un grand nombre de faits où des émanations olfactives ont pu guider les insectes, on me pardonnera de citer quelques observations presque incroyables pour ceux qui n'y sont pas préparés par une connaissance approfondie de ces petites merveilles. On voit des insectes nidifiants, pour s'épargner la peine de creuser une terre dure ou des bois résistants, se servir des vieux nids d'autres espèces et les modifier de manière à les approprier aux besoins de leurs larves. Un bien curieux exemple fut constaté autrefois au Muséum. On avait placé au dehors, abandonné, un *nécrentome*, vase de laiton où les boîtes d'insectes de collection sont soumises à l'air que chauffe la vapeur d'eau bouillante, afin de tuer les larves qui les dévorent. On trouva le tube métallique de sortie de cette vapeur contenant des loges superposées d'une xylocope, qui entrait et sortait plusieurs fois par jour. L'insecte dans son intelligente paresse, avait trouvé ce tuyau propice, et s'était soustrait au travail de creuser une poutre d'un trou cylindrique pour y loger sa postérité. Les Mégachiles sont des abeilles solitaires coupant des feuilles de divers arbustes et les enroulant en cornets empilés dans des trous grossièrement creusés en terre, chaque cornet contenant un œuf avec la pâtée mielleuse pour la larve. Une espèce de la Nouvelle-Calédonie avait trouvé commode de placer ses cornets dans le trou d'une serrure. L'usage des serrures est trop récent dans le pays des féroces Canaques pour qu'on puisse prétendre que l'insecte suivait, sans en avoir conscience, des habitudes tranmises par l'hérédité.

Huber, le fils du célèbre observateur aveugle des abeilles, avait placé sur sa table un nid de bourdons, et comme il était mal posé et remuait sans cesse, la colonie ne pouvait travailler à l'intérieur. Grand embarras! les bourdons sortent, tournent autour du nid, l'examinent. Quelques-uns s'aperçoivent qu'en s'appuyant à reculons contre ce nid chancelant ils le soutiennent. D'autres, en même temps, bâtissent des piliers de cire, et, ce travail achevé, les souteneurs, comprenant que leur dévouement est devenu inutile, se retirent et se mêlent aux autres. Un insecte carnassier, un sphex, qui chassait dans une allée de jardin, tue une mouche énorme par rapport à lui, lui coupe la tête et l'abdomen, et emporte triomphant le thorax pour nourrir la famille qui naîtra de ses œufs. Un vent violent règne, il frappe dans les ailes étendues du thorax de la mouche, et e pauvre sphex, incapable de surmonter cette nouvelle résistance, tournoie sur lui-même plusieurs fois. Il laisse retomber son fardeau, le reprend; c'est en vain; toujours le maudit vent s'oppose à ce qu'il l'entraîne dans son vol. Une idée subite l'illumine; il se laisse tomber à terre avec sa proie, lui arrache lestement les deux ailes l'une après l'autre, et, vainqueur d'Éole, remonte dans l'air ne portant plus entre ses pattes qu'une grosse boule sur laquelle le fluide glisse sans résister. On sait que certains insectes, agents prédestinés de l'hygiène générale, enterrent les petits cadavres après y avoir déposé leurs œufs. Aussi les appelle-t-on nécrophores ou fossoyeurs. Pour le soustraire à leurs atteintes, un crapaud, qu'on voulait faire sécher au soleil, fut fiché au bout d'un petit bâton. Les nécrophores vinrent creuser au-dessous, firent tomber crapaud et bâton et enterrèrent l'un et l'autre. Les abeilles ont une grande mémoire des localités, elles reconnaissent leur ruche au milieu d'une foule d'autres; si un champ est cultivé de fleurs qui leur plaisent, elles retournent l'année d'après au même endroit, lors même que sa culture est toute changée et qu'elles n'y font plus qu'un maigre butin. Un essaim égaré avait été se loger sous les poutres d'un toit et y avait commencé ses gâteaux dorés. Le maître le prend et le met dans une ruche. Le lieu précédemment choisi avait plu singulièrement aux abeilles, car pendant huit années tous les essaims de cette ruche (et aucun des autres ruches voisines) envoyèrent quelques éclaireurs le reconnaître. Le souvenir en fut donc non seulement conservé dans la petite nation, mais transmis à plusieurs générations de descendants. Huber père constatait à Genève, en 1806, que le sphinx à tête de mort abondait. Il est très gourmand de miel, entre dans les ruches, et casse tous les gâteaux en promenant son énorme corps, dont le volume est plus de cent fois celui d'une abeille. Qu'on juge donc du ravage! Quelle terreur! Les abeilles demeurent quelque temps résignées. Puis le courage revint avec la réflexion; la force était impossible, la ruse fut employée. Un épais bastion de cire s'éleva à l'entrée de toutes les ruches du pays; une petite poterne ne laissait passer qu'une abeille à la fois; les sphinx gloutons, mais dépourvus d'appareils tranchants, vo-

laient en frémissant contre l'obstacle, mais ne purent entrer.
L'année suivante les sphinx furent rares, les abeilles refirent de
grandes entrées plus commodes.
Au bout de deux ou trois ans l'ennemi revient plus nombreux.
Cette fois les abeilles sont aver-
ties, et immédiatement les orifices
des ruches sont rétrécis.

Fig. 2.
Silphe à quatre points, volant.

Avant d'entrer en matière, il
est indispensable de distinguer les
principaux groupes des insectes.
Sans cela tout langage serait impossible. Qu'on ne s'effraye
pas de quelques mots, de vulgaires exemples les feront retenir tout de suite. Un premier ordre, celui des *coléoptères*,
comprend des insectes à quatre ailes, dont les supérieures
ne servent généralement pas au vol (fig. 2). Ce sont des étuis
plus ou moins coriaces, quelquefois colorés, tachetés de vives
nuances. Au-dessous sont de longues ailes membraneuses qui
se replient en deux pour entrer sous l'*élytre* (ainsi se nomme
l'aile supérieure). Tout le monde se rappelle à l'instant le
hanneton, la cétoine dorée, etc.

L'ordre suivant nous offre des insectes dont les premières
ailes sont longues, étroites, servant encore de fourreau aux secondes, mais moins complet, moins solide (fig. 3). Les ailes de
dessous sont très larges, et au repos se plissent comme un
éventail à partir de leur point d'attache. Ce sont les *orthoptères*,
ainsi les sauterelles, les grillons, les mantes, les criquets.

Viennent ensuite les *névroptères*, dont les quatre ailes sont
membraneuses et en général offrent une fine et délicate réti-
culation, une sorte de dentelle (fig. 4). Le type le mieux connu
de tous nous est donné par les libellules ou *demoiselles*, qui
volent non loin des eaux où elles passent leur vie dans ses
premiers états.

Tous les insectes que nous venons d'énumérer sont toute leur
vie des broyeurs, c'est-à-dire que leur bouche est entourée de
meules, de cisailles, de brosses dures destinées à triturer, à
couper les aliments, à les diviser en minces parcelles, et des
appendices poilus ou palpes retiennent les petits morceaux

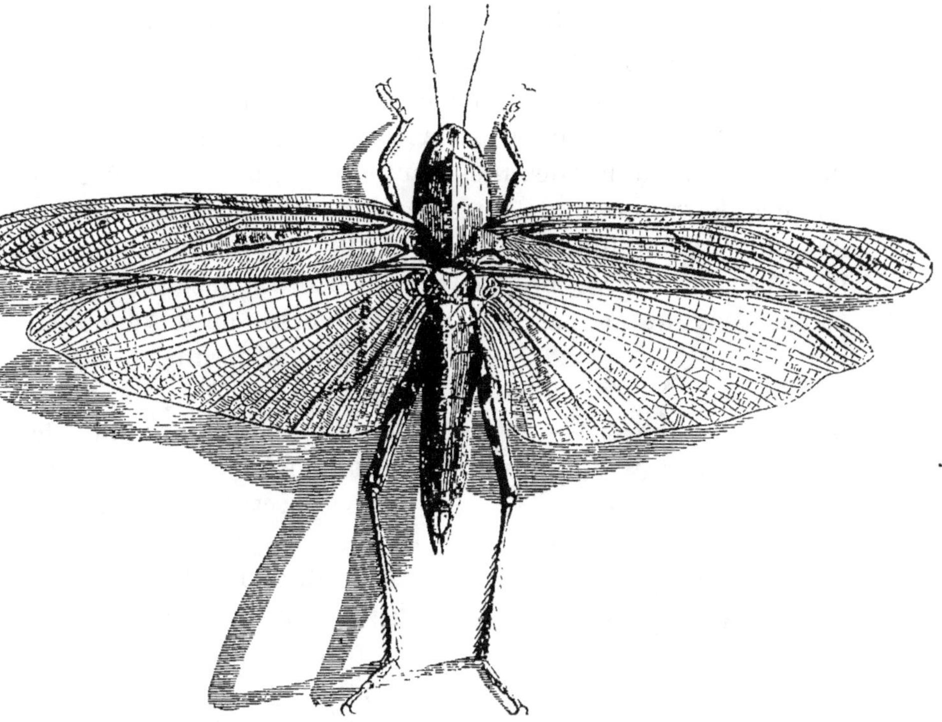

Fig. 3. — Pachytyle migrateur.

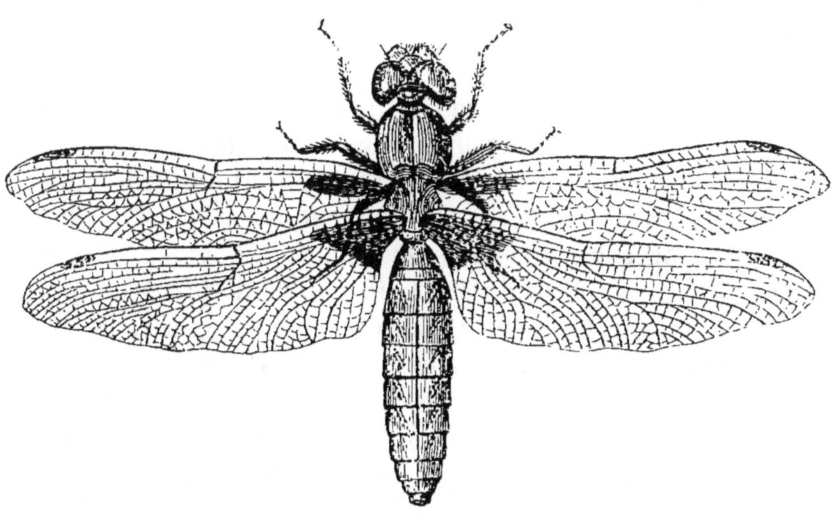

Fig. 4. — Libellule déprimée.

qui, sans cela, pourraient échapper à l'entrée de la bouche et tomber. Le mode d'alimentation n'est plus le même dans les ordres qui suivent. Dans les deux premiers que nous indiquerons, l'insecte a encore la bouche conformée pour broyer, dans la première période de son existence, à la façon des précédents; mais, quand il a pris des ailes, tout change, et les liquides sucrés des fleurs deviennent en général la seule nourriture d'êtres qui, dans leur enfance, beaucoup plus voraces, avaient une nourriture plus grossière, dévoraient d'autres insectes ou des pâtées spéciales préparées par leurs mères, ou des feuilles,

Fig. 5.
Bourdon terrestre, grosse femelle.

des bois, des fruits. Tels sont les *hyménoptères*, à ailes membraneuses comme le groupe précédent, mais dont les nervures divergentes dessinent de grandes cellules (fig. 5). A l'état adulte, ils lèchent les matières liquides avec une longue et assez large langue cornée qui se promène à leur surface, et le liquide, aspiré ensuite, va s'accumuler dans une poche particulière, à l'intérieur du tube digestif. On reconnaît les abeilles, les bourdons, les guêpes. Il faut y joindre un second groupe des plus naturels, les brillants papillons; ils enfoncent dans la corolle des fleurs une longue et mince trompe qui, au repos, s'enroule en spirale sous la tête. Leurs ailes ressemblent, dans leur essence, à celles des précédents, mais leur apparence première est tout autre. Elles paraissent parsemées de grains de poussière de toutes les nuances possibles et disposées, par la fantaisie du Créateur, en arabesques les plus variées et les plus éclatantes. Cette prétendue poussière, qui reste attachée aux doigts quand on saisit l'insecte sans précaution, est formée, comme le microscope le montre, de petites écailles de figures très diverses, implantées par des pédicules en rangées régulières dans la membrane des ailes (fig. 6). De là le nom de *lépidoptères* donné à ces petits êtres

aussi splendides dans leur dernière forme qu'ils semblent vils
et mal vêtus dans leur jeunesse. C'est seulement pour le bal
de leurs noces qu'ils prennent leurs riches atours, et, fleurs
aériennes, rivalisent de magnificence avec ces fleurs immobiles où ils puisent dédaigneusement quelques parcelles de

Fig. 6. — Papillon alexanor.

nectar parfumé. Bientôt les feuilles et les broussailles ont
déchiré et sali leurs ailes délicates, le soleil en a terni la
vivacité, et le couple meurt après la fécondation et la ponte.

Nous terminerons l'examen des insectes par
les groupes où ces animaux se nourrissent en
suçant les liquides dans toutes les phases de
leur existence. Les *hémiptères* enfoncent dans
la peau des animaux ou dans l'écorce des
plantes une sorte de stylet dur et droit, cou-
ché au repos sous la face inférieure de leur
corps, entre leurs pattes. Tantôt leurs ailes
sont entièrement membraneuses, ainsi chez
les bruyantes cigales; tantôt celles de la paire
inférieure ont cet état, tandis que celles de
dessus, coriaces à leur base, ne deviennent

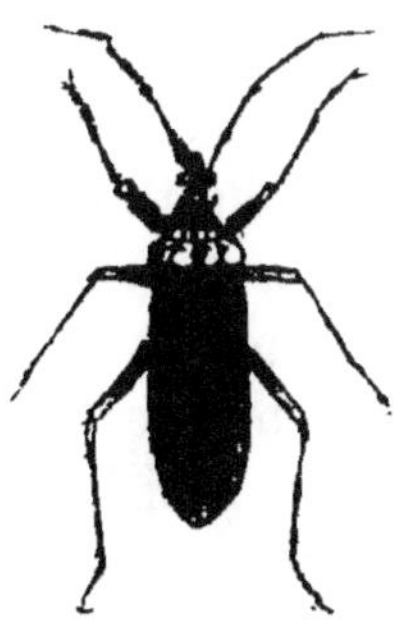

Fig. 7.
Réduve masqué.

minces et transparentes qu'à l'extrémité (fig. 7); on peut citer, pour ce second cas, les punaises de bois et celles des
eaux.

Le dernier grand ordre des insectes, celui des *diptères,*

comprenant les immenses légions des cousins et des mouches, se reconnaît tout de suite en ce qu'il paraît n'avoir qu'une seule paire d'ailes membraneuses, pareilles aux ailes antérieures des hyménoptères. En les regardant de plus près, on voit au-dessous une paire de petits organes formés d'une tige grêle terminée par une boule. On les aperçoit très bien en prenant une de ces grandes tipules qui volent le soir en abondance dans les jardins potagers. Ces singuliers appareils se nomment les *balanciers*, par analogie avec le balancier des danseurs de corde. Cette comparaison est inexacte, car les balanciers des diptères ne servent pas à les maintenir en équilibre, mais concourent au vol d'une manière active et efficace. Si l'on pique par le milieu du thorax une des mouches si agiles des bois, on pourra remarquer sous la loupe, quand le pauvre insecte essaye de fuir en exécutant de rapides vibrations d'ailes, que les balanciers sont aussi agités de mouvements précipités. Si on les coupe délicatement avec des ciseaux à broder, le diptère ne peut presque plus voler et descend en tournoyant. Chez beaucoup de mouches, où les balanciers sont courts, une observation attentive nous fait voir qu'ils sont entourés, par-dessus, d'une sorte de collerette blanchâtre, formés par deux minces membranes appelées *cuillerons*. Qu'on me pardonne ces détails, ils peuvent apprendre combien les insectes les plus dédaignés par leur peu d'éclat offrent encore de ressources à la curiosité intelligente. Une humble mouche peut distraire d'un long ennui quiconque saura l'étudier de près et reconnaître, sous un verre grossissant, sa merveilleuse structure. Les diptères sont des suceurs de liquides. Tantôt, comme les cousins et les taons, l'effroi du bétail, ils enfoncent dans la peau des stylets acérés ; tantôt, comme la mouche des maisons, ils déplient une trompe molle et spongieuse, et la promènent sur les surfaces humides des viandes, des fruits, des fumiers.

A côté des groupes supérieurs viennent, selon la grande loi de la nature, quelques types dégradés dont les représentants vivent souvent en parasites sur des animaux, trouvant ainsi la table toujours servie, alors que la lenteur de leurs mouvements et leurs faibles organes de marche les exposeraient à mourir de faim s'ils devaient chercher en liberté leur pâture. Les ailes manquent toujours à ces insectes, moins heureux, à la première apparence, que leurs frères aériens, mais toutefois admirablement appropriés aux conditions de leur obscure existence. Ainsi sont constitués les *thysanoures*, dont un type nous est offert par ces insectes plats, aux écailles brillantes, qui courent dans les armoires humides des garde-manger, dévorant les provisions, les matières sucrées et le linge empesé à l'amidon, et que les enfants nomment *petits poissons d'argent* (c'est le *Lepisma saccharina*, Linn.) ; ainsi se présentent les *aphaniptères* ou puces, vivant sur un grand nombre de mammifères, avec de très légères différences d'espèces, et les hideux *anoploures* ou *épizoïques*, création désagréable où les partisans exagérés des causes finales veulent voir une excitation providentielle à la propreté, vertu si importante à l'hygiène publique.

CHAPITRE II

LES MÉTAMORPHOSES

Idées anciennes sur les métamorphoses. — Véritable acception. — Évolutions successives. — Mues. — Insectes sans métamorphoses. — Insectes à métamorphoses incomplètes. — Insectes à métamorphoses complètes. — Conclusion.

L'insecte éclôt; il ronge ou brise la coque de l'œuf. Il n'a pas encore les formes qui viennent de nous servir à caractériser les groupes fondamentaux. Ces petits animaux passent en effet par une série de transformations des plus curieuses. Les anciens avaient quelques notions sur ces changements. Ainsi Aristote nous dit, dans son *Histoire des Animaux* (liv. V, chap. xviii) :

« Les papillons proviennent des chenilles. C'est d'abord moins qu'un grain de millet, ensuite un petit ver qui grossit et qui, au bout de trois jours, est une petite chenille. Quand ces chenilles ont acquis leur croissance, elles perdent le mouvement et changent de forme. On les appelle alors chrysalides. Elles sont enveloppées d'un étui ferme. Cependant, lorsqu'on les touche, elles remuent. Les chrysalides sont enfermées dans des cavités faites d'une matière qui ressemble aux fils d'araignées. Elles n'ont pas de bouche ni d'autres parties distinctes. Peu de temps après, l'étui se rompt, et il en sort un animal volant que nous nommons un papillon. Dans son premier état, celui de la chenille, il mangeait et rendait des excréments ; devenu une chrysalide, il ne prend et ne rend rien. Il en est de même de tous les animaux qui viennent des vers. »

Chez les Grecs, le mot ψυχή (psyché) signifie à la fois *papillon* et *âme*. Beaucoup de philosophes ont été frappés de retrouver, dans les divers états des insectes, une image parfaite des transformations de notre nature. La vie de l'homme, sa mort et son réveil semblent avoir leur représentation admirable dans la vie, le sommeil léthargique et le réveil du papillon. Comme la larve rampante, l'homme se traîne sur la terre ; comme la nymphe immobile, l'homme dort dans sa tombe ; comme l'amant des fleurs, insecte aux ailes d'or et d'azur, l'homme renaît à la vie par l'immortalité de l'âme. Combien l'analogie est encore plus complète dans la doctrine de l'Église catholique, de la résurrection des corps !

Cependant, sous ces brillantes comparaisons des sages et des poètes antiques, se cache une très grave erreur d'histoire naturelle. Ils croyaient à un changement absolu, complet, dans le sens mythologique, comme Actéon devenu cerf par la pudique colère de Diane, comme Io transformée en génisse, vengeance cruelle de Junon. C'est dans ce sens qu'ils comprenaient les *métamorphoses* des insectes, mot qui doit éveiller aujourd'hui une autre idée. Les observations de Redi, de Vallisnieri, de Swammerdam, de Leuwenhoeck ont fait reconnaître qu'une individualité unique se conserve sous ses formes multiples, et qu'un examen patient peut saisir leurs passages et les deviner. Rien de plus différent à la première vue qu'une chenille et un papillon ; il semble qu'aucune partie du premier être terrestre et rampant ne subsiste quand l'adulte s'élance dans l'atmosphère. En regardant mieux cependant, on voit que les pattes sont conformées sur deux modèles différents. Celles qui viennent portées sur les trois premiers anneaux à la suite de la tête, et au nombre de six, sont en forme de pointes coniques, un peu recourbées, de consistance cornée ; les autres, au nombre de dix le plus souvent, ont l'aspect de mamelons arrondis et mous (fig. 8.). On y reconnaît, par le grossissement, une couronne de petits crochets qui permettent à l'animal de marcher, sans glisser, sur les surfaces lisses des feuilles, et de plus, à sa volonté, des muscles plient en deux, selon un de ses diamètres, ce large pied charnu, et en font une pince qui se cramponne aux pétioles des feuilles et à leurs bords. De ces dernières pattes, nulle trace ne subsiste chez le papillon ; mais Réaumur s'assura le premier qu'en coupant à des chenilles une ou plusieurs des pattes écailleuses des trois premières paires, le papillon qui éclôt par la suite se montre mutilé des mêmes membres. Ces pattes tiennent donc la place et sont la

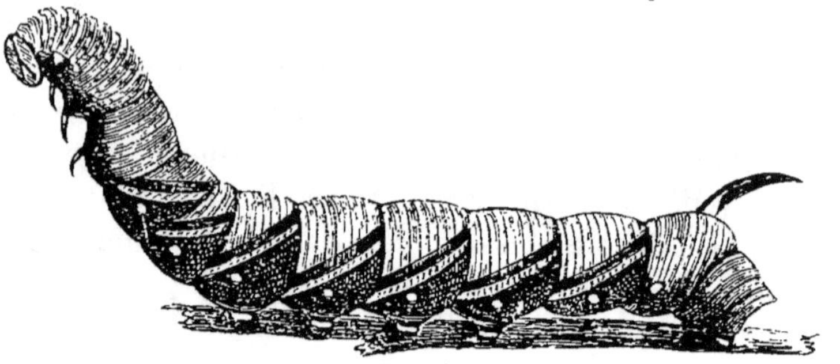

Fig. 8. — Chenille de Sphinx du troëne.

première ébauche de six pattes, qui sont le nombre normal et exclusif des appendices de locomotion terrestre des insectes adultes.

Comme si l'homme ne pouvait jamais arriver à la vérité du premier coup, et sans y mêler les gratuites chimères de son imagination et les erreurs de ses préjugés, Swammerdam prétendait retrouver, sous la peau de la chenille, les différentes enveloppes qui la conduiront au papillon. Ces idées d'emboîtement ont eu beaucoup de peine à disparaître de la science. On n'avait pas étudié autrefois ce qui se passe dans l'œuf, et on était habitué à voir naître les jeunes mammifères, les petits des oiseaux, pareils à leurs parents, sauf la taille. On voulait à toute force que tout fût fait dès l'origine de l'être. Il semblait que la chenille, semblable à ces grotesques de nos cirques forains, chez qui un élégant acrobate se cache sous les vêtements divers et ridicules d'un grand nombre de personnages successifs, était constituée par des fourreaux superposés, et que l'être parfait se trouvait comme enseveli au milieu de ces langes multiples, destiné à sortir un jour du sépulcre. Rien de plus faux; c'est tour à tour qu'une nouvelle peau s'organise sous l'ancienne, qui crève comme un gant trop étroit. Il y a une série d'évolutions graduelles. C'est là l'idée récente et exacte des métamorphoses. Cette cause mystérieuse, qui est le mouvement vital, assemble, à temps voulu, les matériaux plas-

tiques sur des modèles nouveaux, que rien parfois ne fait pré-
voir. Prenons garde. Une grosse erreur était encore entrée par
cette nouvelle porte. Qui ne connaît cette séduisante théorie
des perfectionnements sériés de la création, cette échelle des
êtres de Leibnitz, de Bonnet, allant de la monade à l'homme,
en rencontrant sur son chemin le ver, la limace, l'insecte, le
poisson, le reptile, l'oiseau, le singe. Elle conduisit à admettre
les formes passagères d'un même être en voie de développement comme pareilles aux états définitifs des créations moins
élevées. Il n'en est rien en réalité ; chaque insecte, dès que ses
premiers linéaments sont formés dans l'œuf, a son cachet propre, sa place distincte. Il ne s'identifie pas à d'autres animaux,
ni éloignés, ni voisins.

Si nous ouvrons les œufs de la poule dans les vingt et un
jours que dure l'incubation maternelle, nous trouverons chaque fois un être varié, depuis le premier jour, où la tache
blanche qui recouvre le jaune s'élargit, s'accuse en son milieu
en une ligne, et se raye de délicats filets sanguins, jusqu'au
dernier jour, où le jeune oiseau nous apparaît tout emplumé
et portant sur le bec cette pointe cornée qui lui permet de
briser la coque. Chez les insectes, les petits embryons paraissent hors de l'œuf, de bonne heure, parfois très éloignés de
la ressemblance originelle qu'ils auront plus tard. Ils sont
analogues à tous ces poulets de vingt et un jours qui sorti-
raient de leur captivité avant la dernière forme, la forme
parfaite. Seulement, les insectes éclosent plus ou moins avancés et doivent accomplir hors de l'œuf les phases par lesquelles l'oiseau passe sous la coque. Il en est qui sont sem-
semblables à des poulets qui naîtraient près de la fin de l'incubation et n'auraient plus qu'à compléter quelques organes.
D'autres, au contraire, éclosent très différents de l'état final,
comme des poulets qui briseraient l'œuf aux premiers jours,
et dont les formes de passage ne rappelleraient que bien peu
encore le type d'origine. Aussi, tous les degrés existent dans
les métamorphoses des insectes, comme nous allons l'ex-
pliquer.

On a réservé, à proprement parler, le nom de *métamorphoses* à des changements considérables qui ont lieu à certains

intervalles, et après lesquels l'insecte offre un aspect nouveau. En outre, par périodes, l'animal se dépouille de sa peau et apparaît avec un nouveau tégument rajeuni et une taille augmentée, sans modification, du reste, dans l'aspect général. Ce sont les *mues*. En effet, la peau de l'insecte en évolution cesse de croître une fois formée, elle devient un habit trop juste pour le corps qui grossit en dessous, elle paraît tendue sous un effort interne. La mue est un travail pénible, une véritable crise dans laquelle l'animal semble souffrir. Il ne mange plus et reste immobile ; il succombe souvent, surtout quand la mue doit devenir une métamorphose. La peau se fend le long du dos à la région du thorax, et l'insecte dégage le dos, puis la tête, les pattes, l'abdomen. Les jeunes chenilles laissent toujours échapper des fils de soie dont elles tapissent les feuilles, les tiges. Ils leur servent de support pour se cramponner et s'arc-bouter dans cette opération pénible où elles doivent sortir du vieil étui. En général, les mues se répètent quatre fois, parfois trois seulement, pendant le premier état de l'insecte. Elles peuvent amener des changements partiels et légers dans l'aspect de l'insecte. A des chenilles velues, on voit succéder des chenilles rases, comme le ver à soie en offre l'exemple. On voit la couleur des peaux successives se modifier. Chacun connaît le petit ver à soie noir en sortant de l'œuf, et qui finira par devenir d'un blanc plus ou moins pur. Des tubercules, des poils, des épines, des croissants, des chevrons sont aussi le résultat des mues.

On donne le nom d'*âges*, d'après ce qui se passe chez le ver à soie, aux diverses périodes de la vie de l'insecte, séparées soit par une mue, soit par une métamorphose. Les changements sont déterminés, à des époques un peu variables, par diverses circonstances extérieures. Tantôt une surabondance de nourriture fait croître la nouvelle peau sous l'ancienne ; parfois, au contraire, quand le régime doit changer, la difficulté de se procurer les vivres semble exciter à la transformation. Enfin, le froid qui engourdit les insectes, les arrête et les maintient dans les phases transitoires, tandis que la vivifiante ardeur du soleil, ce véritable roi de la nature animée, hâte les passages et précipite ces étapes de reptation et d'humilité qui doivent amener le chétif protée à la splendeur de son dernier vêtement, qu'illuminera la vive lumière de son domaine aérien.

Il y a quelques insectes, constamment les mêmes (*immutabilia insecta*), dans lesquels la taille, les mues et le développement des organes reproducteurs sont le seul changement. Ils naissent tels qu'ils seront toujours, ainsi que les petits des mammifères et des oiseaux, mais, par un inexplicable renversement, ce sont précisément ces insectes dégradés et sans ailes dont nous avons parlé qui prennent de la sorte un caractère des êtres supérieurs, tout en demeurant les derniers de leur groupe. Nous ne nous en occuperons pas.

Les autres insectes doivent nous offrir deux plans généraux de métamorphoses.

Les premiers, nommés *insectes à métamorphoses incomplètes*, naissent dans un état avancé de développement. Ils n'ont que les six pattes du thorax, mangent au sortir de l'œuf la nourriture qu'ils prendront sans cesse par la suite, vivent dans les mêmes lieux, réglés par les mêmes mœurs. Les trois états diffèrent peu. L'insecte est d'abord *larve*, ce qui veut dire être caché ou masqué, et alors il n'a pas d'ailes; puis il devient *nymphe*, et, dans cet état, des rudiments d'ailes se montrent, mais ces ailes sont courtes, repliées, impropres au vol (fig. 9). Tout le monde connaît les sauterelles qui abondent dans nos prairies, les punaises de bois qui vivent sur différents végétaux et que trahit leur odeur infecte; on peut très bien y suivre ces deux états, sans qu'on

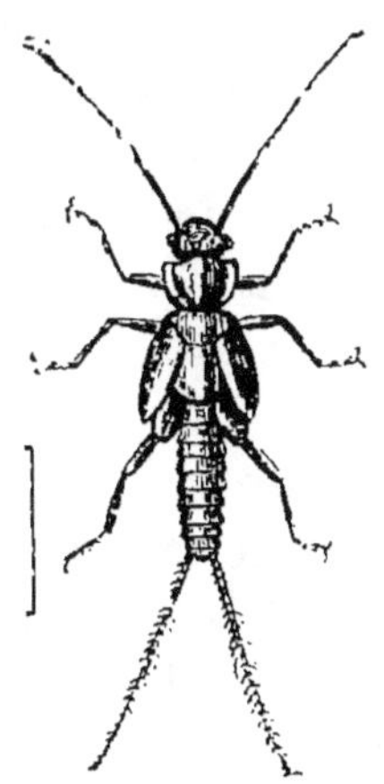

Fig. 9.
Nymphe de Némoure
bigarrée.

cesse d'avoir sous les yeux des êtres très analogues. Enfin les ailes se développent, alors que l'insecte a quitté sa dernière peau, et on obtient l'état adulte ou parfait, ce que Linnæus appelle l'*image*, pour indiquer que l'animal est arrivé à sa représentation complète, à la forme sous laquelle il est apte à perpétuer son espèce. A ce premier groupe d'insectes appartiennent les orthoptères, les hémiptères et une partie des névroptères. On a quelquefois beaucoup de peine à saisir l'instant où commence la nymphe, les premières apparences d'ailes pouvant se montrer sans changement de peau et s'accroître lentement avec continuité.

Aussi MM. R. Owen et Murray ont émis l'opinion que, chez ces insectes, surtout les orthoptères, les véritables états de larve et de nymphe se passent sous les enveloppes de l'œuf. Les mues ne seraient plus, comme chez les crustacés, qu'une simple affaire d'accroissement, de même que le développement des organes du vol. Ces mues sont parfois très nombreuses; ainsi on a vu des orthoptères en subir douze; on s'assure difficilement de leur quantité, car souvent les insectes mangent leur peau aussitôt qu'ils l'ont quittée. Il n'y a pas plus de vraie métamorphose qu'au changement de peau des chenilles, qui prennent ou perdent des poils, des piquants, de brunes deviennent vertes, etc.

Un autre groupe, le plus merveilleux, le plus étrange, c'est celui des insectes à *métamorphoses complètes*. Les trois phases de l'existence hors de l'œuf offrent toujours un état moyen où l'insecte, devenu immobile, cesse de manger. Il perd alors peu à peu de son poids par évaporation, respire à peine, et la surface de son corps inerte peut s'abaisser souvent un peu au-dessous de la température du milieu extérieur. Dans cette nymphe, véritable second œuf, se forment les organes de l'adulte aux dépens d'une pulpe d'abord molle et laiteuse et sans parties internes bien distinctes. Il arrive alors très souvent que le genre d'alimentation de la larve et de l'adulte, séparés par cet état de vie latente, a changé. A des larves qui vivaient de bois, de feuilles, ou de sang et de chairs fraîches ou mortes, succèdent, après un temps d'arrêt et de jeûne, des insectes qui suceront le nectar des fleurs ou feront une pâtée avec ce nectar et le pollen. Habituellement, les insectes mangent peu au dernier état, et même certains, privés de bouche apte aux aliments, demeurent sans nourriture, appelés uniquement au but de propager l'espèce.

Chez les Coléoptères et les Hyménoptères, la larve change complètement de forme dans sa dernière mue, prend l'aspect

de l'insecte parfait, avec ses six pattes et ses ailes, mais le
tout immobile, contracté, ramassé sur soi-même (fig. 10). Une
peau fine enveloppe toutes les parties, sorte de sac moulé sur

Fig. 10. — Nymphe
de Guêpe commune.

Fig. 11. — Nymphe d'Orycte
nasicorne mâle.

les organes et les tenant forcément immobiles, sans empêcher
parfaitement de les reconnaître (fig. 11). Souvent un cocon
soyeux ou une coque de matière agglutinée enveloppe ces
nymphes. Si, au contraire, on passe aux Lépidoptères, la larve
prend le nom spécial de *chenille*. Elle devient, à sa dernière
mue, une masse indivise, conique, avec les anneaux de l'abdomen bien distincts et mobiles, au moins au commencement.
Antérieurement, se dessinent très confusément, sous une peau
dure et fixe, en grand raccourci, les pièces de la bouche, les
antennes, les ailes. On dirait une momie emmaillotée où certains compartiments de l'enveloppe externe indiquent grossièrement les formes. C'est ce qu'on appelle la *fève*, à cause de
la couleur habituellement brunâtre et de l'aspect desséché
(fig. 12), l'*aurélie* ou la *chrysalide*, parce que parfois de brillantes taches d'or ou d'argent tranchent sur la couleur habituellement terne de cette forme où sommeille l'insecte adulte.
Ces apparences disparaissent si on place l'animal dans le
vide; elles sont dues à de l'air intercalé sous une mince peau

jaune ou blanchâtre. Ce mot nous vient des Latins. Ainsi, nous dit Pline le naturaliste :

« La chenille, qui s'est accrue de jour en jour, devient immobile sous une dure écorce, se remue seulement au contact entourée d'un fin tissu, et s'appelle alors chrysalide. » (Liv. II, ch. xxxviii.)

Fig. 12. — Chrysalide du Sphinx du liseron.

Et ailleurs :

« C'est la race des chenilles qui, rompant l'écorce où elles sont contenues, deviennent les papillons. » (Liv. II, ch. xxiii.)

Tantôt les chrysalides demeurent diversement suspendues à l'air libre, tantôt dans une coque de terre agglutinée, ou bien enveloppées d'un cocon soyeux filé par la chenille (fig. 13).

Un des plus jolis spectacles qu'offrent les insectes est l'éclosion d'une chrysalide. Elle a lieu habituellement au milieu du jour, comme si les premiers rayons de l'astre bienfaisant donnaient à l'insecte

Fig. 15. — Chrysalide et cocon de Mégasome recourbé.

la force d'ouvrir la porte du tombeau. La peau de la chrysalide se rompt ou se fend dans la région de la tête et sur le dos. Il en sort, en se cramponnant avec effort, un petit être tout gonflé, informe, tout mouillé; il demeure d'abord quelques instants immobile, fatigué de ses laborieux efforts. Puis les antennes repliées s'allongent et s'agitent, semblant interroger cette atmosphère, route nouvelle, inconnue, interdite jusqu'alors. Les pattes sortent de dessous le ventre, et l'insecte marche en tournant autour de la peau de la chrysalide, comme s'il l'abandonnait avec quelque regret. Sur ses flancs pendent deux moignons épais, inertes, mais où apparaissent déjà en petit les dessins futurs, qui ne feront que s'amplifier en conservant leurs rapports (fig. 14). L'insecte introduit l'air dans ses trachées par de fortes inspirations ; ce fluide pénètre dans les nervures des ailes en desséchant les liquides et les raffermit. Bientôt de rapides mouvements vibratoires les agitent ; l'insecte tourne tour à tour chaque aile du côté de l'air libre, afin de la sécher. Le frémissement est si précipité que l'œil aperçoit une masse élargie et indistincte, comme lorsque vibre une corde élastique.

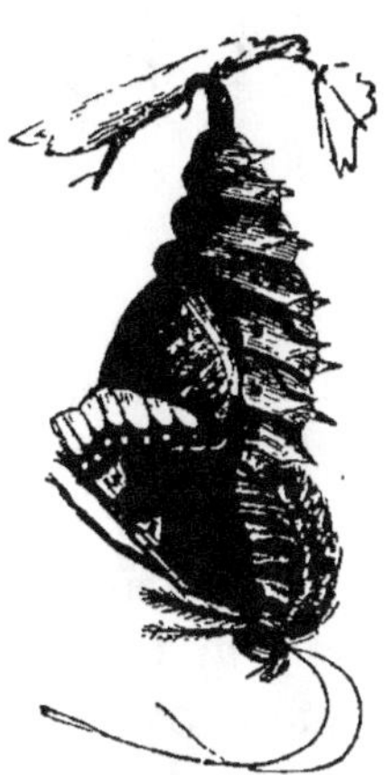

Fig. 14.

Vanesse morio éclosant

En même temps l'aile grandit dans une proportion extraordinaire, incroyable. Une nouvelle immobilité indique un repos bien mérité par tant d'efforts. Bientôt une effluve de chaleur, un rayon de soleil frappe l'insecte engourdi ; un instinct tout nouveau s'éveille en lui, celui de la reproduction ; il s'élance sans crainte ; les fines membranes battent l'air en mesure, le fluide élastique réagit, l'insecte s'avance dans le milieu subtil, et, dédaignant cette terre qui a nourri son enfance, plus roi que le roi de la création, qui le regarde avec envie, il monte, il monte, amoureux de liberté, enivré de soleil. Quelques gouttes de nectar, source de chaleur et de force musculaire par la combustion respiratoire, vont devenir sa seule nourriture.

Les diptères présentent certaines différences dans leurs métamorphoses. Quelques diptères ont des larves à tête écailleuse devenant des nymphes. La plus grande partie, comme l'immense groupe des mouches, nous offre des larves sans pattes, mais agiles de diverses manières, se raccourcissent, se contractent, avant leur dernière mue, en une coque ovoïde, formée par la peau même de la larve. Cette peau, d'abord molle et blanche, se durcit et brunit. Cette coque ne laisse voir au dehors aucune trace, aucun linéament de l'insecte parfait qui se formera à l'intérieur. C'est une sorte de barillet,

Fig. 15.
Larve et nymphe
de sarcophage carnassière.

pareil à une graine de belle-de-nuit, tout à fait immobile (fig. 15). Quand l'insecte a pris assez de force, sa tête rompt le couvercle de cette prison, qui se détache comme une calotte, et le diptère sort, d'abord pâle et humide, se colorant bientôt à l'air, raffermissant et développant ses ailes. Cette sorte particulière de nymphe s'observe très bien dans ces vers de diverses mouches à viande, nommés *asticots*, et qui servent d'amorce pour les pêcheurs à la ligne. On l'appelle *pupe*. On reconnaît ici le mot qui exprimait chez les Romains ces petites figures humaines en bois, en carton, en cire (nos poupées, chères délices du premier âge), que les petites filles recouvraient de langes qui cachaient leurs formes, comme la coque du diptère. Elles les déposaient et les consacraient à Vénus quand elles avaient atteint l'âge de puberté.

« Dites-moi, pontifes, que fait l'or dans vos temples? Le même effet que ces poupées offertes par les jeunes filles à Vénus. » (Perse, *Sat.* II.)

Nous terminons ici cet indispensable préambule. Nous en avons assez dit pour faire pressentir qu'au lieu de la dédaigneuse épigraphe du début, notre admiration va s'écrier avec Pline :

« Dans ces êtres si petits, et qui paraissent si nuls, quelle force, quelle raison, quelle *inextricable* perfection ! »

Nous nous joindrons à Linnæus dans cet adage célèbre :

« La nature fait voir les plus grandes merveilles dans les plus petits objets. »

Un enseignement plus élevé, une vérité supérieure doit ressortir encore de l'étude des insectes. C'est dans ses plus petites créations que Dieu est le plus grand : *maximus in minimis Deus !* Nous dirons avec un maître éminent : « On doit s'étonner qu'en présence de faits tellement significatifs et tellement nombreux, il puisse encore se trouver des hommes qui viennent nous dire que toutes les merveilles de la nature sont de purs effets du hasard, ou bien des conséquences forcées des propriétés générales de la matière, de cette matière qui forme la substance du bois ou la substance d'une pierre; que les instincts de l'abeille, de même que les conceptions les plus élevées du génie de l'homme, sont de simples résultats du jeu de ces forces physiques qui déterminent la congélation de l'eau, la combustion du charbon, ou la chute des corps. Ces vaines hypothèses, ou plutôt ces aberrations de l'esprit, que l'on déguise parfois sous le nom de *science positive*, sont repoussées par la vraie science; les naturalistes ne sauraient y croire, et aujourd'hui, comme du temps de Réaumur, de Linné, de Cuvier et de tant d'autres hommes de génie, ils ne peuvent se rendre compte des phénomènes dont ils sont témoins qu'en attribuant les œuvres de la création à l'action d'un Créateur. » (M. Milne-Edwards, Conférence à la Sorbonne, décembre 1864.)

I

INSECTES A MÉTAMORPHOSES COMPLÈTES

—

CHAPITRE III

COLÉOPTÈRES

Carnassiers de proie vivante, cicindèles et carabec. — Les calosomes, chasseurs de chenilles. — Le mormolyce-feuille, les scarites. — Les canonniers. — Carnassiers aquatiques : dytiques, gyrins, hydrophiles et leur coque ; mœurs cruelles des larves. — Les fossoyeurs, les silphes, amis des cadavres. — Les coléoptères des cavernes. — Les staphylins. — Les dermestes destructeurs. — Les vers luisants et les driles ; chasse aux colimaçons. — Les taupins, leurs sauts ; phosphorescence. — Les vers blancs et les hannetons ; ravages. — Les cétoines et les goliaths. — Le scarabée rhinocéros. — Les pilulaires, le scarabée sacré. — Les fables antiques. — Les cerfs-volants. — Les ténébrions des boulangeries. — Curieuses métamorphoses des coléoptères vésicants. — Les charançons ou porte-becs. — Les bruches des légumes secs. — Les scolytes. — Les richards ou buprestes. — Les capricornes. — Les chrysomèles. — La doryphore des pommes de terre. — Les clythres et leurs singuliers fourreaux. — Les criocères et les cassides ; mœurs étranges des larves. — Les donacies et les hæmonies des eaux. — Les coccinelles ennemies des pucerons.

Les coléoptères sont les insectes les mieux connus et les plus étudiés à l'état parfait, principalement par la facilité que les amateurs éprouvent à les conserver en collections ; on peut assurer qu'on n'en a décrit et nommé pas moins de soixante-dix mille espèces. Ils présentent les modes d'habitation et de nourriture les plus variés. Les uns, pareils aux carnassiers, qui sont l'effroi des animaux supérieurs et même de l'homme, dévorent les insectes vivants. Ils chassent soit sur le sol, soit sur les plantes basses, soit dans les arbres. D'autres, aquatiques, poursuivent leur proie au sein des eaux. Il en est qui habitent des lieux arides et brûlés par le soleil où toute proie semble manquer. Beaucoup de coléoptères vivent de cadavres, de matières animales en voie de décomposition. Ce sont, dans l'ordre harmonique de la nature, d'utiles auxiliaires de la salubrité atmosphérique. Enfin d'immenses légions d'insectes de ce groupe se nourrissent de matières végétales, attaquant les racines, les écorces, les bois, les feuilles, les fruits et les graines, tantôt sur les plantes vivantes, tantôt sur les produits du règne végétal, servant à l'alimentation de l'homme et à ses constructions.

Autant les coléoptères sont bien décrits sous la forme adulte, autant leurs larves et leurs nymphes sont encore ignorées pour la plupart. Elles ne peuvent que très difficilement s'élever en captivité, et c'est le motif qui détourne les amateurs de leur recherche.

Nous nous contenterons, ici comme pour les autres ordres des insectes, d'indiquer ce qui concerne les types les plus intéressants et qu'on rencontre le plus souvent. Le meilleur commentaire de notre livre, c'est la nature continuellement observée; elle est la vérification aisée de nos indications.

Donnons, comme d'habitude, le pas aux guerriers. Voici les carabiques. Leur tête est armée de puissantes mandibules propres à déchirer leurs faibles victimes; elles jouent le rôle des dents du lion et du tigre. Deux yeux composés très larges permettent à ces cruels chasseurs d'embrasser un vaste horizon. Des pattes cylindriques, robustes, allongées sont les instruments d'une course prolongée et de grande vitesse.

Nous trouvons d'abord des carnassiers à taille élancée, à grosse tête saillante, à pattes très longues. Ce sont les cicindèles, d'une démarche vive et rapide. Elles se jettent sur les insectes qui passent à leur portée; leur vue excellente, leur agilité nous empêchent de les saisir facilement. Elles se plaisent, par la chaleur du jour, dans les lieux sablonneux secs; au soleil, elles volent devant l'observateur en changeant constamment de direction; mais ce vol dure peu. Par les temps froids et humides elles ne volent pas, mais courent entre les gazons. On rencontre en abondance près de Paris, dans les sentiers, dans les jardins même, la *cicindèle champêtre*, d'un beau vert, avec cinq points blancs sur les élytres, parfois d'un nombre moindre, parfois nuls. Une très rare variété de cette espèce est d'un magnifique bleu de saphir.

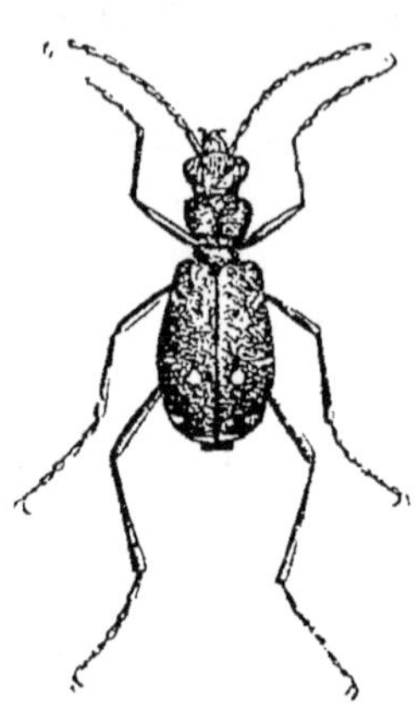

Fig. 16.
Cicindèle champêtre.

L'abdomen offre d'éclatantes nuances de rouge cuivreux (fig. 16). La *cicindèle hybride* vit dans les bois sableux; son vert est terne et assombri, relevé par des bandes et un croissant blanc. La *cicindèle sylvatique*, plus grande, qu'on trouve à Fontainebleau, est brune, toujours avec bande et points blancs. La *cicindèle germanique* est une jolie petite espèce effilée, à corselet cuivreux, à élytres vertes. Elle vole peu et court comme un carabe dans les hautes herbes. M. le docteur Laboulbène l'a rencontrée très commune au Bourg-d'Oisans, près de Grenoble. On la trouve accidentellement près de Paris; je l'ai prise dans la Brie. Sur les montagnes les touristes pourront capturer, dans la région des rhododendrons, la charmante *cicindèle chloris*, plus svelte que la *champêtre*, d'un riche vert avec des taches blanches larges et sinueuses. Elle s'envole sur les plaques de neige si on la pourchasse trop vivement. Sur nos côtes on voit courir et voler sur le sable la *cicindèle littorale*, très voisine de l'*hybride*. Je l'ai prise sur le port de Saint-Malo et sur les beaux sables micacés de la plage aristocratique de Dinard. Elle habite aussi la baie de Cancale, les dunes près de Granville, etc., et disparaît après le mois d'août.

Ces beaux insectes cherchent à mordre quand on les saisit, mais sans pouvoir entamer la peau. Ils répandent une forte odeur de rose ou de jacinthe, bientôt mêlée d'une odeur âcre due à une salive brune qu'ils dégorgent; « ce sont les tigres des insectes, » dit Linnæus; bienfaisants carnassiers qui dévorent une foule d'insectes nuisibles, ils concourent à la protection de nos forêts.

A l'état d'adulte, ces puissants chasseurs dédaignent la ruse et s'élancent avec férocité sur leur proie. Il n'en est pas de même dans leur premier âge. Leur appétit est aussi cruel, mais leurs pattes sont courtes et faibles ; ils se déplacent difficilement et presque tout leur corps est mou. La ruse va suppléer à la force. On rencontre en abondance, de juillet à octobre, les larves de la cicindèle champêtre dans des trous verticaux ou obliques, comme des cheminées cylindriques, ayant de 5 à 12 centimètres de long, placés dans des endroits secs. Les trous creusés par la larve de la cicindèle hybride ont jusqu'à 50 centimètres de profondeur. La larve de la cicindèle champêtre, qui atteint de 20 à 22 millimètres, est allongée, composée de douze anneaux (fig. 17). La tête est cornée, bien

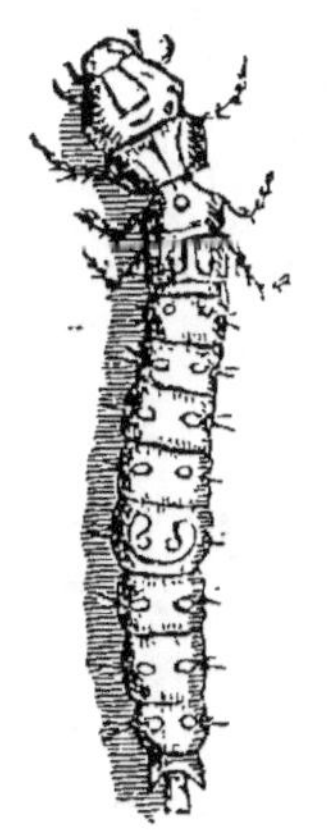

Fig. 17. — Larve
de cicindèle champêtre.

Fig. 18. — Trou d'affût
de cette larve.

plus large que le corps, en forme de trapèze : le premier anneau, également corné, d'un vert métallique, est élargi comme un bouclier ; les autres anneaux sont mous et d'un blanc sale ; le huitième, bien plus large, supporte une paire de tubercules charnus, rétractiles, surmontés de crochets et dont voici 'usage : la larve, pliée en Z, monte dans son tube et s'y cramponne, appuyée par le dos du thorax, et soutenue par les crochets du huitième anneau. Sa large tête, repliée à fleur de terre, forme un pont qui masque le trou. Malheur à l'insecte imprudent qui passe sur cette bascule perfide ! Elle cède sous lui, il est précipité au fond du puits meurtrier, où la cicindèle se gorge de son sang (fig. 18). Pour obtenir cette curieuse larve, Constant Duméril recommande de descendre avec précaution un fétu de paille dans le trou et de l'y laisser quelque temps immobile. Bientôt elle saisit la paille qui l'irrite, et on peut la remonter, cramponnée par ses puissantes mandibules. Au moment de se métamorphoser, la larve agrandit le fond du trou et bouche l'orifice avec de la terre détachée du sol; c'est ce qui fait qu'on a été fort longtemps sans connaître la nymphe, découverte et publiée par Blisson en 1848. Il est bon de fixer à demeure un petit piquet dans le trou de la cicindèle. Il servira plus tard à retrouver la nym-

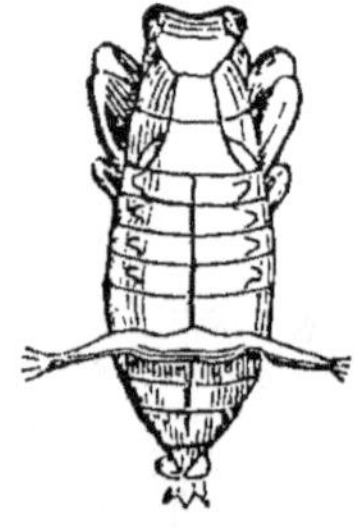

Fig. 19. — Nymphe de la
cicindèle champêtre
(dessus).

Fig. 20. — La même
en dessous.

phe. Elle est luisante, un peu arquée, d'un jaune paille, avec des pattes blanchâtres, le tout recouvert d'une mince peau qui laisse voir les formes, comme chez tous les coléoptères. Les premiers segments de l'abdomen ont de petites épines, le cinquième deux longues pointes divergentes, servant sans doute à la maintenir au fond du trou (fig. 19 et 20).

Près des cicindèles se placent des coléoptères, également ailés et très agiles, de forme plus robuste, remarquables par la grosseur de la tête et le développement des yeux, qui sont très proéminents. Ce sont des chasseurs semi-nocturnes, ayant besoin de bien apercevoir leurs victimes, dans une lueur indécise qui tend à les dérober aux atteintes. On les nomme les *mégacéphales*, et ils existent dans les deux continents. Une espèce doit nous intéresser à juste titre, c'est la *mégacéphale de l'Euphrate* (genre *tetracha* des auteurs modernes), découverte par Olivier sur les rives de ce fleuve célèbre. Elle est

un peu plus grande que notre cicindèle champêtre ; ses appendices sont fauves, le sommet de la tète, le corselet, la majeure partie des élytres et le dessous
du corps d'un beau vert brillant. L'extrémité des élytres est noirâtre, puis
d'un fauve pâle (fig. 21).

Cette mégacéphale existe près d'O-
ran, sur le bord de salines naturelles,
vivant dans des trous circulaires qu'elle
creuse dans la terre grasse et humide
des berges. C'est seulement au crépuscule du soir et du matin, nous
apprend M. Cotty, qu'on voit ces insectes courir avec rapidité autour de
leurs trous, sans faire usage de leurs
ailes. Il ne faut donc pas chercher ce
brillant insecte ni en pleine nuit, ni

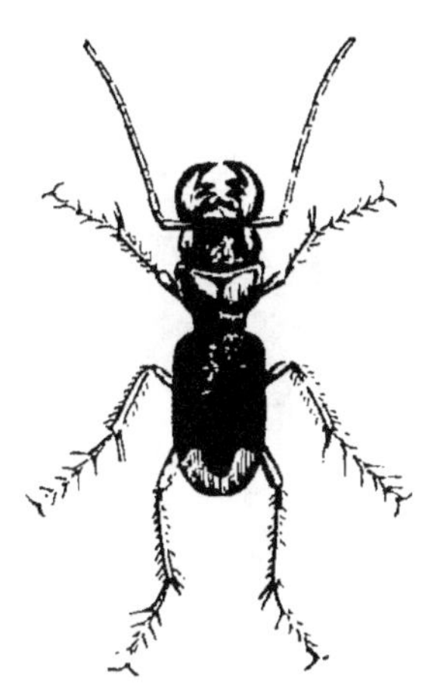

Fig. 21. — Mégacéphale
de l'Euphrate.

au milieu du jour. Dans la Transcaucasie, pareillement dans
des terrains salés, Ménétriès a capturé la mégacéphale et l'a
vue se nourrir avec voracité de lombrics et de chenilles.

Sa larve est remarquable par sa grosse tête et la largeur
extrême du premier segment du thorax. La tête est d'un vert
de bronze obscur et munie de chaque côté de quatre oscelles,
deux supérieurs très gros, surtout le postérieur, et deux latéraux très petits. Le prothorax semi-circulaire et les deux autres
segments thoraciques bien plus étroits sont d'un brun foncé
brillant ; l'abdomen, peu consistant, est d'un jaune blanchâtre
(fig. 22). La force des mandibules en faucilles, les longues
pattes et les huit yeux embrassant tout l'horizon (fig. 23) dénotent un chasseur implacable. Cette larve se tient en embuscade, pliée dans son trou, comme les larves de cicindèle, et,
pour s'appuyer, son huitième anneau est muni de quatre crochets cornés. Enfin, cet insecte est devenu européen, on l'a
rencontré dans des salines naturelles près de Murcie, en Espagne, et on peut présumer qu'il existe en France dans quelques localités analogues, par exemple dans les environs de
Marennes ou près des marais salants des côtes méditerranéennes.
L'espérance de déterminer quelques personnes à faire cette in-

téressante recherche nous a engagé à mentionner la mégacéphale de l'Euphrate, et à montrer combien s'étend sa zone d'habitation.

Un type des plus étranges termine le groupe des cicindèles. Il se compose d'insectes très rares dans les collections et habitant les déserts du pays des Hottentots, dans l'Afrique australe. Au lieu des formes élégantes des cicindèles proprement dites, imaginez des coléoptères aux longues pattes robustes et velues, à la partie ventrale renflée, non sans analogie d'aspect avec les mygales,

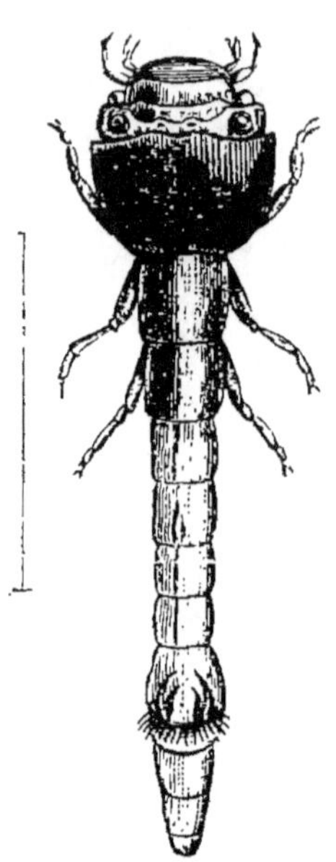

Fig. 22.
Larve de la mégacéphale
de l'Euphrate.

Fig. 23.
La tête de profil montrant les petits ocelles latéraux.
Une mandibule en faucille.

ces énormes araignées poilues qui attaquent les oiseaux-mouches, vous avez les *manticores*. Leurs élytres soudées, larges et tranchantes sur les bords, ne recouvrent pas d'ailes.

Les *manticores*, penchées un peu en arrière lors de l'affût, tiennent leurs formidables mandibules hautes et ouvertes. Elles disparaissent par la fuite la plus rapide dès qu'on cherche à les saisir. Si elles ne trouvent pas de retraite, elles s'adossent contre quelque obstacle et se mettent sur la défensive. C'est à l'ardeur du soleil qu'on les voit courir, dit M. de Castelnau dans la relation de son voyage en Cafrerie. Elles se réfugient dans des trous circulaires, faits peut-être par des condylures, animaux de la famille des taupes. M. de Castelnau essaya en vain de s'en emparer dans ces retraites profondes. Il fit inutilement creuser à 2 mètres et demi, et les nombreuses galeries qu'on découvrait sans cesse l'obligèrent à abandonner un travail manifestement inutile. On connaît maintenant plusieurs espèces de ces curieux insectes, dont la moins rare est la *manticore tuberculeuse*. Nous figurons la plus grande espèce, la *manticore à larges élytres* (fig. 24).

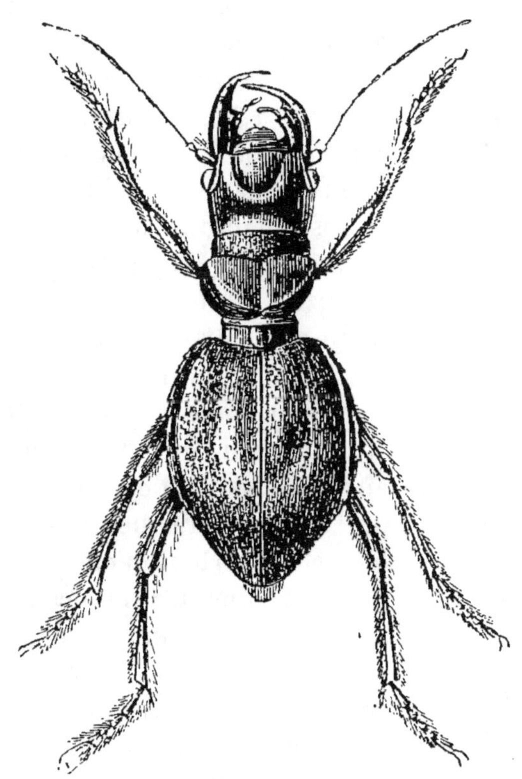

Fig. 24. — Manticore à larges élytres.

Les carabes sont des chasseurs encore plus fortement armés que les cicindèles. Ce sont essentiellement des carnassiers terrestres ; ils n'ont que des ailes incomplètes sous leurs élytres parfois soudées. On les reconnaît tout de suite à leurs longues antennes amincies, à leur corselet élégamment découpé en cœur. Leurs élytres sont épaissies au bord, leurs pattes longues et robustes. Toujours solitaires, ils courent dans les sentiers, entre les herbes des bois, sur les talus bien exposés où abondent les insectes. Leurs élytres sont tantôt lisses, le plus souvent striées longitudinalement ou rugueuses et chagrinées. Parfois elles sont noires et ternes, le plus souvent elles brillent d'un vif éclat métallique. Dans nos jardins, dans nos champs abonde le *carabe doré*, aux élytres d'un beau vert, avec des côtes élevées, aux pattes et aux antennes jaunâtres (fig. 25). On le nomme la *jardinière*, la *couturière*, le *sergent*, le *vinaigrier*. Cet insecte, comme ceux de son genre, lance par l'anus, quand on l'irrite, un liquide corrosif et d'une odeur fétide; c'est de l'acide butyrique, ainsi que l'a reconnu Pelouze, celui qui donne la mauvaise odeur au beurre rance. En outre, il re-

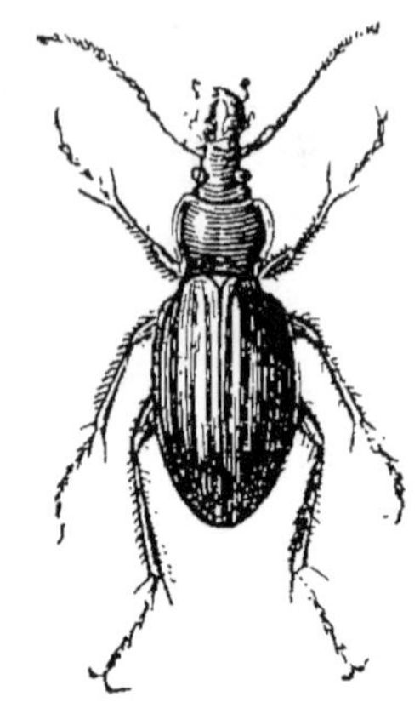

Fig. 25. — Carabe doré.

jette une salive brune et âcre. Il serait bien à désirer que les gens de la campagne, au lieu d'écraser ce brillant insecte, eussent pour lui le respect qu'on doit aux défenseurs des récoltes. Les larves qui vivent de racines, les chenilles, les hannetons surtout, n'ont pas de plus formidable ennemi. On rencontre parfois au milieu d'un sentier un carabe doré saisissant un hanneton par le ventre, lui dévorant les intestins, tandis que le hanneton marche en endurant ce terrible supplice, sans que le carabe cesse de le suivre un seul instant. Nos environs de Paris nous offrent aussi le *Carabus monilis*, d'un vert cuivreux ou violacé, avec trois rangs de lignes sur les élytres et trois séries de points saillants entre les sillons comme des grains de chapelet; le *Carabus purpurascens*, d'un aspect très allongé,

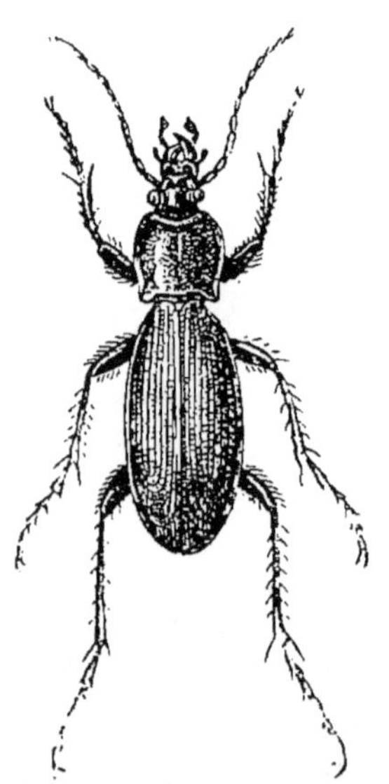

Fig. 26. — Carabe pourpré

à robe sombre bordée de belles nuances violettes et purpurines (fig. 26). Le midi de la France, les Pyrénées présentent aux amateurs des carabes dont les teintes métalliques rivalisent d'éclat avec les plumes à reflets étincelants des paradisiers et des oiseaux-mouches ; ainsi les *Carabus auronitens*, *splendens* et *rutilans*, ces derniers propres aux Pyrénées, dont la rencontre comble de joie les jeunes entomologistes, émerveillés des feux brillants de leur parure. La Sibérie présente aussi de nombreuses et belles espèces de carabes. Les ours en sont très friands, et dévorent beaucoup de ces insectes que les collectionneurs payent d'un prix élevé. Un intérêt bien plus grand que la beauté s'attache aux carabes et à leurs voisins les calosomes. On dit que les colons du Cap, en voyant leurs champs ravagés par des légions d'Antilopes, regrettent parfois la destruction des lions. Je doute cependant qu'aucun d'eux consente à ramener ces terribles protecteurs. Les insectes carnassiers, au contraire, sont des lions et des tigres de poche qu'on fera bien de mettre en boîte dans ses promenades et d'apporter au jardin.

Les larves des carabes vivent sous les herbes et les mousses, dans les feuilles sèches et les troncs d'arbres. Elles se ressemblent beaucoup dans les diverses espèces, sont assez longues, aplaties, d'un brun foncé, luisant en dessus, avec le corps terminé par deux petites pointes. Elles s'enfoncent en terre et se transforment en nymphes sous les pierres. Les carabes qui en sortent par la peau fendue le long du dos sont d'abord mous et d'un jaune terne ; mais au bout de deux ou trois jours leurs téguments acquièrent leur dureté et leur éclat métallique. Les larves des carabes sont agiles, à pattes bien développées ; aussi n'ont-elles pas

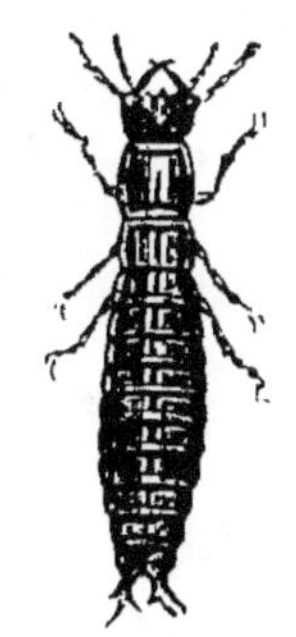

Fig. 27.
Larve du carabe
brillant d'or.

besoin de pièges. Elles chassent à découvert et sont aussi carnassières que les insectes parfaits. Nous figurons la larve du *Carabus auronitens* (fig. 27).

Nous engageons à rechercher sur les berges des petits ruisseaux une espèce de carabe, très rare à cause de la difficulté de sa chasse. Il faut le guetter la nuit aux lanternes. Pendant le jour il se cache sous les pierres. Il paraît vivre de grenouilles et de petits poissons. C'est le *carabe noduleux* à élytres creusées de fossettes et relevées de bosselures, tout noir. On le cite d'Allemagne et d'Alsace, aussi des Vosges, mais on doit le rencontrer avec de la patience en d'autres lieux de notre pays (fig. 28).

Un autre groupe de coléoptères chasseurs est celui des calosomes. Ceux-là grimpent aux arbres, et de plus ont des ailes sous leurs élytres, ce qui leur sert à passer d'un arbre à l'autre. Tandis que les carabes ont les épaules étroites, arrondies et effacées, les calosomes ont la base des élytres bombée

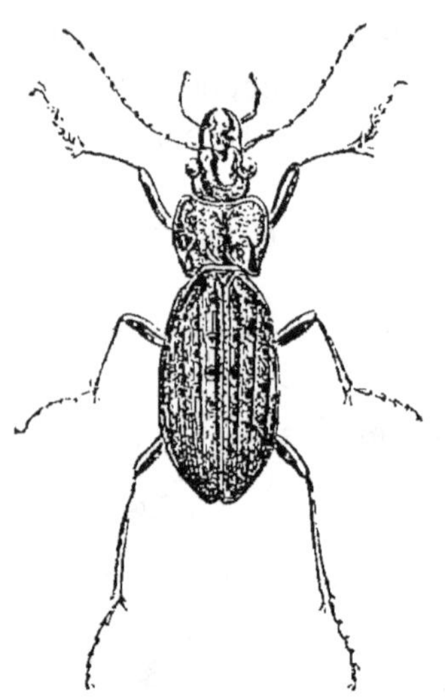

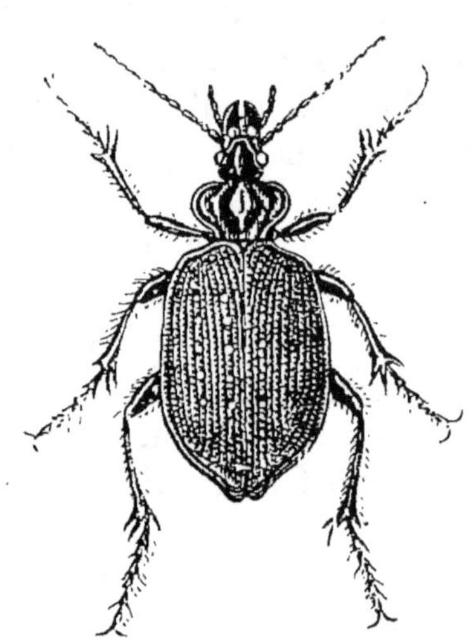

Fig. 28. — Carabe noduleux. | Fig. 29. — Calosome sycophante.

et saillante sur les côtés, afin de loger ces organes nécessaires à leur genre de chasse. Ce sont, eux et leurs larves, de grands destructeurs de chenilles. C'est au mois de juin, de six à sept heures du soir, dans nos bois parisiens, qu'il faut chercher le magnifique *calosome sycophante*, le long des troncs de chênes ou en secouant les branches. Son corselet en cœur, comme celui des carabes, est d'un bleu sombre bordé de bleu plus vif, ses élytres étincellent de l'éclat de l'or le plus poli, son abdomen est mêlé de noir et de violet (fig. 29). Il répand une odeur très forte et pénétrante. Réaumur nous fait connaître que sa larve d'un noir lustré, analogue d'aspect à celles des carabes, va souvent établir son domicile au milieu de ces grandes bourses soyeuses que nous voyons attachées sur les chênes. Elles sont habitées par des chenilles dites *procession-naires* (*Bombyx processionea*) d'après la manière dont elles sortent en rang à la suite les unes des autres. Ces chenilles paisibles semblent ignorer les intentions de leur hôte terrible. Tout d'un coup il se jette sur elles, les perce de ses robustes mandibules et sème autour de lui le carnage, au grand profit de l'arbre, qu'il débarrasse d'un fléau. Le professeur Bois-Giraud, à Toulouse, avait délivré de chenilles les arbres de son jardin en y lâchant les féro-ces *sycophantes* qu'il trouvait dans les forêts. Nos bois pré-sentent aussi une espèce plus petite, le *calosome inquisiteur*, à couleur sombre, un peu cuivreuse. On trouve bien plus rarement le *calosome à points d'or*, propre au Midi, se trou-vant aussi dans les taillis de nos côtes de Bretagne et peut-être de Normandie. M. Boulard le prenait au bas de Romain-ville contre Paris, dans un terrain vague plein de char-dons, il y a une cinquantaine d'années. M. Lucas a vu en Al-

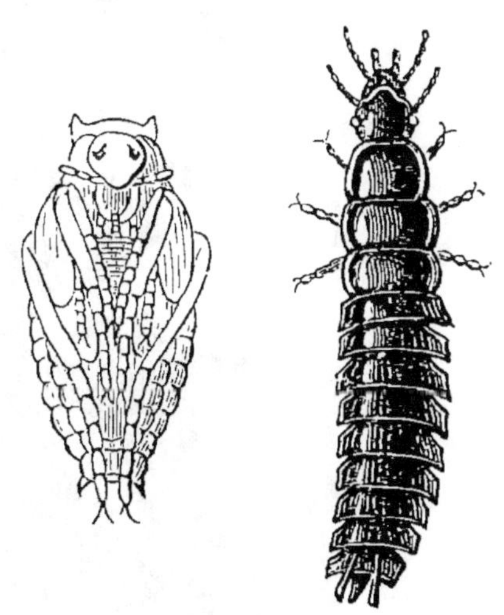

Fig. 50 et 51.
Larve et nymphe du Calosome
à points d'or.

gérie, près d'Oran, la larve de cette espèce dévorer des colima-çons et s'établir dans leur coquille (fig. 50 et 51). Toutes les lar-ves de calosomes sont si voraces qu'elles se gorgent d'aliments au point de doubler de grosseur dans leur peau distendue. Elles tombent alors dans un état de torpeur, comme les serpents qui digèrent, et sont parfois dévorées par de plus jeunes larves de leur propre espèce. Elles s'enfoncent en terre pour se changer en nymphes de couleur claire, en forme de croissant.

Nous nous contenterons maintenant d'indiquer d'une ma-nière rapide quelques exemples curieux qui termineront cette revue de la grande famille des carabiques ou coléoptères ter-restres se nourrissant de proie vivante.

En 1825, fut signalé pour la première fois à l'attention des amateurs un coléoptère de Java, de la forme la plus singulière, avec des élytres élargies et débordant en manière de feuille (fig. 32). Il demeura longtemps fort rare dans les collections et d'un prix excessif. On peut voir ci-contre la figure d'un magnifique exemplaire de cette espèce, prise d'après na

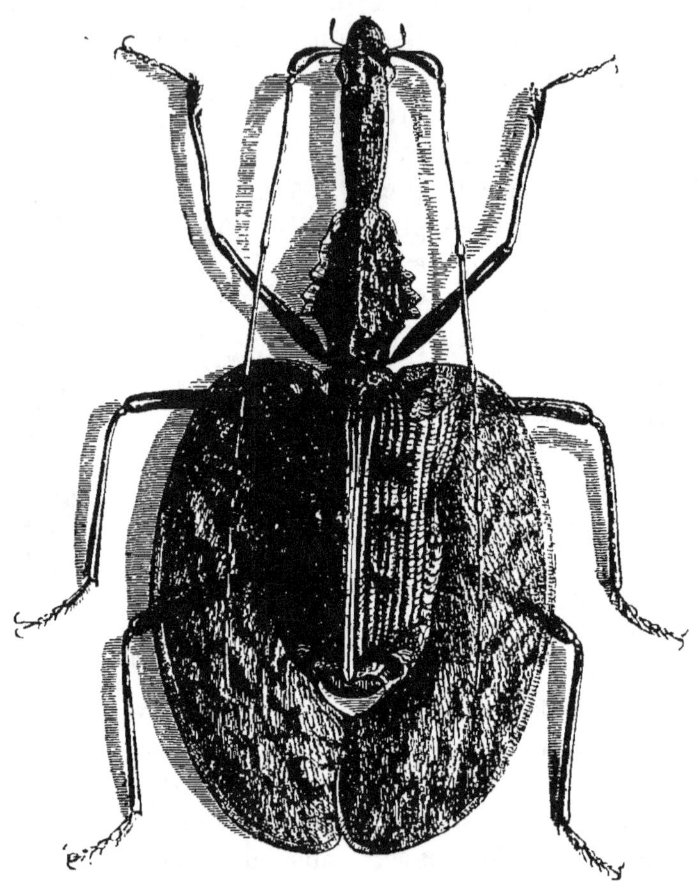

Fig. 32. — Mormolyce-feuille.

ture, comme au reste presque tous les dessins de cet ouvrage. La larve, récemment connue, se rapproche par sa forme de celle des carabes, et se trouve sur les troncs et les racines des arbres de haute futaie, dans les forêts profondes de l'île malaise. On peut voir que la nymphe commence à présenter un élargissement en rapport avec la forme de l'adulte (fig. 33 et 34). On a cru longtemps que ces carnassiers aplatis vivaient sous les écorces. On sait maintenant, par M. de Castelnau, qui a découvert deux espèces nouvelles dans la presqu'île de Malacca, qu'ils se tiennent exclusivement, fuyant la lumière, contre le sol, sous les arbres gigantesques gisant renversés. Quand, à force de bras de vigoureux Malais, ces troncs sont déplacés brusquement, on voit les mormolyces immobiles, éblouis pendant quelques instants. Qu'on se hâte de les saisir, car ils fuient bientôt avec rapidité.

Nous rencontrons dans le midi de la France, sur les plages sablonneuses de la Méditerranée, par exemple près de Cannes, de singuliers coléoptères noirs, à tête

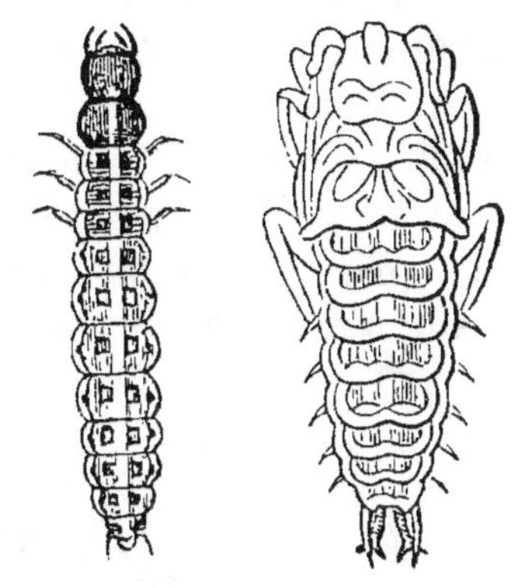

Fig. 33 et 34.
Larve et nymphe de Mormolyce.

énorme, insérée sur un corselet en demi-cercle et armée de deux fortes mandibules. Ce sont les *scarites*, insectes semi-nocturnes, qui se creusent des galeries dans le sable et sortent la nuit pour chasser. Une espèce, la plus grande que nous ayons en France, passe le corps à demi hors de son terrier, à la façon d'un grillon, et tient écartées comme une pince ses fortes mandibules, prête à saisir la proie qui passe à portée (fig. 35). Nous recommanderons aux touristes ces insectes intéressants. Écoutons P. de la Brûlerie au sujet de cet insecte, le *scarite géant*, qu'il observait sur les côtes du sud de l'Espagne :

« Les heures de soleil sont pour lui les heures de chasse. Ses pattes, si bien construites pour fouir la terre, lui seraient de peu de secours pour atteindre à la course une proie plus agile que lui; aussi ne connaît-il que l'affût à l'entrée de son trou. Il sait que ni la nuit ni l'ombre ne sont favorables à ses exploits, puisque les mélasomes dont il se nourrit n'aiment que la lumière et la chaleur. Aussi met-il à profit les nuits et les journées sombres pour la promenade. Les mâles sont bien plus vagabonds que les femelles; celles-ci sortent peu de leur retraite. C'est sans doute leur recherche qui, par certaine ournée où le soleil ne se montra pas, avait fait sortir des scarites mâles plus nombreux que de coutume. J'en vis deux qui se battaient, peut-être pour la possession d'une femelle. C'était plaisir de les voir prendre champ, et dressés sur leur première paire de pattes raides en avant, se menacer de la dent. Tous deux ensemble ils s'élancent, enlacent leurs mandibules, serrent et secouent avec rage. L'un et l'autre fait d'inutiles efforts pour blesser son adversaire ou le forcer à lâcher prise. Grâce aux armes et aux cuirasses égales des deux champions, cette première attaque reste sans résultat. Ils se

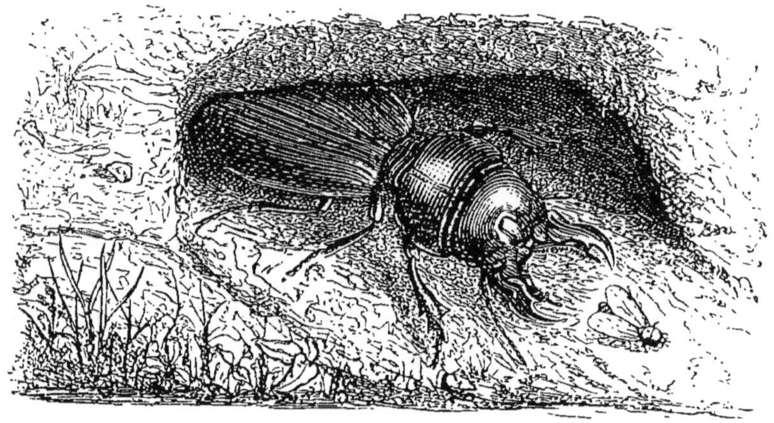

Fig. 35. — Scarite géant à l'affût.

séparent, reculent de quelques pas et s'élancent de nouveau. Cette fois, le plus adroit réussit à saisir l'autre par la taille. c'est-à-dire par le pédoncule étroit qui joint le prothorax au reste du corps. Il serre de tout son pouvoir; son intention manifeste est de couper en deux son ennemi, mais c'est en vain : il ne parvient pas même à entamer sa carapace. Alors, au lieu d'user ses forces en pure perte, il prend un autre parti. Raidissant en avant plus que jamais ses pattes antérieures et fléchissant en arrière son prothorax, dont l'articulation mobile lui permet de donner à ce mouvement une amplitude peu ordinaire chez les carabiques, il élève verticalement ses mandibules et tient ainsi son adversaire enlevé de terre. Le pauvre scarite, privé de point d'appui, agite en vain ses pattes, ouvre et ferme sa bouche sans rien saisir que le vide, puis cesse de faire aucun mouvement. Mais le vainqueur inexorable ne se laisse pas prendre à ce stratagème ; il continue à rester immobile et à tenir en l'air son adversaire. J'avais été jusqu'alors simple spectateur du combat ; mais comme la scène paraissait devoir se prolonger sans nouvelle péripétie, je me décidai à intervenir. Le danger commun fit fuir les combattants ; mais à peine avaient-ils parcouru quelques décimètres qu'ils se retournaient et se jetaient de nouveau l'un contre l'autre. Tous deux étaient sur leurs gardes ; aussi, bien des attaques furent-elles parées. Enfin, l'un saisit l'autre et l'enleva de terre comme la première fois. Malgré mon désir de voir l'issue définitive de la lutte, je ne pouvais rester à la même place toute la journée, et je les laissai dans cette position[1]. »

Une des plus grandes raretés des collections est une espèce d'un genre voisin des scarites, le *Mouhotia gloriosa*, du royaume de Cambodge, tout entouré d'un limbe étincelant. Les pays chauds n'ont pas tous leurs scarites noirs comme en Europe ; on trouve des espèces bordées de pourpre ou de vert métallique ou toutes métalliques, dans les *Molobrus* d'Amérique et les *Carenum* australiens.

Nous passons avec indifférence à côté des pierres qui gisent dans les chemins champêtres. Soulevons-les au contraire, il s'en échappe une nuée de petits êtres divers. Nous y trouverons d'élégants carabiques dont la tête, dont le corselet svelte et brillant se détachent en rouge sur des élytres vertes ou bleues. Ils sont faibles et ne peuvent vivre que des plus chétives proies. Les gros carnassiers se mettent volontiers à leur poursuite. O surprise ! de petites explosions se font entendre, une vapeur corrosive sort en forme de fumée par l'anus de ces *brachins ;* l'ennemi est mis en fuite à coups de revolver. Il paraît en outre que la nuit une légère lueur phosphorescente accompagne la crépitation. Chez les espèces exotiques de beaucoup plus grande taille, 'explosion est plus violente et le liquide projeté peut causer des urtications sur la peau. Ces fumées sont très acides, rougissent le tournesol et répandent une odeur analogue au gaz nitreux. De là le nom de *canon-*

____

1. *Ann. Soc. entomol. de France*, 1866, p. 521.

niers ou *bombardiers*, qu'on donne à ces petits coléoptères, qui vivent chez nous en sociétés nombreuses sous les pierres. Les noms d'espèces, *sclopeta*, *crepitans*, *explodens*, sont en rapport avec cette singulière arme défensive.

Enfin une innombrable légion, celle des *harpales*, termine le groupe des carnassiers terrestres. On les rencontre toute l'année, sous les pierres, dans les chemins, au pied des arbres. Ils sont de petite taille, de couleur foncée, quelquefois métallique, avec des pattes pâles. Grâce à eux, le plus menu gibier des espèces nuisibles aux végétaux est dévoré; ils s'attaquent à ces petites proies que dédaignent les grandes espèces, et, malgré leurs faibles dimensions, nous rendent d'éminents services. Qui n'a observé parmi eux le *harpale bronzé*, si commun, si répandu, qu'on rencontre dans l'intérieur de Paris, dans toutes les cours, dans les moindres jardinets?

Nous citerons encore, comme bien utiles et se trouvant partout, la *féronie noire*, la *féronie cuivrée*, l'*amara trivialis*, etc. On voit souvent les petits insectes de cette dernière espèce courant en tous sens après la proie, agiles, étincelants, comme de menus morceaux de cuivre qui brillent sur les chemins et même entre les pavés des places publiques.

Par une curieuse inversion de régime, les zabres sont des carabiques dont quelques espèces mangent des plantes. La larve du *zabre bossu* est nuisible aux céréales; le docteur Laboulbène a vu dans les Landes le *zabre enflé* dévorer les étamines des carex.

Les eaux, comme la terre sont habitées par d'autres chasseurs. Les pattes recourbées et élargies en rames, munies de cils les font aussitôt reconnaître. D'ingénieux artifices leur permettent de respirer l'air en nature; de même que les marsouins, les épaulards, ils sont obligés de puiser l'air à la surface et ne peuvent se contenter de l'eau aérée comme les poissons et les mollusques. Les plus puissants de ces carnassiers aquatiques sont les *dytiques*. Leur corps ovalaire, aplati, arrondi vers les extrémités, en biseau sur tous ses bords, est admirablement conformé pour fendre l'eau. Amis des eaux stagnantes, bourbeuses même, on les voit nager, avec vélocité, au moyen de leurs pattes postérieures. Ils remontent aisément en demeurant immobiles, la tête en bas, leur corps étant gonflé d'air amassé dans la partie terminale de l'intestin. Ils soulèvent l'extrémité postérieure de leurs élytres, englobent une bulle de fluide atmosphérique et les referment. De cette façon l'air, poussé comme par le piston d'une pompe, pénètre dans leurs tubes respiratoires, sans que l'eau puisse y entrer. Ils poursuivent tous les êtres vivants qui nagent autour d'eux ; ce sont les requins de la création entomologique. Ils saisissent leur proie avec leurs pattes de devant et la portent contre leur bouche. Non seulement ils s'attaquent aux larves des libellules, des éphémères, des cousins, mais aux têtards des grenouilles et des tritons, aux mollusques des eaux, aux petits poissons et au frai, aux œufs des écrevisses. Qu'on leur jette une grenouille éventrée, ils s'y attachent avec délices. On peut les conserver dans des bocaux et les alimenter avec de petits morceaux de viande crue. Esper en a nourri ainsi un plus de trois ans ; dès qu'il voyait arriver sa petite provision, il se jetait dessus avec l'avidité de l'hyène et en suçait le sang de la manière la plus complète. Une si grande voracité doit dépeupler souvent les eaux qu'habitent les dytiques. Heureusement pour eux, ils sont amphibies. Ils sortent de l'eau et marchent sur le sol avec quelque difficulté ; mais le soir, dépliant leurs ailes, bourdonnant à la façon des hannetons, ils se transporteront dans d'autres mares où ils amèneront la terreur et le ravage.

Une espèce commune et de forte taille est le *dytique bordé*. Le mâle a les élytres lisses, celles de la femelle sont cannelées pour qu'il puisse s'y cramponner, et sous ses pattes antérieures sont deux cupules garnies d'une foule de petites ventouses qui assurent son adhérence (fig. 36 et 37). M. Preudhomme de Borre a indiqué qu'en France, en Angleterre, en Belgique, ces femelles à élytres sillonnées sont la forme typique ; exceptionnellement on en trouve à élytres lisses comme les mâles. Au contraire, en Russie les femelles lisses sont bien plus communes que les sillonnées. En France et en Belgique, deux espèces voisines, les *Dytiscus circumcinctus* et *circumflexus*, n'ont de femelles à élytres sillonnées que très rarement ; elles sont lisses dans le type normal. Ces curieuses différences de races selon les régions sont encore inexpliquées.

Dans leur premier état, les dytiques sont exclusivement aquatiques, encore plus voraces qu'à l'état adulte, se nourrissant pareillement de proie vivante. La larve du dytique bordé

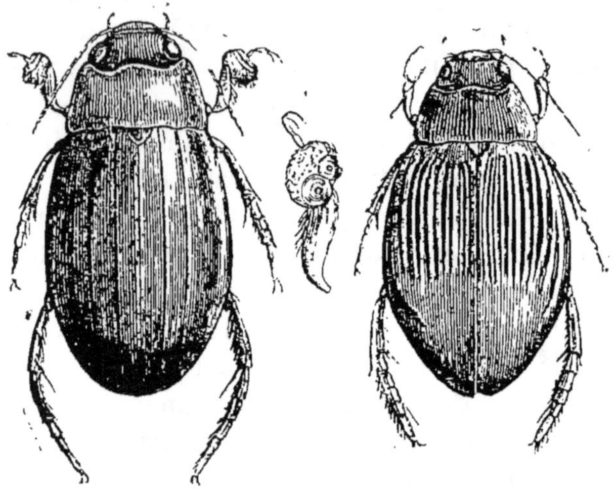

Fig. 36 et 57. — Dytique bordé mâle et femelle,
patte antérieure du mâle grossie.

est brune, comme couverte d'écailles, allongée, renflée au milieu. Elle nage par des mouvements vermiculaires rapides en frappant l'eau avec la partie postérieure de son corps. Deux

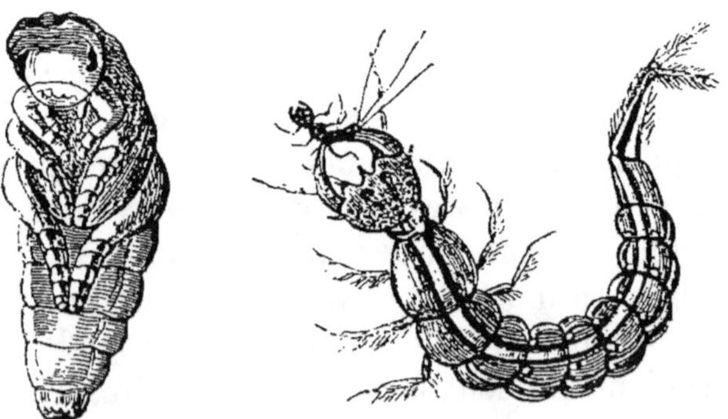

Fig. 58 et 59. — Nymphe et larve du dytique bordé.

petits corps cylindriques, divergents, à l'extrémité de son abdomen, lui servent à puiser l'air à la surface de l'eau (fig. 59). Sa tête est armée de deux mandibules en pince acérée, propre à harponner ses victimes. En dessous est la bouche, très cachée et contenant de petites mâchoires à l'intérieur. Quand le temps de la métamorphose est arrivé ces larves aquatiques deviennent exclusivement terrestres. Elles quittent l'eau, s'enfoncent dans la terre humide qui borde les ruisseaux et les mares, et, dans une cavité ovale qu'elles se pratiquent, se changent en nymphes d'un blanc sale, qui passent habituellement l'hiver (fig. 38). Disons, pour terminer, qu'on a remarqué l'extrême sensibilité du dytique bordé aux variations de l'atmosphère. Il se tient dans l'eau à diverses hauteurs selon l'état du ciel, et peut servir ainsi de baromètre vivant. La plus grande espèce de France est le *dytique très large* (fig. 40), trouvée d'abord dans le nord de l'Europe, puis en Alsace, en Lorraine, enfin aux Andelys-peut-être même à Fontainebleau, dans de petites mares. Nous engageons les jeunes ama, teurs à la rechercher près de Paris, où elle existe probable. ment. Dans un genre très voisin il faut citer le *cybister de Rœsel*, dont le corps à l'état vivant paraît orné d'un beau glacis bleu.

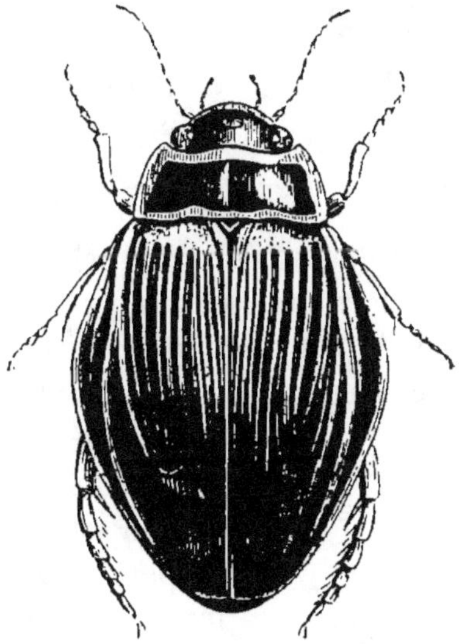

A la suite des dytiques se placent d'autres carnassiers

Fig. 40. — Dytique très large, femelle

des eaux, les *gyrins*, de mœurs un peu différentes. Ceux-là aiment les eaux claires, un peu agitées. Qui ne connaît ces petits insectes noirs, à reflet bronzé, traçant à la surface des eaux les plus capricieux méandres? On dirait au soleil de brillantes étoiles se détachant sur l'azur liquide. Ils vivent en troupes nombreuses, tournoyant sans cesse les uns dans les autres sans se heurter, ce qui leur a valu le nom vulgaire de *tourniquets*. Leur corps est entouré d'une mince couche d'air qu'ils entraînent avec eux lorsqu'ils plongent, et on voit alors sous leur ventre une bulle d'air simulant un globule d'argent et qui trahit leur présence. Ils poursuivent sans relâche les insectes qui, comme eux, vivent sur la surface de l'eau, ceux qui y viennent respirer ou qui y tombent. Deux longues pattes antérieures sont projetées brusquement sur la proie, puis elles se cachent dans des sillons latéraux pour ne pas gêner la natation rapide du gyrin. Ce sont les pattes suivantes, courtes, mais larges et munies de cils raides, qui font l'office de rames. Par une organisation admirable, les yeux composés des gyrins sont

Fig. 41. — Gyrin nageur, grossi.

doubles : la moitié inférieure aperçoit dans l'eau la larve molle qui peut servir de proie ou les poissons féroces, la moitié tournée vers le ciel avertit l'animal du danger aérien qui le menace et lui permet d'échapper, par un plongeon rapide, au bec assassin de l'hirondelle. Qu'on mette un gyrin dans un verre d'eau ; après avoir fait quelques tours en nageant, il vient se poser immobile à la surface du liquide ; si l'on approche le doigt, il s'enfonce aussitôt. Il saute hors de l'eau pour échapper aux poissons, et bientôt s'aide de ses ailes, qui lui servent le soir à se transporter de ruisseau en ruisseau. Cette vue perçante, la prestesse de leurs

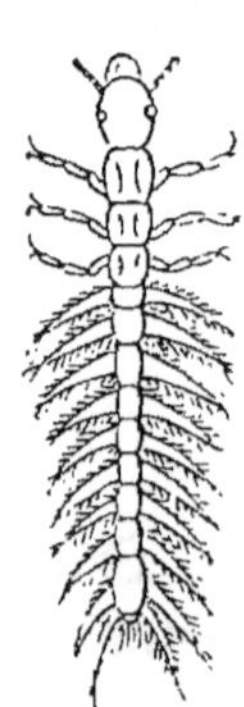

Fig. 42.
Larve du
gyrin nageur.

mouvements, rendent fort difficile la capture des gyrins. A peine si l'on en prend quelques-uns en jetant brusquement un filet en forme de poche au milieu de la troupe en ébats. On les saisit entre les doigts : aussitôt, arme perfide et imprévue, une humeur laiteuse et fétide suinte de leur abdomen. Si on les pose sur le sol, ils exécutent une série de petits bonds et tâchent de retourner à l'eau (fig. 41).

Les femelles du *gyrin nageur* pondent leurs œufs sur les plantes ou sur les pierres submergées, œufs cylindriques d'un blanc jaunâtre. Il en sort de petites larves vermiformes, au corps entouré d'appendices flottants qui les font ressembler à de petits mille-pieds (fig. 42). Bien développées, ces larves quittent l'eau au commencement du mois d'août et grimpent sur les feuilles des roseaux, des nénuphars. Là elles se construisent une coque ovale, pointue aux deux bouts, qu'on a

comparée à du papier gris, et y deviennent nymphes, molles
d'abord, puis prenant peu à peu de la consistance.

Le dernier groupe de coléoptères des eaux qui mérite d'at-
tirer notre attention est celui des hydrophiles, dont une espèce, le *grand hydrophile brun*, commun dans les eaux des
environs de Paris, est un des plus gros coléoptères de la France.

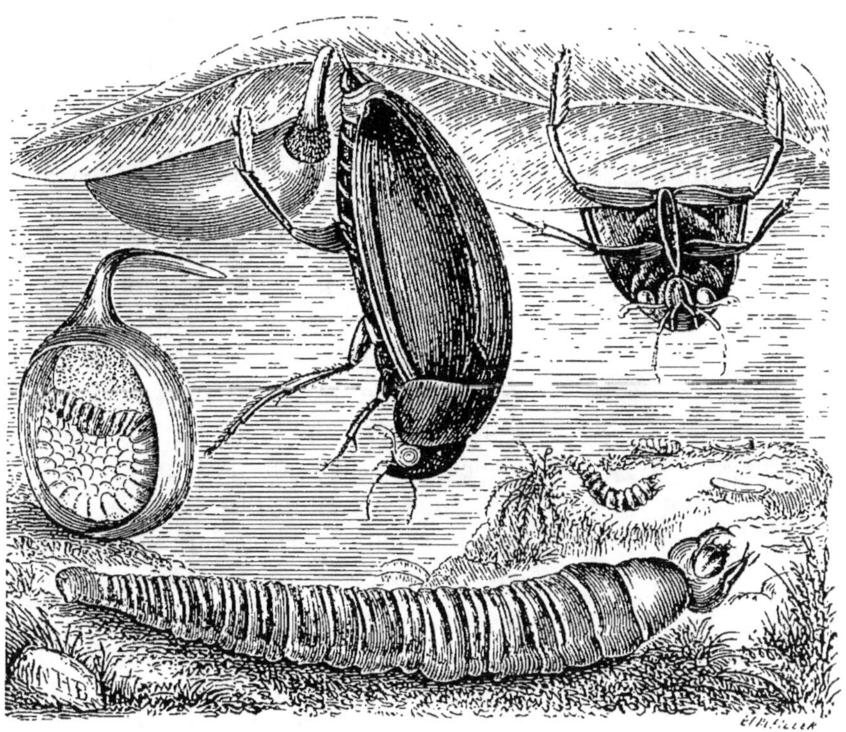

Fig. 43. — Hydrophile brun, larve et coque.

Ce groupe est beaucoup moins carnassier que les précédents,
surtout à l'état parfait, et on nourrit très bien l'hydrophile
brun avec des feuilles de salade. Je m'étonne que, par la mode
d'aquariums qui court, on ne s'amuse pas à remplacer par ces
curieux insectes les insipides poissons rouges. Les hydrophiles
nagent moins bien que les dytiques ; leurs pattes plus longues
sont moins élargies, et ils les font mouvoir non pas simulta-
nément, mais l'une après l'autre. Il ne faut les saisir qu'avec
précaution, car leur poitrine porte en dessous une pointe aiguë qui perce la peau jusqu'au sang. Bien que puissamment

cuirassés, les hydrophiles sont souvent la proie de dytiques de taille moitié moindre, qui parviennent à les tuer en les perçant entre la tête et le corselet, c'est-à-dire à la seule place qui, comme le talon d'Achille, donne prise aux blessures. C'est par la tête que l'hydrophile, à l'inverse du dytique, vient puiser l'air à la surface de l'eau. L'antenne est coudée, et ses articles aplatis en godets, collés contre le corps, forment une gouttière ou rigole où s'engage une bulle d'air quand l'antenne sort de l'eau. De là, l'air glisse sous le corps, où il est retenu par un duvet de poils serrés, de sorte que l'animal semble entouré d'une robe d'argent, et il parvient ainsi aux orifices respiratoires.

C'est à la fin de l'été que l'hydrophile brun prend sa forme parfaite. Il passe l'hiver engourdi au fond de l'eau, ou parfois sous les mousses et les feuilles sèches des bords. Il peut se transporter en volant d'une mare à l'autre. Dès le mois d'avril, les femelles fécondées s'occupent du soin d'assurer le sort de leur postérité. Des glandes abdominales leur permettent de sécréter une sorte de soie; les filières de ces glandes, à la façon de celles des araignées, sont autour de l'orifice anal (fig. 44). Cet exemple est unique chez les insectes adultes. La femelle s'accroche en travers sous une feuille qu'elle courbe un peu. L'abdomen s'applique sous ce dôme, et les filières laissent sortir une humeur gommeuse qui se solidifie dans l'eau et forme une coque voûtée où il reste engagé (fig. 45). Puis on voit se dégager une à une de petites bulles d'air à mesure que les œufs pondus occupent leur place. Enfin l'insecte façonne une pointe relevée au-dessus de l'eau et qui ferme la coque. La femelle traîne après elle cette coque fixée à une feuille; puis, comme la mère de Moïse, elle confie à l'onde ce cher berceau dans un endroit calme et propice. La corne solide et recourbée

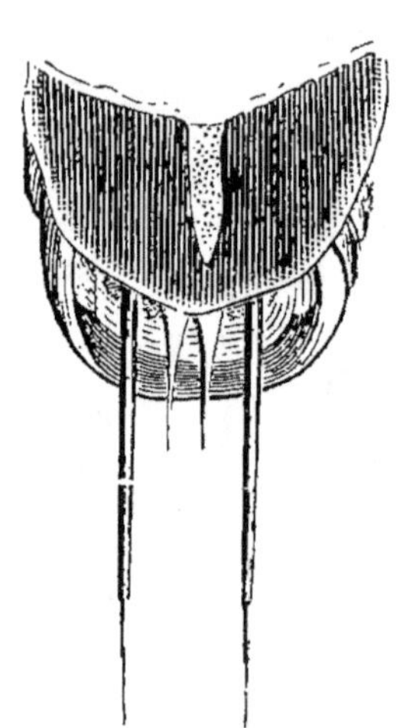

Fig. 44.
Filière de l'hydrophile.

ui*le termine lui donne la faculté de s'accrocher aux corps
ottants qu'il rencontre, et sauve ainsi la jeune famille que des
ents violents pourraient porter sur des rives inhospitalières.
.u bout de douze à quinze jours sortent des œufs et de la co-
ue de petites larves. Elles restent plusieurs jours attachées
ontre leur berceau, et paraissent d'abord se nourrir de végé-
ıux. Elles changent plusieurs fois de peau et deviennent très
arnassières. Réaumur les nomme *vers assassins*. Agiles, à
ongues pattes, elles grimpent volontiers aux plantes. Elles
ont brunes, se raccourcissent et se dilatent aisément. De lon-
ues mandibules et de longues mâchoires dépassent leur tête.
lous leur trouvons des instincts bien curieux. Elles vivent sur-
out de ces lymnées, de ces physes, mollusques à minces co-
uilles spiralées qui flottent sur l'eau. Les mollusques sont saisis
ar-dessous; la larve recourbe sa tête en arrière et presse la co-
uille contre son dos, comme un point d'appui, la brise, puis
nange le limaçon à son aise. Qu'on la saisisse, que le bec d'un

iseau aquatique la rencontre,
lle fait la morte, son corps
rend de chaque côté comme
ıne dépouille flasque et vide.
ii cette ruse est inutile, elle·
end par l'anus une liqueur
ıoire qui trouble l'eau et peut
ui permettre d'échapper à son
mnemi. L'état de larve dure
mviron deux mois. Elle cesse
le manger, sort de l'eau et va
creuser en terre une sorte de

Fig. 45. — Nymphe de l'hydrophile.

errier de 4 à 5 centimètres de profondeur, s'y pratique au fond
ıne cavité sphérique très lisse à l'intérieur. Elle s'y change en
nymphe blanchâtre, et chaque angle du corselet porte trois pointes cornées qui semblent permettre à la nymphe de rester à quelque distance des parois de la coque (fig. 45). Au bout d'un mois
environ, l'hydrophile sort de la peau de la nymphe fendue sur
le dos; ses élytres couchées le long du ventre se retournent
sur le dos; ses ailes se déploient, puis se replient, quand elles
sont devenues fermes, sous les étuis encore blancs et mous;

l'insecte s'appuie sur ses pattes encore mal affermies. Telle est la manœuvre commune aux coléoptères. Peu à peu l'insecte se colore; il reste encore une douzaine de jours sous terre, puis s'échappe et se rend à l'eau après trois mois d'évolutions successives dont nous avons présenté l'histoire. Selon une découverte anatomique intéressante de Constant Duméril, l'intestin de la larve, à mesure que ses métamorphoses se poursuivent, s'allonge de plus en plus, en même temps que le régime tend à devenir herbivore. En effet, l'adulte préfère les végétaux aux matières animales, dont il mange cependant si la faim le presse. La métamorphose inverse s'observe pour le tube digestif du têtard de grenouille ou de crapaud, qui se nourrit de végétaux aquatiques; ce tube devient très court sous la forme adulte de la grenouille, avide au contraire d'insectes et de mollusques.

Nous retournerons maintenant sur la terre, et nous trouverons d'autres mœurs à étudier. Après les lions et les tigres des insectes, viennent les hyènes et les chacals, qu'un odorat des plus subtils amène vers les cadavres. Qu'un mulot, une taupe ait trouvé la mort, qu'une grenouille ou qu'un poisson soit abandonné sur le bord des eaux, bientôt arrive en volant une troupe funèbre; ce sont les *nécrophores* ou *fossoyeurs*. Le plus souvent leur corps quadrangulaire offre les élytres bigarrées de jaune et de noir, par bandes, comme on le voit dans le *Necrophorus vespillo*, c'est-à-dire *fossoyeur*, le plus commun, le type du genre, et aussi dans le *Necrophorus fossor* ou *fouisseur*, que nous représentons (fig. 46). On rencontre, bien plus rarement, une grande espèce toute noire, le *nécrophore germanique* (fig. 47). Une petite espèce à bandes, *nécrophore des morts*, vit surtout dans les champignons pourris. Le *nécrophore enterreur* (*humator*) est plus petit que le *germanique*, tout noir comme lui, mais avec le bout en massue des antennes de couleur rousse. Ces insectes bizarres exhalent une odeur désagréable, mêlée de musc. Souvent leur corps est couvert de petits animaux à huit pattes, les *gamases des coléoptères*, de la classe des arachnides. Mœurs étranges! ces chétifs parasites ne semblent nullement vivre de l'insecte qui les porte, ils se sont accrochés à ses poils, et leur troupe s'en sert

ɔmme d'un véritable *omnibus* pour se faire conduire là où la
ible sera à leur goût. On trouve encore ces gamases sur les
arabes, les géotrupes, etc., et sur les bourdons, insectes hy-
ıénoptères. Ce sont réellement des nymphes sans sexe, des
ypopes, cuirassés et munis de griffes pour le voyage et qui
eviennent des sexués, mâle et femelle, quand ils sont trans-

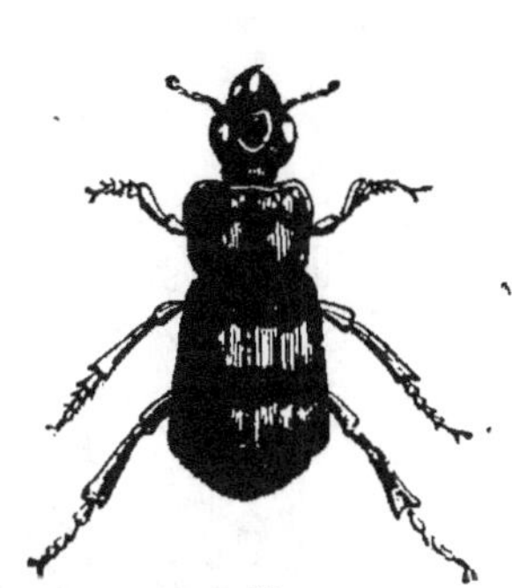

Fig. 46.
Nécrophore fouisseur.

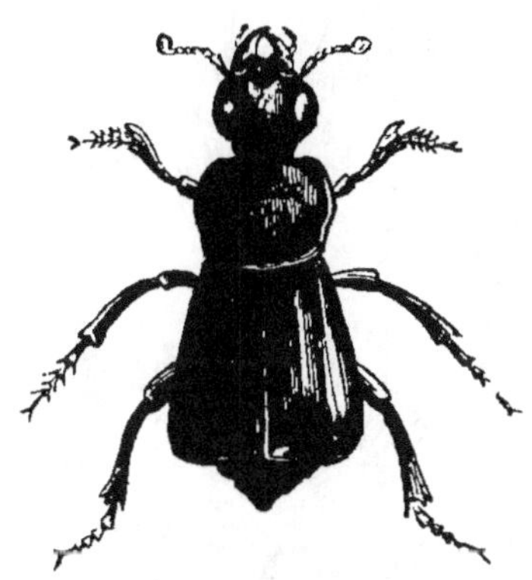

Fig. 47.
Nécrophore germanique.

ortés dans un milieu propice (M. Mégnin). On les rencontre
ussi sur les petits mammifères, comme les mulots ; enfin ils
ourent librement entre les mousses. Quand on inquiète les
ıécrophores, ils font entendre un petit bruissement, en frottant
eur corselet contre les élytres.

M. Poujade a reconnu que les nécrophores ont au vol les
ılytres relevées au-dessus du dos et se touchant par leur sur-
ace supérieure (de même chez les staphylins et les silphes) ;
es pattes intermédiaires sont ramenées en avant et relevées
ıu-dessus du thorax.

Les femelles surtout entourent le petit cadavre ; s'il est trop
ourd, elles vont chercher des aides de leur espèce, en leur
ıpportant sans doute des traces odorantes de leur proie. Ce
ı'est pas seulement pour leur propre nourriture que ces co-
éoptères sont attirés, c'est pour préparer le berceau et les repas
le leurs enfants en débarrassant le sol d'une source d'infec-
ıion, par une admirable harmonie. La terre est creusée au-des-
ıous des restes de l'animal au moyen des larges pattes de devant

des nécrophores pareilles à des bêches (fig. 48); le petit cadavre s'enfonce peu à peu, parfois à trente centimètres au-dessous du sol. Après ce travail acharné, la troupe festine et les
femelles pondent leurs œufs. Le dîner des pères servira aux
fils. Promptement éclosent des larves à douze anneaux, grisâ-

Fig. 48. — Nécrophores enterrant un mulot.

tres, garnies sur la région du dos de plaques écailleuses, à
pattes très courtes, car elles ont à peine besoin de se mouvoir,
à tête brune et dure, munie de puissantes mandibules. Elles
s'enfoncent ensuite plus profondément, et s'entourent d'une
loge ovalaire en terre enduite d'une salive gluante qui durcit
bientôt, puis sortent à l'état adulte environ un mois après.
Quelques espèces de nécrophores aiment les champignons
pourris.

A côté des nécrophores, et plus utiles encore pour la salu-
rité atmosphérique, se placent les *silphes* ou *boucliers*, ainsi
nommés à cause de leur forme large et arrondie. Ils s'attaquent aux mammifères et aux oiseaux morts qui gisent dans
les bois et les campagnes ou que rejettent les eaux ; ils ne les
enterrent pas, mais pénètrent avec avidité sous leur peau et
bientôt ont dépouillé leurs chairs jusqu'aux os. Une grande
espèce noire, le *silphe littoral*, se plaît dans les poissons morts
rejetés par les eaux. La femelle a l'extrémité de l'abdomen
très prolongée en pointe pour la ponte des œufs. Leur livrée
est en général sombre, en rapport avec leurs repoussantes

Fig. 49,
Silphe thoracique.

Fig. 50.
Silphe à quatre points.

fonctions. Leur odeur est nauséabonde. Les larves, comme les
adultes, vivent au milieu des chairs putréfiées. Elles sont
plates et paraissent très larges par suite des prolongements
latéraux et dentelés de leurs anneaux. Elles se remuent avec
vivacité et se réfugient promptement dans les cadavres, quand
on cherche à les saisir. Elles s'enfouissent en terre pour se
changer en nymphes. Deux espèces, que nous trouvons abondantes près de Paris, ont des mœurs plus nobles et recherchent
les proies vivantes. Elles grimpent aux arbres et vivent de
chenilles, ainsi le *Silpha thoracica*, dont le corselet fauve et
arrondi tranche sur les élytres noires (fig. 49), et surtout le
Silpha quadripunctata, à élytres d'un jaune clair, marquées
de quatre points noirs (fig. 50). On le voit voler d'un arbre à
l'autre, principalement entre les chênes et les ormes. Souvent
les sentiers des bois sont jonchés de chenilles arrachées aux
feuilles, mutilées et sur lesquelles s'acharnent les silphes à
quatre points. Une espèce dite le *silphe obscur* cause souvent

beaucoup de tort aux betteraves à sucre. Par un changement de régime dont les insectes offrent d'assez nombreux exemples, les larves mangent les feuilles de la plante. Sans doute aussi elles se nourrissent de chenilles et d'insectes qu'elles y rencontrent.

Plusieurs espèces de silphes dévorent les colimaçons. Nous signalerons surtout sous ce rapport le *Silpha lævigata* et sa larve. Quand on se promène sur les falaises crayeuses de nos côtes normandes, ainsi au Tréport, à Mers, etc., on écrase à chaque pas une hélix (*Helix variabilis*) qui pullule sur tous nos littoraux, ravageant les avoines, les maigres luzernes de ces sols crayeux. Les noirs silphes courent et grimpent, assurés d'une perpétuelle provende, et eux et leurs larves enfoncent leur tête avide

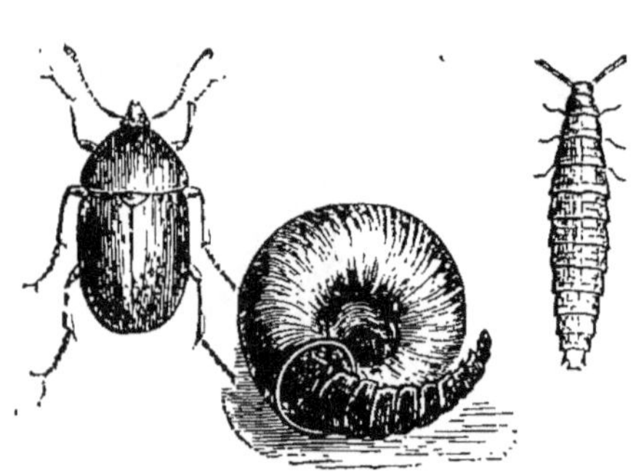

Fig. 51. — *Silpha lævigata*. — Larve et colimaçon dévoré.

dans la bouche de la coquille pour se repaître de l'habitant (fig. 51).

La famille des silphes nous conduit à dire un mot de créations bien étranges. On s'est longtemps refusé à croire que l'horreur de la profonde nuit des cavernes puisse servir de demeure habituelle et normale à des êtres vivants. On sait aujourd'hui, au contraire, que le Créateur a peuplé les abîmes de la mer comme les ténèbres des grottes. Les insectes souterrains ont d'abord été trouvés dans la célèbre grotte du Mammouth, dans le Kentucky; l'habitation dans des cavités à température constante, très humides et sans lumière a imprimé à tous ces animaux un cachet uniforme. Les organes de la vue et du vol se dégradent, ceux du tact, de l'odorat et de l'ouïe acquièrent au contraire une sensibilité exquise, comme chez les personnes qui ont perdu les yeux. Près des silphes se range le plus singulier de ces insectes des cavernes, du genre *leptodère*. On en connaît aujourd'hui trois espèces, d'une taille

qui varie de 4 à 6 millimètres, d'une couleur toujours uniforme, d'un brun clair ou ferrugineux, propre aussi aux
autres coléoptères très souterrains. La plus grande est le
leptodère de Hohenwart, découverte en Carniole dans la grotte
d'Adelsberg, où vit le protée
décoloré. Qu'on s'imagine une
sorte d'araignée roussâtre,
translucide, à abdomen vésiculeux, avec la région antérieure
du corps étroite et allongée,
sans trace d'ailes ni d'yeux
(fig. 52). On trouve toujours
ces insectes dans les parties
les plus profondes des cavernes
les plus obscures, accrochés
aux stalactites humides ou dans
les fissures des stalagmites du
sol. Le leptodère marche lentement, élevant son corps sur
ses longues jambes comme sur
des échasses. Il s'arrête au
moindre bruit, paraissant stu-
péfait d'une commotion qui
trouble sa silencieuse solitude,

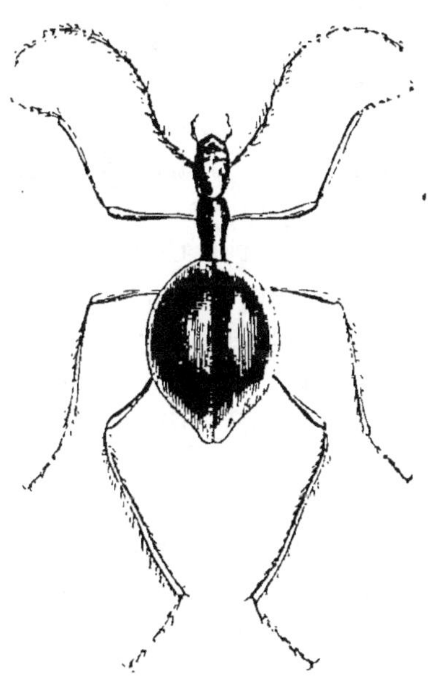

Fig. 52. — Leptodère de Hohenwart
(grossi).

étale ses longues pattes, le corps collé au sol. Qu'on le touche
ou qu'on approche une torche, il se cache dans les replis des
pierres. Il paraît qu'une araignée, aveugle comme lui et vivant aux mêmes endroits, lui fait une chasse active et en
détruit un grand nombre.

Les divers groupes de coléoptères, surtout les carnassiers,
sont représentés dans la faune des cavernes. Les guides de
nos Pyrénées françaises indiqueront aux touristes les cavernes
où vivent ces êtres étranges, et savent les récolter pour un
petit commerce assez lucratif. On trouve surtout communé-
ment une forme qui dérive des Leptodères, mais avec bien
moins d'exagération, c'est le *Pholeuon Querilhaci*, et un
autre type, court et ramassé, l'*Adelops pyrenæus*, à corselet
aussi large que la base des élytres. On a cru longtemps que

tous étaient aveugles, tant on trouvait naturelle la suppression des yeux chez des êtres destinés à passer leur vie dans
l'obscurité. Il n'en est rien, ainsi que l'a reconnu M. le docteur Grenier. Si cela est vrai pour quelques genres, la plupart
ont au contraire des yeux allongés, sans facettes et dépourvus
de pigment foncé, ce qui est une condition pour que la
lumière les impressionne avec la plus grande facilité. Bien
plus, on voit souvent, dans la même espèce, des individus
aveugles, et d'autres dont les yeux ont divers degrés de développement, en raison sans doute du degré variable d'obscurité de leurs retraites. A ce propos, M. Grenier se demande,
avec beaucoup de raison, si l'obscurité des cavernes est vérita-
blement absolue. Ne peut-il pas se faire que de minces filets
de lumière, entrés par l'ouverture et réfléchis par les parois,
tout à fait insensibles pour nos yeux habitués à l'éclat éblouis-
sant du jour, puissent impressionner ces yeux particuliers? Il
y aurait des yeux faits pour les ténèbres des cavités, comme
d'autres animaux ont des yeux appropriés à la faible lumière
de la nuit étoilée, et d'autres aux rayons douteux des crépus-
cules. La vie des ténèbres n'est pas une des moindres merveilles
du Créateur, et l'on voit que l'observation exacte de la nature
dépasse en curiosité les conceptions les plus hardies de l'imagination des romanciers. Dans les espèces réellement aveugles
à l'extérieur, Lespès a reconnu l'absence du nerf optique;
c'est donc une cécité absolue.

Nous indiquerons aux amateurs un moyen assez simple de
se procurer sans grande fatigue ces singuliers insectes des cavernes, toujours rares dans les collections. On laisse sur le
sol de la grotte quelques débris organiques, par exemple une
tête de mouton décharnée, et on attire ainsi les insectes qu'on
saisit sans peine.

Il faut qu'aucun détritus animal ne puisse rester longtemps
exposé à l'air, où il répandrait l'infection. Matières stercoraires,
fumiers, champignons corrompus, tous ces débris doivent disparaître sous l'action d'une foule d'espèces de coléoptères, la
plupart de petite taille, les staphylins, dont les plus volumineux chassent les proies vivantes et dépècent les petits cadavres. Ces insectes frappent les yeux à première vue par l'ex-

trême brièveté de leurs élytres. On dirait qu'ils portent un habit beaucoup trop court, ou une veste, laissant à découvert presque tous les anneaux de l'abdomen. Il y a là évidemment dégradation, persistance d'une forme temporaire chez les nymphes. Cependant des ailes développées sont cachées sous ces courtes élytres, et la plupart des espèces volent bien. Il est probable que les grands staphylins, qui fréquentent les cadavres, y cherchent surtout les larves de diptères provenant des œufs pondus par les muscides. Les grandes espèces ont de fortes mandibules qui serrent vivement, et ils dégorgent,

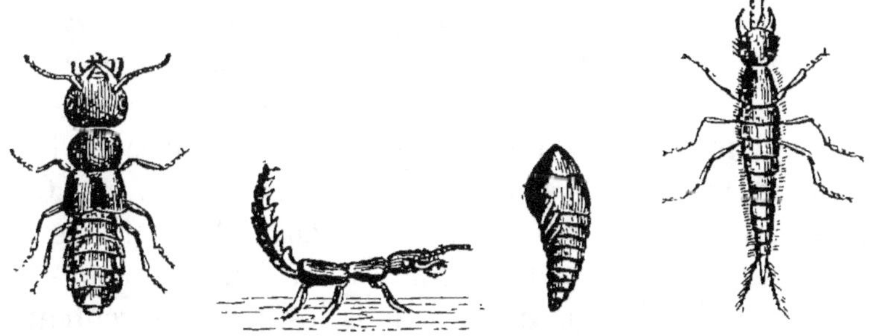

Fig. 53, 54, 55 et 56.
Staphylin odorant adulte (face et profil), nymphe et larve.

comme les carabes, une salive âcre et brune. A l'extrémité de l'abdomen du *staphylin odorant* paraissent, quand on l'irrite, deux vésicules blanches, ovoïdes, émettant une matière volatile odorante, éthérée ou musquée. Aristote croyait que les staphylins causaient la mort des chevaux qui les avalaient. On rencontre à chaque pas, dans les chemins de toute l'Europe, ce *staphylin odorant* (*ocypus olens*), d'un noir terne, vivant de rapine, nommé vulgairement *le Diable ;* au moindre danger, il écarte ses mandibules et relève l'abdomen, d'où font saillie les deux vésicules blanches (fig. 53, 54, 55, 56). Ses métamorphoses ont été bien étudiées en même temps par MM. E. Blanchard et Heer. La larve est allongée, atténuée vers l'extrémité, avec deux longs filets écartés et un tubercule par-dessous qui l'empêche de traîner sur le sol. La tête et les anneaux du thorax sont d'un brun brillant, avec des pattes grêles et longues ; les autres anneaux sont d'un gris

cendré. Comme l'adulte, elle relève l'abdomen d'un air menaçant. Très agile et très carnassière, elle guette le jour sa proie
au passage, à demi enfoncée dans un trou en terre, et sort la
nuit pour chasser. Souvent elle saisit à la gorge un autre
individu de son espèce et le suce avec avidité. Vers la fin de
mai, elle s'enfonce en terre et se transforme en nymphe dans
une cellule. La nymphe est d'un jaune-paille avec la tête
repliée en dessous, ainsi que les pattes, les ailes sur le côté.
Elle est très grosse à la région antérieure, puis amincie. Au
bout d'une quinzaine de jours, il en sort un insecte jaunâtre
prenant bientôt la couleur noire.

Nous citerons aussi le *staphylin à grandes mâchoires*
(*maxillosus*), revêtu de bandes cendrées, grand amateur des
cadavres, et le *staphylin velu* (*hirtus*), noir, à longs poils
jaunes, qui lui donnent quelque ressemblance avec un bourdon, quand on le voit s'abattre sur les charognes. Aussi Geoffroy, le vieil historien des insectes de Paris, l'appelle le *staphylin bourdon*. Les *pædères* chassent au bord des eaux, sous
les pierres, et leurs espèces, dans tous les pays, présentent un
agréable mélange de noir, de rouge et de bleu. De petits staphylins vivent en parasites dans les nids de fourmis, et une
rare espèce, de forte odeur musquée, aplatie et laissant traîner
son abdomen comme un petit lézard, habite le guêpier des
frelons : il est fort difficile de se la procurer, vu les mœurs
peu traitables de ses amis[1].

Quelques staphylins ont des mœurs très singulières. Une
petite espèce, découverte d'abord dans le nord de l'Europe, a
été trouvée par le docteur Laboulbène au cap de la Hève, près
du Havre. C'est le *micralymna brevipenne*. Ainsi que la larve
et la nymphe, l'insecte parfait vit sous l'eau à la marée haute.
On les prend, à marée basse, dans les fentes des roches, qu'on
fait éclater au ciseau. Dans certaines grottes de la Carniole se
rencontre un grand staphylin, d'un centimètre de long, de couleur de poix, ayant un très petit œil, allongé et sans facettes.
On le nomme le *glyptomère cavicole*.

Il faut en finir avec ces tristes carnassiers. Nous avons vu les

1. C'est le *Quedius* ou *Velleius dilatatus*.

silphes fétides se nourrir avec avidité des chairs putréfiées ; les *dermestes*, qui attaquent de préférence les tendons et les peaux des cadavres, achèvent l'œuvre de destruction. Il n'y aurait qu'avantage, au point de vue des grandes harmonies naturelles, si les larves des dermestes ne mangeaient indifféremment toutes les matières animales sèches, le lard, les pelleteries, les plumes, les crins, les objets en écaille, les cordes à boyau, les vessies, etc. Une espèce très commune, le *dermeste du lard*, abonde dans les charcuteries mal tenues (fig. 57, 58, 59). Il est noir avec une large bande grise à la base des élytres. Il aime les endroits obscurs et malpropres. Ses larves, à fortes mandibules, ont des pattes courtes ; elles marchent lentement

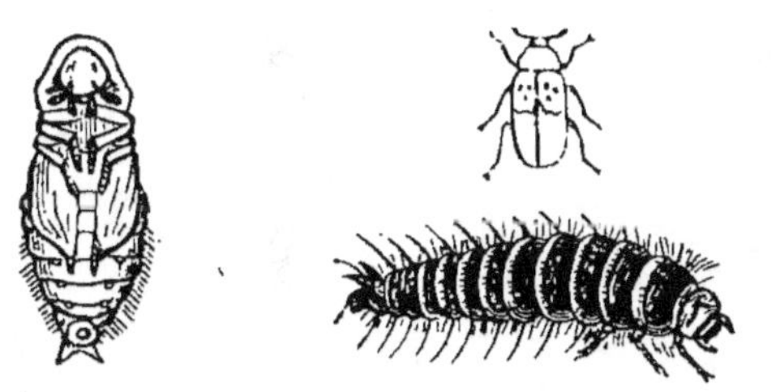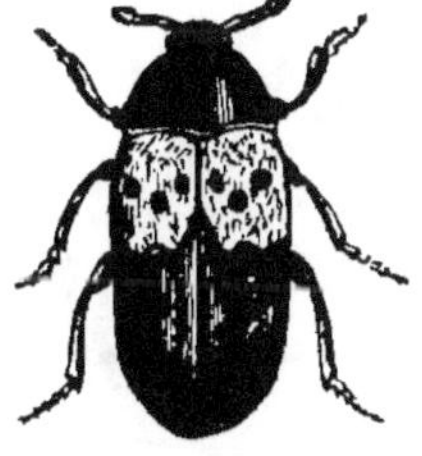

Fig. 57, 58 et 59.
Dermeste du lard, nymphe, larve, adulte (figures grossies).

et avancent en se servant, comme d'un levier, d'un tube qui termine leur corps. De longs poils rougeâtres forment comme une couronne autour de leurs anneaux d'un brun rouge. Pendant quatre mois elles ne cessent de se repaître, et même se dévorent entre elles, si la faim les presse. Elles se recouvrent d'excréments pour se changer en une nymphe qui conserve pour s'appuyer les deux appendices postérieurs de la larve. Cette larve fait beaucoup de mal dans les magnaneries, en mangeant parfois les chrysalides du ver à soie, et surtout en détruisant les femelles et les œufs sur les toiles dite *à grainage cellulaire*, où l'on fait pondre chaque femelle isolément (procédé de M. L. Pasteur), afin de pouvoir l'étudier plus tard au microscope et s'assurer si elle manque des corpuscules maladifs ou psorospermies. On doit avoir grand soin de conserver après la ponte les toiles et les femelles, chaque femelle repliée dans un coin de sa toile, le tout dans de grands sacs de fin tissu empêchant les dermestes de venir déposer leurs œufs.

Le *dermeste renard* (*vulpinus*), d'un gris fauve, se plaît surtout dans les pelleteries, où il cause les plus grand ravages. La Compagnie de la baie d'Hudson, dont les magasins à Londres étaient dévastés par cet insecte, avait offert 20 000 livres sterling pour le moyen de le détruire. Les sombres dermestes volent peu ; sans cesse ils fuient le jour ; timides, ils s'arrêtent au moindre bruit, paraissent morts afin d'échapper au danger. Les pelleteries ont aussi à craindre un autre insecte du même groupe, le *dermeste à deux points blancs* de Geoffroy (*attagenus pellio*); sa larve, couverte de poils jaunâtres

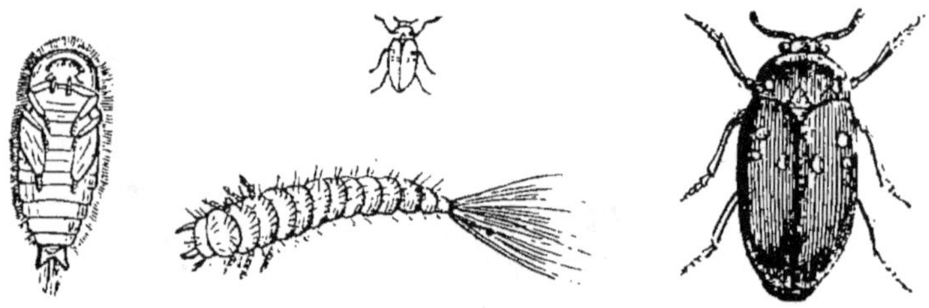

Fig. 60, 61 et 62.
Attagène des pelleteries, nymphe, larve, adulte (figures grossies).

que termine un long pinceau, marche par mouvements saccadés ; sa nymphe est revêtue de poils courts et blanchâtres (fig. 60, 61, 62). L'adulte, fort différent des vrais dermestes, vole sur les fleurs, où sans doute il chasse aux petits insectes. On le rencontre souvent au printemps sur les parquets des appartements, sa larve ayant vécu des débris laineux entassés dans les fentes. Enfin, un petit coléoptère d'un genre voisin, l'*anthrène des musées*[1], est le désespoir des entomologistes. Il pénètre dans les boîtes d'insectes et dépose ses œufs sur leurs corps desséchés. Les larves s'introduisent dans l'intérieur, et un amas de fine poussière brune au-dessous trahit seul leur présence. Elles sont blanchâtres, entourées de faisceaux de poils qu'elles hérissent à la façon du porc-épic, dès qu'on les

---

1. Nom vulgaire, c'est réellement l'*anthrène varié*. Il y a ici une confusion d'usage. Le véritable *anthrène des musées*, de Linnæus, est fort rare.

touche. Cette larve devient immobile huit ou dix jours avant la
nymphose. La nymphe demeure dans la peau séchée de la larve
et conserve les épines de la tête et des côtés des segments.
C'est un moyen de protection, comme l'a reconnu M. Lucas,
afin d'empêcher la nymphe molle d'être blessée lors des chocs.
Un petit coléoptère globuleux, couvert de fines écailles agréablement colorées, en provient. Il replie ses pattes et semble
mort quand on le veut saisir. Il vole bien et vit sur les fleurs.
Une visite fréquente des boîtes, les vapeurs de benzine ou de
sulfure de carbone ou bien celles du mercure, dont on laisse
quelques globules sur le fond des boîtes, sont les meilleurs
moyens de détruire les larves des anthrènes. Il est fort difficile
de dire aujourd'hui quelle est la patrie première des insectes
dont nous venons de parler. Le commerce les a transportés
partout, et comme tous les insectes cosmopolites, ils sont fort
peu sensibles à la température. Par suite des échanges, les
collections d'insectes en Amérique sont infestées par l'anthrène
des musées, comme les nôtres.

En général, tous les coléoptères dont il a été question jusqu'ici avaient des téguments durs et solides. Ces armures
puissantes ne sont cependant pas né-
cessaires à tous les insectes de cet
ordre qui vivent de proie. Il en est
à élytres faibles et molles, d'un vol
facile, très carnassiers surtout à l'é-
tat de larve. Les transformations et
les mœurs des deux groupes de ces
malacodermes méritent toute notre
attention. Dans toutes les nuits d'été,
on voit scintiller dans l'herbe, sous les

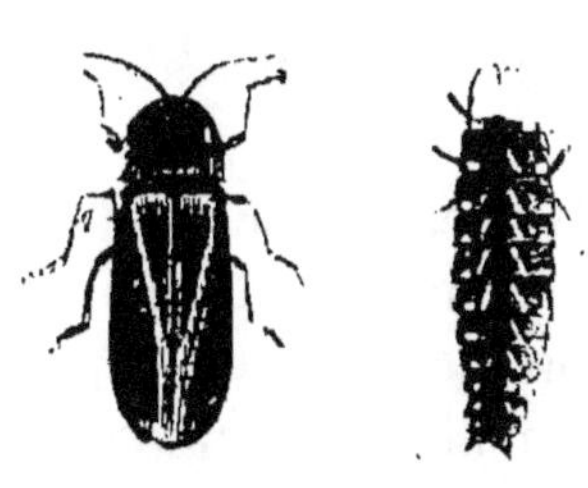

Fig. 63 et 64.
Lampyre noctiluque,
mâle et femelle.

buissons, de petits feux blanchâtres et mobiles. On cherche à les
saisir, et l'on a dans la main un être aplati, annelé, d'un gris
brunâtre. Les plus gros, les plus brillants de ces *vers luisants*
sont des femelles privées d'ailes, ayant conservé l'aspect des
larves (fig. 63, 64). Seulement, chez les larves, tous les anneaux
sont pareils, la tête très petite et cachée : les femelles ont la
tête plus apparente, à petites antennes, et le corselet en bouclier comme les mâles, et bien distinct. Les trois derniers

anneaux de leur abdomen brillent par-dessous d'un vif éclat. La lueur est produite par la combustion lente d'une sécrétion qui laisse des traces lumineuses si on l'écrase entre les doigts. Dans l'oxygène, elle devient plus intense, et le gaz se mêle d'acide carbonique, comme par l'action de nos lampes, de nos foyers. Elle s'éteint bientôt dans les gaz inertes. Elle semble émise par scintillations et s'affaiblit à la volonté de l'animal, brillant d'un éclat incomparable quand s'opère la reproduction ; elle se dégage violemment lors des contractions musculaires de l'insecte et quand on les excite artificiellement ; ces propriétés appartiennent, au reste, à tous les animaux phosphorescents. Les adultes vivent peut-être de végétaux, mais les larves, très carnassières, s'attaquent aux mollusques terrestres, pénètrent dans la coquille des colimaçons, en tuent l'habitant, et au moyen d'une brosse de poils raides, dont leur partie postérieure est munie, se débarrassent des mucosités qui gêneraient leur respiration. Elles sont phosphorescentes par dessous, mais moins que les femelles, et de même les nymphes, dont la forme reste celle de la larve quand il en doit éclore des femelles. Les œufs sont aussi phosphorescents. La nymphe, au contraire, est tout autre si elle doit donner un mâle. Elle offre alors les ailes repliées sous une mince peau, et présente en dessous deux points très lumineux, surtout quand l'air les frappe.

Il en sort en automne un coléoptère ailé, à corselet arrondi comme un bouclier, à longues élytres recouvrant l'abdomen. Le mâle du *lampyre noctiluque* est très faiblement phosphorescent comparé à la femelle, seulement en deux points sous l'avant-dernier anneau. Il recherche sa femelle immobile, attiré par l'éclat qu'elle projette au loin. Si l'on parcourt en juin et juillet les bois et les prés dans la soirée avec une lanterne, on voit les mâles des lampyres se jeter sur les vitres, prenant la mèche de la lampe ou la bougie pour une énorme femelle. Ils entrent aussi dans les appartements éclairés. On voit donc que cette brillante lumière est pour la femelle le seul moyen d'assurer la reproduction de son espèce, un véritable flambeau de l'hyménée. Telle Héro, prêtresse de Vénus, plaçait chaque soir un fanal sur une tour élevée, pour guider Léandre dans les flots écumeux de l'Hellespont. Le *lampyre splendide*, fort analogue au précédent, habite surtout le midi de la France. En Italie, en Espagne, en Portugal, dans un petit genre voisin (*luciola italica* et *lusitanica*), les deux sexes sont ailés, d'un brun foncé, et également phosphorescents. Ils se poursuivent la nuit à travers les sombres feuillages, et multiplient à un point prodigieux. Ils offrent pendant les nuits d'été un des spectacles les plus curieux qu'on puisse voir, car l'air est éclairé d'une multitude de petites étoiles errantes, fugitives étincelles du plus charmant effet. Ces insectes présentent en dessous de l'abdomen, à l'extrémité, l'appareil phosphorescent comme une large plaque d'un jaune soufré, conservant cette couleur chez les sujets secs de collection. Nous trouvons ces lucioles dans l'extrême midi de la France, près de Nice, de Cannes, de Marseille jusqu'à Grasse.

Il est d'autres mangeurs de colimaçons qui se montrent au jour et n'ont dès lors plus besoin des lueurs de feu des lampyres nocturnes. On connaissait depuis longtemps un petit coléoptère ailé et jaunâtre, à antennes munies de longs filaments, ressemblant de forme aux mâles des lampyres. C'est le *drile flavescent*, le *panache jaune* de Geoffroy. Un naturaliste polonais établi à Genève, Mielzincky, trouva, en 1824, dans

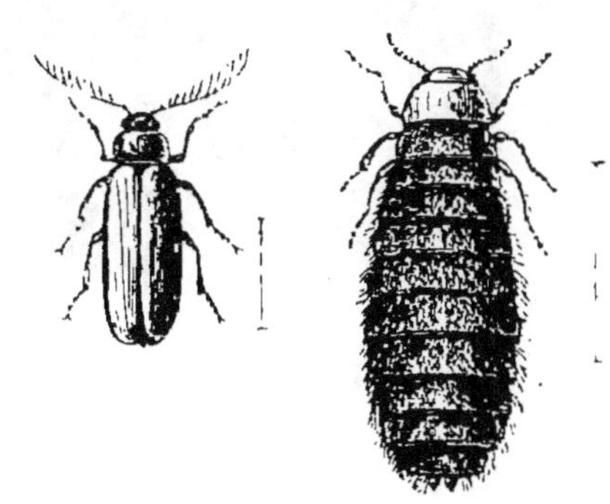

Fig. 65. — Drile flavescent, mâle et femelle.

les coquilles de l'*helix nemoralis* (la *livrée*, à coquilles à bandes), des larves qui dévoraient l'animal; mais il n'obtint de leurs métamorphoses que des insectes sans ailes ressemblant beaucoup à ces larves carnassières et aux femelles de vers luisants, mais plus aplaties, dont il fit un genre spécial, ne connaissant pas les mâles. En France, G. Desmarest fut plus heureux. Ayant rencontré dans le parc de l'école vétérinaire d'Alfort un grand nombre de colimaçons remplis de ces larves, il en vit sortir, des uns, les petits driles aux élégants panaches, des autres les lourdes femelles, dix à quinze fois plus grosses que les mâles et recherchées par ceux-ci. Nous représentons le drile flavescent et sa grosse femelle, tous deux grossis et en conservant les proportions relatives (fig. 65). Le mâle est souvent encore plus petit. On rencontre parfois courant par les sentiers, surtout dans le midi de la France, la grosse femelle poilue du drile.

Nous montrons également, dans un autre dessin (fig. 66),

Fig. 66. — Driles et Colimaçons.

l'habitation des femelles dans les coquilles des colimaçons et les mâles voltigeant autour d'elles. Le docteur Laboulbène a élevé à Agen les deux sexes du *drile flavescent* avec l'*helix limbata*, jolie espèce à trait blanc sur le dos de la spire. Nous rencontrerons par la suite d'autres exemples de ces bizarreries de la nature dans ces espèces dont rien ne montre au dehors la ressemblance des sexes. La larve du drile, d'un jaune blanchâtre, est transportée, on ne sait encore comment, sur la coquille du mollusque, et s'y fixe par une sorte de ventouse qu'elle porte à son extrémité postérieure, à la façon d'une sangsue. Ces larves aplaties ont de fortes mandibules et des bouquets de poils latéraux, des pattes assez longues et grêles. Elles se glissent entre l'animal et la coquille, le dévorent peu à peu, puis, quand elles deviennent nymphes, elles ferment l'entrée de la coquille avec la vieille peau de la larve. Une espèce très voisine, observée en Algérie, près d'Oran, par M. Lucas, le *drile mauritanique*, offre un instinct plus singulier. La larve s'attaque à des cyclostomes, mollusques qui ferment l'entrée de leur coquille avec un opercule de même substance. Le vorace ennemi s'est cramponné par sa ventouse à la coquille, mais la porte est close et trop dure pour ses robustes mandibules. Il ne se décourage pas, il est persuadé qu'elle devra s'ouvrir. Sa patience égale son appétit; il demeure en sentinelle parfois plusieurs jours. Le malheureux limaçon sait sans doute que la mort attend à l'entrée de sa maison, car il retarde sa sortie tant qu'il peut. Enfin, vaincu par le jeûne ou par le besoin de respirer, il détache son opercule. La larve du drile aux aguets le blesse aussitôt au muscle qui fait adhérer la petite porte au corps du limaçon, de manière à empêcher à l'avenir cette porte de se clore, puis se glisse sans inquiétude à l'intérieur de la coquille, et, maîtresse de la place, dévore à loisir le pauvre et inoffensif animal qui l'habite.

Nous allons retrouver les facultés lumineuses dans un autre groupe de coléoptères, de conformation remarquable à d'autres égards. Ce sont des insectes qui vivent habituellement de végétaux, mais qui, dans certains cas, peuvent devenir carnivores. Ils sont de forme ellipsoïdale, et plus ou moins aplatis. Leur tête est petite, leur corselet ou premier anneau du thorax, très-grand, en forme de trapèze allongé, rebordé latéralement, et plus ou moins prolongé en pointes aux angles postérieurs. Ce qui les fera immédiatement reconnaître, c'est que, placés sur le dos, alors que leurs pattes trop courtes ne leur permettent pas de se retourner, ils savent sauter et retomber sur le ventre par un ingénieux mécanisme. De là leur nom d'*élatères*, de *taupins*, de *maréchaux*, à cause d'un choc sec qu'ils produisent en sautant. Leur corps retourné se cambre en s'appuyant par la tête et par l'extrémité de l'abdomen. Une pointe du dessous du corselet pénètre, par un brusque mouvement de l'insecte, dans une fossette du dessous de l'anneau suivant; en même temps le dos vient heurter avec force le

plan d'appui, et, par réaction, l'animal est lancé en l'air, et recommence sa manœuvre jusqu'à ce qu'il retombe sur ses pattes (fig. 67, 68). Les larves de certaines espèces sont très nuisibles à nos cultures, et vivent dans les racines; la plupart se trouvent dans les bois décomposés. Ces larves sont cylindriques, revêtues d'écussons cornés, à pattes courtes, mais fortes, avec de rares poils raides entre les anneaux (fig. 69). La dureté de la peau et leur forme les ont fait nommer, par les Anglais et les Allemands, *vers fils de fer*. Nous représentons la larve d'une espèce étudiée par M. E. Blanchard, l'*élatère murin*.

Fig. 67.
Organe de saut
du Taupin (face).

Quelques espèces d'Amérique, appartenant au genre *pyrophorus* (porte-feu), répandent une lueur phosphorescente. Les plus célèbres (*pyrophorus noctilucus*)

Fig. 68. — Profil.

Fig. 69. — Larve de l'Élatère murin.

abondent à la Havane, à la Guyane, dans le nord du Brésil (fig. 70). Ils se cachent dans les creux des arbres, dans les troncs pourris, sous les herbes des prés et dans les parties fraîches des plantations de cannes à sucre. Leur lumière provient de deux taches sur les côtés du corselet, et aussi des anneaux de l'abdomen; elle est assez vive pour permettre de lire à petite distance. Les Indiens en attachent sur leurs orteils pour se guider la nuit dans les sentiers des bois. Ils les capturent en balançant en l'air des charbons incandescents au bout d'un bâton, ce qui prouve que la lumière qu'ils répandent est pour eux un

appel. On les renferme dans de petites cages de fil métallique,
on les nourrit de morceaux de canne à sucre et on les baigne
deux fois par jour ; ce bain est indispensable à leur santé et
remplace pour eux les rosées du soir et du matin. La nuit ils
s'élèvent par milliers à travers les feuillages. Lors de la conquête espagnole, une troupe nouvellement débarquée, et en
hostilité avec les premiers arrivants, crut voir les mèches
d'arquebuses prêtes à faire feu et
n'osa engager le combat. Ces insectes
deviennent des bijoux vivants, d'un
bien autre éclat que les pierres précieuses. On les introduit le soir dans
de petits sacs en tulle léger qu'on
dispose avec goût sur les jupes. Il en
est d'autres à qui on passe sans les
blesser une aiguille entre la tête et
le corselet, et on la pique ensuite
dans les cheveux pour maintenir la
mantille, en les entourant de plumes
d'oiseaux-mouches et de diamants, ce
qui forme une éblouissante coiffure.
Voici quelques détails que nous em-
pruntons à ce sujet à M. Chanut : « Ces insectes servent
de jouet aux belles dames créoles de la Havane, où ils sont
appelés *cucujos*. Souvent, par un charmant caprice, elles
les placent dans les plis de leur blanche robe de mousseline.
qui semble alors réfléchir les rayons argentés de la lune,
ou bien elles les fixent dans leurs beaux cheveux noirs. Cette
coiffure originale a un éclat magique, qui s'harmonise parfaitement avec le genre de beauté de ces pâles et brunes Espa-
gnoles. Une séance de quelques heures, dans les cheveux ou
sous les plis de la robe d'une senora, doit fatiguer ces pauvres
insectes habitués à la liberté des bois. Cette fatigue se révèle
par la diminution ou la disparition passagère de la lumière
qu'ils émettent ; on les secoue, on les taquine pour la ramener. Au retour de la soirée, la maîtresse en prend grand soin,
car ils sont extrêmement délicats. Elle les jette d'abord dans
un vase d'eau pour les rafraîchir ; puis elle les place dans une

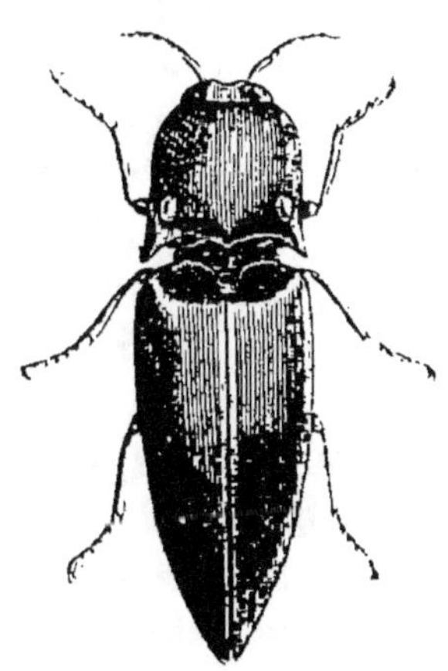

Fig. 70.
Pyrophore noctiluque.

petite cage où ils passent la nuit à jouer et à sucer des morceaux de canne à sucre. Pendant tout le temps qu'ils s'agitent, ils brillent constamment, et alors la cage, comme une veilleuse vivante, répand une douce clarté dans la chambre. » Leurs larves se trouvent à l'intérieur du bois ; c'est ce qui explique comment, au milieu du siècle dernier, le peuple du faubourg Saint-Antoine fut agité d'une frayeur superstitieuse : des cucujos, sortis de morceaux de bois des îles, s'étant répandus la nuit dans un atelier.

Il y a quelques années, on a pu observer vivante, au Muséum, une espèce de Pyrophore venant du Mexique, le *P. strabus :* la lumière était verdâtre, comme celle des lanternes de certaines voitures publiques, et, outre les deux taches ovalaires du corselet, apparaissait aussi entre les anneaux de l'abdomen et du thorax. MM. Pasteur et Gernez ont vu que cette lumière donne un beau spectre, continu et sans raies obscures ni brillantes ; divers observateurs ont aussi constaté un fait analogue pour la phosphorescence des vers luisants. En 1873, le *Pyrophore noctiluque* a été apporté vivant à Paris, provenant de la Havane. C'est du ventre que part la plus forte lumière, surtout après que l'insecte a été baigné dans l'eau.

Ce sont les coléoptères à nourriture végétale qui vont maintenant nous occuper, à peu d'exceptions près. Les pièces de la bouche deviennent moins proéminentes et moins acérées. Au premier rang se présentent à nous les *hannetons*, aux antennes à larges lamelles, s'écartant à la volonté de l'animal, plus amples chez le mâle que chez la femelle. Nous sommes habitués à rire à la pensée de cet insecte sans défense, jouet infortuné des enfants, au vol lourd, retombant au moindre obstacle, ou ballotté par le vent, ce qui a amené le proverbe : *Étourdi comme un hanneton.* Les agriculteurs ne rient pas à la vue du hanneton ordinaire (*melolontha vulgaris*), au corselet noir, aux élytres et pattes fauves (fig. 71). A l'état parfait, le hanneton ne vit pas au delà de six semaines, généralement du milieu d'avril à la fin de mai. Il se tient sous les feuilles pendant la forte chaleur du jour, qu'il redoute beaucoup ; il dévaste tous les arbres, parfois même les Conifères au dur feuillage, aimant principalement les ormes, dont les enfants dési-

gnent les fruits sous le nom de *pain de hanneton*. Ce n'est
que par exception qu'il touche aux plantes herbacées. La
durée totale de la vie du hanneton est de trois ans. La femelle,

Fig. 71. — Hanneton commun, mâle et femelle.

avec ses fortes pattes de devant, creuse le sol pendant la nuit,
à un ou deux décimètres de profondeur, et y dépose de vingt
à trente œufs d'un blanc jaunâtre, de la grosseur d'un grain
de chènevis. Son instinct la conduit à choisir les terres les plus
légères et les mieux fumées pour leur confier sa progéniture;

ce sont les terres où les végétaux abondent et qui sont les plus perméables à l'air, nécessaire à tout être vivant. Elle évite avec soin les lieux marécageux, les terres qui reposent sur un fond de glaise, ou compactes et battues, que les jeunes larves ne sauraient percer; elle redoute pour elles l'ombrage des grands arbres, ne pond pas dans les taillis serrés, ni sous les arbustes touffus et dont les branches et les feuilles descendent jusqu'à terre. La prudence conseille aux cultivateurs de terrains secs et légers de s'abstenir de fumer et labourer au printemps, et de remettre ces travaux après la ponte. L'état de la terre à cette époque explique comment, de deux champs contigus, l'un peut être ravagé par les vers blancs et l'autre épargné. Les cultures de l'homme et ses labours rendant la terre perméable, ont fait devenir le hanneton plus commun qu'il ne devrait être naturellement. Dans les années où il abonde, on peut en effet remarquer dans les bois que ce sont les arbres des lisières, contre les champs cultivés, qui sont dépouillés de leur feuillage, et que le hanneton n'est jamais dévastateur au

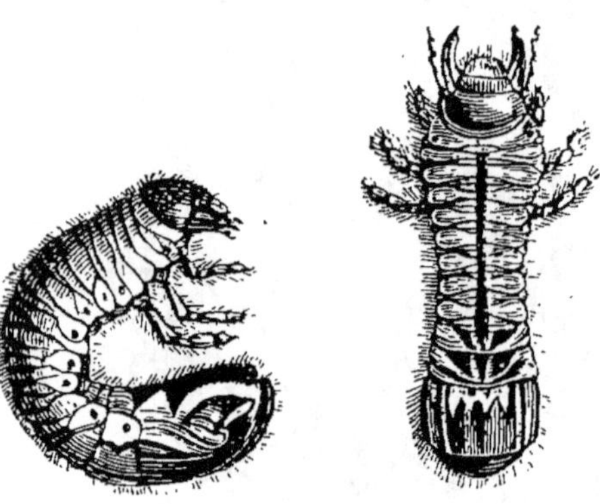

Fig. 72 et 73. — Larve de Hanneton.

centre des grandes forêts. Un mois après la ponte sortent des œufs ces larves recourbées, à tête dure et cornée, à pattes grêles, d'un fauve terne, dont la peau est gonflée d'une graisse blanchâtre et paraît noirâtre à l'extrémité postérieure par l'amas des excréments (fig. 72, 73). Ce sont les insectes connus, selon les pays, sous les noms de *ver blanc, turc, man, terre, engraisse-poule, chien de terre*, etc. Les corbeaux et les pies, qu'on voit constamment picoter de motte en motte, leur font une guerre très acharnée, mais bien insuffisante. Les petites larves mangent peu la première année, restant réunies en famille, caractère des êtres faibles. En hiver, elles s'enfoncent profondément, échappant ainsi à la gelée et aux inondations. Au printemps suivant, la faim les presse, elles se dispersent en tous sens dans des galeries qu'elles creusent. Alors commencent d'affreux ravages. Les racines sont dévorées, d'abord celles des céréales et des légumes, puis, lorsque les larves sont plus fortes, les racines des arbustes et des arbres. Bien que mangeant toutes les racines, et même le bois mort, les vers blancs ont une prédilection pour les salades et les fraisiers, et parmi les rosiers, pour ceux des quatre saisons. Sur les racines des arbustes, les morsures des vers blancs s'étendent dans toute la longueur et simulent celles des rats; les plantes potagères, au contraire, sont en général coupées au collet en travers, et viennent à la main dès qu'on les tire. D'immenses pièces de gazon, de luzerne, d'avoine ou de blé jaunissent et meurent. Les rosiers, les arbres à fruits se fanent sur pied, et on trouve parfois autour de chaque souche de deux à huit litres de vers blancs.

Aussi jadis les foudres de l'excommunication furent lancées contre ces ennemis souterrains, ainsi que contre les chenilles. Les mans, cause d'une famine, étaient cités en 1479 devant le tribunal ecclésiastique de Lausanne, défendus par un avocat de Fribourg, probablement trop peu éloquent ou mal à l'aise devant les méfaits de ses clients, car le tribunal, après mûre délibération, les bannit formellement du territoire. Il faut dire à la décharge de ces pieuses et naïves croyances, que nous ne sommes pas plus avancés aujourd'hui contre leurs dévastations. C'est encore à la Providence, par suite de gelées subites au printemps, qu'il est donné d'en détruire le plus grand nombre. Leurs ravages semblent augmenter d'année en année, avec l'extension de nos cultures. Ainsi, en 1854, un seul pépiniériste de Bourg-la-Reine évaluait à 30,000 francs la perte que lui causait cette terrible larve. M. de Reiset estimait, il y a dix ans, à 25 millions les dommages causés au seul département de la Seine-Inférieure. Il a reconnu que les vers blancs, très sensibles à la chaleur, s'enfoncent ou reviennent près de la surface, selon les variations de la température, et cela au moyen de thermomètres enfoncés dans l'humus jusqu'à la couche à vers blancs.

Ces larves s'enterrent et s'engourdissent pour passer le second hiver, et sont alors aux quatre cinquièmes de leur taille. Elles remontent au printemps et continuent pendant deux mois et demi les ravages de l'année précédente, s'attaquant alors même aux racines des arbres, dont leur forme arquée leur permet d'embrasser le contour. Vers le milieu de l'été de la seconde année qui a suivi l'année de la ponte, le ver blanc, parvenu à toute sa croissance, s'enfonce profondément à plus d'un demi-mètre, se façonne une coque enduite d'une bave glutineuse, consolidée par la pression de son corps. Il s'y change en nymphe où les élytres et les ailes couchées recouvrent les pattes et les antennes (fig. 74, 75). Dès la fin d'octobre, la plus grande partie des hannetons sont devenus insectes parfaits, mais encore d'un blanc jaunâtre, mous et sans force. Ils passent l'hiver dans la chambre natale, se durcissent et se colorent en général

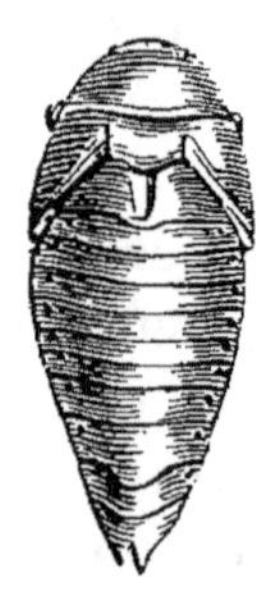

Fig. 74 et 75.
Nymphe de Hanneton.

vers la fin de février et remontent peu à peu pour sortir de terre en avril. Dans les hivers très doux, on voit paraître accidentellement des insectes adultes beaucoup plus tôt, trompés par une chaleur insolite. Voilà pourquoi nous avons tous les trois ans une *année de hannetons;* ceux qui paraissent en bien moins grand nombre dans les deux autres années forment des générations dont l'origine première est une éclosion précoce ou retardée.

Pendant tout l'hiver on trouve des hannetons, éclos et colorés, dans les labours, dans les trous qu'on pratique dans les vergers pour planter les arbres. Dans les années chaudes, on en voit voler dans les mois de septembre et d'octobre, ce qui fut constaté dans tout le nord de la France en 1865. En janvier 1834, il en parut dans le Wurtemberg et en Suisse. Ces histoires de hannetons précoces figurent souvent dans les journaux.

La vie entière du hanneton, qui est en France de trois ans, peut se répartir à peu près de la manière suivante, les dates n'ayant, bien entendu, qu'un sens approximatif :

TEMPS DE DOMMAGES OU DE VIE ACTIVE DES LARVES.

Première année à partir de l'éclosion des œufs, du 1er juillet
au 1er novembre. . . . . 4 mois.
   Seconde année, du 1er avril au 1er novembre. . . . . 7 —
   Troisième année, du 1er avril au 1er juillet. . . . . 3 —

TOTAL. . . . . 14 mois.

TEMPS D'ENGOURDISSEMENT, SANS NOURRITURE.

Cinq mois en automne et en hiver les deux premières années,
   du 1er novembre au 1er avril.. . . . . 10 mois.

Total de l'existence en larves. . . . . . . 24 mois.

Temps de vie latente ou de nymphe du 1er juillet au
1er mars de la troisième année. . . . . 8 mois.
Hannetons adultes éclos, demeurant en terre. . 80 jours   ⎱
Hannetons hors de terre et dévorant les feuilles. 20 —   ⎰ 120 jours
En œufs. . . . . 20 —   ou 4 mois.

Durée de la vie totale avec toutes ses métamorphoses. . 36 mois.

Pour donner une idée des quantités fabuleuses auxquelles
le hanneton arrive en certaines années, nous rappellerons qu'en
1688 les hannetons détruisirent toute la végétation du comté
de Galway en Irlande, de sorte que le paysage prit l'aspect
désolé de l'hiver. Le bruit de leurs multitudes dévorant les
feuilles était comparable au sciage d'une grosse pièce de bois,
et, le soir, le bruit de leurs ailes résonnait comme des roule-
ments éloignés de tambours. Les habitants avaient de la peine
à retrouver leur chemin, aveuglés par cette grêle vivante. Les
malheureux Irlandais furent réduits à cuire les hannetons et à
les manger. En 1804, des nuées immenses de hannetons, pré-
cipitées par le vent violent dans le lac de Zurich, formèrent un
banc épais de cadavres amoncelés sur le rivage, dont les exha-
laisons putrides empestèrent l'atmosphère. Le 18 mai 1832,
à neuf heures du soir, la route de Gournay à Gisors fut enva-
hie par de telles myriades de hannetons, qu'à la sortie du vil-
lage de Talmoutiers, les chevaux de la diligence, aveuglés et

épouvantés, refusèrent opiniâtrément d'avancer et forcèrent le conducteur à revenir sur ses pas. En 1841, ils ravagèrent les vignobles du Mâconnais, et certaines de leurs nuées s'abattirent sur Mâcon, au point qu'on avait grand'peine à s'en garantir par les moulinets de cannes les plus rapides, et qu'on les ramassa à la pelle dans certaines rues. Un *hannetonnage* de ces insectes adultes, mais général, mais obligatoire, serait le seul moyen efficace de combattre un fléau qui coûte bien des millions au pays; mais en France, l'esprit de facétie, compagnon de l'ignorance, est encore plus funeste que le hanneton. On peut citer comme exemple un spirituel préfet du roi Louis-Philippe, M. Romieu, alors préfet de la Sarthe, qui rendit un arrêté dans ce sens. Il devint la proie des petits journaux et fut représenté en hanneton dans le *Charivari*.

Nous rencontrons aussi, mais rarement dévastateur, le *hanneton du châtaignier*, à corselet brun, à pattes noires, et le *hanneton foulon*, du genre *polyphylla*, de taille double du hanneton commun, agréablement bigarré de fauve et de blanc, mais qui n'habite que les rivages de la mer et surtout les dunes. En été apparaissent deux petits hannetons blonds et poilus, bien plus nocturnes que le hanneton commun, volant le soir dans nos prairies. Ce sont le *rhizotrogus solstitialis*, qui paraît en juin, et le *rhizotrogus æstivus*, en juillet. Leurs larves, très nuisibles, vivent des racines des arbres.

A côté des hannetons se rangent les *cétoines*, inoffensives près de Paris, ornées souvent de magnifiques couleurs métalliques. Les pièces buccales des adultes sont très molles, aussi ne vivent-ils que de fleurs. Les cétoines sont très nuisibles dans l'extrême midi de la France en dévorant les étamines des fleurs des arbres fruitiers. On voit la *cétoine dorée* se jeter avec frénésie sur les lilas et sur les roses et s'y endormir. Les larves vivent dans le bois pourri, et les nymphes s'y façonnent une coque; dans ces deux états l'insecte ressemble au hanneton (fig. 76, 77). A l'état adulte, les cétoines volent le jour et très facilement, en faisant glisser leurs ailes au-dessous des élytres qui restent closes (fig. 78). Cette espèce est le *mélolonthe doré* d'Aristote et partageait, avec le hanneton, le privilège fort peu agréable pour elle d'amuser les enfants des Grecs. Nous devons citer deux petites cétoines, communes sur les fleurs de chardons, la *cétoine stictique*, noire à points blancs, et la *cétoine*

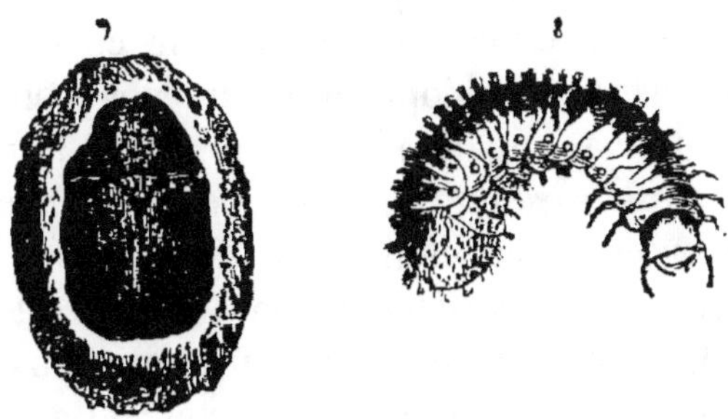

Fig. 76 et 77. — Coque et larve de Cétoine dorée.

velue, toute couverte de poils jaunâtres. Un petit coléoptère à élytres courtes, dont la femelle a une longue et dure tarière de ponte, le *Valgus hemipterus*, vit à l'état de larve dans la partie souterraine des pieux enfoncés dans le sol et amène parfois des écroulements imprévus.

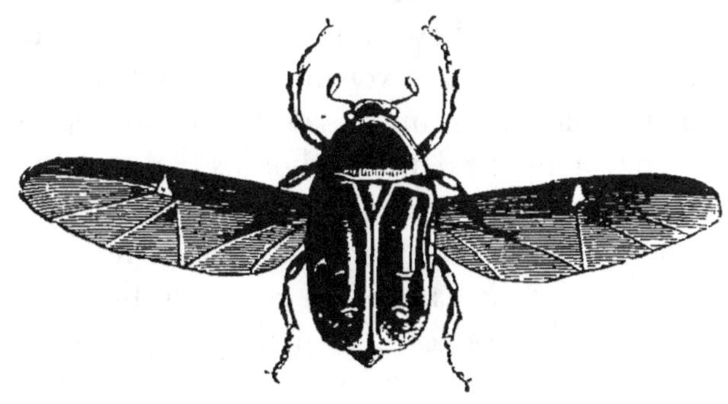

Fig. 78. — Cétoine dorée volant.

A côté des cétoines viennent ces gigantesques *Goliaths*, des côtes de Guinée et du Gabon, vivant de la sève des arbres, d'un blanc ou d'un jaune mat, avec des taches ou des bandes d'un noir velouté (fig. 79) ; les femelles n'ont pas la tête bicorne des mâles et leurs jambes de devant sont munies d'épines, sans doute pour fouiller les arbres pourris où elles pondent ; puis les *Trichies*, communes en France sur les fleurs, à bandes parallèles noires et jaunes, dont les larves vivent à l'intérieur des vieilles poutres en respectant leur superficie.

Les cultures maraîchères, qui emploient fréquemment aux environs de Paris la tannée de l'écorce de chêne, ont rendu très commun un gros coléoptère brun, bien connu sous les noms de *rhinocéros* ou de *licorne* (*oryctes nasicornis*). Il est beaucoup plus rare dans les bois, où se rencontrent peu souvent les écorces assez divisées pour ses larves. Le mâle porte sur le front une corne dont la femelle est dépourvue (fig. 80, 81). Les larves vivent trois ou quatre ans, analogues à celles du hanneton, mais bien plus fortes; elles mangent les détritus ligneux du terreau et attaquent aussi les racines des plantes. De même en Amérique, les énormes scarabées, tels que les scarabées *Hercule* et *Jupiter*, ont sur la tête, chez les mâles, de longs appendices dont manquent les femelles. Leurs larves vivent dans les bois décomposés.

La prédilection des larves de ce groupe pour les matières ligneuses altérées nous explique les précieux services rendus par certains insectes en débarrassant le sol des excréments des animaux herbivores. Les mœurs les plus curieuses sont celles de scarabées de genres voisins, plaçant leurs œufs dans de petites boules de fiente qu'ils roulent et qu'ils enterrent. Les larves se développent dans ces boules, au milieu des aliments azotés qui leur conviennent.

Nous devons donner le premier rang, parmi les rouleurs de boules, aux *ateuchus*, à cause de la vénération qu'avaient pour certains de ces insectes les anciens Égyptiens. Le plus célèbre est l'*ateuchus sacré*, qui se trouve dans le midi de la France, et plus ordinairement en Provence qu'en Languedoc; il est commun à Marseille sur les bords de la mer, du côté de Montredon. Il habite en général tout le littoral de la Méditerranée, et remonte jusqu'à Montpellier sur la côte de Palavas. On le trouve à Cette, à Perpignan, etc. Il déploie, sous l'influence de la chaleur solaire surtout, une activité incroyable. Il choisit d'ordinaire un terrain en pente pour y placer sa boule. On voit souvent, au printemps ainsi qu'au commencement de l'été, dans les dunes ou dans les sables du bord de la mer, les ateuchus se livrer au travail nécessaire pour en-

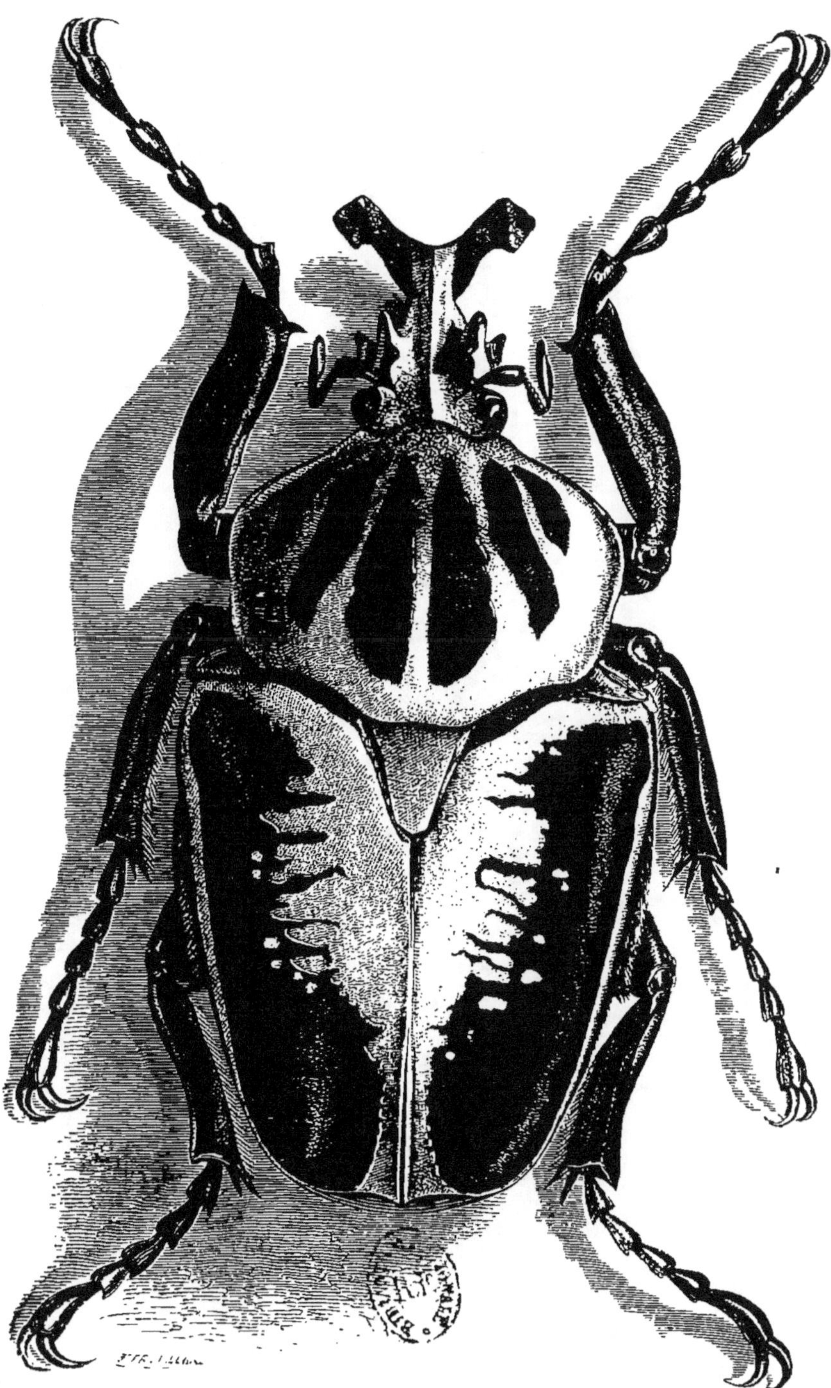

Fig. 79. — Goliath royal ou de Drury (mâle).

fouir leurs pilules. Ils grattent avec une grande vivacité la
terre qu'ils amoncellent d'abord derrière leurs pieds de der-

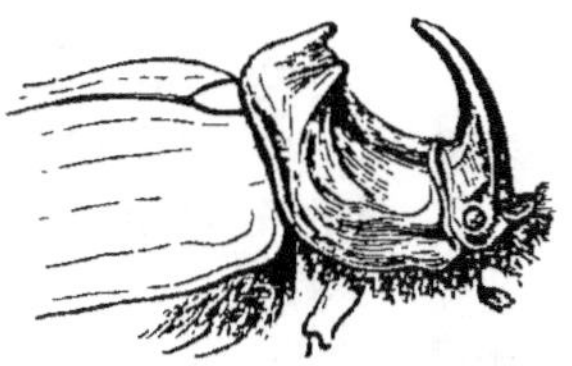

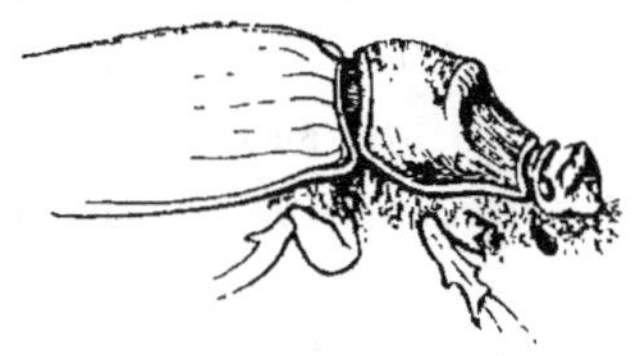

Fig. 80.   Fig. 81.
Tête d'Oryctc nasicorne mâle.   Tête de la femelle.

rière, puis se retournant et se servant de leur front comme
d'une pelle, ils poussent plus loin les débris qui les embar-
rassent.

Leur front large est muni de six dentelures, comme des
rayons, et leurs pattes antérieures sont dépourvues de tarses
qui auraient pu se briser en fouissant, ou, peut-être, tombent-
ils immédiatement ; la jambe étalée et tranchante fonctionne
comme une pioche. C'est entre les pattes de derrière, longues,
épineuses, arquées, que sont logées les boules, confectionnées
avec les débris stercoraires séparés des pailles et des grains
non digérés (fig. 82). L'insecte marche à reculons sur les
quatre pattes de devant, jusqu'à ce que, parvenu au trou qu'il
a creusé, il y précipite sa boule. On peut dire que les ateuchus contribuent à la salubrité atmosphérique et à la dissémi-
nation des engrais dans le sol. Les larves qui sortent des œufs
déposés dans les boules sont conformées sur le plan commun
des larves de scarabées, dont le type est la larve du hanneton.
Elles vivent en terre, dans les trous où ont été projetées les
boules et aux dépens de la matière de celles-ci ; c'est là aussi
qu'elles deviennent nymphes dans une coque de terre et de
débris.

Les ateuchus, avons-nous dit, sont obligés de marcher à reculons ; ils sont renversés fréquemment pour peu que le terrain soit inégal, et se relèvent avec peine. Ces difficultés, loin
de les rebuter, semblent redoubler leur zèle. Ils font con-
courir leurs efforts à un but commun, et, pour l'obtenir,
paraissent fort indifférents au droit de propriété ; quand une
boule, par la culbute de son possesseur, vient à rouler au loin,

un autre s'en saisit, et le dépossédé, relevé de sa chute, prend la première boule qu'il voit à sa portée, ou travaille avec ardeur à en faire une nouvelle.

Les prêtres égyptiens, à l'aspect des ateuchus, de leurs boules roulant sans cesse comme le monde dont ils trouvaient l'emblème, comparèrent leurs travaux à ceux d'Osiris ou du Soleil.

D'après Porphyre, on honorait l'ateuchus sacré comme la figure de cet astre. Aussi les monuments, les hiéroglyphes représentent, multipliée de mille façons, l'image du scarabée sacré ; il est ciselé, quelquefois de taille gigantesque, sur les murs des temples, sur les chapiteaux des colonnes, sur les obélisques, gravé sur les pierres précieuses, sur des médaillons, des cachets, des grains de colliers ou de chapelets. Il était le symbole de la transmigration des âmes et placé dans la tombe des personnes pieuses comme un dieu tutélaire. Une momie rapportée de l'expédition d'Egypte, par E. Geoffroy Saint-Hilaire, renfermait un scarabée sacré parfaitement conservé. Les mages et les empiriques le pendaient en amulette, d'après Pline, au bras gauche des malades qu'il devait guérir des fièvres intermittentes ; le zodiaque de Dendérah le présente dans les signes célestes au lieu du Scorpion des Grecs. Enfin cet insecte, sculpté au bas de la statue des héros, exprimait la vertu guerrière exempte de toute faiblesse.

De tous les auteurs anciens qui ont parlé du scarabée sacré, Hor-Apollon est celui qui a traité ce sujet avec le plus d'étendue. Il lui a consacré le chapitre X d'un ouvrage intitulé : *De la Sagesse symbolique des Egyptiens*, ouvrage mystique et compilation confuse qui ne mérite pas de citation textuelle. Nous y voyons que tous les individus des ateuchus étaient regardés comme mâles. Les boules demeuraient en terre vingt-huit jours, temps d'une révolution lunaire, pendant lequel la race du scarabée s'animait. Le vingt-neuvième jour, que l'insecte connaît pour être celui de la conjonction de la lune avec le soleil et de la naissance du monde, il ouvre cette boule et la jette dans l'eau. Il en sort un nouveau scarabée.

Les anciens voyaient bien cet insecte enterrer sa boule, mais, convaincus de l'existence d'une génération spontanée, il fallait

Fig. 82. — Scarabées sacrés roulant leurs boules.

nécessairement supposer que l'insecte venait ensuite la déterrer et la jeter dans l'eau, élément nécessaire pour produire. selon leurs idées, avec le concours de la chaleur, les êtres qui n'avaient ni père ni mère.

Un fait intéressant doit nous frapper dans les récits confus et erronés de Hor-Apollon. Il lance, dit-il en parlant du scarabée sacré, des rayons analogues à ceux du soleil. On remarque fréquemment que les images sculptées de cet insecte ont été dorées. Latreille, dans son mémoire sur les insectes sacrés, avait d'abord supposé que les six dentelures du front représentaient les rayons de l'astre, mais une intéressante découverte amena une hypothèse plus vraisemblable. En 1819, Cailliaud (de Nantes) découvrit à Méroë, sur le Nil Blanc, dans son voyage au Sennaar, un autre rouleur de boules, très semblable de forme à l'*ateuchus sacré*, avec six dents comme lui en avant de la tête ; mais, au lieu de la couleur noire uniforme de l'insecte de la basse Egypte, celui-là présente une belle couleur d'un vert doré, rappelant en conséquence, par ses reflets, les rayons étincelants de l'astre du jour. Or les Egyptiens, originaires de l'Ethiopie, c'est-à-dire des régions élevées de la vallée du Nil, vénérèrent d'abord ce brillant scarabée, et, plus tard, quand le delta du Nil, suffisamment accru, devint habitable, ils y réunirent, dans une superstition commune, son noir congénère des bords méditerranéens.

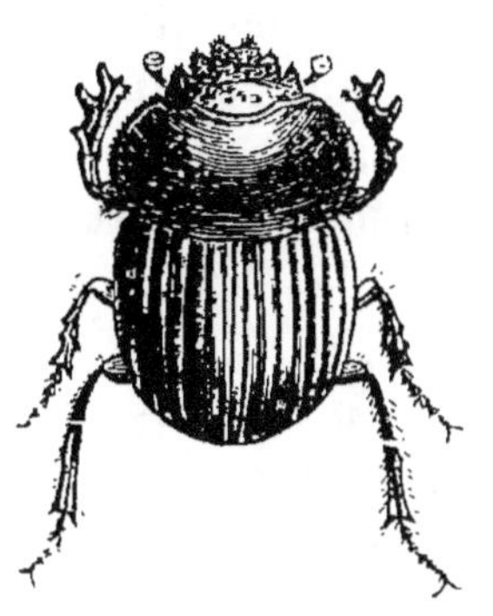

Fig. 85.
Ateuchus à large cou.

C'est dans cette croyance très vraisemblable que Latreille a appelé la seconde espèce *ateuchus des Égyptiens*.

L'Europe ne renferme que des ateuchus d'un noir brillant. Outre l'ateuchus sacré, on possède en France, dans les mêmes localités, une espèce de dimensions moindres, l'*ateuchus demi-ponctué*. L'espèce la plus réduite comme taille, et qu'on rencontre dans notre pays le plus au nord, est l'*ateuchus à large cou* (fig. 85).

Le front a six dentelures, comme dans les précédents, mais

les élytres sont fortement et régulièrement sillonnées. On voit cet insecte dans plusieurs de nos départements du Midi ; il est commun près d'Aix en Provence. On le trouve dans l'Ardèche, et aussi, mais assez rarement, dans certaines parties des environs de Lyon, particulièrement sur les monts d'Or et les coteaux de la Pape. Il n'a pas été constaté, d'une manière bien authentique, aux environs de Paris, ni même, je crois, au centre de la France.

Les mœurs de toutes ces espèces sont toujours analogues à celles de l'ateuchus sacré. Il y a des espèces où les mâles aident, dit-on, parfois les femelles à rouler leurs boules. Ils paraissent d'habitude beaucoup moins occupés que leurs compagnes, et des observateurs peu attentifs leur ont fait l'injure de les comparer à ces guerriers des peuplades sauvages laissant aux femmes les pénibles travaux. Cependant, le fait seul que les mâles survivent à la fécondation et demeurent assidus après des femelles doit nous amener à une opinion plus conforme aux lois naturelles, qui ne laissent la vie qu'aux êtres nécessaires pour perpétuer l'œuvre du Créateur. Une espèce du midi de l'Espagne, étudiée sur les rivages de Malaga par P. de la Brûlerie, nous donnera une idée exacte du rôle des mâles.

« En certains endroits de la plage sont parqués, dans des clôtures mobiles, des porcs en nombre considérable. L'élève de ces animaux est une des richesses de la contrée, et Malaga l'un des principaux marchés où on les conduit. Là où les porcs ont séjourné, viennent bientôt les histérides, les lamellicornes coprophages, et notamment l'*ateuchus cicatricosus*. Je le vis rouler ses boules.

« La femelle seule se charge de ce soin, et, comme les autres espèces du genre, marche à reculons et se sert de ses pattes de derrière pour maintenir son précieux fardeau. Le mâle surveille le travail avec un intérêt visible, mais sans y prendre une part active. Qu'un obstacle se rencontre, et que la boule qui contient sa progéniture tombe dans une inégalité du sol, il faut voir comme il s'agite, tourne tout autour, pousse sa femelle du chaperon, et l'excite, j'allais dire de la voix, mais plutôt en faisant retentir. sur un ton désespéré, le bruit que produit le frottement de son abdomen contre ses élytres.

« Si l'observateur prend la femelle et la pose à terre à quelque distance, le mâle redouble son cri plaintif. La femelle l'entend ; elle paraît indécise, consulte les quatre points cardinaux, s'oriente enfin, et de sa course la plus rapide revient, tout en trébuchant, ressaisir la boule, objet de sa maternelle sollicitude.

« Vous accusez le mâle d'être un paresseux jouant le rôle, de la mouche du coche. Mouche peut-être, mais mouche indispensable, car, si vous le prenez, la femelle s'arrête et reste la tête baissée sur le sable, de l'air le plus piteux du monde.

« Elle serre toujours sa boule dans ses pattes de derrière mais rien ne la fera bouger, et, si on ne lui rend son compagnon, je crois qu'elle mourra sur place[1]. »

Un second groupe de constructeurs de boules et formé par les *gymnopleures*, de couleur noire, qu'on reconnaît au premier abord en ce que les flancs du premier arceau ventral sont mis à découvert par un rétrécissement brusque des élytres au-dessous des épaules. Ils ont des tarses très-grêles aux membres antérieurs, de même que les sisyphes, du groupe suivant. Une espèce très-commune dans le midi de la France est le *gymnopleure pilulaire*. Il abonde aux environs de Lyon. Ces insectes vivent rassemblés en troupe plus ou moins considérable, et couvrent parfois de leur multitude les déjections des chevaux et des bœufs ; mais, à peine les approche-t-on, surtout dans les journés chaudes, qu'ils s'envolent avec facilité, au point que, dans un instant, on n'en voit plus un seul.

On a trouvé cette espèce jusqu'à Pithiviers, mais je ne crois pas qu'elle arrive plus près de Paris. On prend quelquefois, mais rarement, dans les journées chaudes de juin, près de la capitale, une seconde espèce de gymnopleure, un peu plus petite, à surface chagrinée, le *Gymnopleure flagellé* (fig. 84). Ces insectes recherchent les matières stercoraires des ruminants. Ils volent autour des chèvres et des moutons, et, à défaut de leurs propres boules, ils se jettent sur les crottins et les roulent.

1. *Op. cit.*, p. 522.

Quelquefois une véritable intelligence semble présider à leurs travaux. « Souvent, dit M. Mulsant, surtout parmi les scarabées [1], qui construisent une pelote beaucoup plus grosse qn'eux, un ami obligeant vient prêter ses bons offices. Il se place sur le sommet du corps sphérique, et, en se penchant en avant, l'entraîne dans un mouvement de rotation. Par moments, un accident arrive : la boule tombe dans un trou, et y resterait inévitablement sans le secours de nouvelles forces nécessaires pour l'en extraire. Un gymnopleure, auquel semblable mésaventure était arrivée, se dirigea, dit Illiger, vers un tas de bouse voisin, et revint bientôt avec trois camarades ; tous quatre réunirent leurs efforts pour tirer la pelote du pré-

Fig. 84. — Gymnopleure flagellé, de profil. Fig. 85. — Sisyphe de Scheffer

cipice, et ils y parvinrent enfin ; ce résultat obtenu, les trois compagnons, dont la tâche était accomplie, s'en retournèrent aussitôt à leur ouvrage. »

Les *sisyphes* forment un troisième groupe, ainsi désigné par Latreille en souvenir de ce fils d'Éole et d'Arénète condamné, suivant la Fable, à rouler au sommet d'une montagne un rocher qui lui échappait toujours au moment qu'il croyait toucher au terme de ses peines. Les sisyphes ont le corps court et ramassé, les pattes grêles et très étendues, surtout celles de derrière, qui sont courbées pour mieux embrasser la boule. Cet aspect des membres a valu le nom de *bousier araignée* (Geoffroy) au *sisyphe de Scheffer* (fig. 85), la seule est

1. *Hist. natur. des coléopt. de France*, Lamellicornes, 1842, p. 41.

)èce d'Europe qu'on a pris quelquefois accidentellement près
le Paris. Ce noir et bizarre animal vit dans les matières les
)lus rebutantes ; il marche gauchement à cause de ses longues
)attes postérieures, se plaît sur les terrains en pente, les coteaux exposés au soleil. On peut dire de lui qu'il a la mono-
manie du jeu de boules ; sans relâche les sisyphes sont occupés
à en construire ou à en rouler, et souvent ils contentent leur
instinct à peu de frais, avec des crottins de chèvre. Écoutons
encore les curieuses observations de l'entomologiste lyonnais :

« Les mâles, écrit M. Mulsant, montrent en général un attachement moins vif que l'autre sexe pour ces petites pelotes
qui doivent servir de berceau à leurs descendants. Souvent,
pour mettre à l'épreuve leur amour maternel, il m'est arrivé
de transporter dans la main un couple de sisyphes avec le
fruit de leurs travaux. Dès que je leur rendais la liberté, le
mâle en usait pour s'envoler ; la femelle ordinairement restait
attachée à la pilule, objet de ses espérances, et se résignait à la
conduire seule. J'ai vu quelques-unes de ces créatures surprises
par la nuit avant d'avoir pu enterrer assez profondément leur
globule ; le lendemain, de grand matin, je les retrouvais le
tenant entre leurs pattes, comme un trésor dont elles n'avaient
pu se séparer. » Ces instincts affectueux sont propres à tous
les scarabées rouleurs de boules.

En creusant la terre on trouve souvent, avec une boule,
le couple d'insectes qui l'ont produite. On dirait qu'ils ont voulu
rester attachés à cet objet pour veiller à sa conservation ou pour
attendre, près de ce dépôt précieux, la mort qui doit mettre
fin à leurs travaux.

Malgré l'odieuse exploration qu'exige l'étude des bousiers,
nous oserons encore continuer un peu ce sujet, tant les mœurs
de ces insectes, toujours liées à leurs métamorphoses, tiennent
en suspens la curiosité. La science n'est-elle pas comme le
charbon ardent qui purifiait les lèvres du prophète Isaïe ?

Les *copris* ne construisent pas habituellement de boules,
mais creusent des trous proportionnés à leur taille sous les matières stercoraires, et y accumulent, mêlées à leurs œufs, les
substances nécessaires à la nourriture des larves, qui s'entourent, pour se transformer, d'une coque de bouse séchée. C'est

ainsi qu'opère le *copris lunaire* ou *bousier capucin* de Geoffroy, très commun dans le Midi, mais qu'on peut voir aussi près de Paris, surtout dans les lieux sablonneux où ont passé des chevaux, et même plus au nord jusque sur nos côtes normandes. Il est d'un noir brillant et remarquable par les trois cornes qui ornent son corselet, celle du milieu étant la plus grande, et la corne qui se dresse au centre du front, longue et pointue dans le mâle, courte et tronquée chez la femelle. Il fait entendre une stridulation en frottant ses élytres contre le dos.

Les *aphodiens* sont les plus petits scarabées des fientes, les seuls communs dans les régions du Nord, existant même en Laponie. On les voit voler le soir en abondance sur les routes parsemées de déjections. Leur corps est arrondi et convexe en dessus, mais plat en dessous. Ils n'ont pas d'industrie, ne creusent pas la terre au-dessous des bouses dont ils se repaissent, dont ils ont percé la surface de petits trous et qu'ils sillonnent de galeries. Les femelles pondent dans le milieu où elles vivent, et c'est là que les larves se développent. Rien de plus commun que l'*aphodie du fumier*, noire, avec des élytres rouges striées. Quand on a bouleversé sa triste demeure, l'insecte fait le mort. Les cuisses courtes et aplaties, les jambes larges et dentelées indiquent un fouisseur. Chose étrange ! de son asile immonde il sort net, sec et brillant, comme d'un bain immaculé.

Il est impossible de ne pas accorder notre attention aux géotrupes qui volent le soir, avec un bourdonnement sourd, sur tous nos chemins ; leur présence dans les airs indique au laboureur qui regagne sa chaumière que le temps sera beau le lendemain. Leur abdomen est très court, et par contre leur thorax énorme, donnant attache à des pattes larges, crénelées, éperonnées, constituées pour fouir avec force. Ils font entendre une stridulation par le frottement d'une saillie de l'article d'articulation du membre postérieur contre le bord de la cavité où il s'emboîte. Leur corselet n'est pas armé de cornes, du moins dans les espèces ordinaires. Les géotrupes creusent, sous les déjections des ruminants et des chevaux, des trous verticaux ou obliques, ayant parfois plusieurs décimètres de profondeur, à l'ouverture desquels ils se tiennent pendant le jour, occupés à satisfaire leur appétit et prêts à s'y réfugier en cas de danger. Le soir, après des mouvements répétés de leurs élytres, à la façon des hannetons, pour gonfler d'air leur corps massif, ils se dressent sur leurs pattes de derrière et essayent de prendre leur essor ; mais souvent leur premier coup d'aile, frappant l'air avec trop de force, les rejette en arrière sur le dos, et ils doivent s'y reprendre à plusieurs fois. Ils rasent la terre d'un vol court, lourd et sinueux, se frappent contre les obstacles et retombent étourdis. Si l'on cherche à les saisir, ils se renversent sur le sol et contrefont les morts, en étendant leurs pattes, qui demeurent raides et sans fléchir aux articulations. Ces insectes sont tourmentés par une multitude de gamases, petites arachnides d'un fauve terne, dont nous avons parlé à propos des nécrophores ; ils couvrent souvent le corps des géotrupes. Les espèces les plus communes sont le *géotrupe stercoraire*, d'un noir brillant, le plus souvent avec reflet bleu ou bronzé, et le *géotrupe printanier*, plus petit, d'un bleu foncé à reflet rougeâtre, à élytres moins fortement striées.

Très voisins des scarabées et des hannetons par leurs larves et leurs nymphes, les *lucanes* ou *cerfs-volants* présentent quelques différences à l'état parfait. Leurs antennes sont coudées, et les lamelles, au lieu de se replier comme les feuillets d'un livre, demeurent écartées. La plus grande espèce de notre pays, le *lucane-cerf*, d'un brun foncé, est bien connue par ses énormes mandibules, bifurquées à l'extrémité, crénelées, avec une forte dent au milieu. L'usage de ces énormes appendices qui simulent un bois de cerf est mal connu ; ils n'existent que chez les mâles ; la femelle ou *biche* n'a que des mandibules ordinaires (fig. 86, 87, 88, 89). Ils peuvent serrer la peau jusqu'au sang et soulever un poids considérable. Les Romains suspendaient ces mandibules cornues au cou de leurs enfants, pour les préserver des maladies du jeune âge. Linnæus dit qu'un éléphant qui aurait une force proportionnée à celle d'un lucane, ébranlerait une montagne. On croit, dans certaines parties de l'Allemagne, qu'ils prennent des charbons ardents entre ces pinces et vont propager des incendies. Leurs mœurs sont douces. Ils sucent avec délices, au moyen de leurs mâchoires en forme de houppe, les liqueurs qui suintent des crevasses des chênes. Ils mangent aussi les feuilles de ces arbres. Ils sont très friands de miel et on prétend qu'ils peuvent s'apprivoiser. Swammerdam, dit-on, en avait un qui le suivait comme un chien quand il lui présentait du miel. Accrochés pendant le jour au tronc des chênes, ils ne volent que le soir et du vol le plus lourd, se tenant presque verticaux pour ne pas basculer par le poids de leurs gigantesques mandibules. Leur taille varie beaucoup. La collection du Muséum en présente deux énormes individus, de cette espèce ou d'une autre très voisine, provenant de la dernière expédition de Syrie. Ils étaient venus frapper avec tant de force dans le schako d'un capitaine commandant un détachement, que celui-ci crut d'abord à une agression à coups de pierres. La femelle pond ses œufs dans les vieux troncs de chênes. La larve enroulée, ressemblant beaucoup à celle des hannetons, à anneaux moins marqués, vit près de quatre ans et commet souvent de grands dégâts. On ne sait trop si c'est à cette larve ou à celle du grand capricorne, dont nous parlerons bientôt, qu'il faut rapporter ces vers, nommés *cossus* par les Romains, remplis d'une crème délicate, et qui figuraient avec honneur sur les tables de Lucullus. Les meilleurs à manger, dit Pline, sont les gros vers des chênes, ce qui se rapporte aux larves des deux genres. Les dames demandaient à cette nourriture substantielle un embonpoint qui prolongeait leur beauté.

Pour se changer en nymphe, la larve s'enveloppe d'une coque de parcelles de bois agglutinées, et l'adulte passe souvent l'hiver dans cette coque après son éclosion pour se consolider.

Passons rapidement sur le triste groupe des *mélasomes*, coléoptères au manteau noir. Nous y rencontrons les blaps, dont l'espèce commune, le *Blaps obtusa*, à odeur repoussante (fig. 90), et le *Blaps mortisaga* (présage de mort), à élytres soudées avec une pointe terminale, sans ailes, se traînant dans les caves, les celliers, les grottes obscures, vivant de débris d'animaux et aussi des limaces de caves, et les *ténébrions*, habitant les boulangeries. Leurs larves séjournent dans la farine, ont un corps cylindrique et comme vernissé. Les amateurs d'oiseaux les recherchent pour nourrir les jeunes rossignols et divers oiseaux insectivores. Trop souvent nous en trouvons

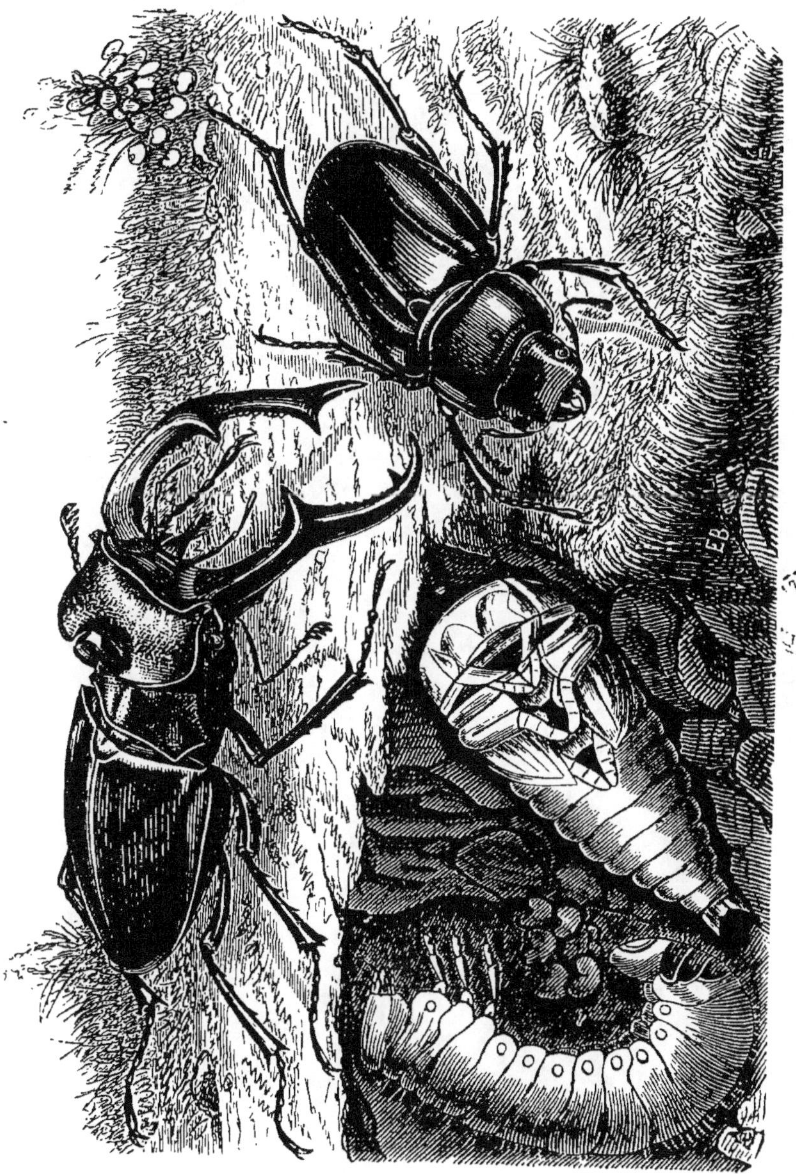

Fig. 86, 87, 88 et 89. — Lucane cerf-volant, larve, nymphe, insectes mâle et femelle.

avec dégoût les débris dans le pain, ainsi que les restes noirs
de l'adulte (fig. 91, 92).

Un très grand intérêt, sous le rapport des métamorphoses
encore imparfaitement connues, s'attache à la famille des coléoptères vésicants, fournissant à l'art de guérir un puissant caus-
tique dérivatif et aussi un dangereux poison. Les plus employés
en Europe sont les *cantharides*, au corps et aux longues élytres
mous, d'un beau vert brillant, s'abattant en immenses essaims
sur les frênes, dont elles dévorent le feuillage, et quelquefois
sur les lilas. Leurs métamorphoses compliquées, analogues à

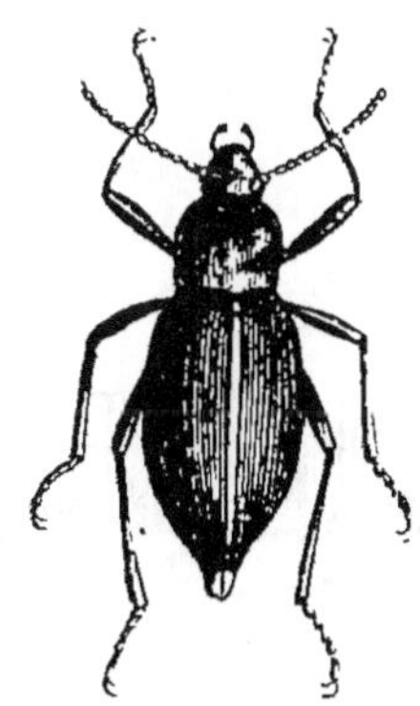

Fig. 90.
Blaps obtus.

Fig. 91 et 92.
Ténébrion de la farine et sa larve.

celles que nous allons exposer, viennent d'être étudiées par
MM. Lichtenstein et Valéry Mayet, qui ont alimenté les larves
avec des miels de divers apiens solitaires. Il reste à découvrir
dans quels nids les cantharides vivent en parasites dans la nature. Dans le midi de l'Europe, en Orient, en Chine, on se sert,
comme vésicants, des *mylabres*, qu'on rencontre en grappes
sur les fleurs des composées, les chicorées, les chardons, etc.
Les Romains en faisaient le même usage, et la loi *Cornelia*
punissait de mort les empoisonneurs par les mylabres. Enfin,
au printemps surtout, dans les prairies, on voit courir des
coléoptères d'un noir violet brillant, aux élytres très courtes,
sans ailes, et dont les femelles traînent avec peine un énorme
abdomen rempli d'œufs. Les Allemands les nomment *scarabées
de mai* (Maykæfer). Si on les saisit, ils replient leurs pattes,
et de toutes leurs articulations suinte une liqueur jaune onc-

tueuse, fétide. Ce sont les *bouprestis* ou *enflebœufs* des anciens, car on a vu des bestiaux gonfler et mourir pour en avoir avalé. Dès le commencement d'avril, le *méloé proscarabée*, le plus commun, se rencontre en abondance dans les prairies qui sont contre le pont d'Ivry et bordent le confluent de la Seine et de la Marne. On a complètement ignoré longtemps les premiers états des coléoptères vésicants. Newport en Angleterre, M. Fabre en France, ont soulevé le voile en grande partie. On avait rencontré sur diverses abeilles solitaires, construisant des nids en terre et les approvisionnant du miel des fleurs pour leur

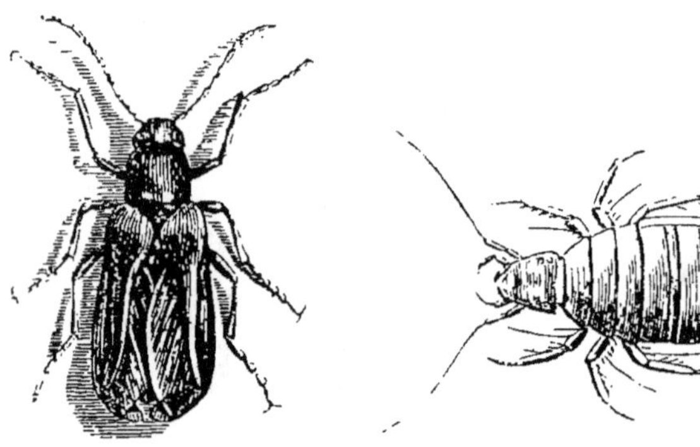
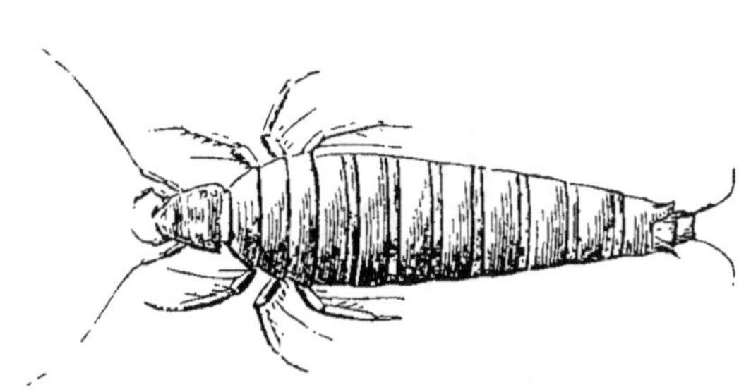

Fig. 93.
Sitaris huméral (grossi).

Fig. 94.
Première larve (très grossie).

progéniture, des petits êtres cramponnés dans leurs poils. On les prenait pour des parasites et ils furent décrits sous les noms de *pou de la mélitte*, de *triongulin*. Ce sont les premières larves des vésicants. Les nombreuses transformations d'une espèce nommée *sitaris huméral* ont été observées par M. Fabre (fig. 93). La larve est tour à tour carnivore et mellivore. La femelle va pondre à reculons dans les conduits terreux qui mènent aux nids des abeilles solitaires. De ces œufs sort une très petite larve, d'un millimètre de longueur seulement, très agile, à fortes mâchoires, à longues pattes, à longues antennes, avec des filets caudaux, une peau cuirassée et des yeux au nombre de quatre (fig. 94). Elle attend patiemment tout l'hiver sans nourriture. Au printemps sortent du nid les mâles, éclos les premiers. Prestement elle s'accroche à leurs poils ; ils la font passer soit directement, soit par l'intermédiaire des

fleurs où ils l'ont déposée, sur les femelles. Celles-ci ont fait un
nid comme leur mère, ont garni les cellules d'un doux miel
pour leurs enfants ; dans chacune doit être pondu un œuf. La
petite larve a l'instinct de se laisser tomber sur cet œuf, l'ouvre,
se nourrit de l'intérieur et se sert de la coque comme d'un ra-

Fig. 95.
Deuxième larve (grossie).

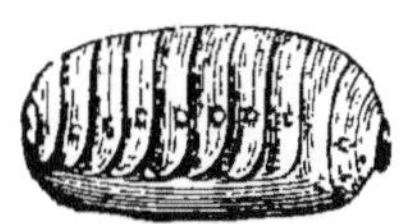

Fig. 96.
Pseudonymphe (grossie).

deau pour ne pas se noyer dans le lac de miel qui l'entoure.
Après la mue paraît une seconde larve (fig. 95). Combien elle
diffère de la première! Elle est aveugle, n'a que des pattes et
une bouche à peine formées, un énorme ventre renflé. Elle
mange peu à peu tout le miel de la cellule. Puis dans la peau

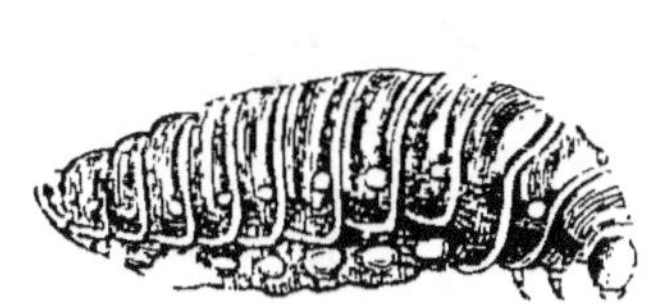

Fig. 97.
Troisième larve (grossie).

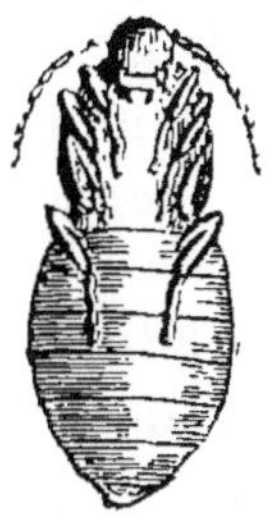

Fig. 98.
Nymphe (grossie).

desséchée de cette seconde larve, mais distincte, se forme
une pseudonymphe, ovalaire, segmentée, inerte et ne mangeant pas, de couleur ambrée, passant l'hiver (fig. 96). Il en
sort une troisième larve (fig. 97) très analogue à la seconde,
devenant bientôt une nymphe ordinaire, d'un blanc jaunâtre,
à organes repliés (fig. 98) et d'où sort un sitaris adulte, ne vivant que peu de jours pour la reproduction et la ponte.

Les méloés pondent dans de petits trous, sous les gazons,
des amas d'œufs oblongs, d'un beau jaune citron. Les premières larves qui en sortent grimpent aux fleurs, de là passent
sur des mellifiques, et subissent toute une série analogue de

transformations. Les premières larves de deux méloés, le *pro-scarabeus* et surtout le *scabrosus*, ce dernier d'un riche bronzé cuivreux, sont très nuisibles aux abeilles en les faisant périr par l'irritation qu'elles leur causent (*rage, maladie de mai*).

Fig. 99. — Cantharide mâle volant.

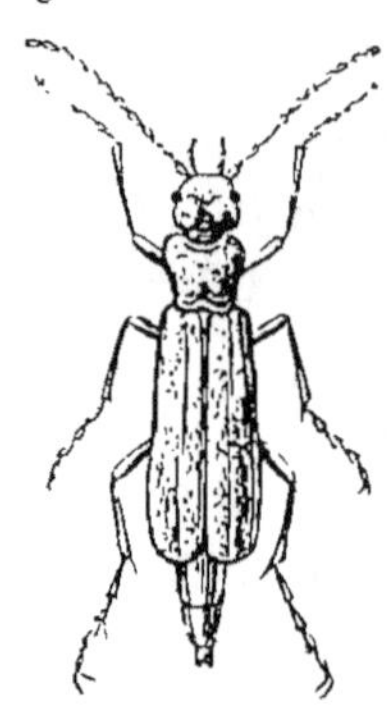

Fig. 100. — Cantharide femelle avant la ponte.

C'est surtout sur les sainfoins que ces larves se cramponnent aux abeilles qui butinent. Les mœurs sont les mêmes pour les mylabres et pour les cantharides, dont les femelles ont peine à voler, tant leur abdomen est gonflé par les œufs, tandis que les mâles volent vivement au soleil autour des frênes ou des lilas (fig. 99, 100).

La plupart des coléoptères dont il nous reste à dire quelques mots ont des larves souvent sans pattes, molles, blanchâtres, ne se mouvant que par reptation, vivant cachées dans les tiges, les graines, les fruits des végétaux. Ils se rattachent de plus ou moins près à une immense famille, les *charansons*[1] ou *porte-becs*, comptant bien 50 000 espèces, décrites, nominales, inédites et à découvrir, offrant un prolongement allongé du front qui porte les antennes, le plus souvent coudées. On leur donne le nom latin de *curculio*, ou *gurgulio*, à cause de leur voracité et de leurs dégâts :

> Le charanson ravage un vaste champ de blé
>
> Virg., *Géorg.*, liv. I, vers 185.

dit le poète en parlant de la calandre des grains, fléau de nos

---

1. Nous écrivons *charansons* et non *charançons*, d'après l'ancienne orthographe de Geoffroy.

serves de céréales. Chacun de nos légumes secs a son hôte
ineste. La *bruche du pois*, brune, tachetée de blanc, ne sort
u pois qu'à la fin de l'été. Chaque femelle, qui peut pondre
ne centaine d'œufs, dépose à la fin de la floraison, sur la
eune gousse, un œuf par pois. La larve vide peu à peu le pois,
ui grossit avec elle, et l'adulte sort en perçant un trou circu-
aire (fig. 101, 102). La *bruche des fèves* dépose ses œufs dans
es champs de fèves et marque chaque fève d'un à trois points
ioirs. Une fève peut nourrir plusieurs larves. La lentille et la

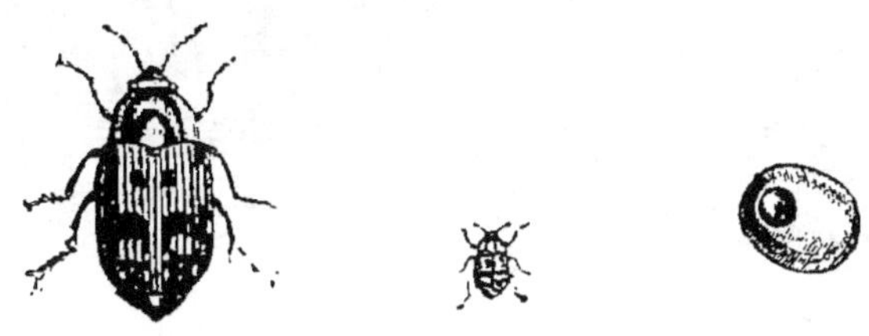

Fig. 101 et 102. — Bruche du pois (grossie) et pois percé.

vesce ont aussi leurs bruches spéciales. Il y a également une
bruche pour le haricot, qui commence à se répandre dans
le midi de la France et à compromettre la récolte. C'est un
charanson dont la larve dévore la noisette et qui sort de la
coque par un trou arrondi. Tous les végétaux sont rongés par
une ou plusieurs espèces de ces coléoptères : ainsi la vigne,
les arbres fruitiers, les bouleaux, les peupliers, coudriers, les
pins et les sapins (fig. 103), etc. Il y a des charansons qui
sautent au moyen de leurs pattes postérieures repliées. Tels
sont les *orchestes* qui minent le parenchyme des feuilles. Le
docteur Laboulbène a décrit la métamorphose d'une de leurs
espèces (*Ann. Soc. ent. de France*, 1858, p. 286). Parfois
les femelles ont l'instinct de couper à demi les jeunes tiges
ou les pétioles des feuilles où elles doivent pondre, afin que
la sève n'afflue que difficilement dans l'organe flétri et ne
puisse étouffer les jeunes larves. A côté, nous trouvons les
scolytes, les *hylésines*, les *hylurges*, les *bostriches*, dont les
larves vivent dans les galeries qu'elles creusent entre l'écorce
et le bois des arbres de diverses essences (fig. 104). Chaque

espèce a sa propre forme de galeries. Elles sont très nettes
sur le frêne. Ces petites larves sont sans pattes, à peau très

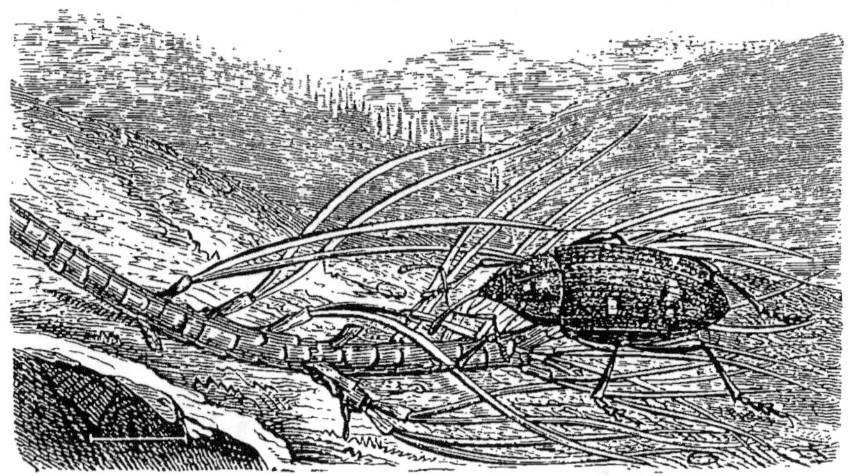

Fig. 103. — *Pissodes notatus* (grossi).

froncée, repliées en deux, à bouche armée de pièces solides
(fig. 105). On prétend que par là ils affaiblissent ces végétaux et les rendent plus faciles à attaquer par leurs larves, et

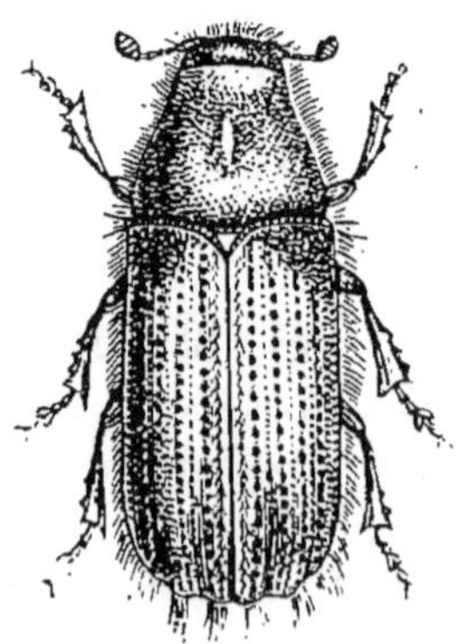

Fig. 104.
Hylurge piniperde (grossi).

Fig. 105.
Larve de scolyte replié (grossie).

que l'instinct les porte à choisir pour la ponte des arbres ou
vieux ou languissants, moins résistants que ceux où abonde la
sève. Ces insectes, qui creusent des galeries dans les bois, ont
des mandibules si dures qu'il y a dans la science des exemples

ù ils ont perforé des plaques de plomb et même des clichés
ypographiques, formés d'un alliage plus dur que le plomb.

On dirait que certains charansons, principalement d'Amé-
ique, cherchent à faire pardonner, par leurs riches couleurs,
es méfaits de leur race. Cet éclat est dû, non aux téguments
nêmes, qui sont noirs, mais à de brillantes écailles, imbriquées
:omme les tuiles d'un toit, et que le frottement enlève. Dans
e midi de la France, vit sur les tamarix une petite espèce de
:ette sorte, verte avec points d'un rouge vif, qui étincelle
ιu soleil comme des perles de feu.

Ce sont encore des larves sans pattes, ou à pattes très rudi-
nentaires, et vivant dans les bois, qui produisent ces magni-

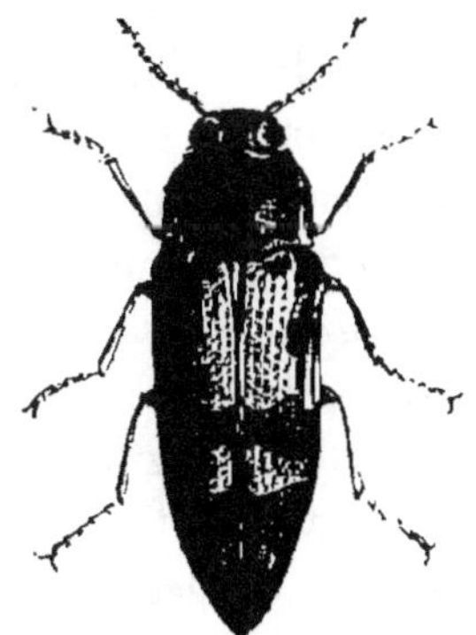

Fig. 106.
Bupreste impérial.

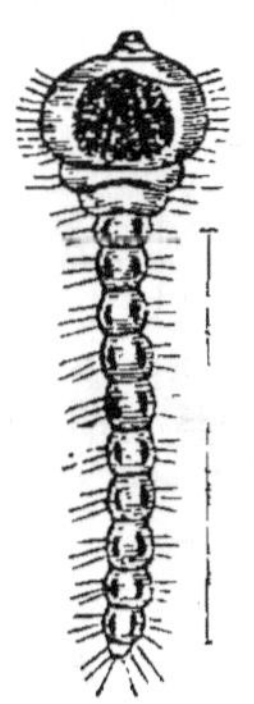

Fig. 107.
Larve du Bupreste de Solier.

fiques coléoptères nommés *richards* ou *buprestes*, aux colorations les plus vives, aux teintes métalliques (fig. 106). Aux
Indes, en Chine, les femmes s'en servent pour leur coiffure
ou comme pendants d'oreilles, et une mode analogue commence à s'introduire en France. La forme extérieure des
buprestes rappelle un peu celle des taupins. Ils ne sautent
pas, et, par une exception unique chez les coléoptères, leurs
ailes ne sont pas repliées en deux sous les élytres. La France
n'en possède que de petites espèces, surtout du Midi. Les
larves sans pattes ont une petite tête, un très large thorax,
sont très allongées et vont en s'amincissant, comme un pilon
aplati. Elles restent isolées entre l'écorce et le bois, se creu-

sant des galeries irrégulières, et sont parfois, dit-on, de dix à vingt ans avant de donner l'adulte. Nous figurons une de ces larves appartenant à une espèce qui vit dans les jeunes arbres des pins maritimes des Landes, le *bupreste de Solier*, larve bien propre à montrer la forme typique, et qui vit une année (fig. 107). Nous devons citer la plus grande espèce d'Europe, le *Buprestis mariana*, atteignant $0^m,02$ de longueur. Il est d'un beau vert foncé à reflet cuivreux. Il vit sous les écorces des arbres verts et se rencontre de la Suède à la Méditerranée, zone d'habitation très étendue, fait général pour les insectes des conifères.

Les buprestes n'ont que de petites antennes ; mais leurs larves sont très voisines, comme forme et comme mœurs, de celles des *longicornes* ou *capricornes*, dont les très longues antennes, surtout chez les mâles, formées d'articles en fuseau, ont, dans certaines espèces, deux et trois fois l'étendue du corps. Le type de ces insectes et le *grand capricorne* (*Cerambyx heros*), qu'on rencontre en juin sur les chênes (fig. 109). Il est d'un brun presque noir. Le mieux pour les amateurs qui veulent recueillir toutes ces espèces, à longues et si fragiles antennes, est de les renfermer dans de grands sacs de toile pleins de feuilles. La larve, dite *gros ver de bois*, creuse ses larges galeries dans l'intérieur des chênes parvenus à toute leur croissance, et gâte les plus belles pièces de charpente. Elle est allongée, à thorax renflé, mais sans un rétrécissement aussi fort que chez les larves du bupreste, et présente des pattes tout à fait vestigiaires, comme le montre la figure 108, grossie.

Toutes les larves de longicornes ont une forme qui rappelle, plus ou moins, celle d'un prisme à six pans, à arêtes obtuses.

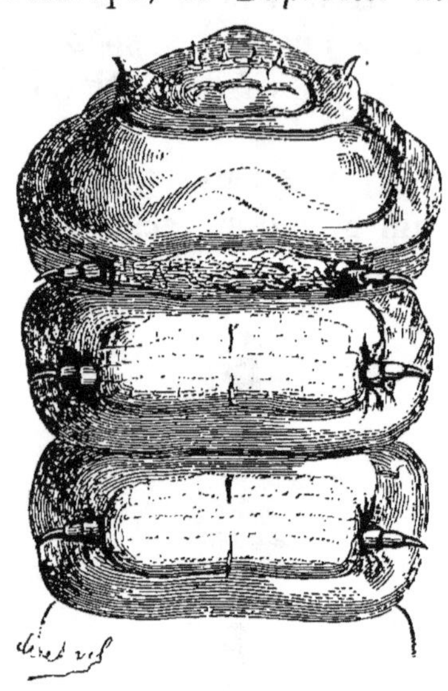

Fig. 108. — Larve du grand capricorne, en dessous (grossie).

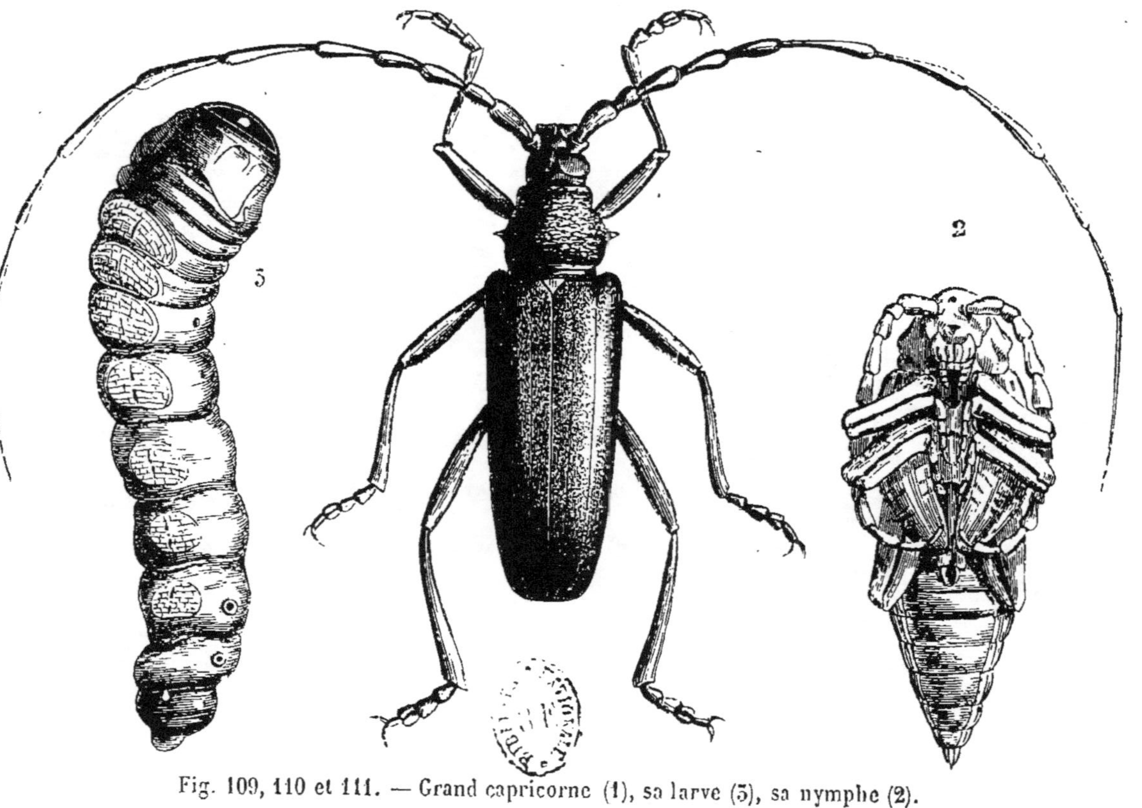

Fig. 109, 110 et 111. — Grand capricorne (1), sa larve (5), sa nymphe (2).

La tête est enchâssée dans un prothorax très développé, et les segments portent, en dessus et en dessous, de forts mamelons rétractiles, tantôt lisses, tantôt chagrinés, tantôt tuberculeux. Parfois les pattes manquent complètement; quand elles existent au thorax, elles sont très courtes, et le genre de vie est le même, dans les galeries creusées dans les troncs et les branches, ce qui montre que ces pattes n'ont aucune importance. Certains longicornes répandent des odeurs agréables : il en est ainsi de cet élégant insecte, d'un vert

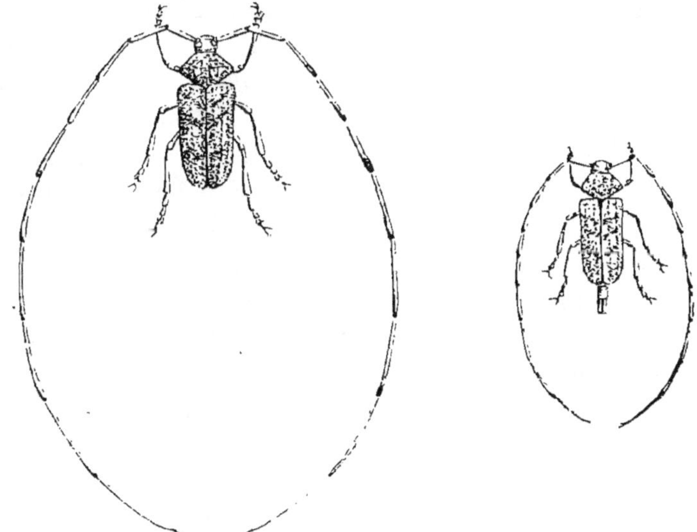

Fig. 112 et 113. — *Astynomus edilis*, mâle et femelle.

métallique, vivant sur les saules, volant parfois à la forte ardeur du soleil de juin, qui exhale le parfum pénétrant de la rose, et qu'on appelle *Aromia moschata*. Son odeur suave le décèle avant qu'on l'ait aperçu sur le saule.

Le longicorne européen le plus curieux par la longueur démesurée des antennes est celui que les entomologistes nomment *Astynomus edilis* ou *montanus*. Long de 0^m,012 à 0^m,015, il est un peu déprimé, d'une couleur cendrée, nébuleuse, avec un duvet jaunâtre et deux bandes arquées irrégulières, brunâtres sur les élytres. La femelle porte en arrière un tube droit, lui servant à pondre sous les écorces (fig. 112, 113). Les antennes sont près de trois fois aussi longues que le corps dans les femelles, et jusqu'à cinq fois aussi longues chez le mâle. De tels appendices antérieurs seraient bien gênants pour le vol ; aussi ces insectes se tiennent fort tranquilles sur les troncs des pins ou des sapins dans lesquels ils ont passé leurs premiers états. On trouvera ces curieux insectes dans toutes les localités où existe un bois de conifères un peu étendu. Nous recommandons sous ce rapport la forêt de Fontainebleau aux jeunes amateurs parisiens. Les adultes éclosent en avril et mai, et la femelle fait aussitôt sa ponte, surtout sur les souches et tiges des arbres vivants, et sur ceux récemment coupés. La larve est déjà parvenue à moitié de sa croissance à l'entrée de l'hiver, et creuse de larges galeries dans les couches intérieures de l'écorce. Elle vit une année, du moins dans les pins maritimes des Landes, où l'a observée E. Perris. Son corps est d'un blanc jaunâtre, entièrement revêtu de poils très fins (fig. 114). Elle est aveugle et sans pattes. Elle a soin, en creusant le bois, de laisser toujours une épaisseur d'écorce ou d'aubier suffisante pour se protéger contre le bec des pics et la longue tarière des ichneumoniens, en prenant cette précaution, d'autre part, que l'épaisseur ne soit pas trop grande ; il ne faut pas que l'insecte adulte demeure emprisonné et ne puisse la percer pour sortir. Elle se change en nymphe dans une cellule ainsi creusée dans la tige, en se retournant toujours de façon que la nymphe se trouve la tête en haut.

Un travail organique considérable s'opère alors, surtout pour le développement des énormes antennes de l'adulte, remplaçant les très petites antennes de la larve. La nymphe, couverte d'épines rousses, présente les longues antennes des mâles disposées avec une admirable symétrie. Elles forment un double peloton qui passe en dessous du corps entre les pattes ; puis elles se contournent en décrivant trois quarts de cercle, et, remontant le long de la poitrine, passent par-dessus la tête, longent toute l'étendue dorsale du corps, et se courbent pour se croiser près de l'extrémité du dernier segment (fig. 115).

En terminant cette revue rapide des coléoptères reparaissent des larves pourvues de pattes bien développées. Elles sont obligées de se déplacer pour ronger les feuilles de proche en proche. Les *chrysomèles*, à couleurs vives et tranchées, à corps globuleux, ont des larves ovoïdes, molles, sauf la tête coriace. Telles sont les larves assez allongées, d'un gris verdâtre terne, qui dévorent les feuilles des peupliers et des trembles.

Ces larves laissent suinter un liquide blanchâtre et fétide, sortant par des pores, dès qu'on les inquiète. C'est probablement un moyen défensif contre les oiseaux. Il y a deux espèces très voisines, vivant en société, sans jamais se confondre,

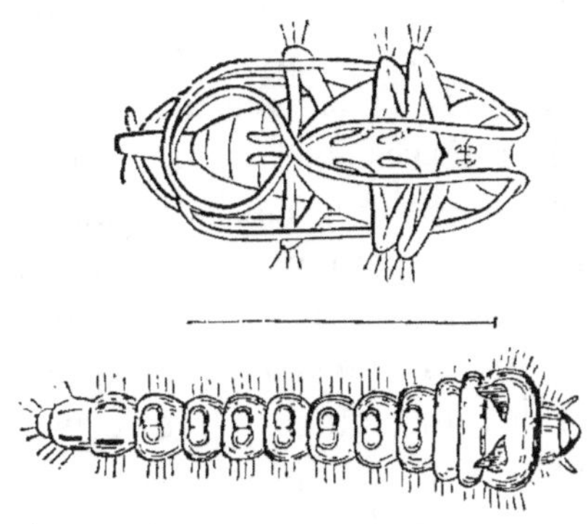

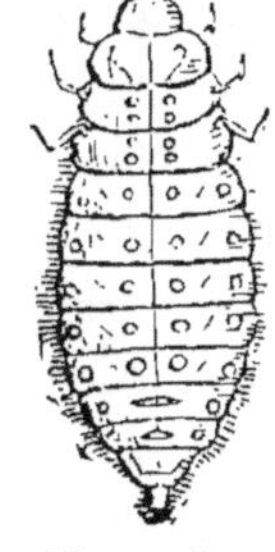

Fig. 114 et 115.   Fig. 116.
Larve et nymphe de l'*Astynomus edilis*.   Larve de chrysomèle du peuplier.

chacune sur son rameau, parfois du même arbre, l'une dite *du peuplier* (sa larve, fig. 116), l'autre *du tremble*. Les adultes ont les élytres d'un beau rouge et le corselet bronzé. L'espèce du peuplier, souvent un peu plus grande, offre une double tache d'un noir bleuâtre, très petite, au bout de chaque élytre, qui manque dans l'autre espèce.

C'est à côté de ces chrysomèles du peuplier et du tremble que se place une autre chrysomèle, qui a atteint une réputation sinistre, celle d'un nouveau fléau dont une loi toute récente prévoit l'introduction en France. On la nomme *scarabée du Colorado*, d'après son origine première, ou *doryphore de la pomme de terre*, nom peu exact, car l'adulte n'a pas sous le plastron la pointe conique des véritables doryphores (porte-lance). Le nom scientifique est *Leptinotarsa decemlineata*, Say. Cette espèce, d'une extrême fécondité, détruit en peu de jours toutes les feuilles et les tiges des champs de pommes de terre. Depuis 1860, elle marche dans l'Amérique septentrionale, de l'ouest à l'est, et a gagné successivement les États-Unis, puis le Canada. On en a trouvé des sujets isolés, amenés par les navires du commerce, sur les quais de plusieurs ports d'Angleterre et de Hollande, et des invasions en troupes nombreuses ont été constatées, en 1877, dans la Prusse rhénane, en Saxe. Comme la doryphore vit sur toutes les solanées et aussi sur des plantes d'autres familles, il est bien peu probable qu'elle quitte désormais l'Europe. Elle offre trois générations par an, dans la belle saison. Les œufs allongés, un peu acuminés aux deux bouts, de couleur orangée, sont pondus en paquets par les femelles, à la face inférieure des feuilles de pomme de terre. Les larves sortant des œufs sont d'abord brunes, puis deviennent d'une couleur jaune orangée quand elles ont tout leur développement. Leur abdomen est gros, convexe, fortement gibbeux; des taches d'un noir brillant se détachent sur le fond rougeâtre; les pattes sont noires en dessus, jaunâtres en dessous, ainsi que le corps. Ces larves se laissent tomber sur le sol, s'y enterrent à peu de profondeur et deviennent des nymphes d'un jaune orangé, avec peu ou pas de taches noires, élargies, ramassées, la tête repliée en dessous. Les adultes (fig. 117, 118) qui naissent bientôt de ces nymphes, sont longs de neuf à onze millimètres sur sept à huit de large, globuleux, très convexes, sans poils et d'un brun de poix. La tête, enfoncée jusqu'aux yeux, porte en dessus une tache triangulaire noire; elle a des antennes filiformes, s'épaississant à l'extrémité. Le prothorax est jaune marqué de noir, les élytres brunes ayant chacune cinq lignes noires longitudinales, qui ont donné à l'insecte son nom spécifique.

Ces doryphores adultes sont lourdes et volent à peine par les jours froids et humides, mais volent vivement au soleil et se transportent d'un champ à un autre et traversent même des fleuves, avec l'aide du vent. Lors du vol on voit que les ailes de dessous sont roses, coloration fort rare chez les coléoptères et qui fera aisément reconnaître la doryphore par nos paysans. Les adultes peuvent vivre longtemps sans nourriture, et ce sont eux, accidentellement tombés sur les navires, qui

Fig. 117 et 118. — Doryphore des pommes de terre, adultes, nymphes et larves.

ont importé en Europe la funeste engeance. Ceux de la troisième génération meurent en grand nombre à l'entrée de l'hiver ; mais quelques-uns s'enterrent et s'engourdissent, pour reparaître au printemps et recommencer les dévastations.

Dans un pays aussi peuplé que la France, nous ne devons pas nous effrayer outre mesure de l'attaque imminente de la doryphore des pommes de terre. Un insecte aussi gros et de colorations tranchées et bien visibles sera vite ramassé. Il faudra, le matin, faire tomber larves et adultes engourdis dans des filets de toile emmanchés dans des cercles de bois au bout d'une perche. Ou bien on promènera sur les tiges des pommes de terre, sans les casser, une faux en bois, derrière laquelle est une vaste poche où tomberont larves et adultes, qu'on livrera aussitôt aux flammes vengeresses. Au reste, depuis plusieurs années, il n'est plus question de ce funeste insecte, qui se maintient probablement inaperçu sur des solanées sauvages.

Fig. 119.
Clythre à longues pattes, mâle.

Les *clythres* sont d'autres chrysoméliens qui vivent surtout sur les arbres et arbustes, accrochés aux tiges des noisetiers, des osiers, des chênes, des bouleaux, etc., parfois aux graminées, aux chardons, enfin sous les pierres. La plupart sont convexes et oblongs, rouges ou jaunes, avec des taches noires. Ils appartiennent surtout au bassin européen et africain de la Méditerranée, et n'ont près de Paris que quelques petites espèces. Dans la plupart des clythres, les mâles diffèrent des femelles par une grosse tête à mandibules saillantes en tenailles et des pattes antérieures très allongées, comme on le voit chez le mâle du *clythre à longues pattes* (fig. 119) du midi de la France. Le grand intérêt de ce genre est dans les métamorphoses. Les larves et les nymphes sont entourées de très jolis fourreaux, trigones, avec des côtés en chevrons entre-croisés. La matière en est fort étrange. Ce

sont les excréments de la larve façonnés par ses mandibules,
convertis par la dessiccation en une substance noire, ou brune,
ou rougeâtre, sèche et friable. Parfois ces fourreaux sont revêtus d'un feutrage de poils tout à fait inexpliqué. Le fourreau
n'a qu'une seule ouverture, par laquelle la larve fait sortir sa
tête et ses pattes thoraciques bien développées, les antérieures
plus allongées si la larve doit donner un mâle pourvu de ce
caractère. Le reste du corps est recourbé en arc dans la partie
la plus large et fermée du fourreau. Cela pour deux raisons :

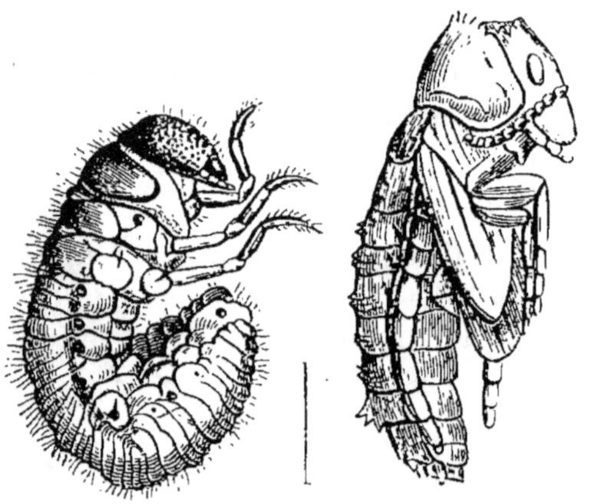

Fig. 120. — Larve et nymphe de *Clythra vicina*.

cette courbure permet à la larve de se maintenir sans adhérence
dans le fourreau qu'elle traîne avec elle, et en outre rapproche
des mandibules les singuliers matériaux qu'elle doit utiliser
pour la construction de son domicile. On trouve ces bizarres
traîneuses de fourreaux sur les feuilles, sous les pierres, et
aussi dans les fourmilières, respectées des fourmis, qui, sans
doute, se repaissent de quelque sécrétion des clythres ; en
même temps que, par un échange de services, celles-ci mangent
certaines substances récoltées au loin et amenées par les fourmis. Nous représentons (fig. 120) la larve et la nymphe du
Clythra vicina, la première jaunâtre, la seconde brune, qu'on
rencontre sous les pierres humides des environs d'Alger et
d'Oran et aussi du sud de l'Espagne.

Lorsque la larve est arrivée au terme de son développement
(et aussi à chaque mue), la larve ferme la partie antérieure et

ouverte du fourreau avec un opercule qui n'est pas sans analogie avec celui dont beaucoup de colimaçons terrestres bouchent l'entrée de leurs coquilles pour se protéger contre le froid
de l'hiver. La larve se retourne ensuite dans le fourreau, de
sorte que la partie postérieure se trouve là où était la tête, et
vice versa. Il faut, en effet, que l'adulte puisse sortir en rongeant avec ses mandibules le fond élargi du fourreau qui con-
tenait la larve courbée,
tandis qu'il eût été gêné
à la partie operculée plus
étroite. On se fera l'idée
de ces curieux fourreaux
par le dessin (fig. 121) en
dessus, en dessous et de
profil du fourreau qui entoure la larve du *Clythra
octosignata*. M. H. Lucas
a découvert cette larve,

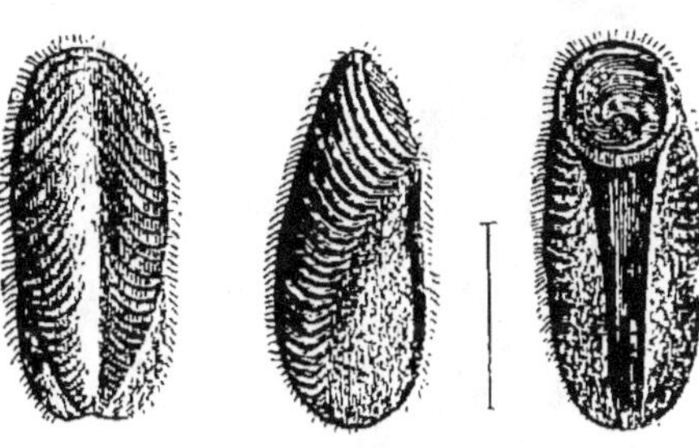

Fig. 121.
Fourreau du *Clythra octosignata*.

d'un noir roussâtre, et son fourreau, d'un brun ferrugineux.
long de 10 à 12 millimètres sur 4 à 5 de large, en Algérie.
près Médéah, dans les matériaux de fourmilière d'une myrmique ou fourmi à aiguillon. Il est certain que la bonne intelligence régnait entre les clythres et les hôtes aussi bien
armés.

Les *criocères* ont des mœurs étranges. On trouve en abondance sur les lis des petits coléoptères, à élytres d'un rouge
luisant, faisant entendre une légère stridulation lorsqu'on les
saisit. La larve est très molle et serait promptement desséchée
par le soleil. Son anus se recourbe vers le dos, et les excréments se projettent au-dessus de la larve, de façon à lui constituer un manteau protecteur d'où elle ne laisse sortir que la
tête (fig. 122). Vient-on à lui enlever ce vêtement malpropre
et singulier, elle se met à manger avec voracité afin de réparer le plus promptement possible le désordre de sa toilette.
Elle marche assez vite, en attaquant les feuilles de lis par le
bord. La *criocère de l'asperge* a des habitudes analogues,
mais sans fourreau d'excréments. Ses élytres sont fauves, bar-
rées de noir. Les larves des criocères deviennent nymphes en

terre dans une petite coque. Les *cassides*, à corps aplati et élargi, leur ressemblent. La larve de la *casside verte*, qui vit sur les chardons et les artichauts, dont les côtés sont bordés d'épines rameuses, présente le dernier anneau du corps recourbé sur le dos en une longue fourche. Cette fourche retient les peaux des mues et les excréments. Cette larve n'a pas un manteau, mais un parasol.

Fig. 122.
Criocère du lis, larve
et adulte.

Quelques chrysoméliens ont une existence aquatique, à l'état de larve surtout, ce qui a longtemps retardé la connaissance de leurs métamorphoses. Les *donacies* sont de brillants coléoptères qu'on trouve aux mois de mai et juin sur les plantes qui bordent les rives des étangs, les typhacées, les roseaux, les sagittaires, les nénuphars, etc. Leur corps, sculpté de jolis reliefs, brille d'un vert de bronze florentin; leur forme et leurs antennes les rapprochent des longicornes, dont ils diffèrent tout à fait par les larves. Ils se tiennent immobiles si le temps est couvert, mais volent à de faibles distances si le soleil printanier les réchauffe et les excite.

Nous recommandons aux jeunes collectionneurs de piquer ces élégants insectes au moyen d'épingles noires, à vernis inoxydable, qui se fabriquent à Vienne. Avec les épingles ordinaires bientôt un empâtement de sels gras, à base de cuivre, recouvre l'épingle et le corps de l'insecte, fait habituel au reste pour tous les insectes dont les larves vivent dans les tiges des plantes, surtout des plantes aquatiques. Si on s'est servi d'épingles ordinaires, on enlève les empâtements cuivreux en plongeant les sujets piqués et bien secs dans de la benzine.

Les larves des donacies sont allongées, subcylindriques et blanchâtres, mamelonnées en dessous, avec des pattes thoraciques fortes et roussâtres ; deux crochets postérieurs leur servent en outre à se cramponner aux plantes quand les eaux sont agitées. Elles collent contre les racines des nénuphars, des rubans d'eau, etc., des coques brunes sécrétées par elles, faites d'une sorte de parchemin imperméable à l'eau, et où se forment des nymphes blanches et molles dont la plupart passent l'hiver. Au printemps, l'adulte ronge la calotte supérieure de la coque et grimpe le long de la plante, tout entouré de bulles d'air retenues par ses poils.

D'autres phytophages des plantes aquatiques sont les *hœmonies*, qui paraissent vivre toujours dans l'eau sous tous leurs états. Ce sont des coléoptères plus petits que les donacies, d'un jaune terne avec des bandes noires, longtemps fort rares dans les collections, parce qu'on ne savait pas les trouver ; bien que pourvus d'ailes sous les élytres, on ne les voit jamais voler. Ils adhèrent très fortement aux tiges et aux feuilles submergées, cramponnés au moyen des ongles ou puissants crochets de leurs tarses longs et grêles. Les plus grandes secousses ne parviennent pas à leur faire lâcher prise, et on les reconnaît bien difficilement en épluchant brin à brin les paquets de plantes submergées, parce que leur couleur se confond avec celle de la vase. Ces insectes, qui sont surtout de l'Europe boréale et moyenne, se trouvent, les uns dans les rivières, mares et fossés, les autres dans les eaux de la mer, rejetés parfois en grand nombre au milieu des plantes marines sur les rivages de la Baltique, de la mer du Nord.

Le meilleur moyen de se procurer les hœmonies, ainsi l'espèce la plus commune en France, l'*hœmonie du prêle*, est de les rechercher sous les premiers états. Il faut faire ses investigations dans les eaux douces, calmes et à fond vaseux, en entrant à demi dans l'eau sur le rivage ou en se servant d'un bateau. On arrache à la main en plongeant le bras profondément et en tirant sans secousse les tiges des *potamogeton*, des *myriophyllum*, des *equisetum*, avec le chevelu de leurs racines. On trouve fixées à ces racines à la fois des coques brunes, ressemblant à des pupes de diptères, et des larves blanchâtres, plus petites que celles des donacies, attachées d'ordinaire aux plantes par les ongles de leurs courtes pattes. Lors des crues de l'eau, pour ne pas être entraînées, elles s'y fixent par deux crochets postérieurs, et, quittant alors la plante de leurs pattes de devant, elles se tiennent droites et raides, comme les chenilles des arpenteuses. Quand elles vont devenir nymphes, elles sécrètent une coque ellipsoïdale, formée d'une matière qui durcit sous l'eau comme un ciment hydraulique. On trouve ensuite les adultes. On élève très bien ces larves dans des terrines pleines d'eau où l'on immerge les plantes aquatiques. Elles sont très lentes dans leurs mouvements, mettant plusieurs heures pour se déplacer de quelques centimètres. On les voit enfoncer la tête et une partie de leur corps dans la tige des plantes qu'elles creusent avec leurs mandibules pour se nourrir soit de parenchyme, soit de sève. Les coques sont comme un parchemin lisse, de couleur plus ou moins ambrée, parfois noirâtre si les fonds vaseux contiennent des sulfures métalliques. On trouve ensuite les adultes en ouvrant ces coques, où ils séjournent jusqu'à ce qu'ils soient assez durs pour sortir. L'évolution complète dure quatre à cinq mois à partir de la ponte de l'œuf, et se renouvelle de mai à octobre, où l'on rencontre à la fois les trois états, ce qu'explique le peu de variation des températures de l'eau ; très probablement un certain nombre de nymphes et d'adultes hivernent en léthargie. Les adultes ne sortent pas de l'eau, du moins pendant le jour. Ils s'accrochent partout ; et, quand on les conserve captifs dans des bocaux pleins d'eau, il n'est pas rare d'en voir des grappes de huit ou dix cramponnés les uns aux autres. Peut-être volent-ils la nuit pour se poser sur les plantes à fleur d'eau? Peut-être leurs ailes ne servent-elles que pour des cas exceptionnels et instinctifs de migration?

Les *coccinelles* ne nous rendent, pour la plupart des espèces, que des services et méritent bien leur nom de *bêtes à bon Dieu*, *vaches à Dieu*. Elles ont des points noirs sur leurs élytres globuleuses à fond rouge ou jaune, ou bien la disposition des couleurs est inverse, car ces insectes offrent de continuelles variétés (fig. 123). Elles laissent suinter par les articulations des pattes une humeur jaune, fétide, moyen de défense. Si elles se promènent sur les végétaux, ce n'est pas pour leur nuire, mais pour les débarrasser d'ennemis acharnés. Elles pondent, en petits tas, des œufs jaunes, allongés, au milieu des pucerons. Les larves à six pattes, que Réaumur nomme *vers man-*

geurs de pucerons, ont un corps allongé et mou, hérissé de
petits tubercules de couleur chocolat ou bleuâtre, avec des
taches jaunes ou rouges (fig. 124). Leur extrémité postérieure
est munie d'un mamelon visqueux, qui leur sert à marcher et
et à s'accrocher. Leurs pattes antérieures s'opposent l'une à
l'autre et saisissent, un à un, les pucerons pour les porter à la
bouche. Quand la nymphe doit se former, la larve s'attache à
une tige ou à une pierre par son tubercule postérieur, qui se
colle au moyen d'une sécrétion visqueuse. L'animal se gonfle,
se raccourcit; sa peau, fendue le long du dos, se dessèche et

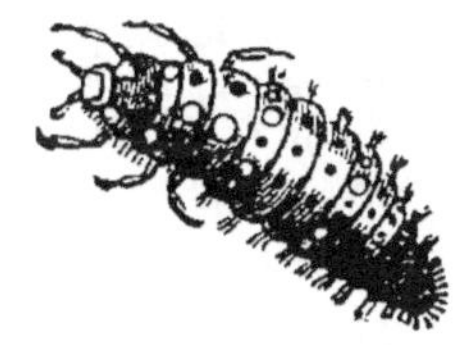

Fig. 123. — Coccinelle à sept points.   Fig. 124. — Sa larve grossie.

reste en manteau sur la nymphe, dont les élytres écartées
ressemblent à une fleur flétrie. La nymphe se redresse brusquement dès qu'on la touche, comme une momie qui sortirait
de son suaire. Il faut remarquer que si les larves sont en
troupes, ce n'est nullement une association amicale, mais une
réunion de meurtriers forcément rassemblés par l'état social
des pucerons ou des cochenilles dont ils vivent. Si la proie
manque, les larves les plus fortes dévorent les plus faibles.
Introduisez les coccinelles sous les châssis vitrés et dans les
serres, et protégez-les contre l'affection naïvement dangereuse
des enfants qui enferment si volontiers les *bêtes à bon Dieu*
dans des boîtes avec du pain ou des feuilles. Les ennemis des
pucerons doivent être les amis et les protégés de l'horticulteur
intelligent.

On a plusieurs fois confondu avec les larves de doryphore,
tant en France qu'à l'étranger, la nymphe de la coccinelle à
sept points, qui est d'un jaune orangé à points noirs, quand on
la trouvait sur les pommes de terre. Un peu d'attention em-
pêchera cette erreur fâcheuse qui amènerait la destruction
d'un fort utile insecte.

CHAPITRE IV

NÉVROPTÈRES

Les fourmilions et leurs pièges. — Les ascalaphes. — Les némoptères. — Les panorpes, métamorphoses nouvellement connues. — Les bittaques, les borées. — La semblide de la boue. — Les phryganes; larves à fourreaux mobiles, larves à abris fixes.

Une partie seulement des névroptères, en suivant la classification la plus connue en France, offre des métamorphoses complètes, ce qui nous oblige à scinder en deux sections l'histoire de ces insectes, à mœurs très variées, comme les précédents, habitant les uns la terre, d'autres les eaux à leurs premiers âges.

Si l'on se promène pendant la belle saison sur des terrains secs et légers, et surtout contre les excavations d'où on retire du sable, il n'est pas rare que les yeux soient frappés par des entonnoirs creusés avec une régularité parfaite. Au fond apparaissent quelquefois deux crochets recouverts de sable. Ils appartiennent à une larve d'un gris rosé, courte, ramassée, à six pattes, les deux paires antérieures dirigées en avant, la troisième en arrière. La tête est large, carrée, munie de deux mandibules en crochets acérés, avec un orifice absorbant communiquant à la bouche et permettant la succion. Cette larve ne peut marcher qu'à reculons. Elle creuse son entonnoir en moins d'une demi-heure, en décrivant en arrière des tours de spire de diamètre décroissant. Sa robuste tête lui sert de pelle pour rejeter le sable, chargé par une de ses pattes de devant. Puis elle se tapit cachée au fond de l'entonnoir de sable, bien exposé au midi, car la rusée chasseresse paraît frileuse (fig. 125). Tout est prêt. Si quelque malheureux insecte vient rôder au=

tour de l'abîme mouvant, le sable s'écroule sous ses pas. Il
cherche à se cramponner au talus; une pluie de sable, lancée
du fond du trou par la larve, l'aveugle et l'étourdit. Il tombe;

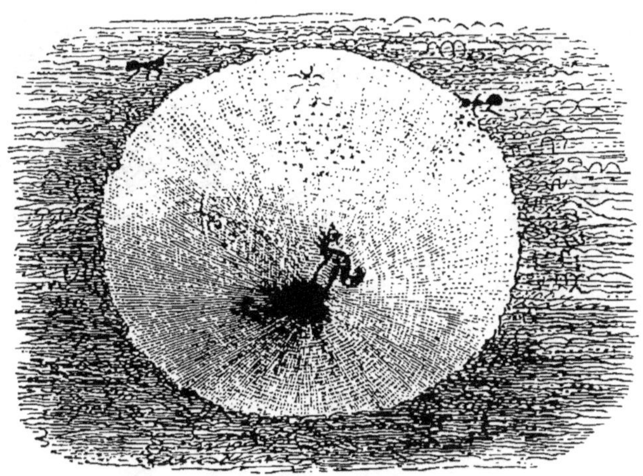

Fig. 125. — Entonnoir du fourmilion.

aussitôt les crochets cruels s'enfoncent dans son corps, et tous
ses fluides sont sucés, comme par une araignée. Puis le cadavre est lancé hors du trou d'un coup de tête, et la larve recommence l'affût. Comme les fourmis sont
souvent ses victimes, on nomme le genre
auquel elle appartient *myrméléon* ou *fourmilion*. Le *Myrmeleo formicarius* se
trouve aux environs de Paris, mais s'a-
vance peu au nord. Ses ailes de gaze sont
tachetées de quelques points noirs. Une
espèce voisine et sans taches, *Myrmeleo
formicalynx* ou *innotatus* remonte un peu
plus au nord; je l'ai prise dans la forêt de
Compiègne. Par une erreur singulière,
Réaumur croyait que la larve n'avait pas

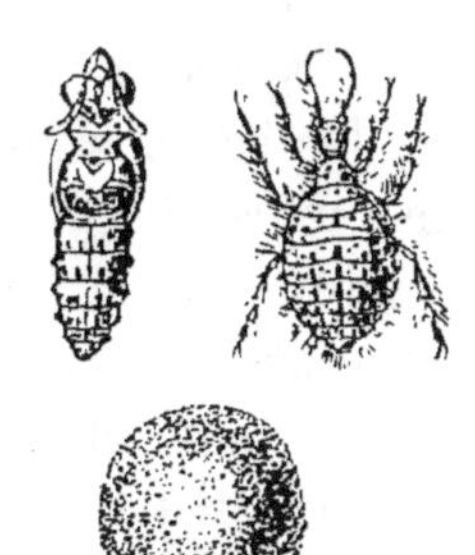

Fig. 126.
Larve, nymphe et cocon
du fourmilion.

d'orifice anal. Il est très petit, et les excréments très fins se perdent dans le sable. Elle se file un cocon ovoïde en soie tout
satiné à l'intérieur, revêtu à l'extérieur de grains sableux, et
y devient une nymphe à parties bien visibles, recouvertes d'une
mince pellicule (fig. 126). On est étonné de la grandeur des

ailes de gaze de l'élégant insecte qui sort de cette petite nymphe. On dirait, au premier aspect, une libellule ou demoiselle. Ses antennes grenues, terminées par un renflement, l'en dis-

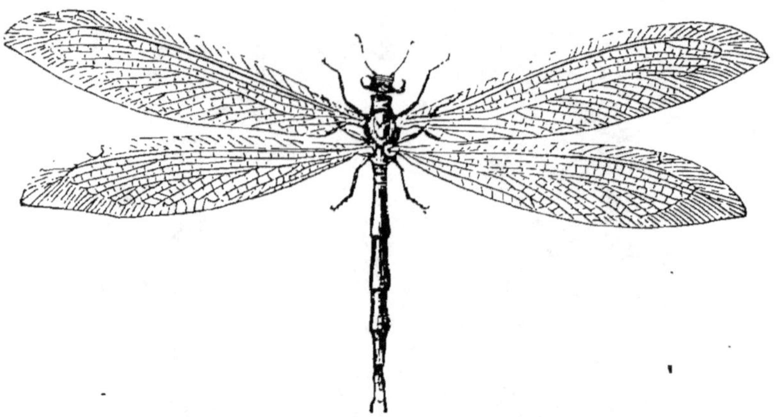

Fig. 127. — Fourmilion adulte (espèce *formicalynx*).

tinguent (fig. 127). En outre, pour qui l'a vu voler, il est impossible de faire confusion. Ses ailes molles s'agitent lentement, et il est obligé de se reposer bientôt, tandis que les libellules ont un vol très rapide et longtemps soutenu. Il répand une odeur de rose, comme plusieurs autres insectes des sables.

Les espèces de ce genre augmentent à mesure qu'on s'avance vers les régions chaudes. On voit voler le soir à Fontainebleau une espèce de plus grande taille, à antennes plus longues, à ailes plus aiguës, autrement tachées de noir que chez le *formicarius*. C'est le *Formicaleo tetragrammicus*. Sa larve ne creuse pas d'entonnoir, mais, tapie dans le sable, se jette sur la proie qui passe. M. Poujade a trouvé aussi à Fontainebleau un insecte fort rare de ce groupe, le Dendroléon panthérin, à ailes munies de taches ocellées. Il existe aussi en Autriche, ainsi au Prater de Vienne et en Chine. Sa larve vit dans le terreau des vieux arbres.

On rencontre dans la partie la plus méridionale de la France, dans les endroits les plus secs, et sortant du repos seulement sous les rayons les plus ardents du soleil, une grande et superbe espèce, à ailes tachetées de noir, le *palpare libelluloïde* (fig. 128). Sa larve ressemble à celle de l'espèce parisienne,

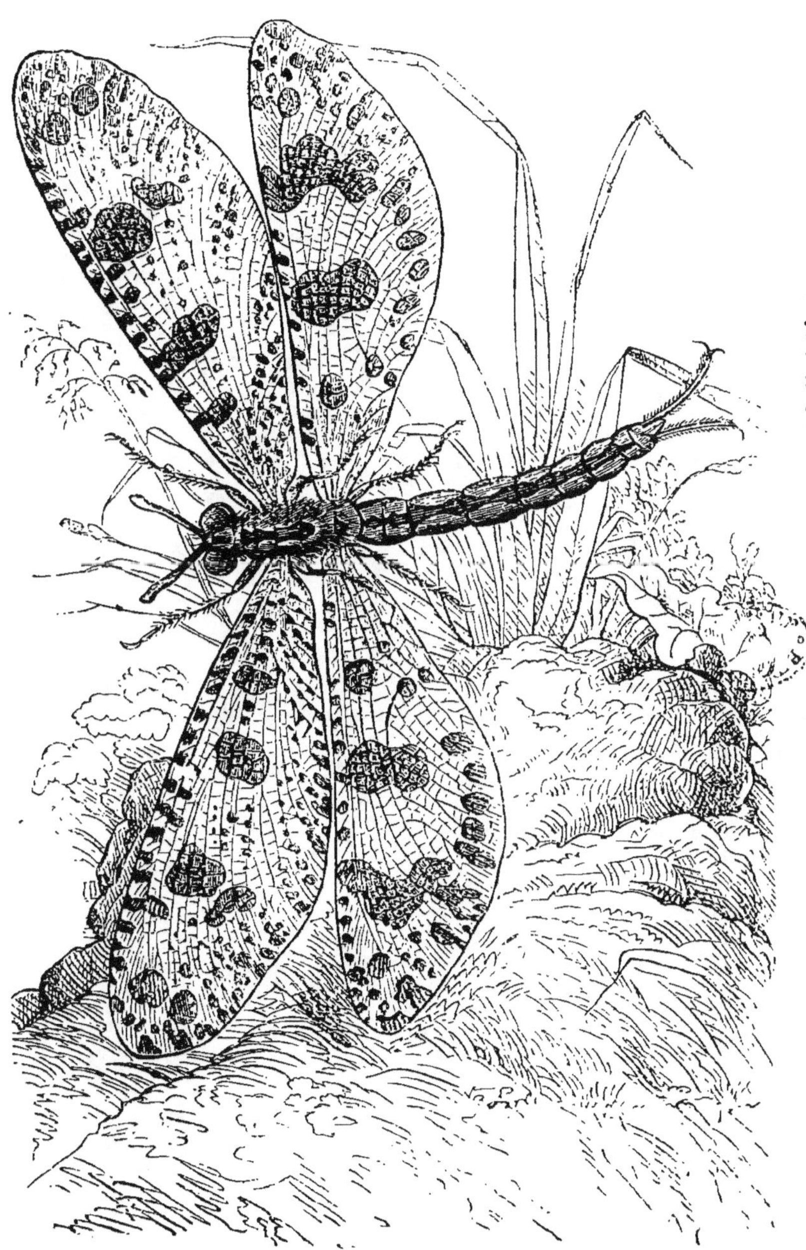

Fig. 128. — Myrméléon libelluloïde, mâle (*Palpares libelluloïdes*)

9

nais beaucoup plus forte, également avide du sang des insectes.
Elle peut se diriger en avant et chasse à découvert dans les
lieux arides et sablonneux, mais sans creuser d'entonnoir. Le
fait a été bien prouvé récemment par une de ces larves, élevée
pendant plusieurs mois chez M. E. Blanchard (fig. 129).

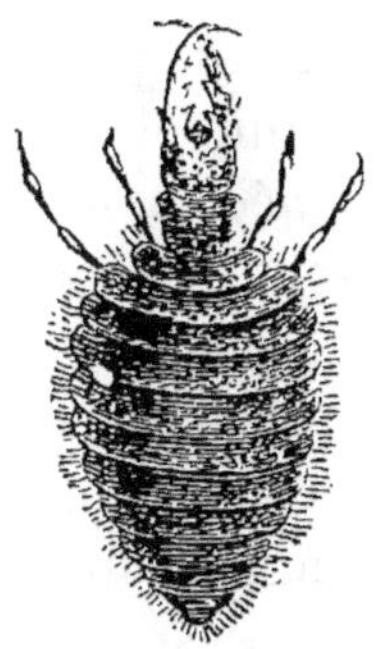

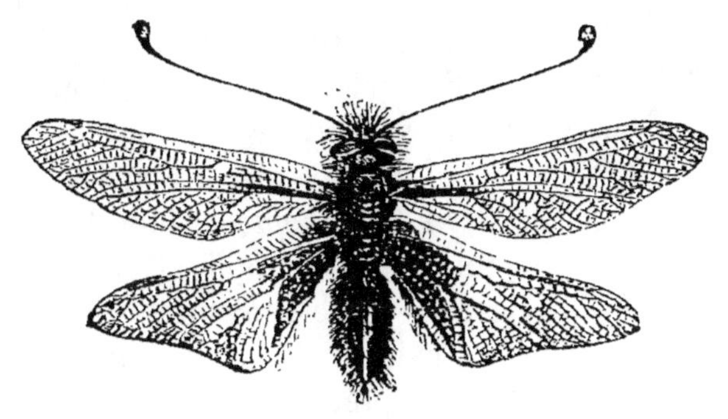

Fig. 129.
Larve de palpare
libelluloïde.

Fig. 130.
Ascalaphe méridional ou italique.

Les Parisiens connaissent très peu de magnifiques insectes
volant pendant les chaudes journées où le soleil brûle la terre
de ses rayons : ce sont les *Ascalaphes*. Des ailes amples, variées de noir et de jaune, un corps noir, velu, de longues antennes avec une large massue à l'extrémité, comme chez les
papillons de jour, les caractérisent. On en signale plusieurs
espèces, très analogues. L'*ascalaphe longicorne* se montre,
toujours rare, dans le centre de la France et se trouve aux mois
de juin et de juillet près de Paris, sur les coteaux secs de Lardy,
de Bouray et de Poquency ; on observe en Provence l'*Ascalaphe
méridional* ou *italique*, qui remonte par places bien plus haut
et n'est pas rare dans les environs de Bar-sur-Seine (Aube)
(fig. 130). Les mâles, à la recherche des femelles, volent
le long du versant des collines arides, au plus ardent
soleil. La femelle s'élève verticalement, quand le mâle vient
à passer au-dessus d'elle, comme une pierre lancée avec
force. Les deux insectes s'accrochent par leurs ongles arqués
et le couple va se placer sur quelque plante. Quand ces
insectes se reposent quelques instants, c'est sur l'extrémité
des plantes. Les larves des ascalaphes ont une tête très

grande, des tubercules épineux aux anneaux de l'abdomen. Les mandibules sont percées, comme chez les larves de four-milions, de manière à sucer le sang des insectes (fig. 131). Elles ne font pas d'entonnoirs, marchent en avant, se cachent dans les petites pierres et les détritus, et de là s'élancent sur les insectes qui passent. On peut dire qu'elles sont aux fourmilions immobiles et rétrogrades ce que les araignées sauteuses sont aux araignées tendeuses de toiles.

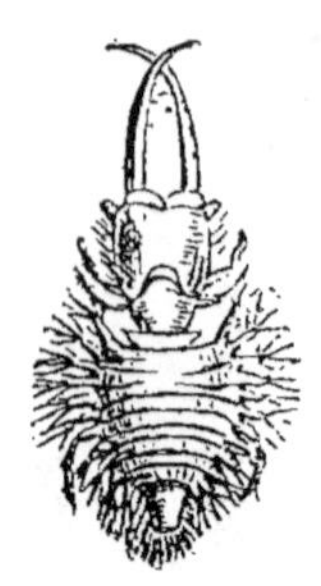

Fig. 131.
Larve d'ascalaphe.

Les *némoptères* ont les ailes élégamment maculées de noir et de jaune, les inférieures très grêles, presque linéaires, souvent dilatées en spatule à l'extrémité. Leur bouche se prolonge en une sorte de bec. En Égypte, en Algérie, se trouve une espèce, le *némoptère barbaresque* (fig. 132), à ailes antérieures sans taches, les postérieures noirâtres avec trois espaces blanchâtres. Cette espèce, des lieux sablonneux, a un vol rapide et saccadé; on la fait souvent tomber en frappant les feuilles du palmier nain, le *Chamærops humilis*. En Espagne et en Portugal, parfois en France aux environs de Perpignan ou de Montpellier, se rencontre le *némoptère lusitanique* (fig. 133), à fond jaune, les ailes antérieures assez larges et très élégamment ornées de trois séries de bandes noirâtres sinueuses. Semi-nocturne, il reste caché pendant le jour dans les broussailles et les hautes herbes, et, si on le fait partir, s'élance d'un vol faible et saccadé. Une espèce ou race très voisine, un peu plus grande, de Grèce et des îles de l'Archipel, est le *némoptère de Cos*. A Bagdad, une petite espèce, toute blanche, entre le soir dans les maisons, attirée par les lumières. Nous serons heureux de provoquer d'intéressantes recherches sur les némoptères, insectes rares et mal connus.

En effet, on suppose que la larve d'un némoptère est un très singulier animal trouvé en Égypte par Polydore Roux. Il le nomme *nécrophile des sables*, car il le trouvait courant sur les sables qui encombrent l'intérieur des tombeaux creusés dans le roc aux environs des pyramides de Giseh. Rien de plus bizarre que le très long cou grêle de cette larve portant une forte tête triangulaire, avec des mandibules énormes, fines et arquées, dentées en dedans, rappelant tout à fait celles des

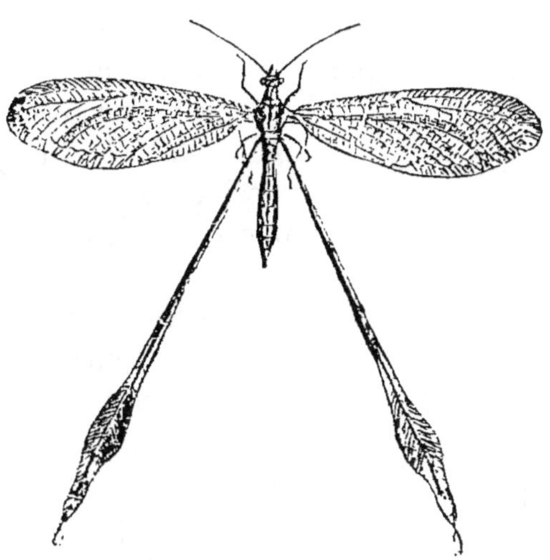

Fig. 132. — Némoptère barbaresque.

fourmilions, et servant sans doute comme elles à sucer le sang des insectes par un canal interne. Nous avons fait figurer

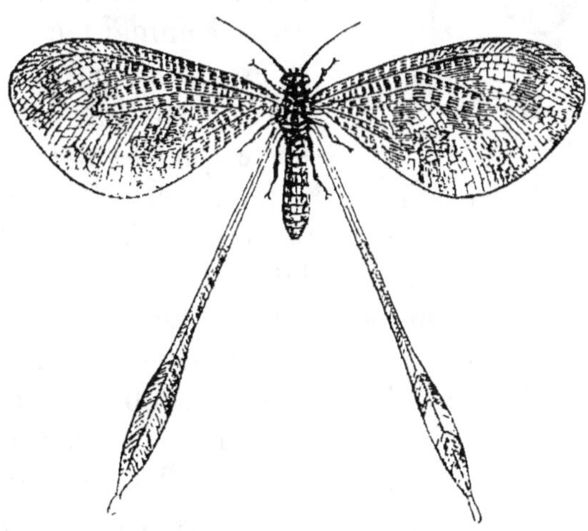

Fig. 133. — Némoptère lusitanique.

(fig. 134) cette étrange créature, d'après le dessein très grossier de P. Roux rectifié autant que possible par un habile artiste, en espérant par là appeler l'attention des chercheurs.

On observe dans les bois, les jardins, et souvent à la fin de l'hiver, collés aux vitres, à l'intérieur des maisons de campagne, de délicats insectes, au corps grêle, aux ailes finement réticulées de vert ou de jaune, aux yeux très saillants et d'une teinte d'or ou de cuivre poli. Ils laissent entre les doigts, si on les saisit, l'odeur la plus infecte, plus infecte encore que celle des coccinelles, autres mangeurs de pucerons. Cette sécrétion paraît être la seule défense d'animaux aussi débiles, dont le vol est faible et de courte durée. De longues et fines antennes surmontent leur tête. Ce sont les *hémérobes* ou *demoiselles terrestres*. Elles pondent sur les tiges ou sous les feuilles des œufs très singuliers, portés par de longs filaments, qui les firent prendre pour des champignons par les premiers observateurs et décrire comme tels. La femelle relève fortement son abdomen après avoir déposé l'œuf, de sorte que la matière qui l'entoure s'étire et se solidifie à l'air en pédicule. Il naît de ces œufs des larves ressemblant à celles des fourmilions, mais plus élancées, à tête moins aplatie. Elles marchent en avant, sur les tiges et les feuilles, à la chasse des pucerons, dont elles font un grand carnage, enfonçant dans leur corps dodu et succulent leurs longues mandibules percées d'un canal pour la succion. Ce canal est réellement formé, comme aussi chez les insectes précédents, par les mandibules et les mâchoires soudées. Aussi l'habile historien des mœurs des insectes, Réaumur, les appelle les *lions des pucerons*. Elles attaquent également les chenilles. Parvenues à toute leur croissance, elles filent dans les replis de quelque feuille une très petite coque de soie, de forme sphérique, et l'insecte par-

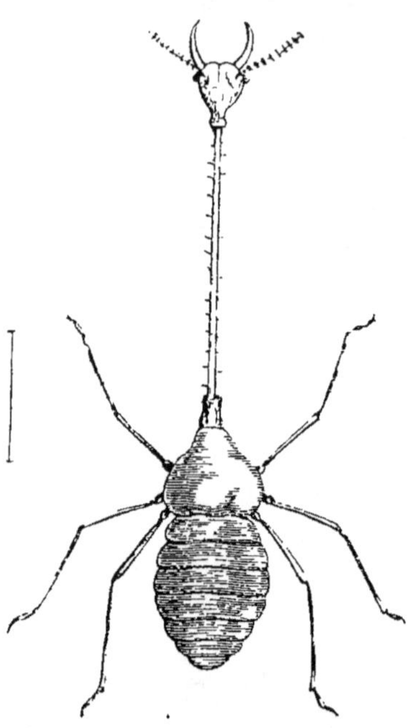

Fig. 154.
Larve supposée de némoptère.

fait en sort au bout d'une quinzaine de jours. On est tout étonné de ses dimensions si on le compare à la nymphe ramassée qui était dans cet étroit cocon. Parfois un hyménoptère parasite sort de ces cocons, dont la larve a dévoré l'habitant. Ainsi, A. Doumerc et M. H. Lucas ont obtenu des cocons de l'*hémérobe perle*, l'espèce la plus commune des bois et jardins de Paris, l'*Acænites perlæ*, Doumerc, à abdomen moitié noir moitié roux.

Outre l'*hémérobe perle*, nous rencontrons encore près de Paris, surtout dans les jardins, l'*hémérobe chrysops*, dont le corps jaune est varié de noir, et qu'on reconnaît tout de suite à ses nervures vertes pointillées de noir. Sa larve se met sur le dos un vêtement très bizarre, formé de toutes les peaux des pucerons qui ont assouvi sa faim. On dirait un chef sauvage portant à sa ceinture les scalps de ses malheureux adversaires. Si on lui enlève cette belliqueuse couverture, elle sème le carnage autour d'elle, et en quelques heures s'est refait une nouvelle toilette de dépouilles opimes.

Les nombreuses espèces de ce genre se ressemblent beaucoup et sont difficiles à distinguer. Nous avons choisi, pour la faire

Fig. 135. — Osmyle tacheté.

figurer, la plus grande espèce de France, d'un genre très voisin, l'*osmyle tacheté*, qu'on trouve près de Paris, au mois d'août, dans les arbustes qui bordent les ruisseaux et les mares (fig. 135). Ce bel insecte est toujours rare. Caché pendant le jour, il vole au crépuscule, faiblement et sans aucun bruit. Il a été pris par M. J. Fallou, *à la miellée*, au milieu des noctuelles, c'est-à-dire attiré par le miel dont on enduit les arbres. Sa larve vit dans la terre humide qui est au contact de l'eau, et monte après les tiges des plantes pour se métamorphoser en nymphe. Elle offre donc une différence d'existence avec les larves des hémérobes propres. M. Hagen a constaté dans la jeune larve embryonnaire, encore dans l'œuf, la présence d'un tubercule corné sur le front, qui lui sert à percer la coque de l'œuf pour sortir.

Les névroptères carnassiers terrestres nous présentent encore un groupe singulier par le prolongement des pièces de la bouche rassemblées en une sorte de bec perforant. Aristote et Théophraste avaient observé les *panorpes*, et, trompés par une analogie fort grossière, les appelaient *mouches-scorpions*, distinguant alors deux sections dans les scorpions, les uns fixés au

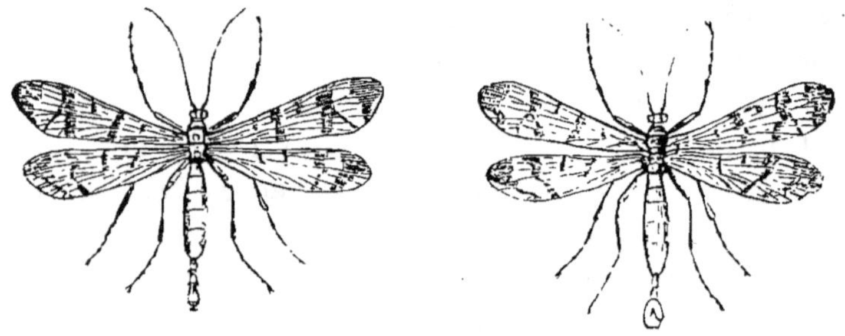

Fig. 136 et 137. — Panorpe femelle et mâle.

sol et sans ailes, les autres pouvant s'élancer dans les airs pour saisir leurs victimes. Les panorpes se tiennent dans l'herbe et dans les broussailles, depuis le mois d'avril jusqu'à la fin de l'été. Elles ont le corps grêle, porté sur de longues pattes, tacheté de jaune et de noir. Quatre ailes droites, maculées de noir, chevauchent au repos l'une sur l'autre et recouvrent l'abdomen (fig. 136 et 137). Chez le mâle l'abdomen se recourbe à l'extrémité sur le dos, et son dernier anneau est prolongé par un crochet rougeâtre et gonflé qui offre quelque ressemblance avec la griffe courbe qui termine la queue relevée du scorpion ; mais ici il n'y a pas de poche à venin, et, en regardant mieux, on voit que le crochet est double. Les deux pointes sont insérées sur deux tubercules renflés et forment une pince destinée à saisir la femelle (fig. 138). L'abdomen de celle-ci se termine tout différemment ; ses anneaux s'effilent en un long tube rétractile propre à la ponte des œufs. En li-

berté, dans la nature, ces insectes montrent leur audace et
leur bravoure. Ils saisissent au vol les mouches et les papillons, les percent de leur bec puissant, et les dévorent posés
sur les plantes. On les voit souvent se jeter sur des libellules
de beaucoup plus grande taille, les renverser et les tuer.
Quand on saisit les panorpes, elles laissent couler par la bouche une salive brune, caractère propre à beaucoup d'insectes
carnassiers.

Bien que ces panorpes soient communes, ce n'est que tout
récemment que leurs premiers états ont été bien connus et dé-

Fig. 158. — Pince du mâle.

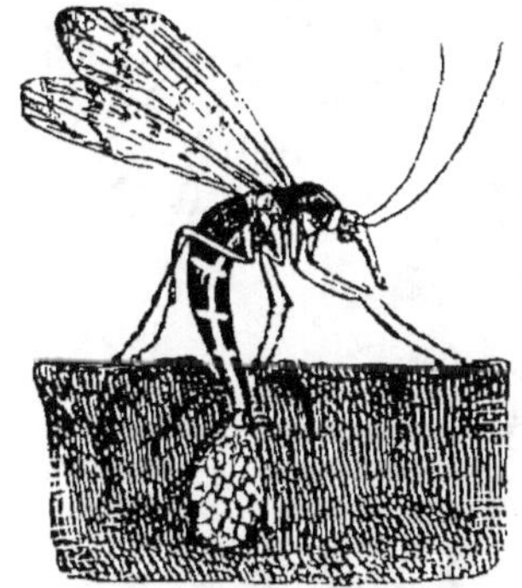

Fig. 159. — Panorpe femelle pondant.

crits en Allemagne par M. Brauer. Les larves et les nymphes
vivent en effet profondément cachées dans les terrains humides. M. Brauer réussit à élever pendant six semaines une paire
de ces insectes en les nourrissant de pommes de terre et de
viande crue, et à les faire reproduire. La femelle dépose ses
œufs dans la terre (fig. 159). Ces œufs, d'abord blancs, deviennent ensuite d'un vert brunâtre, avec des lignes d'un brun
foncé. Ils sont volumineux et éclosent au bout de huit jours.
La larve molle se tient courbée et se nourrit de débris organiques. En captivité on peut lui faire manger de la viande pour-
rie et du pain. Elle grandit peu d'abord, subit plusieurs mues,
et ne parvient à toute sa croissance qu'au bout d'un mois. Sa
couleur est en dessus d'un gris rougeâtre, et blanchâtre en
dessous. La tête a la forme d'un cœur, des yeux saillants,
de fortes pièces buccales. Les anneaux du thorax ont de
petites pattes cornées ; les autres, charnus, ont des pattes

abdominales molles et en forme de cône. Sur le dos des trois
derniers anneaux sont des stylets cylindriques terminés par de
longues soies. Le dernier anneau porte quatre tubes qui dé-
versent une liqueur blanche. Ordinairement tranquille, elle
sait se mouvoir avec rapidité si on l'effraye. Pour se changer en
nymphe, elle s'enfonce plus profondément dans la terre et con-

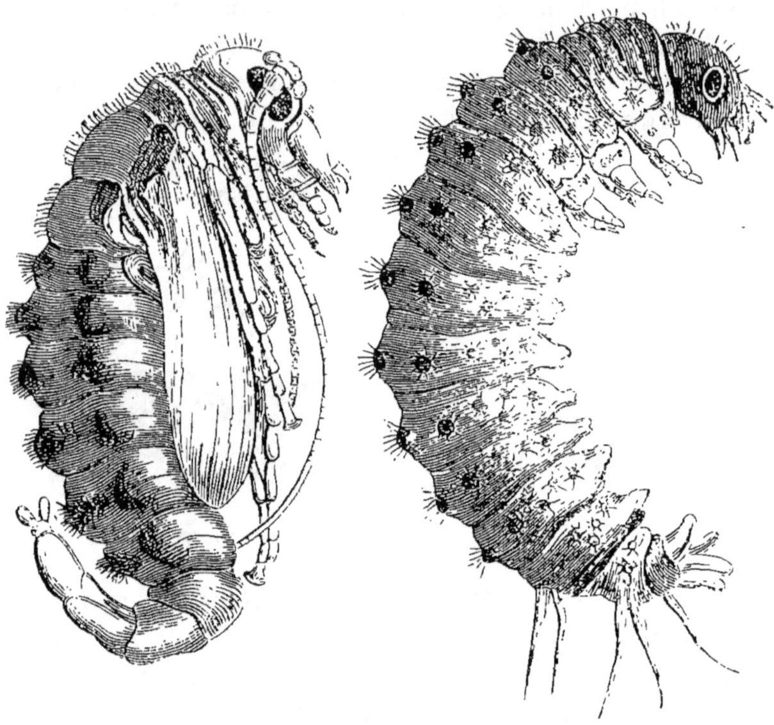

Fig. 140 et 141. — Larve et nymphe de panorpe, très grossies.

serve encore assez longtemps sa forme. Ce n'est qu'au bout de
dix à vingt jours qu'elle devient nymphe, laissant voir alors la
figure définitive de l'insecte et deviner son sexe (fig. 140 et
141). Elle offre déjà les couleurs de l'adulte, avec cette différence que le jaune est beaucoup moins intense, surtout en dessous. C'est au bout de quinze jours environ que l'insecte remonte à la lumière. Il lui a fallu neuf semaines pour atteindre,
à partir de l'œuf, son entier développement. Comme les panorpes n'apparaissent pour la première fois qu'à la fin d'avril,
il en résulte qu'il ne peut y avoir que deux générations par an.

Les larves de la seconde génération passent l'hiver sous la terre et donnent les adultes d'avril.

Le midi de la France possède un autre genre de ces névroptères à bec, de mêmes mœurs, la *bittaque tipulaire*, dont l'aspect est celui d'un grand cousin qui aurait quatre ailes (fig. 142). Cette espèce se rencontre très rarement et d'une manière accidentelle près de Paris. On connaît ses métamorphoses étudiées par M. Brauer et analogues à celles des panorpes. La larve est plus courte, plus ramassée.

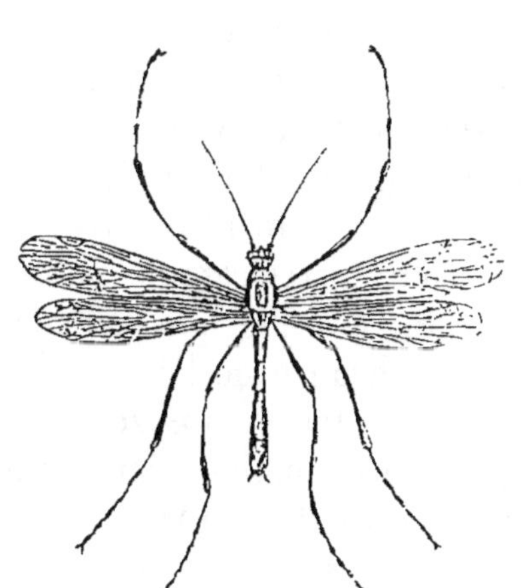

Fig. 142.
Bittaque tipulaire.

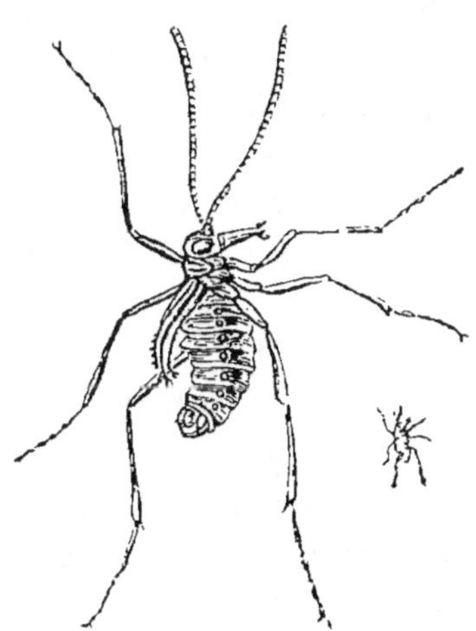

Fig. 143.
Borée hyémal grossi, mâle.

Dans un autre genre, de très petite taille, est le *Borée hyémal*. La tête présente un rostre, comme les panorpes. Les borées sautent, et sont d'un noir luisant avec des reflets d'un vert de bronze. Les mâles ont des ailes amincies en soie, finement ciliées (fig. 143); les femelles n'ont que de très petits rudiments d'ailes, avec une tarière aiguë destinée à la ponte presque aussi longue que la moitié du corps. C'est dans le nord de l'Europe, en Suède, en Angleterre, et dans les régions élevées des Alpes, qu'on rencontre ces singuliers insectes, en troupes considérables sur la neige. Récemment ils viennent d'être trouvés dans les mousses, à la forêt de Villers-Cotterets, par M. E. Simon.

Chez le précédent ordre d'insectes, des larves vivaient dans l'eau, ainsi celles des dytiques et des hydrophiles, mais ne cessaient pas de respirer l'air en nature. Les moyens employés par le Créateur sont multiples, appropriés à des circonstances que nous ne saisissons pas toujours. Aussi ne devons-nous pas nous étonner si les larves aquatiques des névroptères nous présentent un autre mode de respiration, la respiration au moyen de branchies, organes qui absorbent l'air dissous dans l'eau, comme on le voit chez les poissons, les écrevisses, les huîtres, etc. Les eaux vaseuses contiennent en abondance des larves allongées, à tête écailleuse, pourvues d'yeux, de mandibules arquées et de courtes antennes. Les anneaux de l'abdomen portent des paires de filets libres, flottants, perpendiculaires au corps et articulés en quatre pièces qui vont en s'effilant. Un prolongement caudal le termine. Ces larves vivent de proie dans les fonds boueux, et ouvrent fortement les mandibules pour mordre. Les nymphes sont terrestres ; aussi les larves quittent l'eau et gagnent la terre sèche, au pied des arbres, parfois à plusieurs mètres de distance de l'eau. Elles s'enfoncent en terre et vivent encore environ quinze jours de ces mêmes branchies qui auparavant fonctionnaient dans l'eau. C'est un fait curieux, analogue à celui des crabes de terre ou *tourlourous*, de nos colonies des Antilles. Elles se creusent une cavité ovoïde et y deviennent une nymphe, immobile et molle, offrant des antennes, des pattes, des rudiments d'ailes et des couronnes de poils raides aux anneaux de l'abdomen. Ces nymphes laissent éclore sur place l'adulte qui sort de terre, en y abandonnant intacte sa peau de nymphe. L'espèce très commune est la *semblide de la boue*, nommée la *voilette* par les pêcheurs à la ligne qui s'en servent comme amorce, à ailes réticulées de noir, d'aspect enfumé, les postérieures très larges, recouvertes au repos par les antérieures en forme de toit un peu renflé sur les côtés (fig. 144, 145, 146). Les semblides ne vivent que quelques jours à l'état parfait. Le mâle est d'environ un tiers plus petit que la femelle. Celle-ci pond sur les feuilles, les roseaux, les pierres, les murs, des œufs allongés à l'extrémité, et que la mère dispose les uns contre les autres, comme des petites bouteilles. La jeune larve est quelquefois forcée de parcourir une certaine distance pour se rendre à l'eau.

Les pêcheurs à la ligne connaissent aussi parfaitement des larves, que Réaumur plaçait dans ses *teignes aquatiques*, et dont le corps mou et délicat est protégé par des fourreaux très-variés. Elles s'y cramponnent par des crochets, placés à l'extrémité de l'abdomen, et il faut un certain effort pour les retirer du fourreau quand on veut s'en servir pour amorcer la ligne. On les nomme *casets*, d'après cette habitude de se renfermer dans une case ; *charrées*, parce qu'on les voit souvent traîner après elles ces fourreaux. Les paysans les appellent *porte-bois*, *porte-feuilles*, *porte-sables*, parce que, selon les

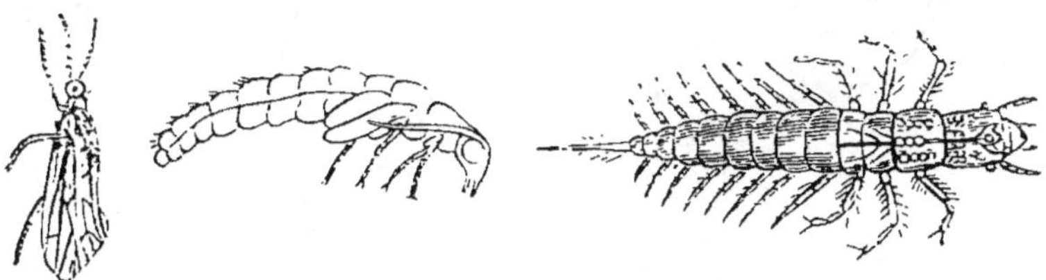

Fig. 144, 145 et 146. — Semblide de la boue, adulte, nymphe, larve.

espèces et selon les eaux, les fourreaux sont recouverts de substances différentes. Le nom scientifique qui leur a été donné par Belon, notre vieux naturaliste des habitants des eaux, et adopté par Linnæus, celui des *phryganes*, a la même signification, car il veut dire : fagot, réunion de petites branches. Ces insectes aquatiques, après avoir fixé l'attention des anciens observateurs, ont été étudiés avec soin par Constant Duméril, puis par Pictet, à qui nous empruntons quelques curieuses figures. Ils ont fait en Angleterre l'objet des travaux intéressants et nouveaux de M. R. Mac Lachlan. Les œufs pondus par les femelles sont enfermés dans des sortes de boules gélatineuses qui se gonflent dans l'eau et se fixent aux pierres. Cette gelée conserve l'œuf quand les petites mares et les ruisselets sont à sec pendant les chaleurs de l'été, et nous expliquent comment on peut trouver des phryganes dans des fossés qui ont été privés d'eau pendant plusieurs mois. La larve s'aperçoit dans l'œuf transparent, comme un petit ver sans pattes ; elle éclôt peu de jours après la ponte, sort de l'œuf, puis de la gelée, après avoir séjourné plusieurs jours dans celle-ci. Ces larves sont alors comme de petites lignes noires. Les coques des œufs restent dans la gelée, qui bientôt se détruit. Toutes les larves de ce groupe vivent dans l'eau, mais se partagent d'après leurs mœurs en deux sections. Les phryganes proprement dites se construisent des étuis mobiles dont nous allons parler; d'autres genres ne bâtissent que des abris fixes, plus ou moins imparfaits, contre le sol et les grosses pierres. Il est facile d'élever ces larves dans des aquariums et de voir leurs singuliers travaux; c'est ce qui nous engage à entrer dans certains détails.

Si les larves à étuis mobiles vivent dans les eaux courantes, elles attachent leurs étuis par quelques fils de soie; dans les eaux stagnantes elles flottent ou marchent au fond de l'eau. L'abdomen est toujours protégé par l'étui; la tête et le thorax sont souvent plus ou moins dehors, et la larve se cramponne par les pattes. Tout rentre dans l'étui si l'animal est inquiété. Les anneaux de l'abdomen portent des houppes molles et couchées transversalement pour se placer commodément dans l'étui (fig. 147). Ce sont des sacs

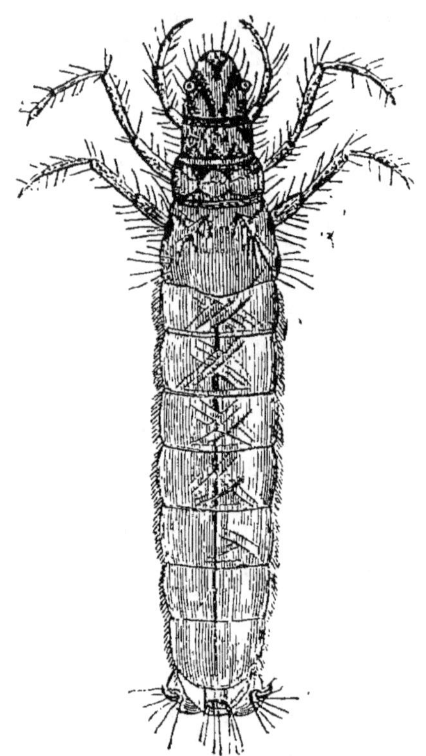

Fig. 147.
Larve de phrygane rhombique (grossie).

branchiaux, communiquant avec les trachées intérieures et servant à la respiration par l'eau aérée sans que l'animal ait besoin de venir à la surface. Ces larves sont omnivores. On les élève bien avec des feuilles de saule par exemple, en ayant soin de renouveler l'eau très fréquemment, car elles meurent vite dans l'eau corrompue. Ce sont, en quelque sorte, des chenilles d'eau. Les grandes espèces mangent toute la feuille en commençant par

bord, les petites ne vivent que du parenchyme en laissant in-
tes les nervures. En outre, comme leurs mâchoires sont peu
nchantes, elles mangent les parties molles des insectes aqua-
ues ou de leurs compagnes sorties par accident de l'étui pro-
teur. L'instinct porte les larves, dès leur naissance, à s'en-
urer d'étuis cylindroïdes un peu plus larges en avant qu'en

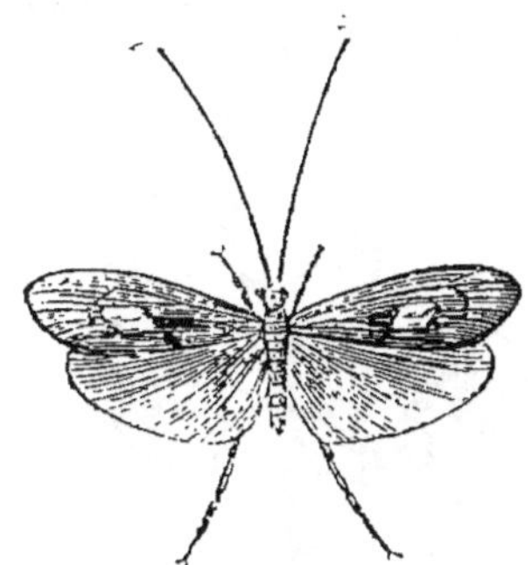

Fig. 148.
Phrygane rhombique.

Fig. 149.
Phrygane rhombique au repos.

rière. Leur intérieur, toujours lisse, est formé par un tissu
ı et assez fort de soie produite par deux glandes placées de
aque côté du corps et sortant par la filière de la bouche. Le
urreau est toujours fortifié
r des matières étrangères
ıi le recouvrent à l'extérieur.
ıaque espèce choisit ses ma-
riaux et les dispose suivant
ıe loi régulière et prédes-
ıée. Ainsi la *phrygane rhom-
que*, que nous figurons (fig.
8 et 149), dispose transver-
lement des brins de bois et
s débris végétaux (fig. 150

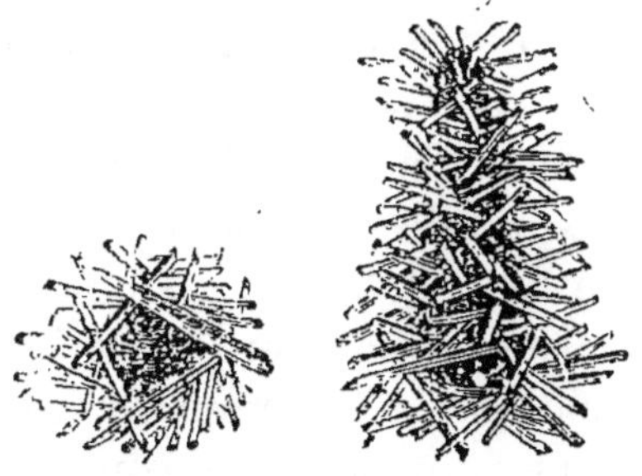

Fig. 150 et 151. — Fourreaux réguliers.

151) ; d'autres espèces disposent ces mêmes matériaux
ngitudinalement, d'autres en spirale. La *phrygane fla-
corne* se sert volontiers de petites coquilles, ainsi que de
anorbes très jeunes, pour constituer son étui ; souvent les
ollusques continuent de vivre (fig. 152 et 153). Réaumur
t à ce sujet : « Ces sortes d'habits sont fort jolis, mais ils

sont aussi des plus singuliers. Un sauvage qui, au lieu d'être couvert de fourrures, le serait de rats musqués, de taupes ou autres animaux vivants, aurait un habillement bien extraordinaire; tel est en quelque sorte celui de nos larves. » Les espèces qui se servent de pierres ou de sable ont des étuis plus réguliers et plus constants que celles qui emploient les matières végétales. L'instinct de construction est perfectible et laisse parfois entrevoir une lueur d'intelligence. Ainsi une larve habituée à faire un étui de pailles ou de feuilles, mise

Fig. 152.
Fourreau de coquilles.

Fig. 153.
Fourreau de mousses.

dans un vase où il n'y a que de petites pierres, finit par s'en servir pour se construire un étui inaccoutumé. Si on expulse une larve de son étui en la poussant en arrière avec une pointe mousse, elle cherche à y rentrer par la plus large extrémité, celle de la tête, mais alors elle doit se retourner ou couper l'étui et le modifier. Si on le lui retire, elle en fait un autre. Supposons la larve nue se promenant sur un fond sablé de petites pierrailles. Elle reconnaît d'abord et choisit ses matériaux. Elle fait ensuite une voûte de deux ou trois pierres plates, soutenues et liées par des fils de soie, et se loge en dessous. Puis elle choisit les pierres une à une, les tient entre ses pattes et les présente, comme un maçon, de manière qu'elles entrent dans les intervalles des autres et que les surfaces planes soient intérieures. Quand la pierre est bien placée, la larve la colle par des fils de soie aux pierres voisines. C'est toujours par la partie postérieure que se commence l'étui. Les étuis de petites pierres, les plus longs à construire, demandent cinq à six heures.

La larve doit venir à l'état de nymphe, immobile, impropre à se défendre. Il faut un surcroît de précautions. Elle ferme les extrémités de son étui par des fils de soie, à interstices assez lâches laissant passer l'eau. Ces grilles de soie sont fortifiées par des brins de bois, des herbes, des pierres. Les nymphes laissent voir les organes de l'adulte; elles ont sur le dos des panaches de filaments blancs, servant à la respiration. Elles font osciller presque constamment l'abdomen dans le fourreau. Au bout de quinze à vingt jours, elles rompent la grille, sortent du fourreau, et on voit ces nymphes blanchâtres nager librement dans l'eau, le plus souvent sur le dos, au moyen de leurs pattes intermédiaires ciliées servant de rames (fig. 154). C. Duméril a pu ainsi en conserver vivantes et mobiles pendant huit jours, en les empêchant de sortir de l'eau où elles ne sauraient se transformer. Vient-on à présenter un support à cette nymphe, elle le saisit, puis, quand elle est hors de l'eau, on la voit tout d'un coup se boursoufler comme une vessie pleine d'air. Elle se déchire sur le dos; par cette crevasse saillit le corselet entraî-

Fig. 154.
Phrygane poilue
(nymphe grossie).

nant les ailes; celles-ci s'allongent et s'étendent. Les antennes se déroulent comme par ressort, puis les pattes se déplient, enfin l'abdomen sort de la peau, qui reste en place complète et transparente à la façon d'un spectre. Comme les nymphes marchent très mal sur la terre, l'éclosion a toujours lieu très près du bord de l'eau. Les phryganes adultes, d'abord pâles et molles, ne se colorent complètement qu'au bout de quelques heures. Elles ne mangent pas ou très peu à l'état adulte et leur bouche est rudimentaire. Cependant quelques grandes espèces se prennent à la miellée. Leurs couleurs sont peu variées, le gris jaunâtre y domine. Leurs ailes sont poilues. L'aspect de ces insectes rappelle certains papillons de nuit; aussi furent-ils appelés *mouches papillonacées.* C'est ce que rappelle le nom scientifique *Trichoptères*, donné à tout ce groupe d'insectes dont les entomologistes anglais font un ordre spécial. Elles volent peu et ne quittent guère le bord des eaux. Pendant le jour elles se tiennent sous les feuilles des buissons, sur les murs, les troncs d'arbres; les ailes supérieures sont alors repliées en toit sur les inférieures, bien plus larges et plus délicates (fig. 155). Ces ailes supérieures sont des sortes d'élytres. Au repos, les longues antennes sont accolées et dans le prolongement du corps. Si la phrygane entend quelque bruit, elle les écarte vive-

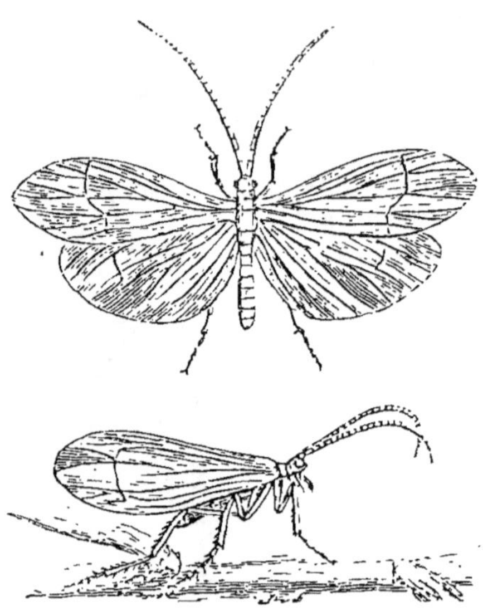

Fig. 155. — Phrygane poilue (adultes).

ment, puis s'envole à quelque distance. Le printemps et l'automne voient paraître des espèces différentes, dont la vie, dans sa durée totale, est d'un an. Le soir, les phryganes volent au-dessus des ruisseaux et sont parfois si nombreuses que certaines espèces forment des nuées au-dessus des rivières. Comme tous les insectes nocturnes, la lumière les attire, et on les trouve parfois en grand nombre sur les réverbères des quais.

Il y a de petites espèces, très analogues à l'état adulte, mais dont les larves ont certaines différences. Ce sont les *rhyacophiles* et les *hydropsyches*. Il est de ces larves qui ont des branchies en touffes, et, en outre, au bout de l'abdomen, deux longs pédicules à crochets entre lesquels sortent quatre tubes rétractiles communiquant avec les trachées. D'autres n'ont pas de branchies et offrent à l'abdomen deux tubes pour respirer l'air au dehors (fig. 156, 157, 158, 159). Toutes ces

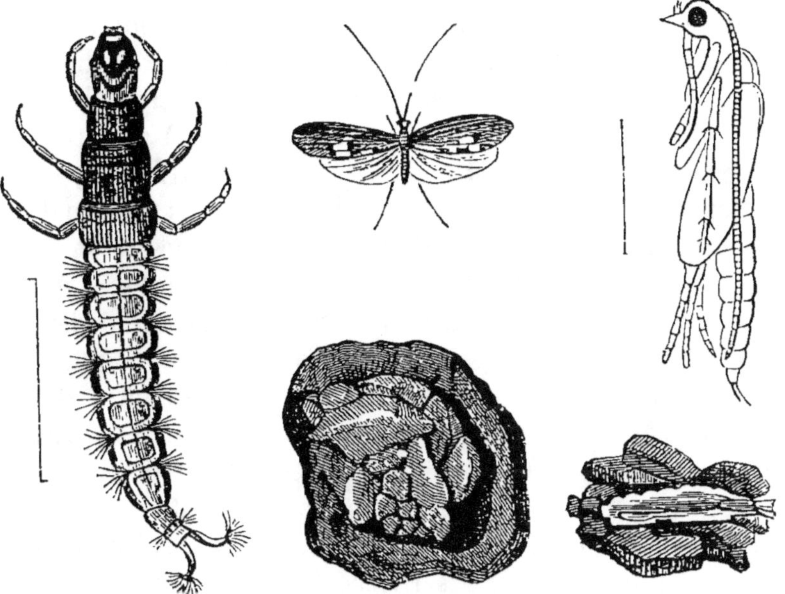

Fig. 156, 157, 158 et 159.
Hydropsyche atomaire, larve, adulte, nymphe, sa maison.

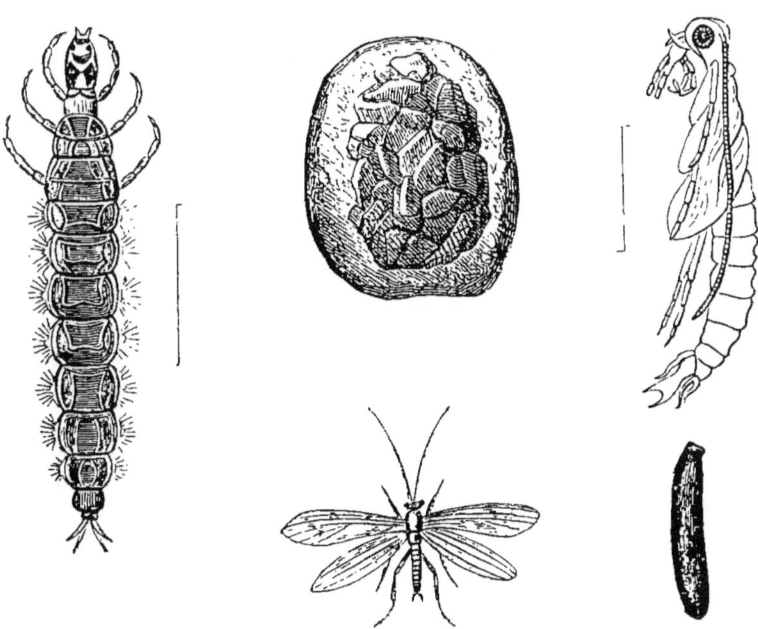

Fig. 160, 161, 162, 163 et 164.
Rhyacophile vulgaire, larve, nymphe, abri, cocon et adulte mâle.

larves se font des abris momentanés et fixes, dont elles sortent au reste souvent pour y rentrer à volonté. Le plus habituellement l'abri consiste en une calotte ou réseau de fils de soie, collée à une pierre plate, à une souche, à une tige immergée. Cette calotte est fortifiée de corps étrangers, herbes ou pierres, et la larve rampe en dessous, dans un canal ménagé entre la pierre et la calotte. Telles sont les larves d'hydropsyches sans branchies. Parfois les réseaux sont très grands, lâches, irréguliers, et plusieurs larves se logent dedans. Il arrive aussi que ces réseaux flottent dans la vase. Enfin il est des larves qui se font des boyaux sinueux en terre durcie, dont un côté est appliqué contre une pierre, et circulent dedans; la pierre en paraît réticulée. Au moment de se changer en nymphes, toutes ces larves ferment les entrées et sorties de leur dernier abri fixe, façonné avec plus de solidité que les précédents. Les rhyacophiles présentent une particularité propre; leur nymphe n'est pas libre, comme chez les autres insectes qui nous occupent; outre l'abri fixe, la larve se file une seconde enveloppe soyeuse, exactement adaptée à son corps, et subit sa métamorphose dans ce véritable cocon (fig. 160, 161, 162, 163, 164).

CHAPITRE V

HYMÉNOPTÈRES

Les abeilles; mères, faux bourdons, ouvrières. — Éducation des larves, influence de la nourriture. — Les mélipones, ou abeilles sans aiguillon. — Les bourdons. — Parasites de leurs nids. — Abeilles solitaires, perce-bois, maçonnes, coupeuses de feuilles et tapissières. — Anthidies. — Guêpes et polistes. — Guêpes solitaires. — Hyménoptères fouisseurs. — Le philanthe apivore. — Le pompile des chemins. — Pélopées et Sphex. — Fourmis; travaux, soins maternels, combats. — Essaimage des mâles et des femelles. — Ichneumoniens zoophages. — Cynips et galles végétales. — Hyménoptères porte-scies; ravages, perforations.

Si notre intention était de faire connaître dans leurs merveilleux détails l'intelligence et l'instinct, les mœurs et l'industrie des insectes, aucun ordre de la classe ne nous arrêterait aussi longtemps que les hyménoptères, qui tiennent le premier rang par leurs aptitudes. Nous trouverons, au contraire, une grande uniformité dans l'étude des larves et des nymphes. La majeure partie des hyménoptères ont des larves privées de pattes et demeurant toute leur vie dans le berceau où la mère est venue pondre son œuf. Ces insectes qui, à l'état adulte, sont les plus élevés de leur classe, comme division du travail physiologique et développement de la sensibilité, sont au contraire très peu avancés en sortant de l'œuf. Rien ne varie plus que la première demeure, ainsi que l'alimentation propre au jeune insecte. Un instinct admirable a guidé la mère dans le choix et la disposition de ces nids, dans leur approvisionnement, et toute la vie de l'adulte est destinée à assurer la conservation d'une postérité que la mère ne connaîtra jamais, dans la plupart des cas. Les différentes provisions qui serviront à nourrir les larves nous amènent, de la manière la plus naturelle, à classer les objets de notre examen.

Les mets les plus délicats et les plus suaves, puisque les anciens en faisaient le seul aliment des dieux immortels, sont offerts à la progéniture des hyménoptères mellifiques. Le nectar, ou miel des fleurs, mêlé à leur pollen, constitue une gelée parfumée, sorte d'ambroisie, servie à ces enfants débiles, et soignés avec la plus tendre et la plus inquiète sollicitude. Les anciens, qui ne connaissaient pas le sucre, avaient divinisé le miel exquis des habitantes de l'Hymette et de l'Ida. Ils savaient qu'il existait dans chaque ruche d'abeilles un individu unique, mais ils le croyaient mâle et le nommaient *roi* (βασιλευς, *rex*); malgré les idées prédominantes de la génération spontanée des Abeilles, Aristote avait pressenti sans doute leur reproduction sexuelle; il semble croire que les faux bourdons sont des femelles, et les ouvrières des mâles particuliers. C'est Swammerdam qui, le premier, par une anatomie interne, établit la vérité à cet égard. L'individu unique est une mère ou femelle, qui porte à tort le nom de reine, car elle n'exerce pas de commandement; les faux bourdons ne sont pas ses soldats, mais ses époux aléatoires; les ouvrières ne sont pas ses sujets, mais de singuliers et indispensables compléments de sa fonction maternelle. En effet, si deux êtres différents sont en général nécessaires, mais suffisants, pour assurer la perpétuité de l'espèce, les insectes nous offrent certains exemples où il en faut un plus grand nombre. Nous avons la manie d'affubler les animaux de nos gouvernements. La ruche n'est ni une monarchie ni une république, c'est une communauté de trois sortes d'individus d'une utilité forcée pour la reproduction, et chez qui tous les instants de l'existence concourent à ce but, avec la plus parfaite concordance harmonique. Où la révolte est impossible, la subordination est inutile. Les faux bourdons servent à assurer la fécondité complète de la mère, de telle sorte qu'elle puisse pondre des œufs des deux sexes; mais cette mère, cette reine imaginaire que ses enfants retiennent souvent captive ou dont ils retardent l'éclosion, est incapable de recueillir sa propre nourriture, de construire la demeure de son innombrable postérité, d'en nourrir les premiers âges. Les ouvrières, ou femelles imparfaites, rempliront ce rôle accessoire de la maternité, l'abeille mère passant uniquement sa vie à pondre. Cette mère est plus allongée et plus grosse que les ouvrières, principalement au moment de la grande ponte. Sa couleur est plus brillante et plus fauve, surtout dans sa jeunesse, car elle vit quatre à cinq ans. Ses pattes sont plus colorées et plus longues que celles des ouvrières, mais sans brosse ni cuilleron pour récolter le pollen. On la distingue tout de suite en ce que ses ailes ne dépassent guère le milieu de son abdomen, lorsqu'elles sont couchées sur le dos (fig. 165). Un aiguillon, plus fort et plus recourbé que chez les neutres, arme l'extrémité terminale de son corps. La prétendue reine, avec ce glaive redoutable, est très timide, se cache au moindre danger dans la partie la plus reculée de la ruche, alors que les ouvrières

Fig. 165. — Abeille femelle.   Fig. 166. — Abeille mâle.

furieuses se pressent à l'entrée et se jettent sur l'agresseur. On peut saisir impunément la reine sans qu'elle sache piquer votre main; une abeille étrangère ne craint pas de la molester, de lui tirer les ailes et les pattes: singulière harmonie! Ce craintif insecte devient un tigre féroce à l'égard de tous ses pareils. Deux mères ne veulent pas exister ensemble; elles se poursuivent avec fureur et se lancent adroitement, entre les jointures des anneaux, le mortel aiguillon. Quand une seule mère, après l'essaimage ou la mort de ses rivales, est restée maîtresse de la ruche, elle se hâte d'aller tuer dans leurs berceaux les mères plus jeunes encore emprisonnées, de sorte que normalement il ne s'en trouve qu'une seule en activité par ruche. Les mâles ou faux bourdons sont au nombre d'environ quinze cents par ruche; ils sont plus gros et plus longs que les ouvrières, sans organes collecteurs de pollen. Leur couleur est d'un brun noirâtre, leurs yeux énormes occupent toute la tête et se rejoignent (fig. 166). Leur abdomen arrondi et poilu à l'extrémité n'a pas d'aiguillon, fait général chez les mâles des hyménoptères. Malgré la grosse tête, le cerveau de ces mâles est plus petit que celui des neutres ou ouvrières; aussi sont-ils peu intelligents. Ils ont des mœurs douces et paisibles, comme il convient à des êtres désarmés. Ils dorment dans la ruche quand le temps incertain ou le vent ne les invitent pas à la promenade. Ils mangent du miel à leur fantaisie, puis, par les beaux jours de printemps, se décident à sortir, font autour de la ruche ces évolutions sonores qui leur valent leur nom, car leur bruit en volant est bien plus fort que celui des ouvrières, et bien différent, ainsi que leur odeur. Leur vie est limitée forcément, comme nous le verrons, à deux ou trois mois. Les ouvrières varient en nombre de quinze mille à trente mille par ruche, et dix mille pèsent un kilogramme. Elles vivent de douze à dix-huit mois. Elles voient à

Fig. 167.
Abeille ouvrière.

grande distance, et leur odorat subtil les guide, à deux ou trois kilomètres, vers les fleurs préférées. Leurs ailes atteignent presque le bout de l'abdomen (fig. 167). On y distingue deux classes d'individus : les *pourvoyeuses* et *nourrices* s'occupent de récolter au dehors le miel et le pollen, de nourrir les larves, d'aider à l'éclosion des nymphes, de ventiler la ruche lorsque la température s'y élève trop, en agitant rapidement leurs ailes près de l'entrée, et déterminant ainsi un courant d'air frais, de faire sentinelle à la porte pour écarter les ennemis ou jeter le signal d'alarme auquel répond ce bourdonnement aigu précurseur de la sortie de l'armée. Les autres sont les *cirières* ou *architectes*, à abdomen plus long que celui des précédentes, ressemblant plus à la mère. Elles ramassent entre les anneaux de leur abdomen de minces plaques de cire, produit d'une sécrétion intérieure, la pétrissent et construisent les alvéoles des gâteaux. Selon beaucoup d'apiculteurs, et notamment M. Hamet, la division des fonctions n'est pas absolue. Les jeunes ouvrières sont cirières, les vieilles butineuses. En outre, par les beaux jours, la plupart ont récolter au dehors; elles construisent beaucoup plus au dedans dans les jours moins propices. Les architectes font trois sortes de cellules. Les trois quarts des cellules des gâteaux sont les plus petites. Elles ont une section hexagonale, comme par une géométrie innée chez les abeilles, la figure de l'hexagone régulier étant celle qui permet de remplir une surface donnée du plus grand nombre de compartiments. Ces cellules servent à deux usages. Les unes sont des réserves de miel et sont bouchées par une mince couche de cire formant

un couvercle plat; les autres sont employées comme berceaux des larves et des nymphes d'ouvrières, et remplies, elles constituent leur *couvain*. Il en est qui contiennent du pollen, servant à la pâtée des larves. Chaque gâteau offre deux rangs de cellules se touchant par le fond. D'autres cellules de même forme, un peu plus grandes, sont destinées uniquement au couvain des mâles. Enfin, sur le bord des gâteaux sont construites d'énormes cellules arrondies, en très petite quantité, employant de cent à cent cinquante fois plus de cire qu'une cellule d'ouvrière.

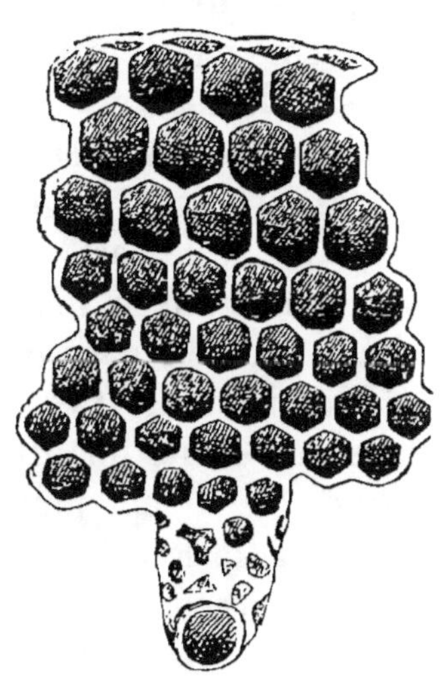

Fig. 168.
Diverses cellules d'abeilles.

Ce sont les cellules royales, à surface guillochée de petits trous triangulaires (fig. 168), et où s'élèveront les mères. Les ouvrières, sans avoir vu les œufs que pondra la mère, ont le pressentiment exact des cellules à édifier et varient leur travail selon les époques. Au milieu du printemps, de mai à juin chez nous, selon la température extérieure, une activité extraordinaire s'empare de la ruche. Elle est remplie de couvain, et de nombreux mâles sont nés. Les abeilles respirent avec force, par de rapides pulsations; elles frémissent continuellement des ailes, et, en raison de la combustion considérable qui se produit en elles, une chaleur étonnante est dégagée, maintenue, puis accumulée par les parois de la ruche, qui conduisent très mal la chaleur. Un thermomètre placé dans la ruche peut alors monter de 40° à 45°, et Réaumur a vu parfois la cire des gâteaux couler à demi fondue. C'est aussi, pour les visiteurs de ruches, le moment dangereux. Une véritable fureur maternelle a saisi les ouvrières, ces mères imparfaites, qui gardent la progéniture de la mère commune; continuellement de nouveaux défenseurs éclosent, les sentinelles vigilantes avertissent au moindre bruit. Il ne faut alors s'approcher qu'avec précaution, sans aucun mouvement brusque qui effraye et irrite les abeilles, et surtout ne pas frapper contre la ruche. Une mère nouvelle sort de sa cellule, c'est elle que nous allons suivre. L'ancienne mère cherche à la tuer. Si elle ne réussit pas, une grande partie des ouvrières se groupe autour d'elle, et, dépossédée de son domaine, elle sort entourée de son essaim qui se pend en pelote à une branche voisine, la vieille mère au centre. On se hâte de le recevoir dans une ruche nouvelle; sinon, averti par les éclaireurs, il irait construire dans quelque creux d'arbre ou dans une cavité fortuite du sol. La jeune mère est restée maîtresse. Six à sept jours après sa naissance, par un beau matin où brille le soleil, elle sort, tourne autour de la ruche pour bien la reconnaître, puis s'élance dans les hautes régions de l'air, où voltigent en tourbillonnant de nombreux faux bourdons. Elle revient bientôt à la ruche, féconde pour toute sa vie, et ne la quittera que pour essaimer. Elle commence sa ponte dès le second jour. Ses œufs sont ovoïdes, allongés, un peu courbés, d'un blanc bleuâtre. Ils sont de deux sortes, les uns de femelles, les autres de mâles. La jeune mère, pendant la belle saison de la première année et l'hiver, s'il est doux, ne pond que des œufs de femelles, dans les petites cellules vides. Ces œufs doivent produire des ouvrières ou femelles imparfaites. Pendant la ponte la mère est l'objet des soins empressés des ouvrières. Elles l'essuient avec leur langue, lui dégorgent de temps à autre du miel dans la bouche et détruisent les œufs qui tombent par hasard ou dont le nombre dépasse un par alvéole.

La mère s'arrête quelques secondes dans chaque cellule et dépose un œuf au fond, où il est maintenu par un enduit visqueux. La température de la ruche, de 25° à 30°, suffit pour faire éclore cet œuf au bout de trois jours habituellement. Il en sort une larve sans pattes, d'un blanc un peu grisâtre ou jaunâtre, ridée circulairement, à tête à peine plus colorée que le corps. Sa bouche n'offre que deux faibles mandibules écailleuses, sa lèvre inférieure a une filière comme celle des chenilles. Ces larves restent toujours roulées en anneau au fond de la cellule et peuvent s'y mouvoir lentement en spirale (fig. 169). Les nourrices leur apportent une pâtée formée de miel et de pollen et variant selon l'âge du ver, d'abord blanche et insipide, puis devenant de plus en plus sucrée et sous forme de gelée transparente. Les soins les plus tendres sont ainsi donnés plusieurs fois par jour, pendant six jours environ. Alors les nourrices ferment les cellules des larves avec un couvercle bombé et non plat comme celui des cellules à miel; les larves se redressent, s'allongent, et pendant un jour et demi tapissent les cellules d'une pellicule de soie roussâtre. La même cellule peut avoir ainsi plusieurs pellicules, si elle a logé plusieurs larves.

Fig. 169.
Larve d'abeille
(grossie).

Cette chemise de soie est destinée à empêcher la peau si délicate de la nymphe d'être blessée par les parois. Après trois jours de repos, la larve se change en nymphe blanche, emmaillottée d'une fine peau qui laisse voir les yeux, les antennes, les ailes et les pattes couchées le long du corps. Pendant sept jours environ, la nymphe reste immobile, et ses organes internes se forment. La larve n'a eu besoin que de la chaleur de la ruche. S'il faut admettre qu'on puisse généraliser par analogie les observations bien positives de Newport sur les bourdons, les nourrices seraient aussi des couveuses et augmenteraient volontairement, par une plus puissante respiration, la chaleur ambiante, en se posant, à la fin de la vie de la nymphe, sur le couvain operculé. Les mâles pourraient aussi participer à cette incubation qui serait nécessaire pour donner aux nymphes leur vitalité complète. Celles-ci déchirent avec leurs mandibules les couvercles qui les maintenaient captives, et sortent sans secours étranger ; mais aussitôt que les jeunes abeilles, encore molles et plus pâles, ont réussi à quitter les cellules et sont reconnues par là aptes aux travaux communs, les ouvrières les essuient, les brossent, étendent leurs ailes et leur offrent du miel.

Tant que la chaleur du début de l'été se soutient et que les fleurs pullulent, les mâles, paresseux et indolents, ont continué leurs excursions et rentrent le soir à la ruche ; mais quand les provisions deviennent moins abondantes, une fureur subite s'empare des ouvrières contre ces bouches devenues inutiles. La consigne du meurtre est donnée ; des sentinelles spéciales signalent l'arrivée des malheureux faux bourdons, une escouade d'exécuteurs se précipite sur chaque mâle qui rentre plein de confiance, à l'heure habituelle du souper ; il est percé de coups d'aiguillons, et le lendemain les alentours des ruches sont noirs de cadavres. Ce n'est pas tout ; les larves et nymphes de mâles qui existent encore sont arrachées des berceaux et jetées dehors, criblées de blessures mortelles. Cependant on peut trouver accidentellement, à la fin de l'automne, quelques mâles dans les ruches ; tantôt ce sont des ruches en décadence où les neutres semblent devenus indifférents à l'intérêt général ; tantôt, au contraire, par les années florissantes où les rayons regorgent de miel, c'est à une dédaigneuse insouciance que quelques faux bourdons doivent la vie, comme le riche bien repu qui tolère un insignifiant parasite à sa table.

La ponte de la mère diminue peu à peu à mesure que la saison s'avance. Aux premiers froids, les abeilles se rassemblent en peloton dans la ruche et ne mangent plus. Ce peloton est d'autant plus serré que la température du dehors s'abaisse davantage. Réaumur et Huber ont affirmé que pendant l'hiver il régnait dans les ruches la chaleur d'un perpétuel printemps. Au contraire, Newport soutient que les abeilles tombent en engourdissement dans les grands froids, et que la température de la ruche diffère alors peu de celle du dehors. Dubost, tous les praticiens modernes, ont une opinion contraire : les abeilles ne s'endorment pas en hiver et la ruche reste toujours très chaude, au moins au tempéré. Il paraît très probable que l'erreur du célèbre naturaliste anglais vient de ce que le thermomètre placé dans la ruche, pour ce genre d'observations, n'est pas toujours recouvert par la masse serrée des abeilles. Alors la température peut s'abaisser au-dessous de la glace, et même, dans les hivers très froids, comme l'a vu Dubost en 1788-1789, les glaçons tapissent la ruche et s'arrêtent tout près du peloton d'abeilles, où se maintient, mais là seulement, une température élevée.

Aux premières chaleurs du printemps, elles consomment le miel qui a été mis en réserve, jusqu'aux premières fleurs.

La ponte de la mère reprend, et pendant deux mois environ ce sont encore des œufs femelles qu'elle dépose dans les petites cellules et qui donnent des ouvrières destinées à réparer les pertes dues aux décès de l'hiver. Puis, la ponte d'ouvrières continuant toujours, en avril et en mai, à certains jours, la mère pond des œufs différents, des œufs de mâles, et, sans hésitation, les confie aux grandes cellules hexagonales. L'œuf du mâle éclôt en trois jours ; sa larve vit six jours, nourrie de la même pâtée que celle des ouvrières, avec la même tendresse. Après la pose du couvercle de cire bombé, cette larve reste trois jours à filer, puis douze jours environ en nymphe, ce qui fait que le couvain du mâle n'éclôt qu'en vingt-quatre jours au plus tôt, au lieu de vingt et un jours qui ont suffi au couvain des ouvrières. Les jeunes mâles qui seront massacrés par la suite reçoivent en naissant les mêmes attentions dévouées que les ouvrières. Par intervalles, à des jours distincts, la mère, au milieu de sa ponte de mâles, va déposer des œufs de femelles, pareils en tout à ceux d'où naissent les ouvrières, dans les immenses cellules latérales dont nous avons parlé.

Un des plus étonnants prodiges dont abondent les métamorphoses des insectes va nous être offert. A la petite larve, toute pareille aux larves d'ouvrières, qui sort de l'œuf au bout de trois jours, les nourrices apportent une nourriture toute particulière, d'abord acidulée, puis plus sucrée que la pâtée ordinaire. En outre, cette *pâtée royale* est prodiguée et reste en excès dans cette vaste loge où la jeune larve dilate son abdomen à son aise. Qu'arrive-t-il ? les organes producteurs des œufs, au lieu de rester stériles comme chez l'ouvrière peu nourrie et resserrée dans sa petite loge, se développent, et, à la place d'un neutre, la larve donnera une mère féconde. Tout va aller plus vite sous l'influence de cette succulente nourriture. Elle ne met qu'un jour à filer, prend deux jours et demi de repos, devient nymphe et ne reste sous cette forme que quatre à cinq jours, de sorte qu'au bout de quinze à seize jours après la ponte, la jeune mère est prête à percer le long couvercle pointu avec lequel les ouvrières ont fermé la cellule royale. Il arrive quelquefois que les ouvrières ne jugent pas l'instant de sa sortie favorable; elles renforcent le couvercle avec de la nouvelle cire, et maintiennent la femelle en prison, de quatre à huit jours, en lui passant du miel par un petit trou. L'influence de la pâtée royale est bien évidente, car il en tombe quelques miettes dans les cellules d'ouvrières placées près de la grande cellule, par la confusion inévitable de la multitude des nourrices empressées autour de la larve de mère. Cela suffit pour donner une demi-fécondité à ces ouvrières et leur faire pondre exclusivement des œufs de mâles. Ces ouvrières pondeuses, comme les vraies femelles, sont exposées à toute la colère de la mère. Les ouvrières connaissent très bien cette propriété merveilleuse qui assure la durée des ruches. Si un accident les prive de la reine à un moment où la ruche n'a pas de couvain d'ouvrières, tout est perdu, les abeilles se dispersent et vont mourir dans la campagne, car les abeilles des autres ruches tuent sans pitié toute étrangère qui cherche à entrer. S'il y a du couvain, le travail continue. Vite on isole une larve d'ouvrière en massacrant les voisines pour rompre les cloisons, et une vaste cellule, cette fois au milieu du gâteau (cellule royale *artificielle*), entoure la préférée; on lui apporte la précieuse nourriture, elle devient une femelle, une reine de *sauveté*; la ruche est sauvée.

Nous connaissons en Europe deux espèces très voisines d'abeilles, l'*abeille commune* (*Apis mellifica*), à abdomen brun, de l'Europe centrale, et l'*abeille ligurienne* (*Apis ligustica*), d'Italie, de Sicile, de Crète et de Grèce, celle qu'a chantée Virgile. Son abdomen est fauve. Peut-être n'a-t-on que deux races constantes, car on peut les croiser et l'on a des ruches mixtes fécondes. En Égypte, on élève, également en ruches, l'*abeille à bandes*. Dix ou douze autres espèces d'abeilles existent dans l'ancien monde, au Sénégal, au Cap, à Madagascar, aux Indes orientales, à Timor, etc. On récolte leur miel sau-

'age. L'Amérique n'avait point d'abeilles ; on y a introduit, au
iord et au sud, l'abeille d'Europe, qui y a multiplié. Seule-
nent elle y devient très facilement sauvage dans les bois, ce
jui lui arrive au contraire très rarement chez nous. Les essaims
sauvages dans les bois sont comme les précurseurs des colons.
Quand les indigènes de l'Ouest les rencontrent, ils s'écrient,
saisis à la fois de colère et d'inquiétude : les Blancs approchent !
Cette influence du continent américain s'est manifestée sur
tous nos animaux domestiques importés, sur les bœufs et les
chevaux libres aujourd'hui dans les pampas, comme sur les
abeilles. Les vaches n'y gardent le lait que pendant l'allaite-
ment de leur veau[1].

Les populations primitives de l'Amérique connaissaient cependant le miel, un miel moins doux que le nôtre, plus parfumé, plus coloré et plus fluide. Lors de la conquête, les Espagnols constatèrent au Mexique et en Colombie l'existence
d'insectes plus petits que nos abeilles, faisant leurs gâteaux
dans les creux d'arbres, où l'on va encore habituellement les
chercher, présentant des mâles, des femelles et des neutres,
mais tous sans aiguillon (il est rudimentaire chez les femelles
et ouvrières), ce qui rend la récolte très aisée. La cire est
brune et de médiocre qualité. Sous d'épais feuillets de cire
sont des gâteaux à alvéoles hexagonales, les unes des mâles,
les autres des femelles ou d'ouvrières. Ces cellules des larves
sont bouchées par les ouvrières, et les larves se filent un cocon. Les gâteaux des mélipones et trigones sont horizontaux
et non verticaux comme chez les abeilles. En outre, les cellules
sont operculées par les ouvrières aussitôt après la ponte de
l'œuf par la mère et munies de la pâtée nécessaire, de sorte
que les ouvrières n'ont pas à nourrir les larves. Tout autour
de cet amas de berceaux sont de grands pots arrondis, ou amphores, où s'amasse le miel, de forme tout autre que les cellules à couvain. Il existe par nid une seule femelle féconde, à
ventre énorme, plusieurs femelles vierges, beaucoup de mâles
et d'ouvrières. On doit être porté à croire que les femelles fé-

---

1. Consulter, pour plus de détails : Maurice Girard, *les Abeilles, structure, mœurs, éducation, produit*, avec 1 pl. col. et 30 gravures sur bois
Paris, 1878, J. B. Baillière et fils.

condes se font, à la volonté des ouvrières, par une pâtée spéciale ; car, quand on veut multiplier les nids de ces douces
mélipones, on prend au hasard quelques gâteaux et on les
porte dans un creux d'arbre, et toujours une nouvelle colonie
se fonde. Il reste encore à connaître beaucoup d'espèces de ces
insectes. A. Doumerc a rapporté le premier plusieurs espèces
de mélipones de la Guyane. Les trigones, un peu différentes
par les ailes, sont plus petites. On commence en Amérique à
rendre domestiques certaines espèces de mélipones, qui con-
sentent à accepter pour ruche des pots de terre, des caisses de
bois ou des troncs d'arbres perforés. On a amené plusieurs
fois en Europe ces nids de mélipones. En été, les insectes ont

butiné, mais ont toujours péri aux premiers froids, en refusant le miel qu'on
leur offrait. Ainsi, on a conservé au Muséum, pendant l'été de 1865, une ruche
de la *mélipone scutellaire*, du Brésil
(fig. 170). Plus tard M. Drory, à Bordeaux,
a conservé des ruches de cette espèce pendant plusieurs années. On ne trouva pas

Fig. 170.
Mélipone scutellaire.

de couvain dans le nid, les amphores à miel étaient vides, et
tous les individus qui arrivèrent jusqu'en octobre étaient
des neutres. Il est très probable que les sociétés des mélipones et trigones sont permanentes, comme celles des
abeilles. Les petites espèces des mélipones et surtout des trigones sont très irritables, se jettent au visage de l'homme,
aux oreilles et dans le cou ; à défaut d'aiguillon elles mordent
avec fureur et leur salive venimeuse fait naître des ampoules.
On redoute beaucoup au Brésil une espèce de trigone, dite
crachat de feu (*cago-fogo*). L'ancien monde offre aussi quelques
trigones en Abyssinie, au Bengale, etc. ; la Tasmanie et l'Australie également. M. Thozet, qui a beaucoup observé les trigones
d'Australie, dit que les indigènes sont très friands de leur miel
parfumé. Pour découvrir les nids, très bien cachés dans les
creux d'arbres, ils suivent de l'œil une trigone sortant d'une
fleur d'*Hibiscus*, dont ces insectes raffolent, et souvent, pour
les mieux reconnaître en l'air, leur attachent un petit plumet
de coton.

Les mellifiques sociaux dont il nous reste à parler ne font que des colonies annuelles, dont tous les individus meurent à la fin de l'automne, à l'exception de certaines femelles fécondes, qui vont passer l'hiver engourdies dans quelque trou, et commenceront au printemps le logement de leur nombreuse postérité. Dans leur engourdissement elles ont les pattes repliées en dessous, comme des nymphes. Parcourez, au mois de mars, les prairies où commence le gazon, les bois encore dépourvus de feuilles; vous verrez voler çà et là des bourdons au corps velu, tous de la plus grosse taille. Ce sont les femelles réveillées par les premiers soleils du printemps. Elles visitent les interstices des pierres, les trous creusés par les mulots; elles se glissent sous les amas de mousse, cherchant une place convenable pour leur nid. Si nous suivons le travail d'une de ces grosses femelles, nous la verrons apporter d'abord de la mousse, des herbes sèches pour façonner les parois du nid, dans lequel elle pénètre par une longue et étroite galerie couverte, afin d'en rendre l'accès difficile aux insectes ennemis. Puis elle y dépose une pâtée de miel et de pollen; des petits trous y sont creusés où elle pond ses œufs, opération assez pénible pour elle et dans laquelle son aiguillon lui sert d'appui. Il en naît des larves blanches, sans pattes, trouvant tout de suite leur subsistance dans cette boule mielleuse que la mère accroît sans cesse autour d'elle. Les larves se filent des coques de soie, placées l'une contre l'autre, où elles se transforment en nymphes. Il n'éclôt d'abord que des ouvrières ou *petites femelles* infécondes, qui aident aussitôt la mère de son travail et amassent la nourriture des larves. Elles achèvent le nid, l'agrandissent, y façonnent des gâteaux grossiers formés de cellules ovoïdes de cire. Un miel très fin y est déposé, servant à humecter la pâtée des larves et à nourrir la colonie, seulement dans les jours pluvieux, car les bourdons meurent à l'entrée de l'hiver; certaines cellules sont remplies de boulettes de pollen. Bientôt la mère ne fait plus que pondre, mais aux œufs d'ouvrières s'ajoutent des œufs de *mâles* et de *femelles fécondes*, de taille très variée, souvent plus petites que la mère, plus grosses que les ouvrières. C'est sans doute une nourriture spéciale qui provoque la formation de ces femelles. On croit que ces sortes de femelles ne donnent naissance qu'à des mâles, et on explique ainsi le grand nombre de ceux-ci à l'arrière-saison. Au mois d'août éclosent quelques *grosses femelles* fécondes, pareilles à celle qui a fondé le nid. Il n'y a pas de cellules distinctes pour ces divers individus; la colonie des bourdons est une dégradation évidente de celle des abeilles. On dirait des cabanes de paysans comparées aux élégantes habitations des citadins. Les femelles fécondes demeurent ensemble dans le nid sans combat. Les grosses femelles, nées à la fin de l'été, ne pondent pas, bien que fécondées. Elles se dispersent à la fin de l'année, alors que la mère fondatrice de l'année d'avant, les mâles de bonne heure, un certain nombre de femelles, les ouvrières, meurent. Ce sont elles qui, après l'engourdissement de l'hiver, seront les mères des colonies de l'année suivante.

Chaque nid de bourdons peut avoir de cent cinquante à deux cents individus, mais il est rare qu'ils y soient tous en même temps; beaucoup, surpris par la nuit ou par la pluie, restent à dormir sur les fleurs et découchent du nid. Le petit nombre d'habitants des nids de bourdons rend ceux-ci bien plus faciles à observer que les abeilles et les guêpes. Ce sont les bourdons (*humble bees* des Anglais) qui ont permis à Newport de constater le rôle des femelles, et aussi des mâles, se plaçant comme couveuses au-dessus des coques de soie où résident les nymphes prêtes à éclore, et par une respiration volontairement activée, ainsi que le témoignent les rapides inspirations de leur abdomen, élevant la température de leur corps et par suite celle des nymphes au-dessus de celle de l'air du nid. Voici, sur l'espèce que nous avons figurée dans l'introduction, page 20, quelques observations du célèbre naturaliste anglais, traduites en degrés centigrades. Des thermomètres très étroits, à réservoir gros comme une plume de corbeau, étaient glissés entre les coques à nymphes et les bourdons placés au-dessus. Dans une expérience, la température de l'air du nid étant de 21°,2, celle des bourdons, au nombre de sept, recouvrant les nymphes, fut de 33°,6, et la température des coques voisines, sous la même voûte de cire, mais non recouverte par les bourdons, seulement 27°,5.

Dans une autre expérience, l'air du nid étant de 24°,5, le thermomètre placé sous quatre bourdons couveurs monta à 34°,5. Les jeunes bourdons sortaient de leurs coques, après plusieurs heures de ces incubations dans lesquelles les insectes couveurs se relayent. Ils sont d'abord mous et grisâtres, mouillés, très sensibles au moindre courant d'air, s'insinuant pour se réchauffer au milieu des gâteaux ou entre les bourdons anciens. Ce n'est qu'au bout de plusieurs heures qu'ils durcissent, et qu'on voit se dessiner les bandes jaunes et noires de leurs anneaux.

C'est en étudiant les bourdons que le comte Lepelletier de Saint-Fargeau fit une bien curieuse découverte qui éclaira toute l'his-

Fig. 171. — Psithyre rupestre.

toire des hyménoptères nidifiants. Il avait reconnu qu'on trouve dans nos bois certains insectes ayant tout à fait l'apparence de bourdons (fig. 171), par leur corps poilu à bandes de diverses couleurs, mais dont les pattes postérieures, étroites et non dilatées, sans épines, ni corbeille, ni brosses,

Fig. 172. — Jambe et tarse postérieur
du psithyre rupestre.

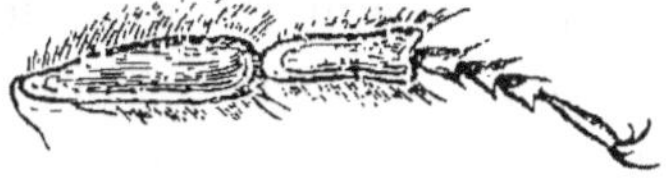

Fig. 173. — Jambe et tarse postérieur
du bourdon terrestre.

ne peuvent permettre la construction des nids ni la récolte du pollen (fig. 172, 173). Ces *psithyres* ou *apathes* des entomologistes n'ont que des mâles et des femelles fécondes. On trouve au mois de septembre beaucoup de mâles de psithyres dans nos bois, sur les capitules des scabieuses, des chardons. Incapables de nourrir leurs larves, les psithyres pondent leurs œufs au milieu de la pâtée des bourdons, et ceux-ci confondant les enfants étrangers avec les leurs, les entourent de la même sollicitude. Les psithyres sont de véritables parasites, selon la signification antique donnée très souvent mal à propos aux animaux épizoïques qui vivent sur le corps d'autres animaux. Vêtus comme les légitimes propriétaires du nid, ils trompent, sous cette analogie de livrée, les yeux vigilants des ouvrières. Les hyménoptères présentent bien des exemples de commensaux de ce genre. Il y a chez les insectes de nombreuses espèces pareilles aux coucous qui portent leurs œufs dans les nids de fauvettes, et dont les petits, avides et gloutons, prennent toute la nourriture apportée par les pauvres parents, dont ils jettent souvent au dehors la malheureuse postérité.

Nous trouvons fréquemment aux environs de Paris, un peu plus tard que les vrais bourdons, le *Psithyrus rupestris*, noir, à abdomen terminé par des poils rouges, habillé comme le *Bourdon des pierres* dans le nid duquel il vit. On rencontre encore les *Psithyrus campestris* et *vestalis*, ornés de bandes jaunes et blanches au bout de l'abdomen, comme les *bourdons terrestres* et *des jardins*. Ces psithyres ont les ailes plus enfumées que les bourdons, et les poils de l'abdomen disposés par paquets ou petites brosses et non en masse continue, comme chez les vrais bourdons.

Un grand nombre de mellifiques vivent isolés. Les femelles seules construisent des nids divisés en cellules et ne sécrètent plus de cire. Dans chacune est déposé un œuf, et la jeune larve sans pattes se nourrit de miel et de pollen accumulés par la mère, puis devient nymphe, tantôt nue, tantôt dans une mince coque de soie. Il y a une complète identité dans les métamorphoses avec les constructions de nids les plus diverses. Toutes ces abeilles solitaires qui nidifient sont des femelles, nées d'ordinaire au printemps et qui vivent une grande partie de l'été, tandis que les mâles, éclos en même temps, meurent très vite. Elles bouchent le nid, après qu'il est rempli d'œufs et de pâtée mielleuse, et meurent sans voir éclore cette postérité, pour laquelle elles ont cependant l'attachement le plus vif.

Un premier groupe de ces abeilles solitaires a encore, comme les abeilles et les bourdons, les pattes postérieures élargies et munies de brosses, de façon à pouvoir amasser sur ces pattes une boulette de pollen. Les *anthophores*, à trompe allongée, qui ressemblent à des abeilles, mais plus velues et grisâtres, font leur nid entre les fentes de muraille, entre les pierres des lieux arides, dans la terre sèche. Ce nid est un tuyau courbe, en terre gâchée et agglutinée par leur salive. Il est divisé par des cloisons terreuses en cellules, dont chacune contient une larve entourée de pâtée. La cellule du fond, la plus ancienne, se rapproche du sol, de sorte que le premier insecte qui éclôt n'a qu'une mince couche de terre à percer pour sortir. Les autres éclosent successivement, chacun perçant la cloison de la cellule du frère qui l'a précédé, et tous profitant du trou de sortie du premier-né.

Les anthophores abondent dans les ravins arides de la Provence, exposés au brûlant soleil du Midi. Ce sont elles qui ont fourni à M. Fabre ses curieuses observations sur les métamorphoses des coléoptères vésicants, à larves parasites. Cet habile observateur a d'abord remarqué que l'on peut étudier sans danger ces abeilles solitaires, bien qu'on soit effrayé au premier abord par la quantité d'insectes qui bourdonnent sur les talus criblés de nids. A cet aspect, on croirait à une ruche ; mais, en réalité, on n'a pas ici des insectes sociaux, solidaires pour la défense d'une progéniture confiée à tous. Ces insectes sont des voisins indifférents, qui laissent bouleverser sans émoi la maison d'autrui ; on n'a à craindre que l'aiguillon de la mère dont on attaque les berceaux. M. Fabre a bien examiné aussi des insectes, poilus comme les anthophores, noirâtres, tachetés de blanc, les *mélectes*, dépourvus d'instruments propres à recueillir le pollen. Ces mélectes commensales ne peuvent que déposer leurs œufs au milieu de la pâtée des anthophores, et celles-ci laissent les mélectes entrer en toute liberté dans leur galerie, leur font place, en se serrant contre la paroi, pour leur livrer passage, sans colère, sans inquiétude. Ineffables harmonies ! Qu'une anthophore, au contraire, pénètre étourdiment chez sa voisine, qu'elle se montre seulement à la porte : aussitôt celle-ci se précipite sur l'imprudente, et, toutes deux, ivres de fureur, se mordent, se roulent dans la poussière du chemin, cherchant à s'enfoncer l'aiguillon. Cette anthophore, si courroucée par une sœur inoffensive, capable de prendre à peine une gorgée de miel, se montre pacifique, débonnaire pour la mélecte, qui ne sait élever ses larves, et qui, pour leur procurer le vivre et le couvert, extermine peut-être à demi la race de l'aveugle mère, dont une partie des enfants périront affamés.

Les *xylocopes* (abeilles *charpentiers* ou *perce-bois* de Réaumur) sont ces gros insectes à ailes très enfumées, d'un beau violet métallique, qui butinent au printemps dans les jardins sur les fleurs des arbres fruitiers (fig. 174). Les femelles creusent des galeries dans le bois vermoulu, selon le sens des fibres, et y placent une série de cellules superposées. Dans chaque cellule est déposé un tas de pollen mêlé de miel, exactement calculé pour chaque larve, dans lequel un œuf est pondu; puis la cellule est fermée par un plafond de sciure de bois humecté de salive gluante. Sur ce plafond, nouveau dépôt de pâtée, nouvelle cellule construite (fig. 175). Le premier œuf pondu est dans la cellule la plus éloignée du trou d'entrée de l'insecte; elle se recourbe très près de la paroi, de sorte que la jeune xylocope n'aura qu'une mince lame de bois à percer, et chacune de celles qui naissent successivement n'ont à perforer que le plancher de leur cellule. De cette façon, il n'y a jamais de massacre, l'insecte qui sort de la nymphe trouve le chemin libre, chacun naissant dans l'ordre de la ponte. Les nymphes passent l'hiver et les adultes paraissent au début du printemps.

Nous engageons à rechercher les nids de la xylocope dans les vieux arbres, surtout dans l'espérance d'y rencontrer les cocons d'un brun noirâtre et ovoïdes d'un très rare parasite, de la taille d'une forte guêpe, nommé *Polochrum repandum*, à ailes d'un jaune enfumé, à antennes en fuseau, avec l'abdomen noir rayé de bandes jaunes. C'est le docteur Giraud qui a découvert l'habitation et les mœurs de cet insecte, décrit par Spinola, qui ne savait d'où il provenait.

Dans un autre groupe d'abeilles solitaires, les pattes postérieures sont impropres à récolter le pollen des fleurs. Celui-ci est ramassé entre les anneaux de l'abdomen, qui est muni de poils. Telles sont les *chalicodomes* et les *osmies*, ressemblant à de petits bourdons, construisant contre les murs des nids en

terre gâchée, d'une dureté extrême, et pleins de cellules à
larves. Réaumur nommait à juste titre *abeilles maçonnes* ces
insectes, dont il trouvait les nids en abondance sur les murs
de sa maison de campagne de Conflans. Il désignait sous le
nom d'*abeilles coupeuses de feuilles* d'autres hyménoptères du
même groupe, nidifiant dans des tubes enroulés faits avec des

Fig. 174 et 175. — Xylocope femelle et son nid.

feuilles de rosier, de poirier, de bourdaine (*mégachiles*), et
sous celui de *tapissières* les *anthocopes*, qui revêtent avec des
pétales de fleur, par exemple de coquelicot, les tubes creusés
en terre, contenant les larves et la pâtée de pollen et de miel.
On peut nommer leurs enfants *porphyrogénètes* ou nés
dans la pourpre, comme les fils des empereurs de Constanti-
nople.

Très souvent dans les jardins, les rosiers offrent à leurs

feuilles des découpures circulaires faites par les mandibules des mégachiles, comme dans un dessin de broderie, bien plus régulièrement que par les chenilles. On voit la mère emportant au vol la petite tenture du berceau de ses enfants.

Dans ce groupe d'abeilles solitaires ramassant du pollen sous le ventre sont les *anthidies*, insectes velus à bandes fauves et brunes. Le midi de la France et l'Algérie possèdent l'*anthidie tacheté*, à abdomen noir, avec six taches transversales rousses de chaque côté de la ligne médiane, à ailes obscurcies (fig. 176). M. H. Lucas a observé son nid aux environs d'Oran. Le choix de

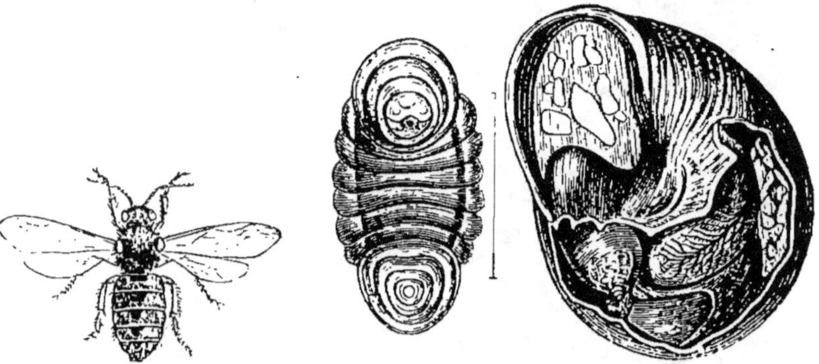

Fig. 176.
Anthidie tacheté,
adulte.

Fig. 177.
Larve et cocon de l'anthidie
dans une coquille d'hélix.

l'insecte est bizarre; c'est dans des coquilles vides de colimaçons qu'il dépose ses œufs et la pâtée de miel et de pollen. En hiver, on trouve à l'intérieur de ces coquilles des cocons oblongs, formés de plusieurs couches superposées d'une soie très fine et roussâtre. Ils sont placés au nombre de un, deux ou trois contre la spire, et entre eux sont des amas de petits cailloux qui séparaient les larves et consolident la coquille (fig. 177). Afin de dérober sa postérité aux insectes ennemis, l'anthidie a eu soin de fermer la bouche de la coquille avec une sorte de mur de maçonnerie faite en terre gâchée, mêlée de débris de coquilles, et parfois de fiente de chameau. La larve qui vit à l'intérieur des colimaçons est inerte, courbée, entièrement d'un jaune clair. Ses yeux sont d'un brun foncé ainsi que l'extrémité de ses mandibules.

Tous les hyménoptères précédents conservent au repos les ailes supérieures étalées; d'autres, au contraire, ne les étendent que pour voler et les plient en deux au repos, selon leur grand diamètre, de sorte qu'elles paraissent alors très étroites. Nous trouvons d'abord dans cette subdivision la grande famille des *guêpes*. Ce sont des insectes sociaux dans lesquels trois sortes d'individus sont nécessaires pour perpétuer l'espèce. Leur corps dépourvu de poils nous indique que ces insectes ne peuvent plus récolter le pollen des fleurs. Les guêpes ne sécrètent pas de cire; elles coupent les végétaux avec leurs fortes mandibules, et, au moyen d'une salive particulière, composent une sorte de carton servant à faire les guêpiers, et sur lequel on peut écrire. Les guêpes proprement dites ont le corps épais. Leurs nids présentent des feuillets papyracés entourant les gâteaux composés de cellules hexagonales sur un seul rang.

La *guêpe commune* fait son nid sous terre avec un boyau de sortie; la *guêpe silvestre* ou *guêpe des arbustes*, un peu plus petite, suspend son guêpier, entouré de nombreux feuillets et sphéroïdal, aux branches des arbres; la *guêpe frelon*, de très grosse taille, fait son nid dans les troncs d'arbres, avec un carton jaunâtre, très friable, composé d'écorces d'arbres. Les nids sont toujours commencés au printemps par une seule femelle féconde, à la fois architecte et nourrice. Ses premiers œufs donnent des ouvrières (femelles avortées), qui ne tardent pas à suppléer la mère dans ses soins et agrandissent le nid. Les guêpes butinent sur les fleurs et amassent du miel qu'elles dégorgent dans certains alvéoles; en outre elles déchirent des fruits, des morceaux de viande, des insectes qu'elles tuent. Dans les beaux jours de l'automne, on voit les diptères, qui pullulent sur les fleurs des allées des bois, s'éloigner avec crainte dès qu'ils entendent le bourdonnement du terrible frelon. Au milieu de l'été, la mère guêpe pond des œufs de mâles, de femelles et encore de neutres. Les larves sont soignées dès lors par les ouvrières seules, qui leur apportent du miel et aussi des morceaux de fruits et d'insectes, du jus de viande, etc. Les larves ont la bouche plus forte que celle des abeilles en vue de cette nourriture plus résistante. Elles filent un petit couvercle soyeux à leur alvéole, s'y changent en nymphe.

Celle-ci, au bout de peu de jours, devenue adulte, coupe avec ses mandibules le couvercle de la cellule et prend son essor. Le nid est gardé par des sentinelles qui veillent aux abords, rentrent alors du danger et avertissent les guêpes qui sortent en colère et piquent les agresseurs. Si on bouche tout de suite l'entrée du guêpier et si on tue les sentinelles avant qu'elles aient jeté l'alarme, ou si on les distrait de leur devoir avec des morceaux de sucre, les guêpes demeurées dans le nid sont pleines de confiance, ne s'irritent pas, ne cherchent pas à piquer. Les mâles des guêpes sont notablement plus petits que les femelles. Les sociétés des guêpes, bien moins nombreuses que les ruches d'abeilles, ont au plus et rarement deux à trois mille individus. Au mois d'octobre, les neutres cessent de construire et de nourrir les larves, tuent et jettent dehors les dernières larves, qui du reste périraient de faim ; puis les mâles, les ouvrières, une partie des femelles meurent de froid. D'autres, plus vivaces et fécondées, sortent du guêpier abandonné et hivernent dans des trous pour perpétuer l'espèce au printemps. C'est dans cette saison qu'avec un peu d'entente il serait aisé de diminuer singulièrement le nombre des guêpes, si nuisibles plus tard aux fruits, en chassant au filet les mères guêpes, qu'on attirerait en abondance au moyen de groseilliers-cassis en fleur. Quand on trouve en hiver ces guêpes femelles fécondes et engourdies, on observe que leurs ailes sont repliées en dessous, ainsi que les pattes, absolument comme dans la nymphe ; de même, dans le sommeil, les petits enfants, les jeunes animaux tendent à s'enrouler, à reprendre la station fœtale.

Les *polistes* sont des guêpes particulières, plus petites, élancées, à abdomen aminci à sa base. Leurs nids sont moins parfaits que les vrais guêpiers, en ce qu'ils n'ont jamais d'enveloppes ; les gâteaux sont à nu. On trouve en abondance sur les arbustes, sur les genêts, la *poliste française*, dont la femelle, aux premiers beaux jours du printemps, attache à une tige ou contre un mur un gâteau porté par un pédicule et contenant un petit nombre de cellules (fig. 178). Elle nourrit d'abord des larves d'ouvrières seulement, et celles-ci augmentent le gâteau et quelquefois en superposent un second, atta-

ché au premier par des piliers. La seconde ponte de la mère
donne à la fois des mâles, des femelles et des neutres. On
peut détacher le nid et le transporter où on veut, sans que la

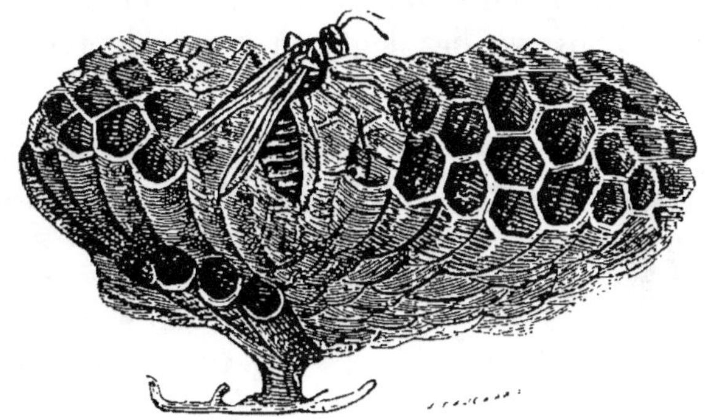

Fig. 178. — Nid de poliste française.

mère et les ouvrières songent à le quitter, et ces pauvres insectes sont si attachés aux larves et aux nymphes renfermées
dans les alvéoles, qu'ils ne pensent pas à piquer l'observateur, s'oubliant en entier dans leur préoccupation maternelle.

Les guêpes solitaires, aux couleurs variées de jaune et de
noir comme les guêpes sociales, vivent à l'état adulte du miel
des fleurs, mais leurs larves sont devenues exclusivement carnassières. Les mères font des trous dans la terre et dans des
tiges de diverses plantes, et y établissent des cellules dans
chacune desquelles est pondu un œuf que la mère entoure d'un
certain nombre de larves, souvent toutes de la même espèce et
destinées à fournir une proie à la larve molle et sans pattes
qui sortira de l'œuf. Admirable et aveugle instinct ! un insecte
qui ne vit que de nectar chasse des insectes vivants qu'il ne doit
pas manger ni voir manger à ses petits. En outre, comment
la larve pourra-t-elle trouver une pâture toujours fraîche et
cependant incapable de résister à ses morsures? Les larves ou
les insectes adultes sont percés par l'aiguillon de la mère,
mais demeurent vivants, engourdis et immobiles, en véritable anesthésie. De même, certaines peuplades sauvages de
l'Amérique du Sud lancent au gibier des flèches empoison-
nées, avec une dose de curare telle que l'animal atteint est

seulement paralysé et sans défense. Les *odynères* sont les plus communes de ces guêpes solitaires. Ainsi l'ancienne *odynère rubicole*, étudiée par M. E. Blanchard, nommée maintenant *oplope à pieds lisses* ou *épipone* (fig. 179), creuse une tige de ronce sèche et y dispose des loges, à parois de terre sableuse

Fig. 179. — Oplope adulte.

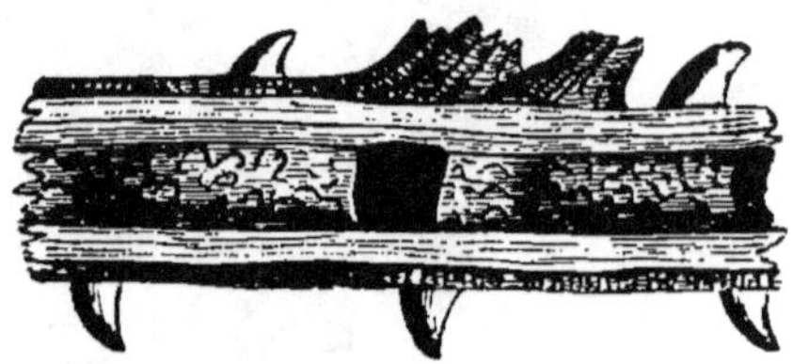

Fig. 180. — Nid de l'oplope.

pétrie, et chacune séparée par un plancher de moelle et de terre (fig. 180). Dans chaque loge est un œuf, entouré de chenilles de pyrales. La larve à anneaux gonflés, moyen d'appui et de mouvement limité (fig. 181), tapisse la loge d'un enduit soyeux, et construit, au-dessus de sa tête et de celle de la

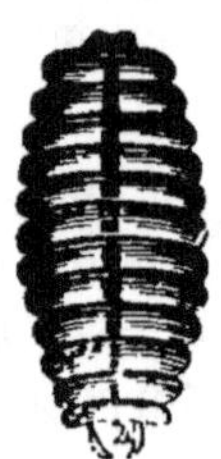

Fig. 181. — Sa larve grossie.

Fig. 182. — Sa nymphe.

nymphe, un couvercle de soie à deux tuniques séparées par de la moelle très serrée ; puis elle devient nymphe (fig. 182). Ici la première cellule n'est pas rapprochée de la paroi, comme chez les abeilles solitaires. Aussi un fait inverse se présente. C'est l'œuf le dernier pondu, dans la dernière cellule, qui se développe le plus vite, et dont l'adulte sort le premier. Le plus anciennement pondu, au contraire, donne l'adulte le dernier. Sans cela, si un insecte parfait était sorti d'abord d'une loge inférieure, il aurait détruit tous les autres sur son passage. La même chose se produit pour d'autres odynères qui font leurs nids en terre ou dans de vieilles murailles. On peut s'amuser, à l'exemple de Réaumur, à élever au fond d'un

)etit tube de verre une jeune larve, retirée d'un de ces nids
l'odynères, en ayant soin de lui fournir chaque jour une che-
iille ou une larve appropriée à son espèce. On la voit manger
ivec voracité et atteindre toute sa croissance au bout d'une
[uinzaine de jours.

Un très grand nombre d'hyménoptères, différents des guêpes
:n ce que leurs ailes supérieures au repos ne se replient pas,
;ont désignés sous le nom de *fouisseurs*, parce qu'ils nidifient

Fig. 185. — Philanthe apivore emportant une abeille.

en terre ou dans des troncs d'arbres. On y distinguera encore
des solitaires et des sociaux. Les premiers approvisionnent leurs
nids avec les proies les plus variées, engourdies par le venin
de l'aiguillon, qui n'est plus mortel comme celui des abeilles
et des guêpes. Nous nous contenterons de citer quelques
exemples.

Les *cercéris* donnent à leurs larves des insectes adultes,
toujours de la même espèce pour le même cercéris ; ainsi,
dans les Landes, le *cercéris buprosticide* va, à plus d'une
lieue de sa demeure, chercher des buprestes ; comme ces coléoptères sont très rares, le plus sûr moyen, pour les amateurs,
de se les procurer est de visiter le nid des cercéris et de guetter
leur retour. Le *philanthe apivore* rôde autour des ruches. Il
est moitié plus petit qu'une abeille ; mais sa peau est très
épaisse, et sa vivacité est telle qu'il se jette sur le dos de

l'abeille butinant dans une fleur et lui enfonce son aiguillon dans le cou avant qu'elle ait le temps de se mettre en défense. Il la porte engourdie dans le trou en terre où seront ses larves, en la tenant retournée, le ventre contre le sien, et entourant de ses pattes ce lourd fardeau ; aussi son vol est alors très lent. Si elle ne peut entrer, il lui coupe les pattes et les ailes et la tire à lui, à reculons, en la comprimant comme à la filière. Le trou est foré obliquement, de préférence tourné au levant, sur les talus, au pied des murs, dans les amas de sable. La femelle creuse, la tête en avant, avec ses pattes de devant et sa large tète ; elle sort fréquemment à reculons, repoussant les déblais avec ses deux pattes postérieures, les ailes croisées longitudinalement au repos. La larve du *philanthe,* bien repue d'abeilles, se file un très curieux cocon dans lequel elle paraît être mise en bouteille (fig. 184). Lepelletier de Saint-Fargeau a depuis longtemps observé et décrit les mœurs du philanthe apivore. Il a vu qu'il ne prend que les abeilles ouvrières et jamais les

Fig. 184. — Larve de philanthe apivore.

mâles. En Algérie, M. H. Lucas a constaté qu'une espèce voisine, le *philanthe Abd-el-Kader,* très probablement une race, emporte aussi l'abeille dans son nid, et toujours l'ouvrière, jamais le faux bourdon. Cependant les mâles sont sans aucune défense, tandis que l'ouvrière a un aiguillon redoutable.

Les *pompiles* semblent les vengeurs de la race des insectes, car ils donnent à leurs larves des araignées engourdies par l'aiguillon. Ils saisissent surtout les araignées errantes, mais ne craignent pas d'affronter le danger des toiles, et parfois l'on voit le *pompile des chemins* venir jusque dans les maisons saisir l'araignée domestique (fig. 185). Rien de plus intéressant que les manœuvres du *pompile,* si bien étudiées par le docteur Giraud. Ce n'est qu'après avoir engourdi une araignée destinée à nourrir une larve, qu'il creuse son trou ; il pose son araignée au haut d'une grande herbe et non à terre, près de lui, car les camarades, qui chassent en rasant le sol, la lui prendraient pendant qu'il fouit. De temps à autre, inquiet de son butin, il retourne voir son araignée, la

.ouche avec sa tête, et, satisfait, reprend son travail. L'*ammo-*
phile des sables, noir, très allongé, avec une partie de l'abdomen fauve, emporte dans son nid les chenilles des gros papil-
.ons de nuit. Les *sphex*,
à pédicule de l'abdomen
très grêle, ont un ai-
guillon à piqûre très
douloureuse, surtout
chez les grandes espèces
exotiques. Beaucoup at-
taquent les araignées ;
nous en avons en France
qui arrachent de sa
toile l'araignée des jar-
dins (*Epeira diadema*),
bien plus grosse qu'eux,
lui coupent la tête et les
pattes, et donnent à
leurs larves son énorme
abdomen gonflé de sucs.
A l'île de la Réunion,
les *chlorions*, à corps
métallique, percent de
leur aiguillon ces hi-
deuses blattes ou *can-*
crelats, fléau de nos colonies, les traînent avec

Fig. 185. — Pompile des chemins enlevant
une lycose.

effort, leur enlèvent les pattes et les font entrer dans leur
nid en terre en les comprimant.

M. Fabre a étudié les mœurs des Sphex dans le midi de la
France. L'un d'eux, le *Sphex flavipennis*, approvisionne sa
nichée avec des Grillons ; l'autre, le *Sphex albisectus*, avec des
Criquets. Le Sphex amène sa victime sur le bord du trou, descend faire la visite du trou, sans doute pour voir si quelque
parasite n'y est pas caché, et cela trente ou quarante fois de
suite avant d'introduire à reculons la proie qu'il traîne par la
tête. Il bouche son terrier approvisionné, et cela même si on
a enlevé les aliments de la petite famille future. Un instinct

aveugle semble obliger l'Hyménoptère, une fois exécutées un certain nombre d'expéditions en rapport avec le nombre de ses œufs, à clore le berceau garni ou non d'une pâtée suffisante. Il en est de même pour les Ammophiles et leurs chenilles. On voit encore, chez les Grillons et les Criquets, des mouvements de l'abdomen et des pattes. Quand la chétive larve sort de l'œuf, la gigantesque victime ne bouge pas malgré les morsures. Sa croissance achevée, la larve se file un cocon enduit d'un vernis violacé, et y devient nymphe, avec les pattes, les ailes et les antennes couchées. La larve vit plus de neuf mois, la nymphe environ vingt-quatre jours; l'adulte reste environ trois jours à se sécher, se fortifier et à rejeter un méconium formé de petits granules d'acide urique, puis prend son essor, butine et nidifie pendant deux mois.

L'aiguillon des Sphex et, en général, des Hyménoptères fouisseurs, continuellement employé pour anesthésier les proies, est peu douloureux pour l'homme, car il est sans dentelures à rebours, comme celui des Abeilles ou des Guêpes, et sort aussitôt de la piqûre. Ils ne s'en servent contre l'homme qu'à la dernière extrémité; on peut s'approcher sans danger de leurs nids et même saisir les insectes entre les doigts. Les

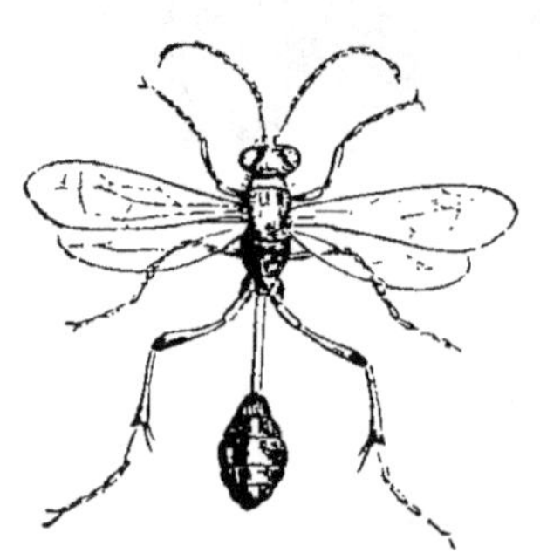

Fig. 186.
Pélopée tourneur, adulte.

Abeilles et les Guêpes sont plus dangereuses, car on peut dire que chez elles la colère maternelle est collective. Elles se ruent en foule sur l'imprudent qui leur paraît menacer les berceaux chéris, et se servent, comme suprême ressource, d'un aiguillon barbelé qui reste dans la blessure, en causant la mort de l'insecte qui paye de sa vie le plaisir de la vengeance.

Quelquefois, mais très rarement, aux environs de Paris, vole un élégant insecte de cette tribu, le *pélopée tourneur*, très singulier par le long pédicule qui rattache l'abdomen au thorax (fig. 186). Bien difficile doit être la circulation du sang d'une région à l'autre avec une telle organisation. Les pélopées font des nids en terre, d'où le nom du genre qui veut dire *potier* ou *pétrisseur de terre*, et l'espèce tourne sans cesse au vol autour de ce nid. Dans les villes du midi de la France on voit voler les femelles de cet insecte au-dessus des ruisseaux, cherchant de la vase pour construire sous les toitures et contre les murs un nid d'apparence spiralée, comme les torsades des épaulettes d'officier supérieur. M. H. Lucas a observé en Algérie les métamorphoses d'une espèce très voisine, le *Pelopæus pensilis*, commune aussi dans le midi de la France.

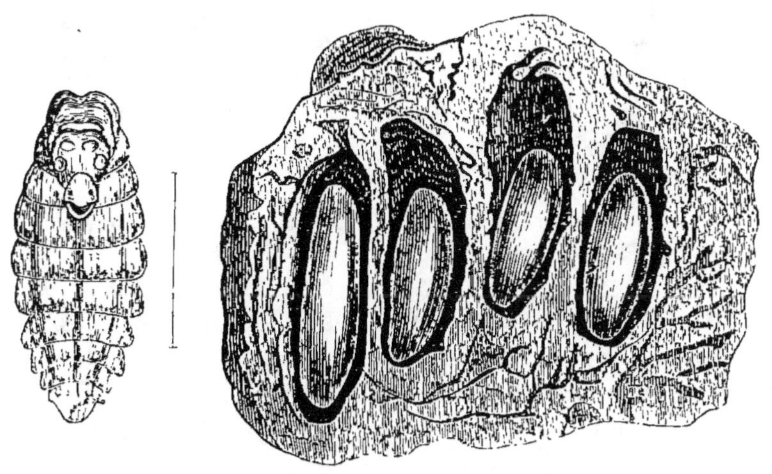

Fig. 187. — Larve, nid et cocon du *Pelopæus pensilis*.

L'insecte construit sur les grosses pierres, avec de la terre et du sable agglutinés par une salive particulière, des nids de forme grossière, contenant chacun cinq à six larves. Les cellules des larves sont assez rapprochées et toutes verticales (fig. 187). Ces larves sont molles, immobiles, tenant la tête recourbée contre le milieu du corps, jaunes, marqués en dessus et en dessous de taches arrondies, blanches et faisant saillie. Parvenues à toute leur croissance, elles se renferment dans un cocon formé d'une soie fine, serrée, recouverte d'une couche gommeuse. On a longtemps ignoré quelles étaient les victimes des pélopées. Tout récemment M. H. Lucas a découvert que leurs nids sont exclusivement approvisionnés d'araignées et très principalement du genre des épeires. Les pélopées, bien différents des chlorions, nous rendent donc de mauvais services en détruisant nos utiles auxiliaires contre une foule d'insectes dévastateurs.

On trouve dans le midi de la France et très rarement près de Paris, à Fontainebleau, un singulier genre de ce groupe, les *mutilles*, dont les femelles, toujours sans ailes, ressemblent à des fourmis, agréablement variées de rouge et de jaune (fig. 188). Les mâles, ailés et bien plus petits, sont noirs

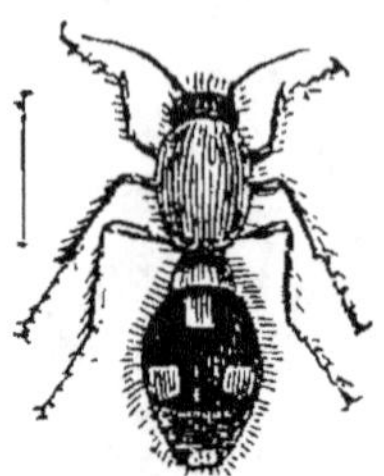

Fig. 188. — Mutille maure, femelle
grossie.

Fig. 189. — Mutille maure, mâle,
grossie.

(fig. 189). On a longtemps ignoré les métamorphoses des mutilles. On sait maintenant que ces hyménoptères des terrains sablonneux vivent parasites dans les nids des abeilles solitaires. Leurs larves sont probablement les commensales des larves de bourdons, de divers apiens solitaires et aussi de fouisseurs.

Les hyménoptères fouisseurs ont des parasites, encore très mal connus, de leurs nids, ne sachant pas s'emparer de proies vivantes et devant cependant les fournir à leurs larves. Telles sont, entre autres, les jolies *guêpes dorées* (*chrysidiens*) à corps brillant de bleu métallique et de rouge cuivreux. Leur abdomen, continuellement agité ainsi que leurs antennes, étincelle au soleil comme une pierre précieuse. Les unes vont pondre leurs œufs au milieu des larves amassées par les cercéris et les philanthes ; d'autres entrent dans les nids de mellifiques solitaires pour tuer leurs larves, au bénéfice de leurs propres enfants.

Les fouisseurs sociaux constituent l'immense légion des *fourmis*, répandues dans tous les pays. Nous ne devons voir dans les fourmilières aucune espèce d'organisation à la façon de nos gouvernements ; ce sont des associations pour la reproduction de l'espèce, composées de mâles, de femelles et de neu-

tres ou femelles incomplètes, plus modifiées encore que chez
les abeilles et les guêpes, car elles ont perdu les ailes. On
distingue trois groupes principaux, dont les mœurs et les métamorphoses sont analogues. Les *myrmiques* ont deux nœuds
au pédicule de l'abdomen, un aiguillon chez les femelles et
les neutres (fig. 190, 191). Leurs nymphes ne sont pas en-

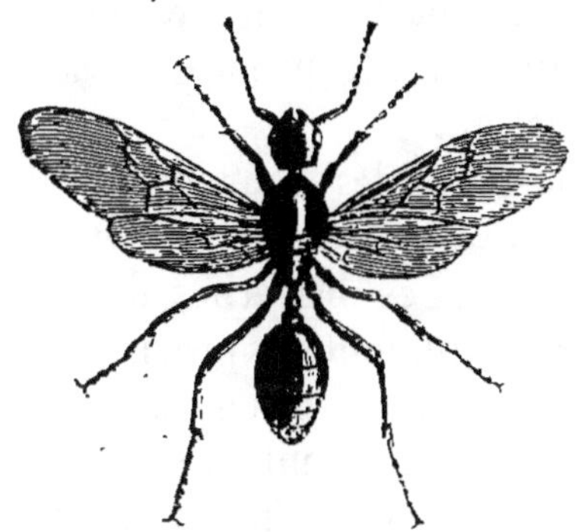

Fig. 190.
Myrmique lævinode, mâle,
grossie.

Fig. 191.
Myrmique ouvrière,
grossie.

tourées d'un cocon. Les *ponères* n'ont qu'un nœud au pédicule et un aiguillon chez les femelles et les neutres. Les larves
des ponères se filent un cocon pour se changer en nymphes.
Enfin les *fourmis proprement dites* n'ont qu'un nœud au pédicule de l'abdomen. Leurs larves se filent habituellement
une petite coque de soie. Elles n'ont pas d'aiguillon, mais versent dans les blessures que font leurs mandibules un liquide
acide, l'acide formique, produit de combustion des matières
ligneuses et amylacées. Leur corps en est imprégné et a une
forte saveur aigre. Les *fourmilières* ou habitations communes
des fourmis sont construites avec des matières végétales ou en
terre. On y trouve des séries de chambres soutenues par des
piliers, des galeries, des corridors multipliés pour le service de
ces chambres où sont disposés dans les unes des œufs, dans
les autres des larves et des nymphes ; certaines enfin contiennent
des femelles fécondes retenues captives. Les fourmis ont de
tout temps été citées comme des modèles d'économie et de pré-
voyance. Les anciens croyaient qu'au centre de l'Asie exis-
aient d'énormes fourmis, allant chercher l'or dans les sables

aurifères et gardant avec soin les précieux trésors qu'elles accumulaient. Les opinions sont aujourd'hui partagées au sujet des provisions qu'elles amasseraient pour l'hiver. Dans nos hivers rigoureux, les fourmis tombent en engourdissement et beaucoup périssent. Peut-être dans les hivers doux en est-il autrement, et alors des aliments leurs sont nécessaires, comme pour les jours pluvieux où elles ne sortent pas ; au reste une grande partie des objets que les ouvrières transportent sans cesse sont des matériaux de construction.

Près de Menton, Moggridge a observé des fourmis qu'il nomme *moissonneuses*, et qui font de véritables réserves pour l'hiver, comme la fourmi du fabuliste. Les proverbes de Salomon accordent la sagesse à ces fourmis qui font des provisions. Ce sont les *Atta barbara* et *structor*. Elles vont en été chercher des grains de diverses céréales, et les mettent en magasin dans la fourmilière. Ces grains germent par l'humidité de l'hiver, et développent alors une matière sucrée dont les fourmis se nourrissent. On voit donc qu'Ésope et La Fontaine font tenir à la cigale le langage de la vérité, lorsqu'elle demande à la fourmi quelques grains pour subsister pendant la saison d'hiver. Ces fourmis sont très nuisibles en enlevant les semailles dans les jardins. En Corse, l'*Atta structor* a empêché la culture du trèfle incarnat dont elle détournait toutes les graines. Cette espèce remonte en France jusqu'à Moret, près de Fontainebleau.

Les ouvrières exécutent seules les travaux d'architecture, nourrissent les larves et leur prodiguent des soins bien plus compliqués que chez les abeilles, car ces larves ne sont pas à poste fixe. Enfin elles défendent avec acharnement la progéniture des mâles et des femelles qui, eux, ne s'occupent de rien. Les femelles vivent en bonne intelligence et pondent les œufs çà et là. Les neutres recueillent avec soin ces œufs, tantôt cylindriques, tantôt renflés et arqués, selon les espèces, les humectent d'un liquide qui les grossit et les portent dans les couvoirs. Au bout d'une quinzaine de jours ces œufs éclosent par la chaleur de la fourmilière. Il en sort de petites larves blanches, privées de pattes, à corps ramassé et conique (fig. 192). Leur bouche est une sorte de mamelon rétractile qu'elles renferment dans les mandibules écartées des ouvrières ; celles-ci, comme les oiseaux pour leurs petits, leur donnent la becquée en dégorgeant dans cette bouche un liquide sucré. Ces larves sont entourées des soins les plus tendres. La nuit, les ouvrières les portent dans les parties profondes de la fourmilière pour leur épargner tout air froid. Quand le soleil du matin a acquis assez de force, elles les exposent au sommet de la fourmilière pour qu'elles reçoivent l'influence bienfaisante de ses rayons ; plus tard il est devenu trop ardent, alors elles les descendent dans des chambres supérieures, mais moins rapprochées des parois. Si la fourmilière est attaquée, une partie des ouvrières emporte en toute hâte les

Fig. 192.
Larve de myrmique,
grossie.

œufs, les larves, les nymphes dans les casemates de sûreté, situées dans la partie la plus profonde ; les autres se jettent avec un intrépide courage sur les assaillants et lancent en quantité l'acide formique. Ce sont les larves et les nymphes qu'on appelle improprement *œufs de fourmis*. On les recherche, dans les grosses espèces, pour élever les jeunes faisans et les jeunes perdreaux, principalement chez la *fourmi rousse*, si commune dans nos bois, où elle amoncelle des petits fragments de branches. Les larves des fourmis proprement dites, parvenues à toute leur taille, deviennent nymphes sous une coque de soie, allongée, d'un tissu serré, jaunâtre ou gris. La nymphe, d'abord d'un blanc pur, passe peu à peu au jaune pâle,

Fig. 193.
Nymphe de myrmique,
grossie.

au roussâtre, au brun ou au noir. Elle offre tous les organes de l'adulte enveloppés d'une peau si mince qu'elle paraît irisée à la lumière (fig. 193). Ce sont les ouvrières qui déchirent le sommet de la coque de soie, en se mettant plusieurs pour cette opération. Elles tirent avec précaution les nymphes de la coque, puis les débarrassent de la pellicule, étalent leurs pattes et leurs antennes, les brossent, leur donnent à manger, guident leurs premiers pas, et, pendant quelques jours, les promènent dans la fourmilière pour leur en faire connaître les couloirs et les issues. Ces mêmes ouvrières, quand les provisions manquent ou que la fourmilière est trop exposée aux attaques, ont l'instinct d'émigrer et transportent ailleurs ce qu'on doit vraiment appeler leurs dieux domestiques, les œufs, les larves, les nymphes, objet d'un continuel amour. Elles prennent aussi sur le dos les mâles et les femelles qui refuseraient de les suivre, sans oublier les ouvrières infirmes ou malades. Ce sont également les ouvrières qui s'acquittent du soin difficile d'étaler les ailes si fragiles des mâles et des femelles qui viennent d'éclore et qui restent dans la fourmilière jusqu'au moment de la reproduction.

C'est le plus souvent en été, aussi en automne pour quelques espèces, que se forment ces essaims composés de fourmis ailées des deux sexes, emportés parfois à d'assez grandes distances par les vents. Par une belle soirée chaude on voit d'abord sortir les mâles de leurs souterrains. Ils agitent par centaines leurs ailes argentées et transparentes. Les femelles, moins nombreuses, traînent au milieu d'eux leur large ventre bronzé et déploient aussi leurs ailes, d'un éclat changeant et irisé. Un nombreux cortège d'ouvrières les accompagne sur les plantes qu'elles parcourent; le désordre et l'agitation règnent dans la fourmilière. Elles vont des uns aux autres, les touchent de leurs antennes et semblent leur offrir encore de la nourriture. Enfin les mâles, comme obéissant à une impulsion générale, quittent le toit de la famille, et les femelles ne tardent pas à les suivre. La troupe ailée a disparu et les ouvrières retournent encore sur les traces de ces êtres favorisés qu'elles ont soignés avec tant de persévérance. Une fois les femelles fécondées, la force qui soutenait tant d'insectes tourbillonnant dans les airs les abandonne : mâles et femelles retombent sur le sol. Les ailes se détachent aussitôt qu'elles sont exposées à l'humidité de la terre et souvent les femelles se les arrachent elles-mêmes. Selon les espèces, la scène varie. Tantôt l'essaim a été emporté loin de la fourmilière : alors les femelles fécondées

se groupent comme une peuplade naissante et donneront de
nouveaux nids ; tantôt c'est près de l'ancienne fourmilière que
se laisse choir la gent ailée : alors les ouvrières s'emparent des
femelles, les dépouillent de leurs ailes et entraînent avec empressement ces précieuses mères, leur espérance nouvelle,
dans les galeries inférieures où elles les garderont à vue. Dans
ce cas, quelques femelles s'échappent, chacune se met isolément dans quelque trou, des ouvrières errantes les rejoignent,
une nouvelle fourmilière commence. Les essaims des fourmis
peuvent prendre parfois, même dans nos climats tempérés,
des proportions numériques incroyables. On a pu lire dans les
journaux, en juillet 1873, qu'à Vals (Ardèche), une colonne
énorme, prodigieuse, de fourmis ailées a défilé pendant plus
d'une heure dans les régions de l'atmosphère, suivant la direction du nord, en telles masses, que le ciel en était obscurci, à
la vive curiosité de toute la population.

Nous ne suivrons pas plus loin Huber fils, observateur aussi
passionné des fourmis que son père aveugle l'était des abeilles.
Nous laisserons de côté tant de curieux détails étrangers aux
métamorphoses ; l'amour des fourmis pour les pucerons et
pour les coccus, fixés à diverses plantes, et qui leur procurent
une liqueur sucrée, leurs délices ; les soins qu'elles leur donnent en les portant sur les plantes propices, et en les enfermant
dans leur fourmilière comme des vaches à l'étable ; les nombreuses espèces de petits coléoptères qui vivent au milieu
d'elles en hôtes affectionnés. Rien de plus bizarre que les combats de fourmis incapables d'élever leurs larves, allant chercher les ouvrières d'autres espèces, les emmenant captives et
en faisant de véritables nourrices sur lieu. Les fourmis sont
très batailleuses et pillent parfois les habitations d'autres espèces, les expulsent, les détruisent même. Ainsi, dans les serres
chaudes du Muséum, il n'existe plus, depuis une dizaine d'années, qu'une seule espèce de fourmis, le *Formica graciles-
cens*, très agile, poilue, à longues pattes grêles. Elle s'est d'a-
bord montrée dans la serre des orchidées et vient probablement
de la Guyane ; elle a détruit toutes les espèces françaises. Les
serres chaudes de Vienne et de Schœnbrunn sont envahies par
une espèce indienne ; celle d'Helsingfors, par le *Formica vivi-*

dula, étranger à l'Europe, d'origine inconnue. Dans les maisons de Paris, on trouve une très petite espèce importée, le *Monomorium Pharaonis*, qui s'attaque à tout. Cette petite fourmi est jaune et vit dans les maisons à Paris, à Londres, à Bruxelles, à Gand, à Hambourg, à Copenhague, etc. On la retrouve en Égypte, à la Nouvelle-Hollande, dans les deux Amériques. Elle est très avide de viande crue, de sucre, de chocolat. Elle avait ravagé à Paris les magasins de là Compagnie coloniale. Le meilleur moyen de les chasser est d'insuffler de la poudre de pyrèthre du Caucase ou poudre insecticide de Vicat, dans les fissures qui communiquent à ces fourmilières, au moment où sortent les fourmis ailées, ce qui a lieu au début de l'été dans les pays du nord de l'Europe.

Beaucoup d'hyménoptères, avons-nous vu, alimentent leurs larves de proie vivante engourdie, disposée d'avance auprès d'elles. D'autres, dont les larves sont pareillement carnassières, déposent leurs œufs sous la peau de divers insectes, principalement à l'état de larves ou de chenilles. Ces hyménoptères, qui constituent plusieurs grandes familles, sont de véritables protecteurs de l'agriculture. Une continuelle alternance s'opère entre les insectes nuisibles aux végétaux et les parasites intérieurs qui les dévorent. Ces derniers finissent ainsi par anéantir presque entièrement la race des insectes herbivores, mais alors les carnassiers meurent presque tous de faim, et les insectes nuisibles, au bout de peu de générations, reparaissent en abondance, donnant ainsi une pâture excessive aux carnassiers, qui ne tardent pas à prédominer à leur tour. C'est ce qui explique comment les ravages de nos arbres forestiers, de nos vignes, de nos céréales ne se produisent que par intermittences. Tous ces hyménoptères sont dépourvus de l'aiguillon. Il s'est transformé en une tarière entourée de deux valves, ou tube destiné à percer la peau des victimes et à pondre l'œuf. Ces tarières peuvent parfois percer nos doigts si nous saisissons ces insectes : la douleur est vive, mais passagère, car il n'y a pas de venin versé dans la piqûre. Les plus grandes espèces appartiennent au groupe des *ichneumoniens*, dont le nom vient de celui de l'ichneumon, ce carnassier vermiforme, vénéré autrefois par les Égyptiens, et que les anciens croyaient, à tort, pouvoir faire parvenir ses petits dans l'intérieur du corps du crocodile, où ils dévorent ses entrailles. La plupart des ichneumoniens introduisent leurs œufs sous la peau des chenilles, et celles-ci paraissent marquées de points noirs. Les petites larves sont privées de pattes, avec des yeux rudimentaires et des mandibules crochues. Elles ont l'instinct de vivre d'abord aux dépens des tissus graisseux, en respectant les organes essentiels de la digestion, de la circulation et de la respiration, qu'elles n'attaquent qu'en dernier. Tantôt elles sortent de la chenille ou de sa chrysalide pour se transformer au dehors ; tantôt elles demeurent sous sa peau desséchée. Elles se filent des petits cocons ovoïdes, en soie blanche, jaune ou brunâtre, parfois ceinturés de bandes brunes. On voit finalement sortir un ou plusieurs hyménoptères au lieu du papillon, et c'est ce qui avait donné l'idée à d'anciens observateurs des insectes de véritables transmutations.

Les adultes paraissent se nourrir de nectar des fleurs et de pollen, surtout des ombellifères. On les voit voler au soleil le long des talus, des troncs d'arbres, des murs. Toujours en quête de la proie, ils courent en agitant continuellement leurs longues antennes, souvent noires et blanches. La même espèce peut s'attaquer à divers insectes ; elle cherche avant tout de la chair fraîche. Ces adultes répandent parfois des odeurs variées, tantôt fortes et acides, tantôt agréables, de rose et de tubéreuse. Les *ichneumons proprement dits* ont une tarière courte ; ils pondent leurs œufs sous la peau des larves en repliant l'abdomen en avant sous la poitrine et s'appuyant sur leurs pattes. Les *pimples*, au contraire, ont, chez les femelles, une très longue tarière qui, avec ses deux appendices latéraux, simule trois soies (fig. 194) ; aussi les anciens observateurs les appelaient *Muscæ tripiles*. Ces longues tarières permettent aux femelles de piquer les larves au milieu du bois ou dans les nids maternels. L'insecte s'arc-boute avec ses pattes, et replie son ventre en dessous. La tarière s'enfonce à angle droit, s'il faut atteindre des larves de capricornes (coléoptères), ou les chenilles de sézies (lépidoptères), au milieu des tiges. Elle se place parallèle au corps, si elle doit se glisser entre l'écorce et le bois. Les *ophions* sont remarquables par leur abdomen aminci en faucille (fig. 195).

Ils pondent leurs œufs en dehors des chenilles, attachés à leur peau par un pédicule contourné. Les larves qui sortent de l'œuf se mettent aussitôt à ronger leur victime, et leur tête est engagée sous la peau, alors que leur ventre est encore dans l'œuf. Il ne sort par chenille qu'un ou deux sujets de ces grandes espèces. Si la chenille est attaquée par une femelle de *braconiens*, qui sont de très petite taille, c'est une nuée de larves qui percent la peau de la victime, et se filent à côté une série de petites coques de soies agglomérées (fig. 196); tels sont les amas de petits cocons jaunes du *Microgaster glomeratus*, qui attaque les chenilles du papillon blanc du chou. Dans les luzernes on trouve souvent les chenilles dévorées

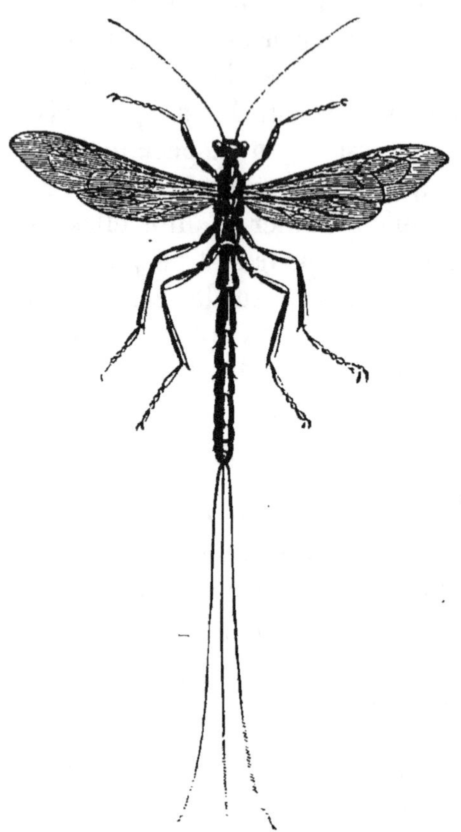

Fig. 194. — Pimple manifestateur, femelle.

par une espèce voisine, le *Microgaster perspicuus*. Ses petits cocons, filés par les larves sorties de la chenille, sont enchevêtrés les uns dans les autres et non isolés, comme ceux de l'espèce précédente. Aussi on croirait voir un cocon unique de quelque ver à soie. Comme l'a reconnu le docteur Giraud, ces cocons peuvent être blancs ou jaunes, sans doute selon l'espèce de chenilles dont se sont nourries les larves. Quand on fait éclore les cocons des microgasters, on voit sortir, outre les microgasters bruns, de brillants petits insectes à quatre ailes d'un vert doré : ce sont des *chalcidiens*, parasites de parasites, qui mangeaient les larves des premiers, toujours dans a chenille, théâtre et victime des combats. Le docteur Giraud a

Fig. 195. — Ophion obscur de profil.

Fig. 196. — Chenilles attaquées par des microgasters,

même constaté l'existence de parasites du troisième degré! Ces
harmonies admirables maintiennent le balancement des espèces.

Une innombrable multitude d'imperceptibles ennemis s'acharnent après les plus minimes insectes ; il en est qui pondent leur œuf dans l'œuf d'un papillon, suffisant à nourrir leur larve.

Les anciens auteurs d'il y a deux siècles, qui voyaient sortir des nuées de mouches à quatre ailes du corps des chrysalides au lieu du papillon attendu, croyaient à des métamorphoses, dans le sens antique du mot.

Fig. 197.
Cynips des baies de chêne, grossi.

De petits hyménoptères, noirs ou fauves, ont, chez les femelles, une tarière cachée dans l'abdomen, tantôt droite, tantôt très grêle, et roulé en spirale (fig. 197). Celles à tarière droite, ou des vrais *cynips*, piquent les végétaux, et autour de l'œuf naît une excroissance ou *galle*, par un afflux de sève. Les autres, à tarière effilée, introduisent leurs œufs dans les galles une fois formées et dont leurs larves doivent vivre en parasites. Au centre des galles s'amasse de la fécule, nourriture des larves ; peu à peu cette fécule se transforme en matière grasse, nécessaire à la nymphe. L'adulte sort en perçant la galle d'un petit trou circulaire. Ces galles ont des formes parfaitement spécifiques. Elles sont chevelues sur les églantiers (bédéguars) ; elles forment un gonflement aux tiges de ronce, de chardon. Le chêne semble l'arbre de prédilection des galles. Tantôt et selon les espèces de cynips, pareilles à des pommes de moyenne grosseur, elles terminent les rameaux, ou, comme de petites boules vertes et rouges, se groupent sur les feuilles (fig. 198). Des galles modifient les bourgeons et les développent en forme d'artichauts ; d'autres, dites

Fig. 198. — Galles des feuilles de chêne.

en groseilles, se balancent portées sur les chatons ou fleurs du printemps des saules, des peupliers, etc. Les plus curieuses, celles que de grosses truffes dures, s'attachent au chevelu des racines en hiver, à plusieurs décimètres sous terre. Il en sort provenant de larves blanches enroulées, des *cynips aptères* (*apophyllus*), semblables à des fourmis à gros ventre, marchant lentement au pied des chênes sur la terre humide ou sur la neige (fig. 199), en faisant vibrer leurs longues antennes. On ne connaît encore que des femelles de cette espèce, et cela arrive pour beaucoup de cynips, notamment ceux qui, en Sy-

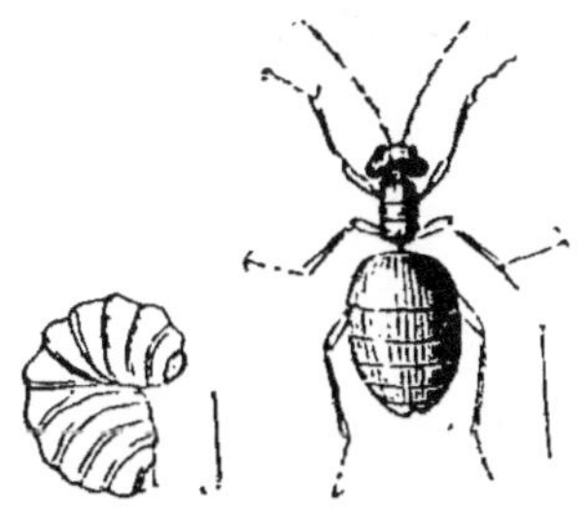

Fig. 199. — Cynips aptère femelle
et sa larve.

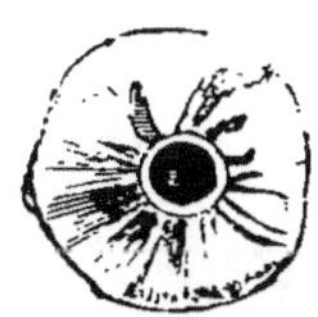

Fig. 200.
Noix de galle coupée.

rie, au nombre d'une ou plusieurs espèces, font naître sur les chênes les *noix de galle*, riches en tanin, servant à faire l'encre et les teintures noires (fig. 200). Les voyageurs qui font le pèlerinage de la Terre Sainte rapportent, des bords de la mer Morte, les *pommes de Sodome*, grosses galles pleines de larves et d'une poussière sèche. Quand on recueille les galles, il arrive souvent qu'au lieu de sombres cynips qu'on s'attend à en voir sortir, apparaissent de charmants petits in-sectes, verts ou bleus, à reflet métallique. Ce sont des *chal-cidiens*, famille d'hyménoptères que nous avons déjà citée, dont la mère était venue déposer son œuf au milieu de la galle, dans les larves qui y vivent.

Les larves des chalcidiens dévorent celles des cynips ou lé-gitimes propriétaires de la galle et celles de leurs commen-saux, ou *Synergus*. De perpétuelles luttes, qui laissent tou-jours survivre les œuvres du Créateur, agitent ces microsco-piques atomes.

Les derniers hyménoptères ont des larves d'un aspect tout

nouveau. Elles doivent résider sur les végétaux qu'elles ravagent. Elles ont des pattes multiples pour se déplacer. Les adultes ont été appelés *porte-scies*, à cause de la tarière des femelles, dentelée en scie pour inciser les végétaux où elles déposent leurs œufs. En outre, l'abdomen ne fait plus la *taille de guêpe ;* au lieu d'une insertion étroite, il s'implante largement sur le thorax. Les *tenthrédiniens* à l'état de larves vivent sur les feuilles. Ces larves, dites *fausses chenilles*, simulent au premier aspect des chenilles de papillon ; mais leur grosse tête globuleuse, non échancrée, leurs pattes abdominales, en nombre généralement supérieur à dix, les en distinguent (fig. 201).

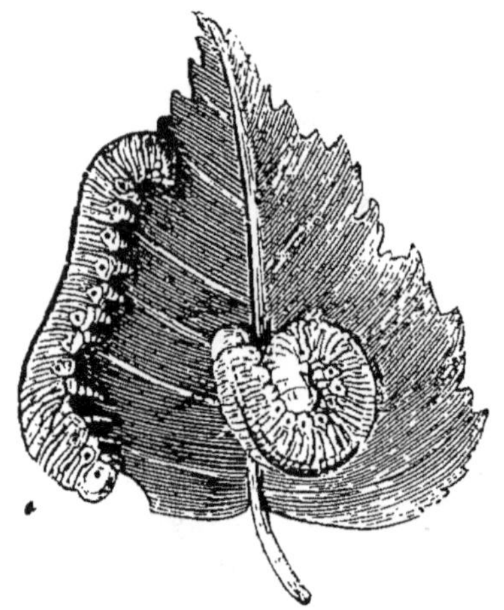

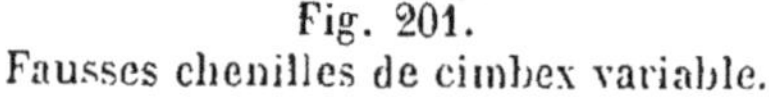

Fig. 201.
Fausses chenilles de cimbex variable.

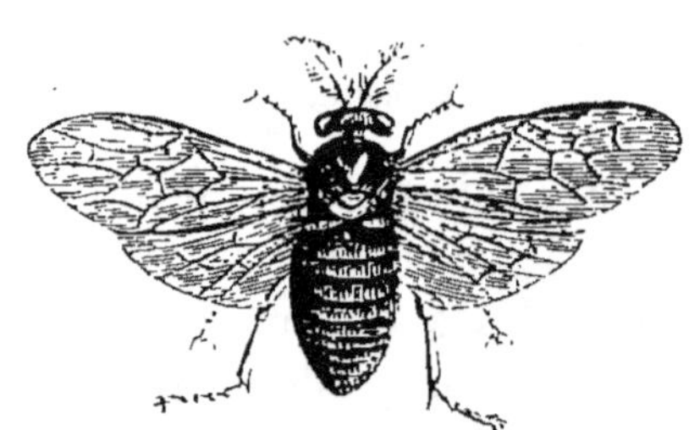

Fig. 202.
Lophyre du pin, mâle, grossi.

'La plupart, si on les touche, retroussent et agitent, d'un air menaçant, la partie postérieure de leurs corps. Elles laissent souvent suinter un liquide d'odeur désagréable. Elles se transforment en nymphes dans des cocons de soie qu'elles se filent. Elles y demeurent longtemps enfermées avant de changer de peau, et souvent passent ainsi tout l'hiver. Elles deviennent nymphes et nullement chrysalides, comme on pourrait le croire d'après leur ressemblance avec les chenilles. Ces nymphes, comme celles de tous les hyménoptères, n'ont qu'une mince peau, sur l'insecte parfait, et éclosent promptement. Nous citerons comme exemple le *lophyre du pin.* Sa larve

lévore les feuilles des forêts d'arbres verts; le mâle a de
belles antennes pectinées (fig. 202).

Les tenthrédiniens ont de petites espèces très nuisibles à
divers végétaux utiles : ce sont les *cèphes*. Plusieurs cèphes
ont des larves attaquant les céréales; le *cèphe comprimé*
se porte sur les pommiers, les poiriers, etc.

Les *Sirex* percent les bois des arbres verts, et leurs
larves vivent à l'intérieur pendant plusieurs années. Assez ra-

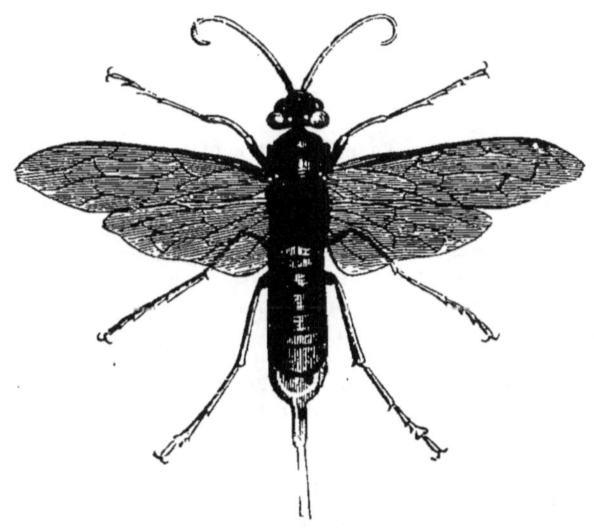

Fig. 203. — Sirex géant, femelle.

res en France, ils sont fréquents dans les forêts de sapins du
nord de l'Europe ; ils bourdonnent comme des frelons, auxquels ils ressemblent par leurs couleurs jaune et noire. Une
longue tarière droite sort du corps de la femelle. Les larves
de ces insectes ont une incroyable force dans l'action de leurs
mandibules. Après la guerre de Crimée, le maréchal Vaillant
présenta à l'Académie des sciences, en 1857, des paquets de
cartouches dont les balles coniques de plomb étaient percées
par les larves du *Sirex juvencus*. Le même fait s'est reproduit
plus tard pour des balles de plomb de l'arsenal de Grenoble,
perforées par le *Sirex gigas* (fig. 203). Il doit arriver souvent
que ces perforations sont dues à l'adulte pour sa sortie.

CHAPITRE VI

LÉPIDOPTÈRES

Les satyres des plaines, des montagnes et des neiges. — Les nymphales. — Les vanesses, pluies de sang. — Les argynnes des bois. — Les argus. — Le machaon et le flambé. — Les piérides, les coliades, les aurores. — Les parnassiens des montagnes. — Les hespéries. — Les sésies. — Les zygènes, les étranges hétérogynis. — Les sphinx. — La tête de mort. — Les papillons qui chantent. — Les bombycides. — Le ver à soie, ses âges, son cocon, son papillon. — Les auxiliaires du ver à soie. — Les processionnaires. — Les orgyes à femelles aptères. — Les cossus gâtebois. — Les psychés et leurs fourreaux. — Les noctuelles. — Les chenilles arpenteuses. — Les phalènes, les papillons de l'hiver. — Les tordeuses, pyrales et teignes, leurs dégâts. — Les brillantes adèles. — Les ptérophores aux ailes divisées.

Les lépidoptères adultes se nourrissent tous de sucs liquides, presque exclusivement puisés dans les fleurs, au moyen d'une trompe flexible, roulée au repos en spirale sous la tête; leurs chenilles, au contraire, pourvues de pièces de la bouche organisées pour broyer, vivent de feuilles, quelquefois de fleurs, de fruits, de bois, très rarement de substances animales. Cette identité de régime est liée à une conformité de métamorphoses bien plus grande que dans les autres ordres, et ce que nous dirons pour le ver à soie s'applique, presque sans exception, à toutes les espèces.

Une exception anatomique très curieuse nous est présentée pour la trompe par les *Ophidères*, papillons du Cap et d'Australie. Leur trompe droite et rigide, avec des dentelures, s'enfonce dans les oranges et les bananes, et les perforations de ces papillons sont très nuisibles aux fruits dans les vergers.

On a longtemps divisé les Lépidoptères en diurnes, crépusculaires et nocturnes, mots qui s'expliquent d'eux-mêmes.

Nous devons faire remarquer que ces distinctions sont peu exactes. Si les diurnes des anciens auteurs ne volent pas la nuit, certaines espèces des deux autres groupes butinent pendant le jour, à l'ardeur du soleil. En outre, les prétendus nocturnes ne sortent pas du repos au milieu de la nuit, dont la fraîcheur les engourdit; ils paraissent pendant le jour dans les régions voisines des pôles, et sont ailleurs toujours plus ou moins amis du crépuscule. La lumière de la lune paraît les blesser encore plus que celle du soleil; ils recherchent les soirées sombres. C'est encore une erreur de les croire toujours vêtus d'une livrée obscure; c'est parmi eux que beaucoup d'espèces présentent les couleurs à la fois les plus vives et d'un ton plus pur que chez les papillons qui volent au soleil, surtout si l'on examine leurs ailes inférieures cachées, au repos, sous les autres.

Une première section de lépidoptères, paraissant exclusivement dans la journée, ont les antennes terminées par un bouton, et les ailes inférieures entièrement libres des supérieures. Les chenilles et les chrysalides vont nous permettre de mettre un peu d'ordre dans la revue que nous allons passer de ces beaux insectes, dont l'éclat et la grâce ont frappé de tous temps les personnes les plus inattentives, et arrachent une exclamation d'étonnement et de plaisir aux plus vulgaires observateurs.

Les chenilles de tous ces lépidoptères n'ont que très peu de soie. Celles d'un premier groupe, arrivées au terme de leur accroissement, se fixent à quelque support, se recourbent en arc, et filent avec la bouche un petit faisceau de fils de soie qui attache leur extrémité postérieure. Elles changent ensuite de peau, et les chrysalides sont suspendues la tête en bas. Ces chrysalides nues sont, en général, plus ou moins anguleuses aux régions de la tête et du thorax, dont les organes se dessinent en saillie. Si l'on examine en dessous l'insecte parfait, il semble n'avoir que quatre pattes. En regardant mieux, on reconnaît que les pattes de devant, très courtes et couvertes de larges poils, forment comme une collerette autour du cou du papillon. On les appelle souvent *pattes palatines*; elles ne peuvent servir à la marche de l'insecte.

Tous les pays de la terre nous présentent les *satyres*, au vol assez rapide dans les grandes espèces, mais toujours saccadé et sautillant. En effet, leurs chenilles vivent sur les graminées qui sont répandues partout. Les chenilles vertes ou jaunâtres s'amincissent à la partie postérieure, simulant un peu une queue de poisson, et sont rayées dans le sens longitudinal. Elles sont très difficiles à trouver, bien qu'abondantes, car elles se cachent avec soin pendant le jour; mais la nuit, en parcourant les prairies avec une lanterne, on les voit mangeant les feuilles des gazons. Les chrysalides sont cylindriques, peu anguleuses, grisâtres; celles des plus grandes espèces reposent à nu sur le sol: toutes les autres sont suspendues par la queue. Les papillons ont des ailes où dominent le jaune, le

Fig. 204. — Satyre myrtil femelle.

fauve, le brun, avec des bordures de taches oculiformes arrondies, à prunelle foncée, à pupille claire. Les espèces de forte taille vivent dans les bruyères et les herbes des lieux secs; d'autres ne se trouvent que dans les allées sombres et humides des bois; certaines affectionnent les sentiers, le bord des fossés, les murs des villages au pied desquels croît l'herbe; les prairies de nos plaines sont le domaine d'autres espèces. Celle que nous figurons, le *myrtil* ou *Satyrus janira*, s'y rencontre à chaque pas à l'époque de la fenaison (fig. 204). Un groupe particulier d'espèces se nomme *satyres demi-deuil*, parce que les ailes offrent des dessins et des ocelles noirs sur fond blanc: ainsi l'*Arge Ines*, d'Espagne, que nous figurons (fig. 205). On trouve ces papillons dans les clairières herbues des bois et ans les prairies qui les avoisinent. Les montagnes nous présentent une autre série de ces insectes, nommés *satyres nègres*

Fig. 205. — Arge Ines.

genre *erebia*), à cause de la couleur brune ou noirâtre de eurs ailes, accidentées seulement par des ocelles noirs sur les taches rougeâtres (fig. 206). On les voit, à mesure qu'on

'élève dans les Alpes ou les 'yrénées, se tenir confinés our chaque espèce dans une :one de quelques centaines le mètres d'altitude, chançeant avec la nature des graninées. Enfin, près des neiçes perpétuelles, apparaisent les *chionobas* (qui se 'romènent à travers les nei-

Fig. 206.
Érébie euryale, femelle.

çes), à ailes d'un fauve terne, nébuleux, peut-être par l'inluence d'un froid intense. Autour des hauts glaciers qui enourent le mont Blanc vole le *Chionobas aello* (fig 207); les lutres espèces de ce genre appartiennent aux régions polaires irctiques des deux mondes.

Les *nymphales* habitent les bois. Leurs chenilles sont nues, le couleur verte, leurs chrysalides très anguleuses, avec le los fortement caréne. Dans les allées des bois vole le *petit sylvain* (*Limenitis sibylla*), ou le *deuil*, à ailes d'un noir terne, avec une bande de taches blanches (fig. 208). Il tournoie et se pose fréquemment sur les branches des taillis. On rencontre aussi, mais moins souvent, près de Paris, le *sylvain azuré* (**L. Camilla**), dont le noir sur les ailes a un reflet bleu. Le chèvrefeuille nourrit les chenilles de ces deux papillons. Les grandes espèces de nymphales ont leurs chenilles au sommet

Fig. 207. — Chionobas aello.

des arbres les plus élevés, se cramponnant à des fils de soie dont elles enduisent continuellement les feuilles, pour ne pas tomber par le vent. Sur les peupliers et les trembles vit le **grand sylvain**, qui descend, au mois de juin, d'un vol rapide et en planant, au milieu des routes traversant les vastes forêts

[Fig. 208. — Le petit sylvain.

du nord de l'Europe. Il est attiré par les matières stercoraires des chevaux et des bestiaux et se pose dessus avec avidité. Il revient toujours à la même place. Ce rare et beau papillon se trouve près de Paris, surtout dans les bois d'Armainvilliers, de Villers-Cotterets, de Compiègne. La chenille vit sur des feuilles toujours agitées par le vent. Elle tapisse de soie le pétiole et la partie de la feuille sur laquelle elle marche à côté de celle qu'elle mange, de sorte qu'elle est toujours retenue comme par un câble. Elle passe l'hiver entourée d'une feuille enroulée contre une branche, et la chrysalide se suspend au pétiole d'une feuille, reposant sur le limbe; la chenille a eu soin d'enrouler tout le pétiole d'un fil spiralé qui se rattache au rameau, afin que la feuille d'abri de la chrysalide ne puisse être emportée par le vent. Au mois de juillet, on rencontre, avec les

Fig. 209. — Petit Mars.

mêmes habitudes, les *grand* et *petit Mars*, dont les ailes ont un beau reflet d'un bleu violacé quand on les examine dans un sens convenable. Les Anglais nomment le grand Mars *the purple emperor*. Leurs écailles sont à deux couleurs, comme ces images plissées qui représentent deux figures distinctes, selon qu'on les regarde à droite ou à gauche. Les femelles sont beaucoup plus rares que les mâles, parce qu'elles descendent très peu du haut des peupliers où vivent les chenilles. Elles n'ont pas de reflet bleu. Il y a dans le petit Mars (fig. 209), outre le type à fond brunâtre, une variété aussi fréquente à fond d'un fauve jaunâtre. Autrefois on prenait le petit Mars sur les peupliers de la Glacière et des prairies de Gentilly.

Dans le midi de la France, près d'Hyères, de Cannes, vit sur

Fig. 210. — Chenilles du *Charaxes jasius*.

l'arbousier une chenille verte, aplatie en limace, avec quatre cornes jaunes bordées de rouge. C'est celle que nous représentons se retournant pour filer la soie du faisceau d'attache de la chrysalide (fig. 210). Le papillon, à odeur de musc, offre les ailes inférieures terminées par deux pointes. Ce *Charaxes jasius* se trouve sur tout le littoral de la Méditerranée, et les paysans turcs l'appellent le *pacha à deux queues* (fig. 211).

Dans une division voisine se placent ces magnifiques et gigantesques papillons, aux ailes d'un bleu miroitant, et dont la

Fig. 211. — *Charaxes jasius*.

mode fait usage depuis quelques années pour la coiffure des dames : on colle au-dessous de ces ailes admirables mais fragiles des bandes de crêpe apprêté, et l'on assujettit le corps à une longue épingle. Ces *morphos* vivent dans les bois de la Guyane, de la Colombie, du Brésil. Les femelles, moins con-

nues parce qu'elles ne quittent presque jamais le haut des
arbres, comme celles de nos nymphales, sont quelquefois de
couleur fauve, et ne ressemblant alors presque pas à leurs splendides époux.

Viennent ensuite les *vanesses*, aux couleurs vives si connues
de tous. Qui n'a suivi dans les jardins, sur le bord des routes,
la *grande* et la *petite-tortue*, le *paon de jour*, la *belle-dame*,
si agréablement bigarrée, le *vulcain* aux bandes de feu ? Leurs
chenilles épineuses vivent, selon les espèces, sur les orties,

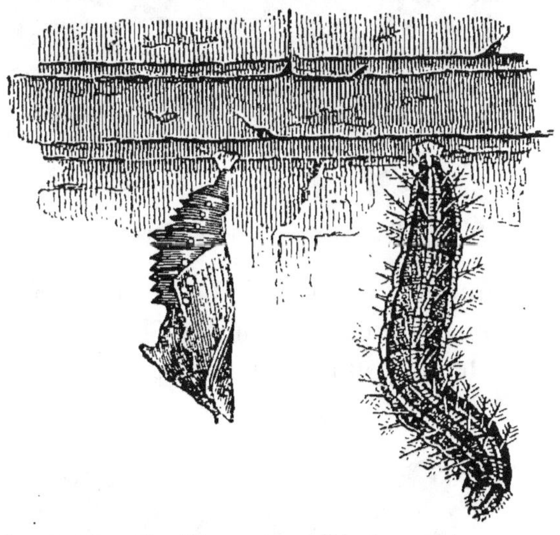

Fig. 212. — Chenille et chrysalide de grande-tortue.

les chardons, les ormes, les saules, les peupliers, les bouleaux
(fig. 212). Elles sont en général sociales dans leurs premiers
âges, et se dispersent au moment de se changer en chrysalide.
La belle-dame est un papillon cosmopolite habitant l'ancien et
le nouveau monde. La chenille du vulcain cherche à se cacher
sous des feuilles d'ortie, qu'elle assemble avec des fils de soie,
mais ne parvient guère à se dérober aux ichneumons qui la
guettent. Les chrysalides des vanesses présentent ces belles
taches d'or et d'argent dont nous avons expliqué la cause. Le
Morio, une des grandes raretés entomologiques de l'Angleterre,
est peu commun dans les bois qui avoisinent Paris. Il est fré-
quent aux environs de Bordeaux et surtout à la Grande-Char-
treuse. Les amateurs parisiens vont chercher à Fontainebleau

cette belle vanesse, au fond des ailes d'un riche pourpre sombre (*the Camberwell Beauty* des Anglais), avec une large bordure jaune relevée de taches violettes (fig. 215). Cette belle

Fig. 213. — Vanesse Morio.

espèce est commune, surtout à l'état de chenille, à Cernay-la-Ville, entre Chevreuse et Rambouillet, en juin. Elle vit sur le bouleau, le saule, le peuplier et l'orme. J'ai vu une fois cette

Fig. 214. — Vanesse Gamma.

espèce volant, dans Paris même, sur le quai longeant Passy. Bien plus fréquente se rencontre la vanesse *Gamma* ou *Robert-le-Diable*, à ailes très découpées, présentant une sorte de lettre C, en blanc d'argent mat, sur le fond gris noirâtre du dessous de ses ailes de devant (fig. 214). La chenille, qui vit sur l'ortie, le chèvrefeuille, le groseillier, le noisetier, l'orme, est d'un brun rougeâtre avec une bande blanche sur le dos ; aussi Réaumur l'appelle la *bedeaude*, par comparaison avec les bedeaux des églises de son temps, habillés de robes de deux couleurs tranchées.

On ne se douterait guère que ces brillantes vanesses ont quelquefois inspiré une terreur superstitieuse. Les papillons à l'état parfait, peu après leur sortie de la chrysalide, répandent un liquide coloré, contenu dans leur intestin, sorte de méconium, résidu des humeurs de la chrysalide, et dont ils doivent se débarrasser avant de prendre leur essor. Chez les vanesses, cette déjection est d'un beau rouge sanguin ou carminé, et quand nombre de papillons éclosent en même temps, les murs sur lesquels cette liqueur tombe semblent parsemés de gouttes de sang. De là l'origine probable de certaines prétendues pluies de sang qui épouvantèrent, au dire des historiens, les populations crédules. Ainsi, vers le commencement du mois de juillet de l'année 1608, les murs d'un cimetière voisin de la ville d'Aix, et ceux des villages et des petites villas des environs, parurent tachés de larges gouttes de sang. Le peuple, et même, dit Réaumur, certains théologiens, n'hésitèrent pas à y voir l'œuvre des sorciers ou du diable lui-même. Heureusement qu'un homme instruit, de Peiresc, alors dans la ville, observa qu'une multitude de papillons volaient dans ces endroits maudits. Il fit éclore des chrysalides dans une boîte, et montra aux curieux inquiets la diabolique pluie de sang sur le fond et les parois. Il leur fit aussi remarquer que les gouttes miraculeuses n'existaient pas au centre de la ville, ni sur les toits, qu'elles se trouvaient pour la plupart dans des creux, sous les chaperons des murs, et non à la surface des pierres tournées vers le ciel, enfin qu'il n'en existait pas à de plus grandes hauteurs que celles où volent ordinairement les papillons. De Peiresc n'hésita pas à attribuer à la même cause certaines des pluies de sang dont parle l'histoire, par leur analogie d'époque et de circonstances : ainsi une pluie de sang, rapportée par Grégoire de Tours, tombée, sous le règne de Childebert, dans différents endroits de Paris et près de Senlis ; une autre, à la fin de juin, sous le roi Robert. Réaumur ajoute que c'est l'espèce ravageant les ormes dans certains

cantons (*Vanessa polychloros*, la grande tortue), qui lui paraît
la plus capable de répandre ces alarmes. Elle se montre quelquefois en très grande quantité, surtout en Italie, quitte les
arbres au moment de se mettre en chrysalide et se disperse
alors contre les murs, aux cintres des portes et même dans les
maisons. Au reste, il y a des pluies dites de sang qui ont
d'autres origines [1].

Les bois sont habités par les *argynnes*, dont les chenilles
épineuses ressemblent aux précédentes, ainsi que les chrysa-

Fig. 215. — Argynne grand-nacré.

lides très anguleuses, à tête bifide, mais sans taches métalliques. Les papillons ont le fond des ailes d'un jaune fauve avec
une multitude de dessins noirs; en dessous elles offrent presque
toujours des taches imitant complètement l'argent poli, ce qui
fait donner à ces papillons le nom de *nacrés*. Ils se posent
volontiers sur les fleurs de chardon et de ronce. Tels sont le
grand-nacré (*Argynnis adippe*, fig. 215), ayant en dessous
des ailes de larges taches argentées et luisantes et des ocelles
ferrugineux; ils subsistent dans la variété dite *cleodoxa*, où
manquent les taches nacrées. L'espèce *aglaia* offre en dessous
des taches nacrées, sans ocelles roux. Citons encore le *tabac
d'Espagne* (*A. Paphia*), dont une belle variété femelle a le
fond des ailes tout obscurci, sans changement du dessin noir,

1. *Bibliothèque des Merveilles*, les Météores, p. 254.

de même que la panthère noire de Java conserve les taches noires des panthères fauves. On trouve cette variété femelle accidentellement dans les bois des environs de Paris; à Compiègne, etc. Elle devient une race constante en Suisse, dans le Valais. Aussi la nomme-t-on *Valesina*. Les chenilles de ces grandes argynnes vivent sur les violettes de plusieurs espèces (fig. 216). Les *mélitées* ou *damiers*, dont le nom vient de leurs dessins noirs en carrés, ressemblent en dessus aux argynnes, mais n'ont pas au-dessous les taches nacrées. Les chenilles d'argynnes et de mélitées ont sous la gorge, dans la ligne médiane, une petite poche arrondie, un peu en avant de la première paire de pattes écailleuses. Son usage est tout à fait inconnu; elle existe rudimentaire chez les chenilles des vanesses. Cette vésicule rétractile du dessous de la gorge de certaines chenilles de diurnes a été vue par Bonnet en 1737. Il a reconnu qu'elle renferme un liquide acide, et a communiqué sa découverte à Réaumur, puis à de Géer.

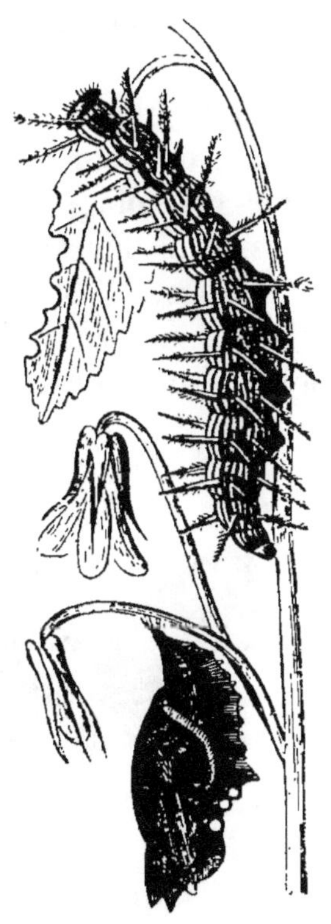

Fig. 216.
Chenille et chrysalide
de l'*Argynnis paphia*.

Lacordaire signale le fait, oublié depuis longtemps. M. Goossens, qui a repris ces recherches anciennes, croit que la liqueur acidulée de cette vésicule se répand sur la feuille, et la rend plus apte à la trituration par la chenille.

Dans un autre grand type des papillons à antennes en massue qui nous occupent, les six pattes sont allongées, propres à la marche; les chenilles se suspendent par la queue en se changeant en chrysalide, mais en outre s'entourent d'une ceinture formée de plusieurs fils de soie accolés. C'est en retournant la tête nombre de fois à droite et à gauche qu'elles fixent ce second lien de la chrysalide, puis elles passent la tête et glissent le corps dans ce demi-anneau; le même mouvement que les précédentes leur a servi auparavant à constituer le faisceau soyeux qui attache l'extrémité postérieure.

Les prairies, les champs, les bois nous présentent une légion de·petits papillons aux vives couleurs, offrant au-dessous de leurs ailes de nombreuses rangées de taches en figure d'yeux, qui leur ont valu le nom général d'*argus* par un souvenir mythologique. Les chenilles de ces lépidoptères sont lentes dans leurs mouvements, à pattes très courtes. Élargies et aplaties, elles ressemblent à de petits cloportes. Les chrysalides sont ternes, raccourcies. Dans les papillons de ce groupe nous devons signaler les *petits porte-queues*, ainsi nommés à

Fig. 217, 218 et 219.
Polyommate *xanthe*, adulte femelle, chrysalide, chenille.

cause des pointes de leurs ailes inférieures. Ils sont brunâtres en dessus et habitent les bois, où leurs chenilles se trouvent sur le bouleau, le chêne, le prunellier, la ronce. L'espèce de la ronce a le dessous des ailes d'un vert vif. Les prairies nous offrent les *bronzés*, à ailes d'un rouge vif, en dessus, avec des dessins noirs (fig. 217, 218, 219). Les prés, les jardins, les luzernes, les trèfles sont fréquentés par les *azurins*, à ailes bleues en dessus chez les mâles, brunes chez les femelles. Les chenilles de ces azurins se nourrissent de légumineuses.

Par un contraste de taille des plus remarquables, les *grands porte-queues* sont représentés par des papillons de jour de forte dimension. Leurs ailes, à fond jaune, sont traversées par des bandes noires dans le *flambé* (*Papilio Podalirius*), et couvertes de taches et de dessins noirs dans le *machaon* (fig. 220, 221). Cette dernière espèce, très commune, a sa

Fig. 220 et 221. — Le machaon, le flambé.

nenille sur les ombellifères, la carotte, le fenouil, etc. Elle
st verte, avec des bandes noires parsemées de taches orange.
uand on l'inquiète, elle fait sortir, comme toutes les che-
illes de son genre, du premier anneau après la tête, un ten-
icule charnu orangé en forme d'Y. Elle répand souvent, ainsi
ue le papillon, une odeur de fenouil. La chrysalide est tantôt
'un vert clair, tantôt grisâtre (fig. 222). Le *machaon* paraît
hez nous deux fois dans l'année; les sujets de printemps ont
oujours le fond des ailes d'un jaune pâle, ceux d'août et sep-
embre sont parfois d'un fond jaune ardent un peu obscurci.
ela est dû probablement à une insolation prolongée de la
hrysalide ou de l'insecte adulte voltigeant dans les prairies et

Fig. 222. — Chenille et chrysalide du papillon machaon.

es champs brûlés par le soleil, car on remarque que les su-
ets conservés dans les cadres d'ornement exposés à une vive
umière prennent une couleur de fond analogue. Dans les
lasses-Alpes, sur les plateaux des environs de Digne et de
larcelonnette, existe le *Papilio alexanor* (voir p. 21); en
Corse et en Sardaigne, le *Papilio hospiton;* ces deux rares
spèces sont voisines de notre machaon.

L'homme a amené avec lui et a multiplié par ses cultures
le plantes fourragères et potagères plusieurs espèces de la
amille des *piérides.* Ainsi les *papillons blancs* du chou, du
lavet, de la rave, décroissent de taille, à partir de la Syrie et
le l'Égypte, à mesure qu'ils avancent dans les régions du Nord
fig. 223). Leurs chenilles sont légèrement velues, et sans les
nsectes ennemis dont les larves les dévorent, elles détruiraient
a plupart de nos légumes (fig. 224). Les prairies artificielles
iourrissent les *coliades,* dont les ailes ont le fond jaune, à

bord noir. Nous voyons voler sur les fleurs des trèfles et luzernes, le *soufré*, d'un jaune clair, et le *souci* d'un jaune orange. Une belle variété femelle de cette espèce, dite *helice*,

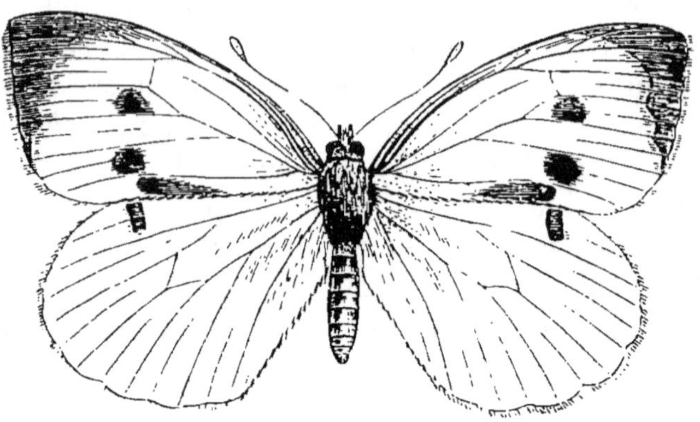

Fig. 223. — Piéride du chou, femelle.

a le fond des ailes d'un ton carné pâle. On la prend près de Paris, mais elle est rare. Les hautes montagnes et les régions polaires ont plusieurs espèces de coliades : ainsi celles nommées *Palæno*, *Phicomone*, etc. (fig. 223). Les *aurores* offrent, chez

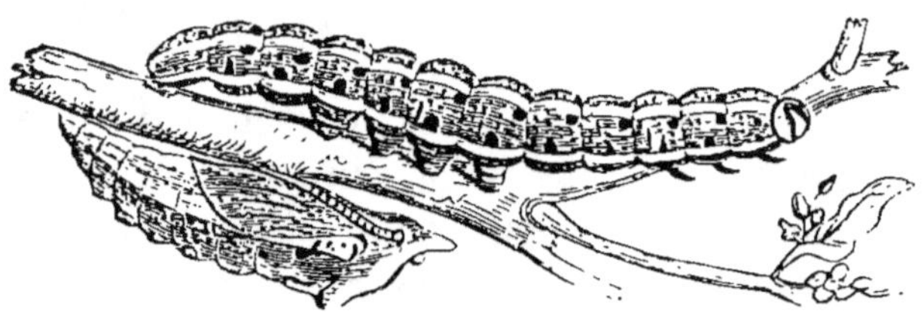

Fig. 224. — Chenille et chrysalide de la piéride du chou.

les mâles, l'extrémité des ailes supérieures d'un beau jaune orange. Le reste des ailes est blanc dans l'espèce des environs de Paris (*Anthocaris cardamines*), et jaune soufre chez l'aurore de Provence (*A. eupheno*) de nos départements les plus méridionaux (fig. 226). On voit voler dans nos bois, dès le milieu de février, les papillons nommés *citrons*, à cause de leur couleur, d'un beau jaune chez les mâles, d'un jaune verdâtre pâle chez les femelles. Dans le midi de la France et en Espagne, une espèce très voisine présente, chez le mâle, une large tache orangée au centre des ailes supérieures.

Une espèce de cette famille, à ailes blanches rayées de lignes
noires, dont la chenille vit sur l'aubépine (*Leuconea cratœgi*,
le *gazé*), et dont la femelle a des ailes en partie dépouillées

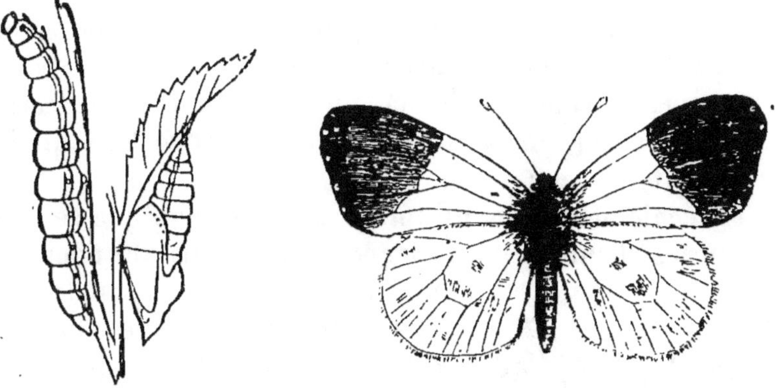

Fig. 225. — Chenille et chrysalide
de coliade palæno.

Fig. 226.
Aurore de Provence.

d'écailles, nous conduit aux parnassiens, habitants des montagnes. Leurs noms rappellent les souvenirs du mont cher aux
poètes, le *mnémosyne* des Alpes, l'*apollon*, plus répandu, se

Fig. 227. — Parnassien Apollon.

rencontrant dans les montagnes moyennes, comme les sommets
des Vosges, les hauts plateaux ou *causses* de la Lozère, etc.
(fig. 227). Dans le nord de l'Europe, en Finlande, en Nor-
vège, ce beau papillon descend dans les plaines. On dit que
sa femelle vient parfois dans les jardins de Besançon. Les che-

nilles des parnassiens vivent sur les saxifrages et s'entourent pour se transformer d'un léger réseau de soie, maintenant enroulées autour d'elles une ou plusieurs feuilles. Nous ne trouverons plus maintenant de chrysalides suspendues. Les chrysalides des parnassiens sont saupoudrées d'une efflorescence bleuâtre, sorte d'enduit cireux, comme les prunes. Les femelles portent sous l'abdomen une singulière poche cornée, d'un usage encore inconnu, et qui doit se rapporter à quelque particularité de leur ponte.

C'est également dans un mince cocon soyeux que se transforment les chenilles des *hespériens*, papillons qui nous amènent naturellement aux anciens crépusculaires et nocturnes. Leur tête est élargie, leur thorax épais, leurs six pattes sont développées et robustes (fig. 228). Les ailes sont médiocres, et par suite le vol est peu soutenu et comme par sauts. En outre, ces ailes, lors du repos de l'insecte, ne se dressent pas l'une contre l'autre perpendiculaires au corps ; elles sont seulement relevées à demi. Le nom de ces papillons vient de ce qu'ils volent de préférence dans l'après-midi. On les rencontre sur le bord des grandes routes, dans les avenues des bois, sur les coteaux secs, etc.

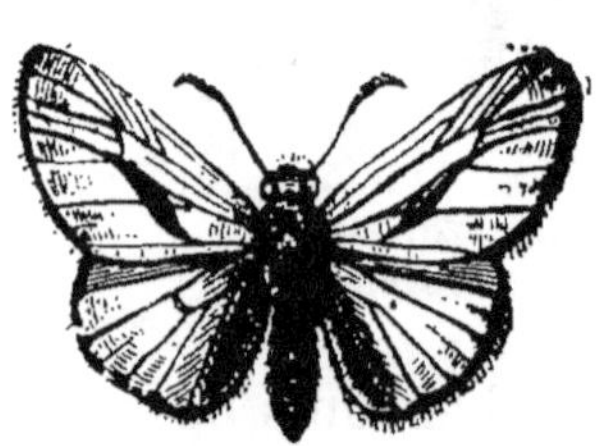

Fig. 228.
Hespérie sylvain, mâle.

Les papillons dont la grande majorité ne se montre qu'au crépuscule et à l'entrée de la nuit, avec d'assez fréquentes exceptions, ont les antennes de forme très diverse. En outre, leurs ailes inférieures sont liées aux supérieures au moyen d'une sorte de crin raide situé à l'insertion des secondes ailes et qui entre dans un anneau placé à la base des ailes de devant. En examinant un des grands sphinx de nos jardins de campagne, on verra très bien cette disposition qui met les ailes en dépendance mutuelle. Au reste, en coupant cet organe, on ne rend pas le vol impossible, mais seulement de moindre durée et moins rapide.

Dans une première série de ces papillons, les antennes sont élargies vers le milieu, puis amincies à l'extrémité, qui souvent se recourbent en crochet. Plusieurs types bien tranchés se montrent à notre observation. On prend d'habitude pour des hyménoptères les *sésies*, à ailes vitrées et parfois au vol rapide comme celui des mouches. On voit voler à l'ardeur du soleil un grand nombre de petites espèces de ce groupe sur les fleurs des prairies, sur les troncs des arbres, sur les groseilliers des jardins, etc. Il faut une grande habitude pour les reconnaître et les saisir au filet. Les chenilles sont blanches ou rosées et se creusent des galeries dans l'intérieur des tiges ou des racines. La chrysalide est entourée d'une coque faite avec de la sciure de bois agglutinée, provenant des érosions de la chenille, tantôt au pied de l'arbre, tantôt à l'entrée de la galerie au dehors de laquelle elle sait se hisser, afin que le papillon sorte à l'air libre.

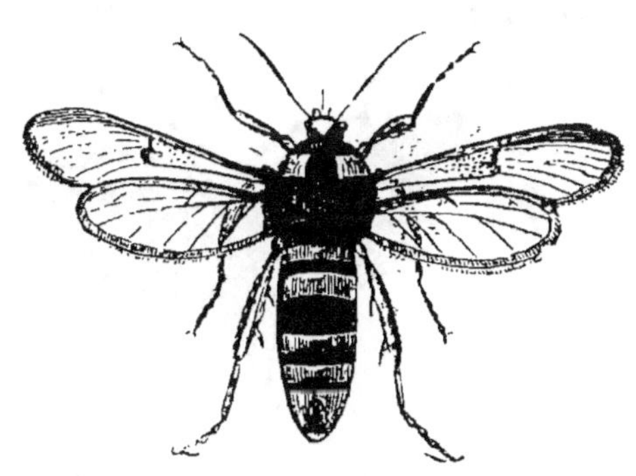

Fig. 229. — Sésie apiforme femelle.

La plus grosse espèce et la plus commune (*Sesia apiformis*) dévaste les jeunes plantations de peupliers (fig. 229). On voit facilement les entrées des galeries de la chenille et les pelotes de parcelles de bois mouillées de salive qui en sont expulsées. On croirait à une guêpe-frelon quand on aperçoit le papillon posé sur les troncs de peuplier; même taille, même livrée; les couleurs sont plus vives et mates. Si l'on prend les sésies au sortir de la chrysalide, leurs ailes sont couvertes d'une fine poussière brune. Ce sont les écailles ordinaires des ailes des papillons, mais si peu attachées qu'elles tombent aux premiers coups d'aile de l'insecte. Le type de lépidoptère est conservé.

Les prairies sont fréquentées, de la fin du printemps au milieu de l'été, par des papillons à ailes brillantes, d'un noir velouté, avec des taches d'un rouge carmin. Ce sont les *zygènes*, au vol pesant et peu prolongé, immobiles pendant la grande chaleur du jour (fig. 230). Les chenilles sont épaisses, comme boursouflées, jaunâtres avec des taches noires. Elles se nour-

rissent de légumineuses et se changent en chrysalides allongées dans un cocon aminci aux deux extrémités, ressemblant
à un bateau, fixé dans sa longueur, à une tige, lisse, comme
vernissé, jaunâtre ou blanchâtre (fig. 231).

Nous trouvons près de Paris, dans les prés,
plusieurs espèces de ces *sphinx béliers* qui
se ressemblent beaucoup. La plus répandue
est le *Zygæna filipendulæ* avec les ailes supérieures d'un noir bleu, marquées de six

Fig. 230. — Zygène du trèfle.   Fig. 231. — Son cocon

points rouges carminés, les ailes inférieures rouges bordées
de noir. Le *Z. trifolii*, moins disséminé, n'a que cinq taches
rouges (fig. 230), et de même le *Z. lonicerœ*, plus rare près
de Paris, se trouvant à Lardy, à Fontainebleau.

Près des zygènes se placent les *Procris*, qui volent comme
elles pendant le jour dans les prairies humides. Leurs ailes
sont d'un beau vert brillant ou d'un bleu de turquoise. Les
auteurs rangent souvent à la suite des procris un genre de papillons à métamorphoses très curieuses, les *Heterogynis*, dont
les mâles et les femelles ont les plus étranges dissemblances.
Les mâles sont des petits papillons gris, à antennes pectinées;
les femelles ressemblent tout à fait aux chenilles, sans trace
d'ailés, ayant six très petites pattes au thorax; elles sont d'un
jaune verdâtre avec des bandes noires. Les chenilles filent un
joli cocon, très soyeux, un peu lâche, ovoïde, d'un jaune pâle,
attaché à une tige de genêt, plante qui les nourrit. La chrysalide de la femelle est une sorte de sac brunâtre, renflé à l'abdomen. Du côté de la tête est un petit clapet que la femelle
pousse après son éclosion. Elle sort de cette chrysalide et du

cocon, mais reste attachée postérieurement à celui-ci, près de
l'orifice de la chrysalide demeurée dans l'intérieur du cocon.
Elle se tient ainsi recourbée, la tête en bas, attendant le mâle
qui la cherche de son côté (fig. 232, 233, 234, 235). Si l'on
vient à la toucher, elle rentre dans la peau de la chrysalide
pour ressortir ensuite. Quand elle
a été fécondée, elle retourne défi-
nitivement dans la chrysalide, et
laisse retomber le clapet sur elle.
Elle s'enferme ainsi dans un sépulcre, qui doit être le berceau de
sa postérité. Son corps se réduit
beaucoup après la ponte d'un nombre énorme d'œufs jaunâtres liés
entre eux en chapelet par une humeur visqueuse. Les petites chenilles restent quelque temps dans
ce sac de la chrysalide, et mangent
l'humeur visqueuse qui colle les
œufs et même le cadavre rétréci de
leur mère. Ce n'est qu'au moment
de leur première mue qu'elles per-

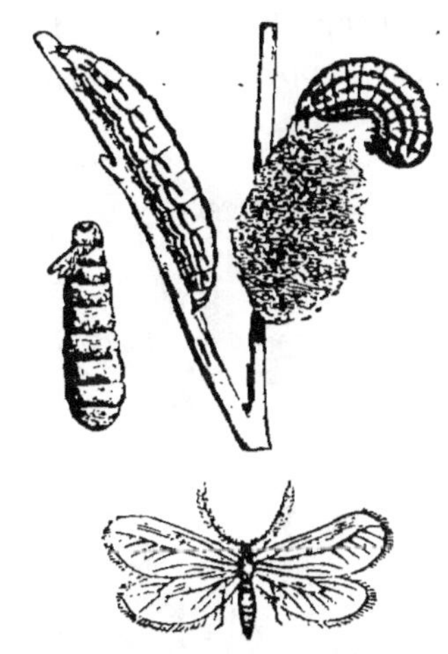

Fig. 232, 233, 234 et 235. — *Heterogynis penella*, mâle, femelle, cocon et chrysalide de
la femelle.

cent la chrysalide et le cocon, et se répandent sur les feuilles
de genêt. Nous devons à l'observation de M. de Graslin ces curieux détails reconnus sur l'espèce française, l'*Heterogynis
penella*, rencontrée dans différentes localités, au Vernet, dans
les Pyrénées-Orientales, dans le département des Basses-Alpes,
dans la Côte-d'Or, près de Dijon.

Les *sphinx* ont reçu ce nom général d'après l'attitude fréquente de leurs chenilles, redressant la moitié antérieure de
leur corps et restant ainsi longtemps immobiles, dans la position prêtée par les sculpteurs au monstre de la Fable, jetant
sa terrible énigme aux passants. L'avant-dernier et onzième
anneau de leur corps porte un appendice courbé simulant une
corne. Elles se changent en chrysalides dans des coques de
grains de terre ou de débris de feuilles sèches, agglutinés par
une salive visqueuse et réunis par quelques fils de soie. Ces
chrysalides sont ovoïdes, sans angles et deviennent prompte-

ment d'un brun marron. Nous citerons d'abord les *smérinthes* du peuplier, du tilleul et du chêne ; ce dernier bien plus rare que les deux précédents, à ailes découpées, d'un vol faible, contre l'ordinaire de cette famille ; les *macroglosses*, doués au contraire d'un vol rapide comme la flèche, ne laissant pas distinguer leurs ailes frémissantes. Pendant toute l'année, le *moro-sphinx* ou *sphinx-moineau*, à cause du faisceau de poils

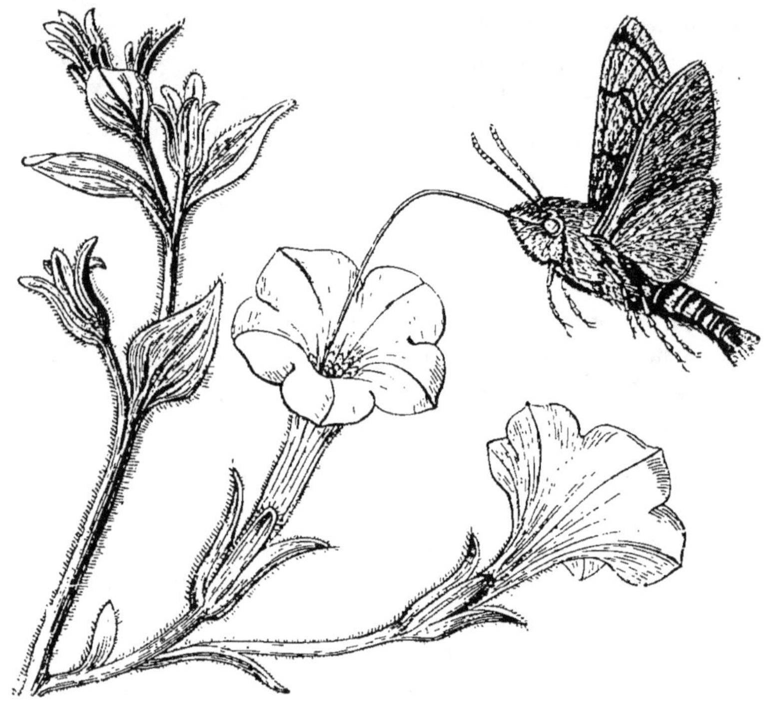

Fig. 236. — Moro-sphinx butinant sur un pétunia.

divergents qui termine son abdomen à la façon d'une queue d'oiseau, butine en plein jour sur les fleurs de nos jardins (fig. 236). Il reste *en vol stationnaire*, devant chaque fleur, sans s'y poser, c'est-à-dire qu'il contre-balance par la vibration continue de ses ailes l'action de la pesanteur, ce qui est le cas des meilleurs voiliers seuls. En même temps sa longue trompe se recourbant à angle droit avec son corps, s'enfonce dans les corolles jusqu'aux nectaires. Cette espèce paraît pendant toute la belle saison, et au milieu de l'automne, et entre souvent dans les maisons pour se réchauffer.

Les *sphinx proprement dits* se trouvent le soir sur les fleurs,
volant avec une extrême vitesse, avec un léger bruissement,
plongeant dans les fleurs tubuleuses une trompe aussi longue
que leur corps. On tire leur nom de la nourriture de leurs chenilles. L'un vit sur les pins, l'autre sur les troènes et les lilas.
le troisième sur les liserons. De longues ailes antérieures aiguës,
à nuances grises, les distinguent. Les ailes inférieures du
sphinx du troène, ainsi que son abdomen, ont des bandes
noires et roses. Le mâle répand une légère odeur musquée, qui
est bien plus forte dans le mâle du *sphinx du liseron* ou *corne-
bœuf*. Les femelles en sont dépourvues. La chrysalide du
sphinx du liseron a la trompe
déjà très-visible. C'est sur ces
sphinx qu'on peut constater une
chaleur propre énorme, parfois de 15° à 18° au-dessus de
l'air ambiant, et, en outre, 6°
à 8° d'excès du thorax sur l'abdomen. Les *Déiléphiles* ont en
général le vol un peu moins
puissant. Les espèces les plus

Fig. 237. — Chenille du moro-sphinx.

intéressantes sont le *petit-pourceau* et le *sphinx de la vigne*,
à magnifiques couleurs d'un rose vif ; le *sphinx du laurier-
rose*, nuancé d'un beau vert, habitant l'Afrique, l'Espagne,
l'Italie méridionale, la Grèce, pays où croît naturellement le
laurier-rose. Emportés par leur vol impétueux et s'aidant de courants atmosphériques, certains individus viennent pondre dans
l'Europe centrale, et jusqu'en Angleterre, sur les lauriers-
roses des jardins ; mais les papillons qui naissent dans ces
contrées trop froides ne se reproduisent pas, sauf une génération. Les chenilles de ces trois espèces font rentrer la tête et
les premiers anneaux du corps dans les suivants, ornés de
taches qui simulent des yeux. Les chenilles paraissent alors
avoir un grouin, ce qui les a fait appeler *chenilles cochonnes*.
Les *sphinx de l'euphorbe* (fig. 238) a une chenille à peau
comme vernissée, bigarrée de jaune et de rouge, vivant sur
les euphorbes, ne craignant pas l'ardeur du soleil. Ainsi que
plusieurs autres chenilles de déiléphiles, les petites chenilles

de cette espèce mangent les peaux qu'elles viennent de quitter. Les chenilles du *déiléphile vespertilion*, et aussi celles de l'espèce dont nous allons parler (*Atropos*), qui se cachent le

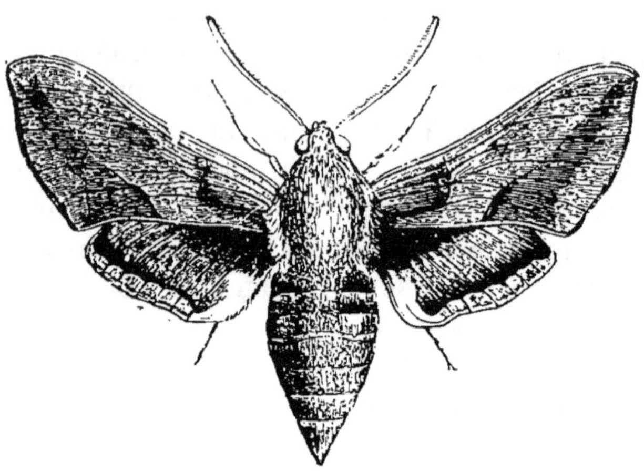

Fig. 238. — Déiléphile de l'euphorbe.

our, sont cependant attaquées par certaines mouches diurnes, les *tachinaires*, qui savent bien les trouver et déposer sur leur peau des œufs d'où naîtront des larves, entrant dans le corps des chenilles et les dévorant.

Enfin la plus grosse espèce de sphinx est le célèbre *sphinx à tête de mort* (*Acherontia Atropos*), présentant, grossièrement figuré en jaune clair sur fond noir, un crâne humain dessiné sur son corselet. Il est souvent attiré par la lumière dans les appartements. Le mâle a les pattes de devant très velues. Ce papillon fait entendre dans les deux sexes un cri aigu et plaintif, qui paraît lié chez lui à quelque sentiment de crainte. Il part peut-être d'un organe cutané, situé de chaque côté à la base de l'abdomen, entouré d'une houppe étoilée de poils (Al. Laboulbène, 1873). Ce chant un peu sinistre ne devrait réellement épouvanter que les abeilles; il a jeté souvent la terreur dans les populations, joint au lugubre emblème de l'insecte. Cette espèce, originaire des Indes, des îles Malaises, de l'Afrique, s'est répandue en Europe au siècle dernier, avec la pomme de terre sur les feuilles de laquelle vit de préférence son énorme chenille, de 0^m,12 long., habituellement jaune et verte avec sept bandes transversales bleues et la corne

Fig. 239 et 240. — Sphinx à tête de mort et sa chenille.

grenue. On rencontre aussi une variété plus rare à fond brunâtre (fig. 239, 240). Elle est parfois assez commune en Bretagne, et Réaumur nous rapporte que l'apparition du papillon ayant coïncidé avec des maladies épidémiques, « il n'en a pas fallu davantage au peuple timide, toujours disposé à adopter des présages funestes, pour juger que c'était ce papillon qui portait la mort ou au moins qui était venu annoncer les maladies fatales qui régnaient. » Le nom scientifique du papillon, *Acherontia atropos*, est au reste l'expression de ces terreurs populaires. Au dire du docteur J. Franklin, on croit, dans les campagnes de l'Angleterre, que l'Atropos est en rapport avec les sorcières, et va murmurer à leur oreille le nom de la personne pour laquelle la tombe est près de s'ouvrir. « Quant à moi, dit-il, j'éprouve pour ces animaux, longtemps méconnus, voués à l'anathème universel, associés par la superstition au principe du mal, le même sentiment de miséricorde et de respect qui saisit le cœur de l'historien à la pensée des races humaines maudites. L'Atropos, si sombre que soit sa livrée, ne vient pas des rives de l'Achéron ; il vient des sources divines de la vie. Le doigt de la nuit, et non celui de la mort, a marqué sur lui son empreinte. Il n'apporte pas aux hommes de mauvaises nouvelles de l'autre monde ; il leur apprend que la nature a voulu peupler toutes les heures et consoler celles du crépuscule, en leur fournissant des compagnes ailées. »

Le sphinx à tête de mort est réellement un papillon qui chante. On peut encore donner, moins exactement, cette qualification à d'autres papillons qui sont munis d'appareils de stridulation non sans rapport avec ceux des cigales. Telles sont l'*écaille pudique*

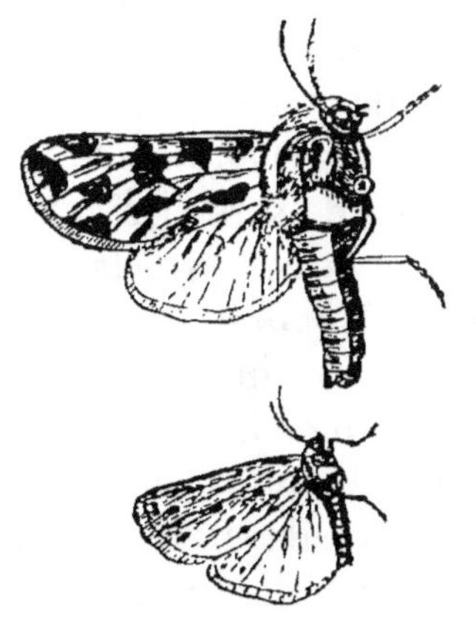

Fig. 241 et 242. — Appareils stridulants des *Chelonia pudica* et *Setina aurita*.

du midi de la France, et plusieurs espèces des montagnes du genre *Setina* (fig. 241, 242). Ce sont vraiment des papillons timbaliers. Sur le dernier anneau du thorax, on voit une large membrane blanchâtre, triangulaire, recouvrant une cavité sans communication avec l'intérieur du corps, sans tendon ni battant agissant sur la membrane. C'est du dehors, a reconnu le docteur Laboulbène, que vient le coup sec qui fait vibrer la membrane sèche et parcheminée, tendue sur la vésicule pleine d'air. Ce sont de petites percussions des cuisses des pattes postérieures, ou des pressions latérales rapides des genoux. D'après de Villiers, qui a découvert en 1833 le son de l'écaille pudique, on dirait le métier d'un fabricant de bas. M. Guenée, en 1861, a fait connaître un acte analogue chez les *Setina*, où le son produit imite le tic-tac d'une montre ou les pulsations des vrillettes, ces petits coléoptères des bois ouvrés s'appelant la nuit, d'un sexe à l'autre, en frappant contre les cloisons avec leur tête ces coups secs qui leur ont valu les noms d'*horloges de la mort*. Dans nos papillons ces organes de stridulation servent, comme il est d'usage chez les insectes, à des appels pour la reproduction, car ils sont plus développés chez les mâles que chez les femelles.

Ces derniers papillons nous conduisent aux *bombycides*, caractérisés par la forme de leurs antennes, simulant des dents de peigne, surtout chez les mâles, et par l'imperfection de leur bouche. A l'état adulte, ils ne mangent pas et ne vivent que peu de jours, uniquement occupés de perpétuer leur espèce. Enfin les chenilles de ces insectes sont par excellence les productrices de soie et s'entourent de cocons pour devenir chrysalides. A ce titre, la première place revient au ver à soie (*Sericaria mori*).

Son origine, perdue dans une haute antiquité, est encore incertaine. Il a dû exister sauvage et existe sans doute encore dans les forêts du centre de la Chine, de la Perse, des pentes de l'Himalaya. Selon l'opinion la plus répandue, la couleur primitive des cocons était le jaune, et on voit de temps à autre reparaître cette couleur dans les races à cocons blancs. De même, les couvées des serins domestiques, qui sont des albinos, reproduisent parfois le type vert des îles Canaries. Il semble, chez toutes les races domestiques, que des souvenirs de l'état primitif, perçant la nuit des âges, reprennent une influence intermittente sur la loi mystérieuse de la génération.

Des auteurs regardent les vers noirs, appelés *moricauds* ou *bouchards*, et qui sont très robustes, comme le type premier de l'espèce. La domesticité aurait blanchi la chenille, puis sa soie, par une véritable dégénérescence. On trouve aussi parfois des vers *zébrés*, noirs et blancs, surtout dans les races chinoises. D'autres pensent qu'il y a deux espèces très voisines, l'une à soie jaune, l'autre à soie blanche, confondues par de très anciens croisements. Ces incertitudes, qui tiennent à l'antique domestication du ver à soie, justifient tout à fait l'heureuse expression de Guérin-Méneville : « Le ver à soie est le chien des insectes. » Il serait plus exact encore de dire le mouton, vu l'abrutissement complet du ver à soie. L'influence de l'homme a dépouillé cet animal de toute force, de toute volonté, à la façon du mouton, si éloigné aujourd'hui du mouflon. Le ver à soie ne peut plus se tenir sur les feuilles inclinées et mobiles du mûrier en plein air, agité par le vent; il n'a plus l'adresse de se cacher sous les feuilles pour éviter l'ardeur du soleil et échapper aux ennemis des chenilles. La femelle demeure immobile : à peine si elle sait remuer les ailes; le mâle tourne autour d'elle en voletant, sans quitter la surface d'appui. Il est problable que le ver à soie sauvage doit avoir un vol énergique à la façon des bombyx sylvestres. M. Martins a reconnu, à Montpellier, qu'après trois générations d'élevage en plein air, les mâles avaient repris la facilité de voler. Depuis seize à dix-huit ans, à Orbe, près Lausanne (Suisse), M. Roland élève avec succès le ver à soie en plein air sur le mûrier, en vue d'obtenir une race rustique robuste, donnant en chambrée close une éducation industrielle exempte d'épidémie.

Les vers à soie, nommés *magnans* dans le midi de la France, présentent dans leur existence les phases qui caractérisent tout l'ordre des lépidoptères. On fait éclore les œufs lorsque la feuille du mûrier est assez développée. Autrefois on déterminait cette éclosion par la chaleur du fumier ou celle du corps humain ; on se sert maintenant de chambres d'incubation échauffées par des poêles. Quand le ver est sur le point d'éclore, la loupe permet de voir son bec noir commençant à user lentement la coque. Les éclosions se font à toutes les heures;

mais principalement et dans une proportion considérable de cinq à dix heures du matin, et la plus grande partie de cinq heures à sept heures, uniformité fort commode pour le premier travail de la *magnanerie* ou atelier de l'éducation des vers à soie. On nomme *âges* du ver à soie les périodes de son existence séparées par des mues. Prenons une éducation dans une bonne condition de température, à 19°, et non à de trop hautes températures ; elles n'ont en effet augmenté le profit des éleveurs par la rapidité du développement qu'en affaiblissant les races et les prédisposant à de redoutables épidémies. Le premier âge comprend cinq jours, le second quatre, le troi-

Fig. 213 et 214. — Ver à soie en position de mue et sa tête.

sième six, le quatrième sept, le cinquième dix. Ces âges sont séparés par des périodes où le ver à soie reste immobile et sans prendre de nourriture, le corps à demi relevé, comme les chenilles de sphinx, auxquelles il ressemble par sa tête petite, son premier anneau très renflé, et l'avant-dernier muni d'une corne. Les magnaniers n'ont donc pas besoin de donner de feuille de mûrier dans chaque jour de passage d'un âge à l'autre, et c'est ce qui explique la grande importance d'une égalité parfaite dans l'éducation des vers. On laisse jeûner les premiers éclos pour assurer cette précieuse et économique uniformité de transformations. La tête de la chenille, qui ne grossit pas, paraît allongée et noire au moment d'une mue, elle est au contraire grosse et peu foncée après la mue (fig. 243, 244). Le ver jette autour de lui des fils qu'il attache comme supports aux objets voisins, et, appuyé sur ces fils, il sort de son ancienne peau, qui se fend au milieu du dos. Nous avons pu constater que, dans ces sommeils, la température de la surface du corps du ver devient celle du milieu ambiant, et peut même tomber un peu au-dessous, pour se

lever un peu au-dessus dans les *frèzes* ou périodes de vora-
té. Au premier âge, le ver à soie est noir, poilu, puis de
uleur noisette au moment où va s'opérer la première mue.
our commencer l'éducation, on a jeté sur les œufs en train
'éclore des bourgeons de mûrier, qu'on ramasse bientôt
argés de petits vers; ou mieux, on verse de la feuille fine-
ent hachée sur des papiers percés de petits trous dont on re-
uvre les œufs dans la chambre d'incubation. Cette feuille
achée convient aux premiers âges, car elle évite de la fatigue
ux jeunes chenilles en multipliant les bords artificiels. En
ffet, à l'exception de très petites espèces de papillons dont les
enilles minent le parenchyme des feuilles, les chenilles sont
ans l'habitude de manger le plus souvent les feuilles des ar-
res en partant du bord : ce sont les coléoptères ou les limaces
ui dévorent surtout les feuilles dans l'intérieur du limbe.

Au second âge, le ver paraît gris, presque sans duvet, puis
lanc jaunâtre, et l'on voit se dessiner les croissants sur les se-
ond et cinquième anneaux de l'abdomen. Il n'y a plus aucun
oil au troisième âge, et le ver devient d'un blanc terne qui va
ujours en s'éclaircissant. Pour le nourrir et enlever en même
emps la litière sans blesser les vers (*délitage*), on place les
euilles fraîches sur des filets ou sur des papiers percés de
rous proportionnés à la grosseur de la chenille. Les vers pas-
ent à travers les interstices pour gagner les feuilles ; on les
nlève alors d'un seul coup, et on se débarrasse des litières pu-
rides.

Au quatrième âge, on opère le *dédoublement*, c'est-à-dire on
ransporte une partie des vers sur de nouvelles tablettes pour
eur donner plus de place, et, par suite, plus d'air. Le cin-
uième âge est celui de la plus grande voracité de ces insectes.
u septième jour de cet âge, leur faim est insatiable : c'est la
rande frèze ou *briffe*, la *furia* des Italiens. En ce jour, les
ers issus de 30 grammes de *graine* (œufs) consomment en
oids autant que quatre chevaux, et le bruit de leurs mâchoires
essemble à celui d'une forte averse. A la fin de cet âge se fait
a *montée*. Le ver, prêt à filer, va récompenser le travail et la
épense du magnanier. On voit les vers grimper sur la feuille
ans la mordre et dresser la tête; leur corps devient translu-

cide, de la couleur d'un raisin blanc très mûr, mou comme de la pâte (fig. 245). Les anneaux se raccourcissent, la peau du cou se ride. Enfin, la plupart des vers traînent après eux un long fil sorti de leur bouche. La soie, que le ver produit toute sa vie, provient de deux longues glandes occupant toute la

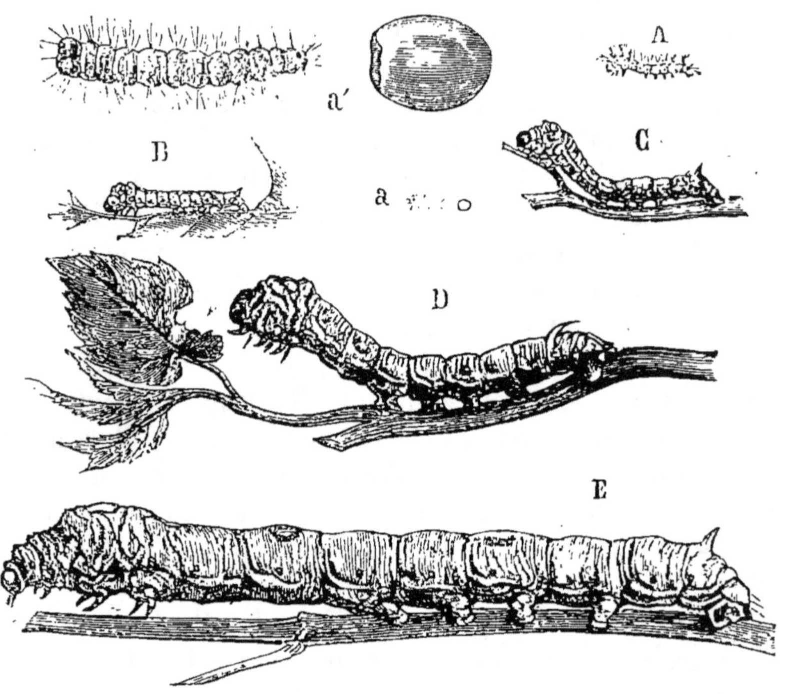

Fig. 245. — Chenilles du *Sericaria mori* aux divers âges.

a, chenille sortant de l'œuf ; *a'*, chenille grossie. — A, 1ᵉʳ âge ; B, 2ᵉ âge ; C, 3ᵉ âge
D, 4ᵉ âge ; E, 5ᵉ âge.

longueur du corps, et dont la couleur, dans les races à cocon jaune, se voit à travers la peau. Le fil est formé de deux fils, tordus ensemble par la chenille avant de sortir par la filière, au moyen de petits muscles. On peut, en effet, parfois, au moyen d'eau de savon, dédoubler le fil en deux fils presque invisibles et encore très tenaces (fig. 246).

Les glandes à soie ne contiennent pas un peloton de fil qui se déroulerait, mais une matière visqueuse qui se solidifie dans l'intérieur même de la bouche du ver. Quand on voit l'animal se raccourcir, ce qui indique qu'il ne donnera qu'un très mau-

ais cocon ou deviendra *tapissier*, c'est-à-dire ne fera qu'un en-
uit plat de sa soie, on le fait macérer dans du vinaigre et l'on
ire de sa bouche les deux glandes à soie, qu'on crève. Il en

Fig. 246. — Groupe de vers du 3ᵉ âge.

sort un filet visqueux qu'on allonge tant qu'on peut en le
maintenant à l'air pour qu'il se solidifie. On obtient ainsi ces
fils si résistants, servant à attacher l'hameçon à la ligne, et
qu'on nomme *fils de soie, fils de Florence*.

A l'état sauvage, le ver à soie établissait son cocon dans les
branches mêmes du mûrier. Domestique, il ne procède pas
autrement. Il faut donc lui donner des moyens d'attache. Ce
sont des branches de bruyère, de genêt, de buis, des tiges de
colza ou de chicorée sauvage, etc., des bottes de paille, ou
enfin, ce qui vaut mieux, des sortes d'échelles de petites planchettes parallèles, entre lesquelles il y a place pour un cocon
(*coconières Davril*), ou des planchettes se croisant en petites
cases (*système Delprino*). Le ver à soie commence par jeter

15

des fils rameux çà et là pour accrocher le cocon; c'est la *bave*. Puis il remue constamment la tête en décrivant des tours ovales, et forme son cocon d'un fil continu, mais non homogène, pouvant atteindre environ 1000 mètres de longueur, de sorte que quarante mille cocons permettraient d'entourer le globe terrestre d'un fil de soie. Les premières couches sont floconneuses, s'enlèvent facilement et forment la *bourre*, qui, cardée avec les déchets du filage, donnera la *fantaisie*; vient ensuite la soie proprement dite, qui doit être dévidée sur le tour et former la *soie grège*, et enfin un tissu interne si serré qu'il n'est qu'une pellicule. Il finit par n'être plus dévidable, et cela d'autant plus tôt que l'ouvrière fileuse est moins adroite. Le fil du cocon est maintenu accolé dans tous ses replis par une sorte de glu naturelle, bien moins tenace et épaisse que celle qu'on trouve dans beaucoup de cocons de bombycides. L'eau bouillante décolle les fils et permet le dévidage. Le plus grand nombre des races de vers à soie font des cocons jaunes, et d'autres des cocons blancs. Il en est à cocon jaune pâle ou soufré, ou blanc verdâtre (*céladons*); en Chine, dit-on, il y a des races à cocons tout à fait verts. On connaît aussi des cocons de couleur nankin ou jaune roussâtre; une race, élevée en Toscane, près de Pistoie, a des cocons d'un rose pâle; enfin, on a fait mention de cocons couleur de pourpre (fig. 247).

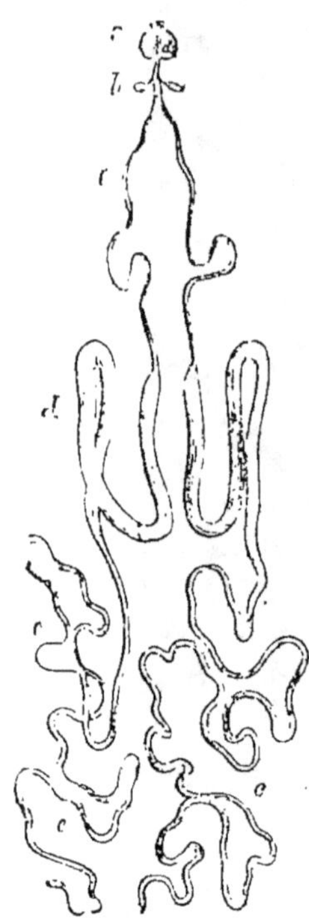

Fig. 247. — Anatomie des glandes à soie.

a, tête; *b*, glandes salivaires; *c*, canaux; *d*, réservoirs; *e*, extrémités des glandes.

Le ver à soie met trois ou quatre jours à filer son cocon sans muer; seulement ses anneaux se resserrent, et il se raccourcit beaucoup, outre la perte de poids qu'il subit à mesure que se vident ses glandes à soie. Au bout de deux ou trois jours, il se change en chrysalide (cinquième mue), c'est-à-dire passe au sixième âge (fig. 248). On opère alors le *déramage* des co-

cons, on les détache de leurs appuis et l'on se hâte de les
vendre à cause de la perte de poids. En effet, le cocon n'empêche pas complètement l'évaporation de la chrysalide. Son

Fig. 248. — Cocons mâle et femelle et ver filant sur bruyère.

A, cocon mâle ; B, cocon femelle (race japonaise).

rôle harmonique est de diminuer cette évaporation, et le
refroidissement superficiel qui en résulte. Comme nous l'a-
vons constaté sur beaucoup d'espèces de chrysalides à cocon,
au moment où on les en retire, elles sont toujours notablement plus chaudes que l'air ambiant ; puis, mises à l'air, la
température de leur surface s'abaisse promptement à celle de
l'air qui les entoure et même au-dessous, à mesure que l'évaporation superficielle amène des pertes de poids croissantes.

Le septième âge, qui succède à la sixième mue ou éclosion de la chrysalide, est l'âge adulte ou de reproduction du ver soie (fig. 249). Les chrysalides éclosent au bout de quinze à vingt jours après la confection du cocon. Celles du ver à soie, comme celles de toutes les espèces à cocon fermé, ont à la tête une vésicule, découverte par Guérin-Méneville, et contenant un liquide qui permet au papillon d'écarter les fils de soie en les décollant, afin de se frayer un passage, comme un enfant qui passe à travers une haie. Les bombycides à cocon très lâche ou ouvert naturellement à un bout manquent de cet organe. Les cocons percés n'ont pas le fil coupé, car la bouche du papillon n'a aucune partie tranchante, mais aminci et dissocié.

Fig. 249 — Cocon ouvert montrant la chrysalide.

Ces cocons non dévidables sont cardés et servent à faire la *filoselle*. En général, les cocons mâles sont de dimension moyenne et étranglés au milieu; les cocons femelles sont plus gros, plus renflés, plus arrondis aux extrémités. Les cocons de choix, réservés pour la ponte, sont placés dans une chambre où la température varie de 21° à 24°, et l'on a soin de les attacher, afin que les papillons ne puisent les entraîner. Ils éclosent le matin (comme les œufs), de cinq heures à huit heures. On établit l'obscurité autour d'eux, car ces papillons nocturnes seraient blessés par l'éclat du jour et se fatigueraient en agitant leurs ailes. On met les mâles à part dans une boîte, puis on les réunit aux femelles, après que les uns comme les autres se sont vidés d'un liquide de couleur nankin. On fait enfin pondre les femelles fécondées sur des toiles ou sur des cartons (procédé chinois et japonais remplacé fréquemment par un grainage *cellulaire* sur autant de toiles qu'on a de femelles). On garde la femelle dans un coin de la toile de grainage, afin d'examiner au microscope si elle est corpusculeuse, auquel cas on rejette la ponte. Les œufs sont d'abord d'un jaune tendre, passant en huit à dix jours au jonquille, puis au gris roussâtre, et enfin au gris d'ardoise, avec une légère dépression au centre. On conserve les toiles ou cartons à œufs dans des filets qu'on suspend dans une chambre où la température ne doit pas dépasser 12° à 15°. Au reste, ces œufs, bien que la petite chenille y soit formée de très bonne heure, peuvent supporter sans périr une chaleur de 50° et les froids les plus rigoureux de nos hivers, et même de la Sibérie, comme l'expérience en a été faite pour des

Fig. 250. — Papillons mâle *a* et femelle repliée avec œufs sur toile de gramage

graines chinoises venues par caravane. La réfrigération hibernale est une garantie du succès de l'éducation (*glaçage* des graines de MM. Duclaux, Raulin). Au printemps, quand la température commence à s'élever, on porte la graine à la cave ou à la glacière, de peur d'éclosions prématurées.

On a depuis longtemps créé en Italie une race spéciale, dite *trivoltine*, à peine connue en France, en choisissant pour la reproduction des vers hâtifs qui accomplissent leurs évolutions en trois mues au lieu de quatre. L'éducation a alors une moindre

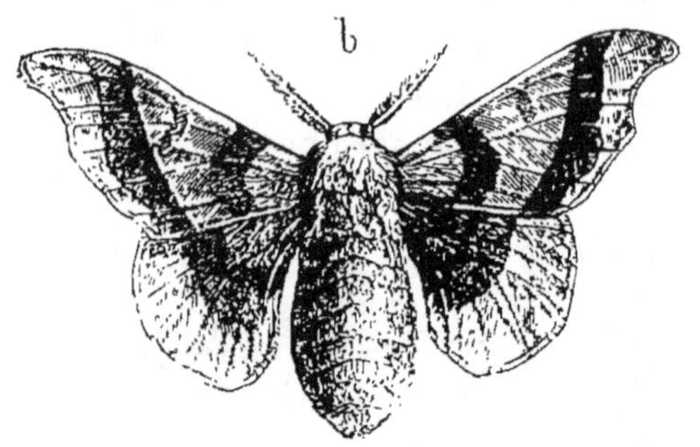

Fig. 251. — Papillon femelle *b* du ver à soie, étalé.

durée, mais la soie est médiocre. Dans les pays chauds existent des races de vers à soie à plusieurs générations dans l'année.

Les autres bombycides à cocons soyeux présentent, les uns des chenilles munies de tubercules surmontés d'épines, les autres de longs poils. Les deux principales espèces du premier

Fig. 252. — Grand paon de nuit, mâle (figure réduite).

groupe, originaires de l'Europe, sont le *grand paon de nuit* et le *petit paon*, à cause des taches arrondies et vitrées de leurs ailes (fig. 252, 253, 254). La première espèce, le plus grand papillon d'Europe, ne dépasse guère la latitude de Paris. Introduit par des amateurs dans le département du Nord, il a

bientôt dépéri. Il est commun dans tous les environs de Paris,
vit sur les arbres fruitiers de sa banlieue, sur les platanes du
chemin stratégique des fortifications, etc. La seconde s'étend
plus au nord, existe en Angleterre, se nourrit sur le prunellier, l'aubépine, l'orme, le charme. Dans ces deux insectes,
la chenille se file un cocon en forme de nasse, ouvert naturellement à un bout pour la sortie du papillon. Elle ne casse
nullement le fil à cet orifice de sortie, comme on l'a cru
autrefois, mais le replie ; on la voit, par un mécanisme différent du ver à soie, transporter continuellement sa tête d'une

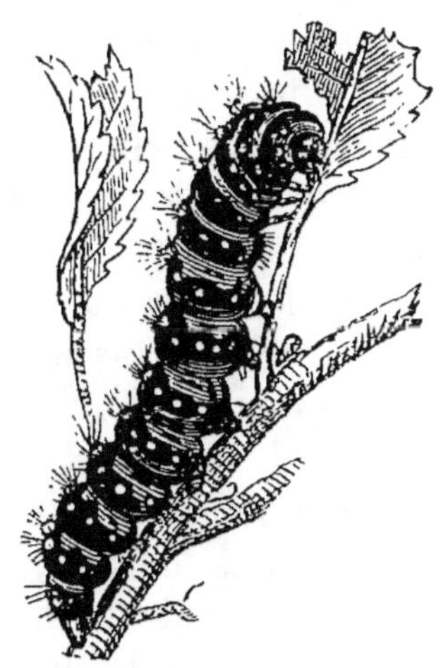

Fig. 253.
Chenille du petit paon de nuit.

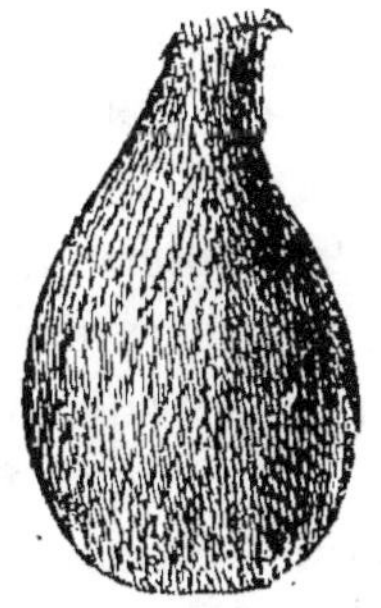

Fig. 254.
Son cocon.

extrémité à l'autre du cocon. La chrysalide manque de la
vésicule destinée à la liqueur servant à percer le cocon ; elle
était inutile dans ces espèces à cocon ouvert. Leurs cocons
sont trop incrustés pour être dévidables. L'Allemagne nous
présente en outre le *paon moyen ;* une autre espèce, à ailes
jaunes, est spéciale à la Dalmatie. Enfin, dans le centre de
l'Espagne, vit une rare et magnifique espèce, à ailes d'un vert
d'émeraude, avec d'épaisses nervures rougeâtres, découverte
en 1848, et dédiée à la reine Isabelle. Elle conservera ainsi,
dans le paisible domaine de la science, un rang à jamais in-
contestable. Quelques personnes seules connaissaient exactement les localités de cette espèce et l'arbre qui la nourrit ;

mais elles gardaient le secret avec soin. Aussi une paire de ces papillons s'est vendue 250 francs. Nous avons figuré, pour la première fois en France, le mâle si curieux par les longues queues un peu tordues qui terminent ses ailes inférieures (fig. 255). Dans tous ces *Attacus* d'Europe, les antennes du mâle sont bien plus pectinées que celles de la femelle. On sait maintenant quelques détails biologiques sur le splendide *Attacus* de la reine Isabelle. Après un premier voyage infructueux en Espagne à la recherche de cet insecte, le docteur Staudinger, plus heureux une seconde fois, rencontra la chenille (fig. 256) sur les collines qui avoisinent Madrid. Elle se nourrit des feuilles aciculaires du pin maritime, entre lesquelles elle se transforme en chrysalide dans une coque soyeuse dont la couleur varie du brun rougeâtre au blond presque blanc. M. Staudinger élève maintenant cette espèce, qui constitue une des belles découvertes entomologiques du siècle. On en trouvera de très bonnes figures coloriées dans les *Annales de la Société Linnéenne de Lyon* (août 1868), avec un mémoire intéressant de M. Millière.

Les antennes sont à peu près également fournies dans les deux sexes de deux races ou espèces, à cocons ouverts, employés pour leur soie grise, plus grossière que celle du ver du mûrier. Ce sont les *Attacus* du ricin et de l'ailante, le premier de l'Inde, le second du nord de la Chine. M. Milne Edwards éleva le premier au Muséum, en 1854, le ver du ricin, abandonné aujourd'hui en France, à cause de ses générations trop rapprochées et de l'impossibilité de le nourrir en hiver. Quant au ver de l'ailante, dont on doit l'introduction en France à Guérin-Méneville, en 1858, il n'a d'ordinaire que deux générations par an. On peut dire qu'il est tout à fait acclimaté aujourd'hui. On trouve maintenant de ces papillons, provenant des sujets échappés aux éducations, venant voler autour des ailantes, dans les jardins de Paris, pour y déposer leurs œufs. Leurs chrysalides pendent en hiver aux ailantes des boulevards.

L'Asie donne également à l'industrie trois vers à soie du chêne, de l'Inde, de la Mandchourie, du Japon, à cocons fermés, dévidables comme ceux du ver à soie du mûrier. De très inté-

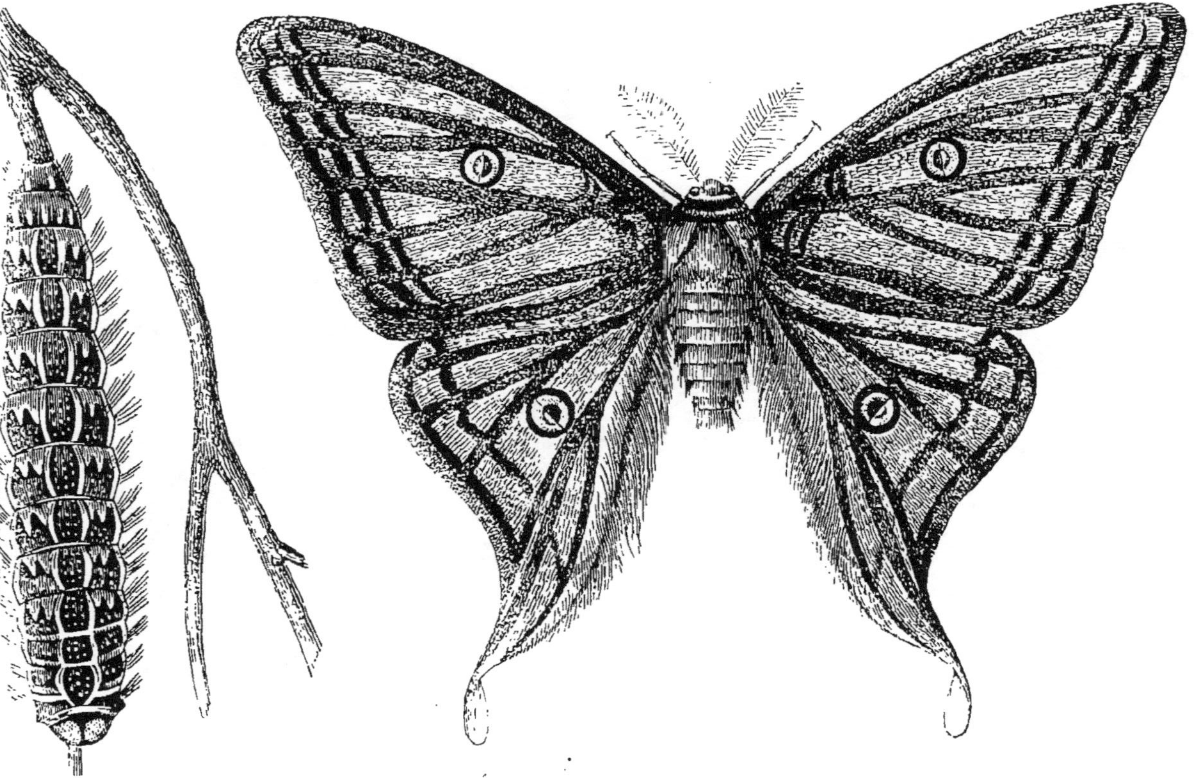

Fig. 255 et 256. — Attacus de la reine Isabelle, mâle ; sa chenille.

essantes tentatives se sont faites dans ces dernières années
our introduire en France l'espèce japonaise (*Attacus yama-*
naï), à cocon d'un blanc verdâtre, ressemblant aux céladons,
otamment par MM. de Saulcy, Vote, Deyrolle, Berce, Bigot, etc.
n Estramadure (Espagne), elle a été élevée en grand par
I. de Amézaga. L'intérêt qu'offre cette espèce si importante
ious fait un devoir d'en figurer les divers états. Le papillon
st dessiné un peu réduit en taille (fig. 257, 258, 259). Il y a
ieaucoup plus à attendre d'une espèce voisine, l'*Attacus*
Pernyi, Guérin-Méneville, venant de l'intérieur de la Chine,
levée en grand sur le chêne dans le Guipuzcoa, par les soins
le M. Perez de Nueros, et dont la soie sert à tisser des étoffes.
J'est au Muséum que furent essayées les premières éduca-
ions, en France, de l'*Attacus Cecropia*, par Audouin, puis
iar MM. H. Lucas et E. Blanchard. Cette espèce, des régions
méridionales de l'Amérique du Nord, se nourrit volontiers
l'aubépine, de pommier et surtout de prunier. La Guyane, le
Sénégal ont aussi des espèces à cocon utilisable[1].

Les bombyces proprement dits ont des chenilles très velues.
Nous voyons les papillons de plusieurs espèces parcourir nos
iois d'un vol rapide, avec de fréquents crochets. Le plus commun, celui du chêne, n'a qu'un cocon de couleur brune, comme
ine sorte de gros papier. Le *Bombyce de la ronce*, dont la che-
iille se roule dès qu'on la touche, ce qui l'a fait appeler
anneau du diable, présente un cocon plus soyeux, mais bien
:rop pauvre encore pour nous servir. Le même genre est beau-
:oup plus favorisé en soie à Madagascar, et plusieurs espèces
sont utilisées par les Hovas. Elles vivent sur un cytise, l'*am-*
brevate, et pourront être acclimatées à l'île de la Réunion. Les
:ocons sont remplis de poils de la chenille; il faut s'en débarrasser par des lessives bouillantes, puis les carder. La soie est
inaltérable, et les Hovas couvrent leurs morts de vêtements de
cette soie. Les chrysalides servent encore à un curieux usage :
on les mange frites ou bouillies. Lors de la réception de l'am-
bassade française envoyée au couronnement du malheureux

1. Voy. *les Auxiliaires du ver à soie*, par Maurice Girard. Paris, 1864,
J.-B. Baillière et fils.

Radama II, le docteur Vinson rapporte que le fils du roi, enfant de dix ans, présent à l'audience, mangeait de ces chrysalides avec un grand plaisir. Les chrysalides du ver à soie sont aussi employées à l'alimentation dans plusieurs provinces de la Chine.

Les bombyces ont des espèces qui vivent en société dans d'immenses toiles de soie filées en commun, et où chaque chenille, parvenue à sa croissance, se file en outre un cocon particulier. A Madagascar, au Mexique, on a cardé la soie sauvage de certaines de ces espèces. Nos bois de pin et surtout les forêts de chêne offrent en France deux espèces de mœurs analogues. Celle du chêne est appelée la *Processionnaire*, parce que le soir les chenilles sortent du nid commun en véritable procession, une en tête, suivie de files qui augmentent d'une chenille à chaque rang, jusqu'à une largeur égale à l'entrée du nid. Ces chenilles sont très velues, et des tubercules qui les recouvrent (M. Goossens) sécrètent une poussière âcre, mêlée aux poils, produisant des rougeurs, des cuissons comme les orties, au point de donner la fièvre à certaines personnes. Ce sont là les prétendues chenilles venimeuses, si redoutées dans les bois des environs de Paris, dans les années où les bourses abondent collées au tronc des chênes. Dans l'année 1865, plusieurs allées du bois de Boulogne furent interdites aux promeneurs pour cette cause. Ces poils urticants empêchent de faire aucun usage des toiles. On a cru à tort que l'urtication provenait des poils qui s'implantaient dans la peau; c'est une erreur, car il y a beaucoup de chenilles velues qu'on peut toucher impunément. Enfin, rien de plus commun que le *Bombyce neustrien*, dont la chenille est nommée la *livrée*, à cause de ses lignes longitudinales de diverses couleurs. Les œufs sont pondus en bracelets autour des branches, et éclosent au printemps, aux premiers bourgeons. Accidentellement, si on les garde chez soi, à la chambre, soustraits au froid de l'hiver, on voit la chenille sortir de l'œuf en octobre ou en novembre. Cette chenille de la livrée se file un mince coton blanc, saupoudré d'une poussière comme de la fleur de soufre.

Les *Liparis* sont très nuisibles aux arbres. Une espèce à

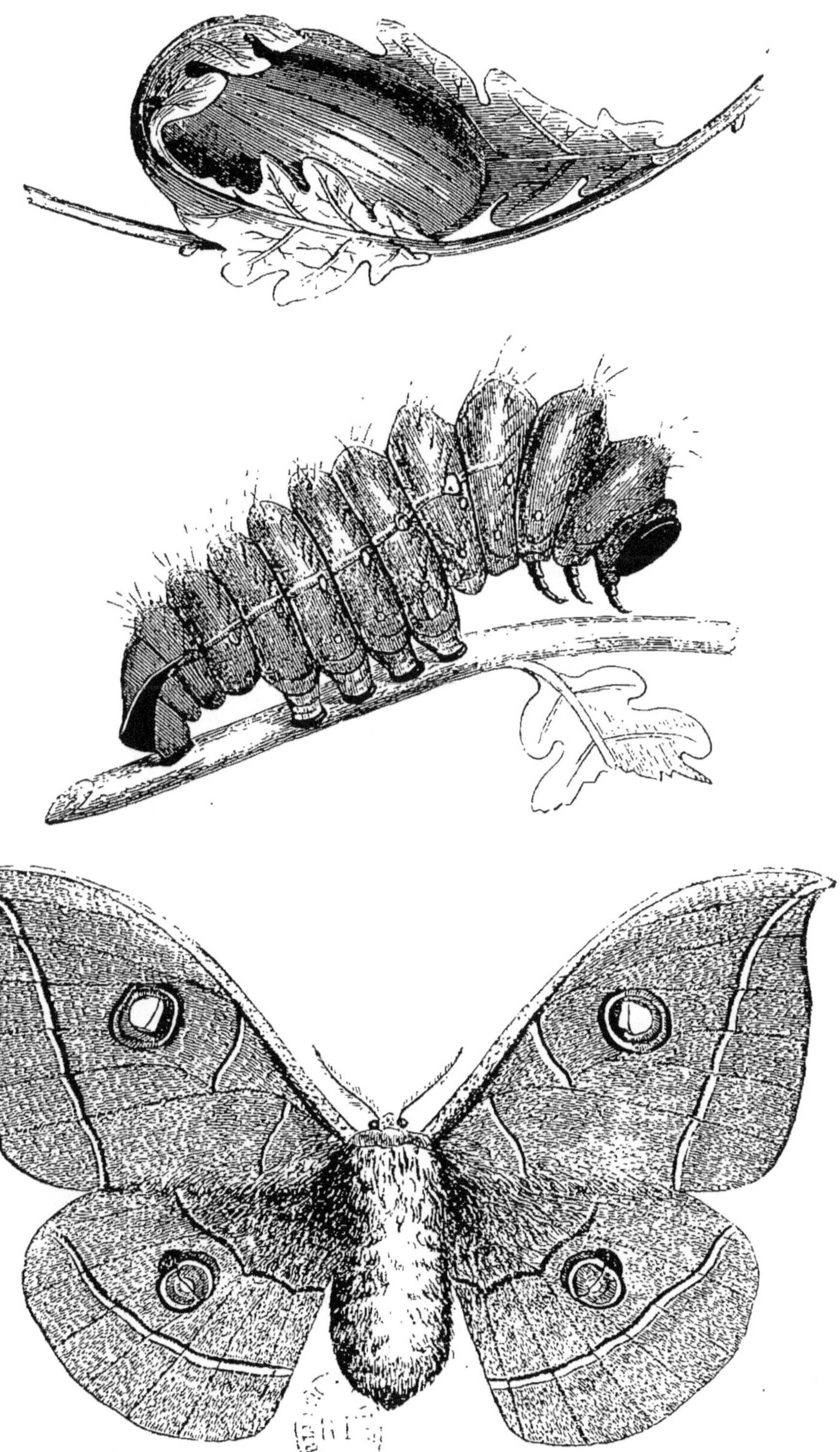

Fig. 257, 258 et 259. — Cocon du ver du chêne, chenille et papillon
de ce ver à soie du chêne du Japon.

üles blanches (**L. *Chrysorrhea***) dévaste les plantations des
promenades parisiennes (fig. 260). Les petites chenilles nées
à la fin de l'automne, assemblent des paquets de feuilles avec
les fils de soie pour y passer
l'hiver. Dans cette loge commune sont façonnées de petites
logettes séparées, où vivent un
certain nombre de chenilles,
comme associées par une pré-
lilection plus particulière. Elle
se dispersent au printemps.
Les femelles des Liparis s'arra-

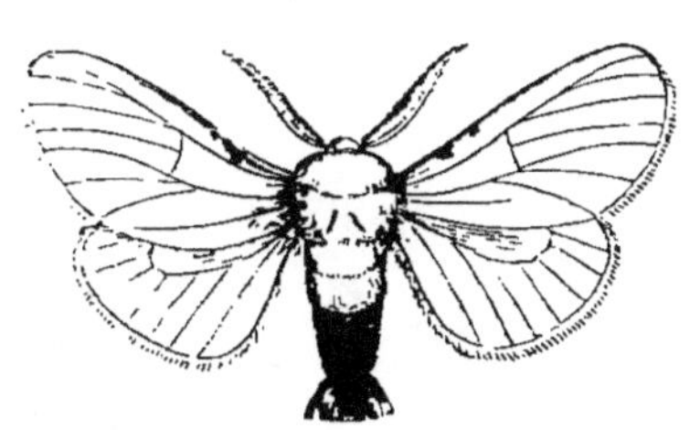

Fig. 260. — Liparis queue dorée, mâle.

chent les poils roux de leur abdomen, et en font un moelleux
luvet autour de leurs œufs, pour préserver du froid ces enfants qu'elles ne verront jamais, car leur mort suit la ponte.
Sur nos boulevards extérieurs, nous trouvons sur le tronc
des ormes des plaques d'œufs du *L. dispar*, passant l'hiver
sous cet abri protecteur. On dirait des tampons d'amadou.
Les mâles de cette espèce sont bien plus petits que leurs
énormes femelles immobiles.

Les bombycides ont certaines chenilles des plus bizarres, où
les pattes anales se sont changées en prolongements fourchus,
qu'elles agitent d'un air de menace et qui paraissent destinés à
chasser les insectes hostiles, cherchant à pondre sur leur corps.
Telles sont les chenilles du genre *dicranure* (fig. 261) et celles
de la *harpye du hêtre*, d'un aspect si étrange, qu'on hésite
d'abord à y reconnaître une chenille (fig. 262). Les papillons
n'ont au contraire rien de remarquable.

Il y a quelques bombycides dont les chenilles vivent dans
l'intérieur des bois. Les femelles ont alors l'abdomen très
prolongé en pointe pour pondre dans les cavités des écorces.
Ainsi le *cossus gâtebois*, à chenille rougeâtre, comme cuirassée, d'une odeur très désagréable, ronge l'intérieur des
saules et d'autres arbres ; ainsi la *coquette* ou *Zeuzère* du
marronnier d'Inde, qui vole le soir dans nos jardins publics
(fig. 263), vit à l'état de chenille dans l'arbre qui donne son
nom à l'espèce.

Les femelles des bombycides sont en général aussi lourdes

et paresseuses que les mâles sont vifs et agiles. Bien plus, il en est qui n'ont que des rudiments d'ailes et sortent seulement

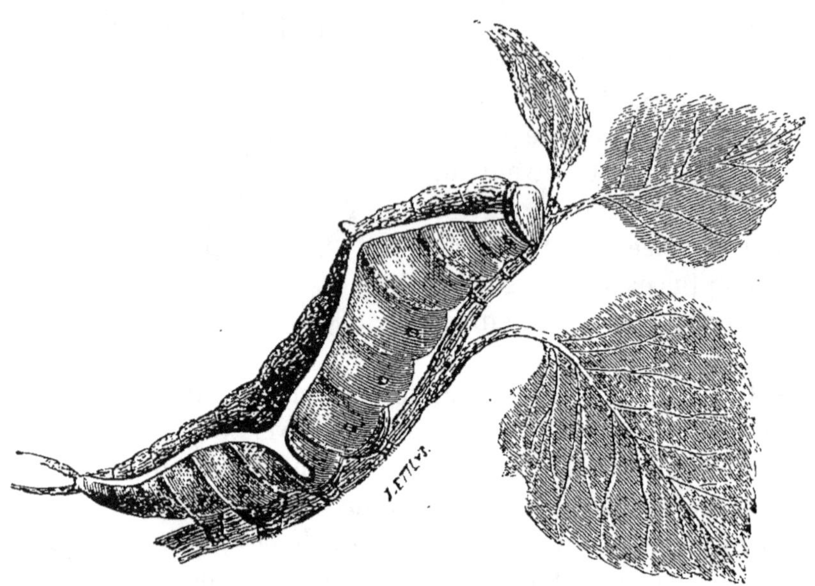

Fig. 261. — Chenille de *Dicranura erminea*.

sur le bord du cocon. Ce sont les *orgyes* (fig. 264, 265). Nous voyons souvent, dans les rues de Paris à jardins, voler.

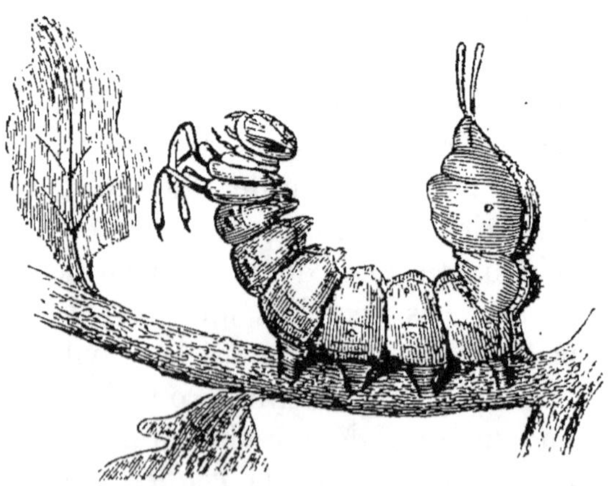

Fig. 262. — Chenille de harpye du hêtre.

en septembre et octobre, le mâle à ailes fauves de l'*orgye antique*, appelé l'*étoilé*, à cause d'une tache blanche angu-

leuse aux ailes supérieures. Les femelles perdent complètement
les ailes chez les *psychés*. Elles ressemblent tout à fait aux

Fig. 263. — Zeuzère du marronnier, femelle.

chenilles, et en général ne sortent pas du fourreau de celles-
ci. Leurs chrysalides n'ont aucune marque d'ailes. Les che-

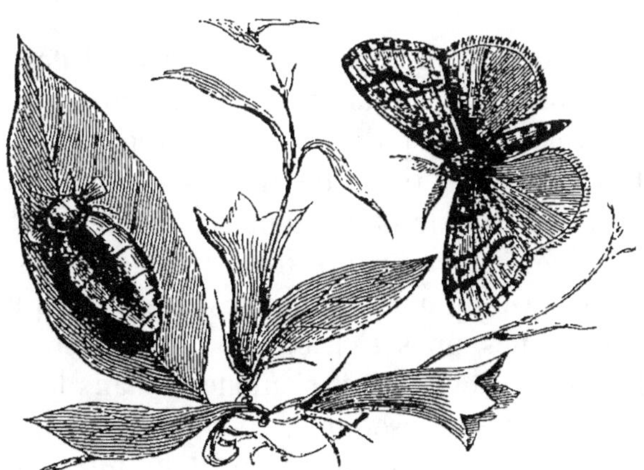

Fig. 264 et 265. — Orgye antique (mâle et femelle).

nilles ont les anneaux du thorax assez durs et à pattes agiles
(fig. 266, 267); les autres anneaux sont très mous et leurs
pattes ne servent qu'à retenir des brins d'herbes, de feuilles,
des morceaux d'écorce, etc., avec lesquels la chenille se

fabrique un fourreau protecteur, toujours hérissé et de forme spéciale, ainsi que la nature des matériaux, suivant les espèces. Les mâles, à antennes pectinées, sont d'un gris noirâtre et volent très vivement (fig. 268).

Un très nombreux groupe de papillons est constitué par les *noctuelles*. Les papillons ont, en général, les ailes supérieures sombres, avec des taches au milieu en forme de reins, et les inférieures très variablement colorées, parfois rouges ou jaunes, souvent blanchâtres. Ils volent presque tous le soir,

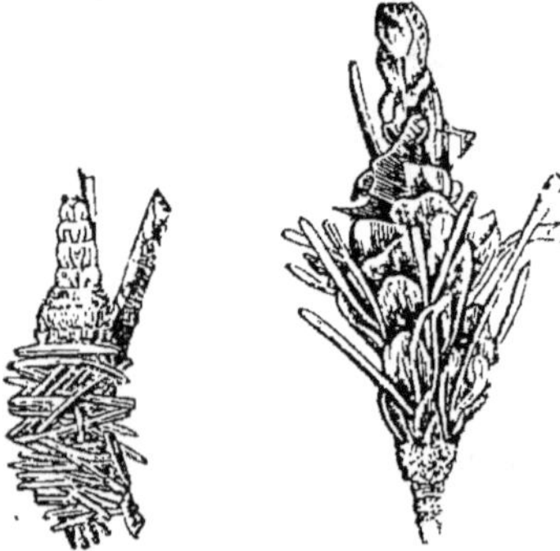

Fig. 266 et 267.
Chenilles de Psyché du gramen
et de *Psyche radiella*.

Fig. 268.
Psyché du gramen.
mâle.

sont pourvus d'une trompe pour sucer le miel des fleurs. On en capture le soir sur les raisins de treille, sur le miel dont on enduit les arbres, sur des pommes sèches trempées dans l'éther nitreux. Les chenilles, lisses ou très peu velues, se cachent pendant le jour, vivent le plus ordinairement de plantes basses, parfois de racines, et sont alors très nuisibles à nos cultures. Elles ont presque toujours seize pattes. Il en est qui se dévorent entre elles. Les unes s'entourent d'un léger cocon pour devenir chrysalides, et d'autres s'enfoncent dans la terre meuble (fig. 269). Nous représentons, comme exemple de ce type, une espèce qui vit sur les pins et qui leur nuit dans certains pays. On la trouve près de Paris, mais pas très commune.

Bien plus singulières sont les chenilles qu'on nomme *arpenteuses* ou *géomètres*. En général, outre les six pattes du thorax, elles n'ont plus que quatre pattes à l'abdomen, y compris les deux autour de l'orifice anal. Quand elles veulent

avancer, elles fixent d'abord les pattes de devant, puis rapprochent les pattes postérieures en formant une boucle avec
leur corps. Elles paraissent ainsi arpenter le sol sur lequel

Fig. 269. — *Trachea piniperda* à ses divers états.

elles marchent. Souvent elles restent immobiles des heures
entières, dressées sur leurs pattes de derrière, leur corps simulant tout à fait une baguette (fig. 270). Les chrysalides sont le
plus habituellement dans la terre. Les papillons ont des ailes
délicates, ornées parfois de riches couleurs et en général hori-

zontales au repos. On les nomme spécialement *phalènes*. Nous figurons une belle espèce du début du printemps (fig. 271).

Fig. 270. — Chenilles arpenteuses de l'Uraptéryx du Sureau.

Ou peut appeler certaines phalènes les papillons de l'hiver. On ne se doute guère que des papillons volent par les soirées

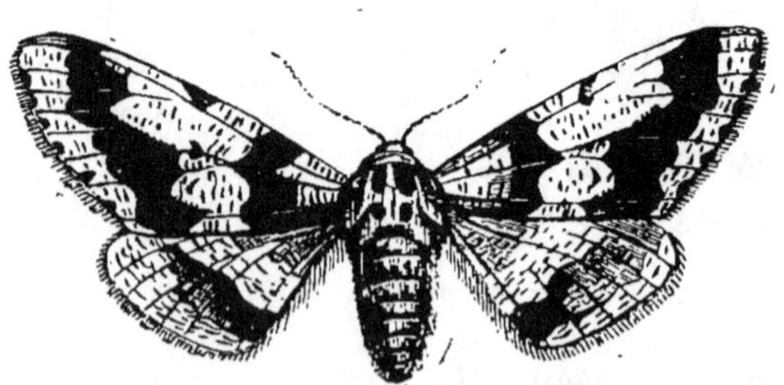

Fig. 271. — Amphidasys prodromaire.

brumeuses du mois de novembre. C'est pourtant ce qui arrive aux mâles des *hibernia*. Deux espèces, la *phalène défeuillante* et la *phalène hyémale*, sont fort communes. La femelle de la seconde n'a que des ailes très petites, tout à fait impropres au vol. Il en est de même pour la *phalène progemmaire* (fig. 272, 273). La femelle de la *phalène défeuillante*, entièrement

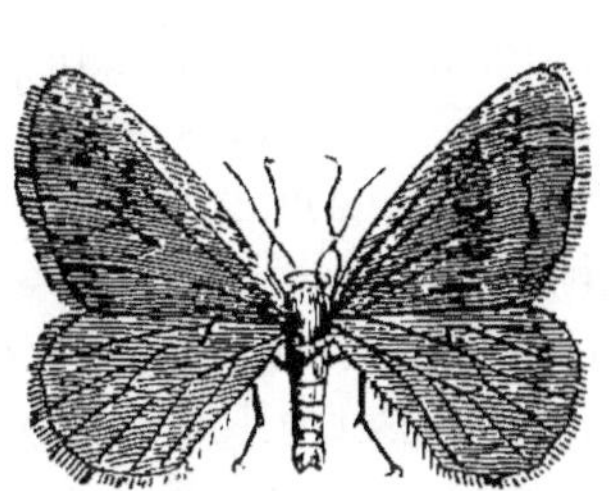

Fig. 272.
Phalène progemmaire mâle.

Fig. 273.
Phalène progemmaire femelle.

aptère, marquée de taches noires sur le dos, à abdomen pointu, ressemble à une araignée allongée (fig. 274, 275). On les trouve facilement, au commencement de novembre, dans une singulière station, sur les candélabres à gaz de certaines pro-

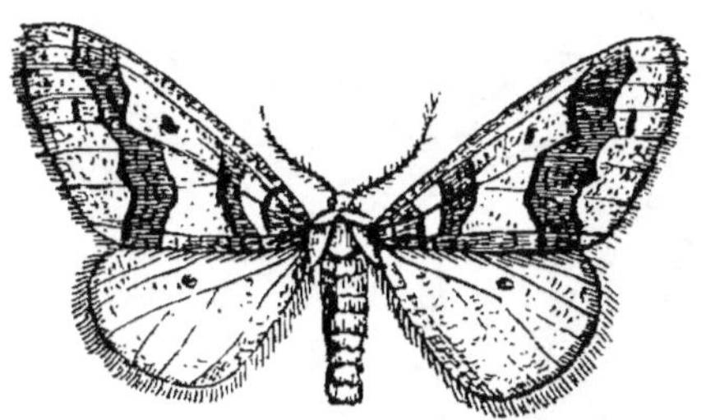

Fig. 274.
Phalène défeuillante mâle.

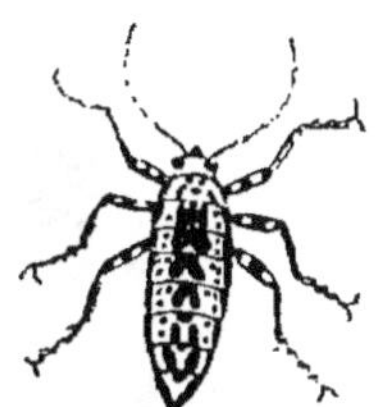

Fig. 275.
Phalène défeuillante femelle

menades publiques, par exemple, des routes du bois de Boulogne, soit qu'elles aient grimpé, attirées par la lumière, soit que les mâles ailés les y transportent. En février et mars apparaissent d'autres espèces analogues. On peut citer parmi elles, comme type nouveau de femelles sans ailes, la *phalène œsculaire*, à femelle cylindrique, couverte de brosses de poils étagées, dont l'abdomen se termine par une houppe (fig. 276), Nous trouvons aussi près de Paris, dans les prairies qui entourent le confluent de la Seine et de la Marne, à la fin du mois de mars, le *Nyssia zonaria*, dont les mâles restent pendant le jour immobiles sur l'herbe ; les femelles à moignons d'ailes sont très poilues. Les mâles volent le soir en rasant l'herbe. Nous représentons cette espèce (fig. 277, 278), qui malheureusement va disparaître tout à fait près de Paris, car ces prairies sont envahies par les constructions et livrées à la culture maraîchère.

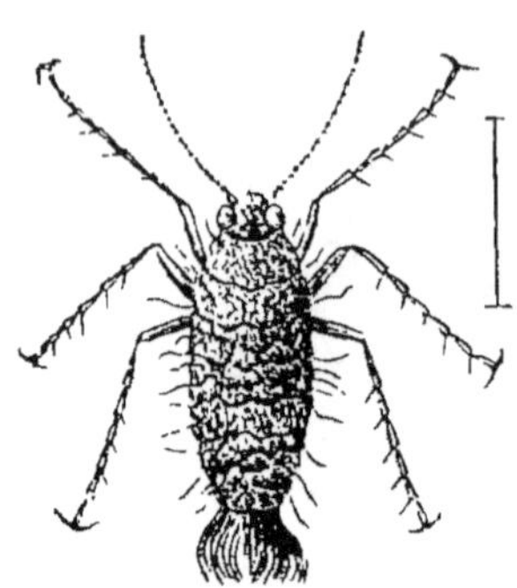

Fig. 276.
Phalène æsculaire femelle.

Les derniers papillons sont de.très petite taille. Leurs écailles semblent une imperceptible poussière que détache le moindre contact. Les chenilles de ces délicates espèces, tantôt roulent les feuilles en attachant leurs bords avec de la soie, tantôt minent leur parenchyme, n'attaquant que la matière verte, trop faibles pour manger les

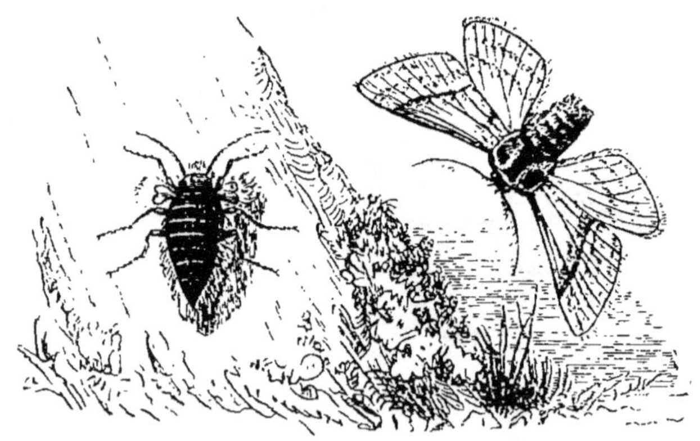

Fig. 277 et 278. — *Nyssia zonaria*, mâle et femelle.

nervures (fig. 279). Il en est qui vivent à l'intérieur des pommes ou des poires (fruits véreux), des châtaignes, des glands. On donne en général le nom de *teignes* à ces insectes. Les chenilles courent très vite, se tortillent en tous sens dès qu'on les touche. Il en est deux espèces qui vivent des grains de blé, deux qui dévastent les vignes. Certaines de ces chenilles se nourrissent de matières animales. Les *galleries* chassent les abeilles des ruches et mangent la cire dont les rayons sont pénétrés de leurs fils soyeux. Une chaleur considérable, sensible à la main, se dégage des gâteaux envahis par ces larves voraces. Beaucoup de chenilles de teignes s'abritent sous des fourreaux qu'elles traînent avec

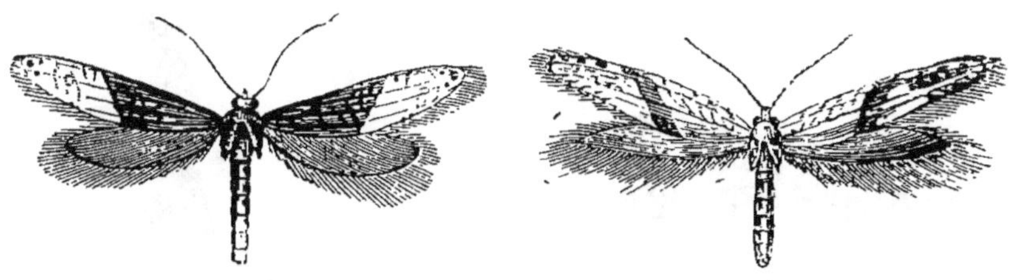

Fig. 279.
Œcophore du prunier, très grossie.

Fig. 280.
Teigne des draps, très grossie

elles. Telle est la *teigne des draps* (fig. 280), qui accroît son fourreau, à mesure qu'elle grandit, en y mettant des pièces

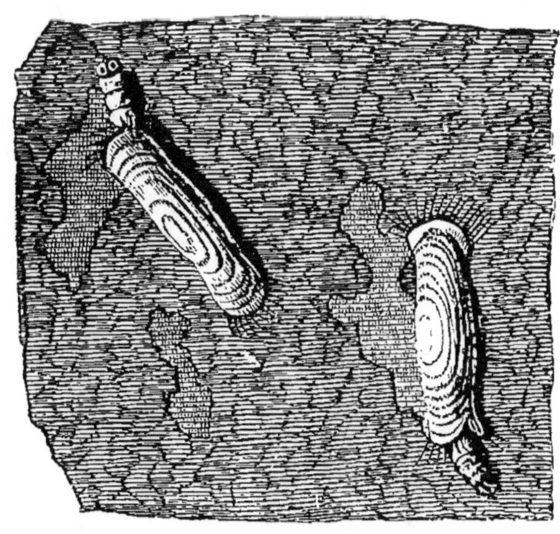

Fig. 281. — Drap rongé.

de laine (fig. 281, 282, 283). En lui donnant à manger des étoffes de laine de diverses couleurs, on finit par lui voir un véritable habit d'arlequin. Nous représentons, en figures grossies, les chenilles qui attaquent le drap dans diverses attitudes. La *teigne des pelleteries* se comporte de même. Dans nos bois, beaucoup de teignes ont des fourreaux lisses, d'une sorte de carton grisâtre : ainsi les petites chenilles des *adèles* (fig. 284), dont les adultes, ornés des plus riches couleurs métalliques, lorsqu'ils sont rassemblés dans les matinées de printemps sur

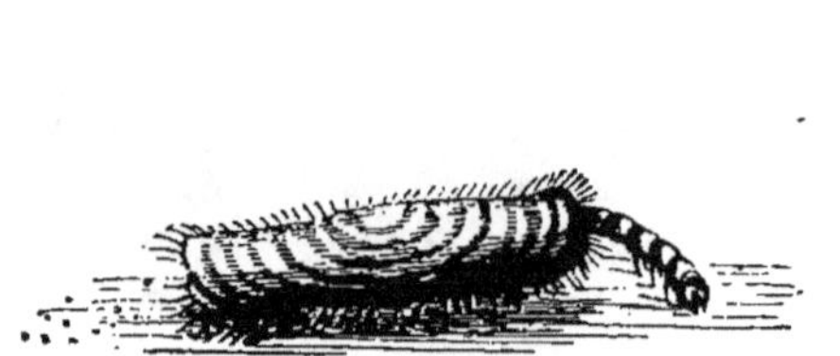

Fig. 282.
Teigne du drap marchand.

Fig. 283.
Fourreau suspendu.

les buissons, ressemblent à des émeraudes ou à des améthystes étincelantes. Les antennes démesurées des mâles, comme des

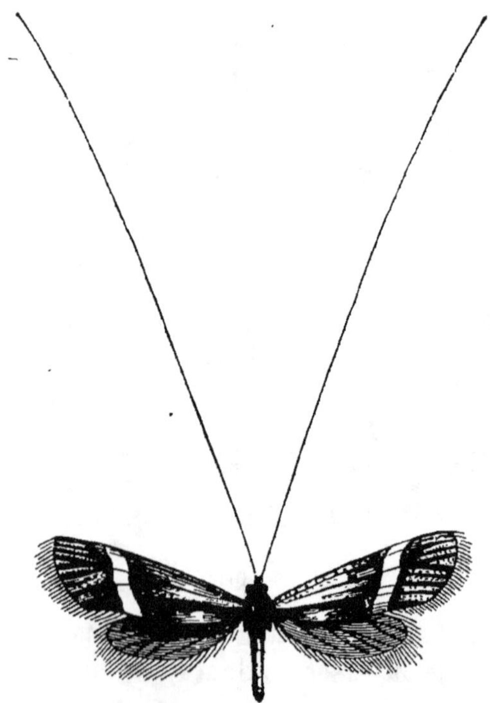

Fig. 284. — Adèle de De Geer, très grossie.

fils d'argent, les gênent pour leur vol, toujours lent et oblique. Il est des teignes dont les chenilles s'entourent de plusieurs étages de parcelles de feuilles en forme de collerettes. Réaumur les nommait les *teignes à falbalas* (fig. 285).

Remarquons aussi des papillons frappés de dégradation organique, ayant les ailes divisées en espèces de plumes. Leurs chenilles, à seize pattes, sont couvertes d'un duvet court et serré; la plupart s'attachent, pour se transformer, par la

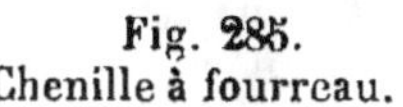

Fig. 285.
Chenille à fourreau.

Fig. 286.
Ptérophore pentadactyle.

Fig. 287.
Ornéode hexadactyle.

queue et par un lien autour du corps. Les chrysalides ressemblent beaucoup aux chenilles, dont elles gardent la couleur et la villosité. Une espèce fort commune dans les jardins, au bord des chemins, le long des haies, est le *ptérophore pentadactyle*, d'un beau blanc de lait (fig. 286). Une autre espèce, assez fréquente contre les vitres à l'intérieur des maisons de campagne, est l'*ornéode hexadactyle*, dont les ailes ont l'apparence d'un éventail étalé, à douze divisions de chaque côté. La chenille vit sur le chèvrefeuille des jardins et se file un petit cocon à claire-voie (fig. 287).

CHAPITRE VII

DIPTÈRES

Les cousins, larves et nymphes, éclosions en bateau. — Les moustiques. — Les
tipules. — Les cécidomyies, ravages, larves vivipares. — Le vermilion et ses
pièges. — Les volucelles. — Les mouches des viandes et des cadavres. — La
mouche qui tue les forçats à Cayenne. — Les mouches des squelettes. — Les
mouches ennemies des chenilles. — La mouche tsetsé de l'Afrique centrale.
— Les œstres, leurs larves à l'intérieur des chevaux et des moutons. — Les
mouches des tumeurs. — Les mouches-araignées sur les mammifères et les
oiseaux.

Les diptères ou mouches à deux ailes offrent une immense
quantité d'espèces ; beaucoup sont fort peu distinctes, et les
naturalistes sont très loin de connaître complètement ces insectes, dont les larves ont cependant des habitudes curieuses
et des plus variées. Ce sont les diptères qui s'avancent le plus
loin vers les pôles, et ils forment, avec quelques névroptères
aquatiques, les seuls insectes des régions glacées qui entourent
le pôle boréal ; ils peuvent vivre et voler à des températures
inférieures à celle de la glace fondante. Il en est qui piquent
les animaux et même l'homme pour se repaître de son sang.
C'est au moyen de leur bouche munie de lancettes perforantes
que la piqûre s'opère. Il n'y a aucun danger à saisir entre les
doigts les diptères dont la piqûre est la plus douloureuse. Ils
sont alors terrifiés et ne songe aucunement à manger. Ils n'enfoncent leurs lancettes que quand ils sont sans crainte et libres sur la
peau. Au contraire, nous pouvons laisser courir une abeille
ou une guêpe sur la main et le visage : elle ne fera pas usage
de l'aiguillon qui termine son abdomen. C'est que chez les
hyménoptères, ou mouches à quatre ailes, cet aiguillon est
une arme et non une bouche, et l'insecte ne s'en sert que
lorsqu'on le serre ou qu'on l'irrite.

Il nous est impossible de présenter autre chose que l'examen

le quelques types remarquables, en laissant de côté tous les
ntermédiaires.

Il est d'abord des diptères dont les antennes sont déve-
oppées, souvent plumeuses. Ils ont de longs balanciers et des
)attes excessivement allongées se dirigeant en arrière dans le
/ol. Ce sont les *némocères*.

Au-dessus des eaux apparaissent, le soir, des danses aérien-
1es formées de *cousins* qui montent et descendent en s'entre-
:roisant en tous sens, illuminés par les rayons obliques du
5oleil couchant. De temps à autres, les femelles fécondées quit-
:ent la troupe, s'abattent doucement à la surface de l'eau, pla-
:ent leurs quatre pattes de devant sur quelque corps qui flotte
)u même les appuient sur l'eau. L'abdomen porte son extrémité sur la surface liquide, et les œufs allongés sortent, passant à mesure entre les pattes de derrière entre-croisées. La
mère en façonne ainsi une espèce de radeau en les accolant
les uns contre les autres. Sa forme est celle d'un fuseau : il se
renfle au milieu et s'amincit aux deux extrémités. Le radeau
est abandonné à la chaleur solaire, et, au bout de deux jours,
apparaissent des larves ressemblant à de très petits poissons,
à corps allongé et diaphane, à grosse tête, à œil noir. Elles
aiment les eaux croupies, se trouvent dans les tonneaux d'ar-
rosage, etc. Dès qu'on agite l'eau, elles fuient de toutes parts
en faisant de nombreux soubresauts. Elles sont sans pattes, de
courtes antennes poilues les aident à nager avec vivacité
(fig. 288). En outre, une roue locomotrice de cils, servant
aussi de branchies, entoure l'orifice anal ; l'avant-dernier anneau porte un tube destiné à puiser l'air en nature au-dessus
de l'eau. En quinze jours ou en trois semaines, cette larve
éprouve trois ou quatre mues. Elle sort de l'eau la région dorsale du thorax. La peau se dessèche et se fend, et tout le corps
parvient à sortir par cette ouverture, en laissant l'ancienne
peau flotter à la surface de l'eau. A la dernière mue la larve
du cousin prend l'aspect d'une nymphe encore mobile. La
forme est tout à fait changée; le thorax, très élargi, gonflé
d'air, vient flotter ; l'abdomen, replié en dessous, se termine
par des battants membraneux qui aident l'animal à nager, et
aussi par deux larges branchies. La respiration se fait en outre

par deux tubes, simulant deux cornes, implantés sur le thorax. La nymphe monte à la surface de l'eau ; elle déroule sa queue, son thorax se boursoufle et crève entre les deux cornets respiratoires. La dépouille de la nymphe forme alors une nacelle, au centre de laquelle sort d'abord la tête du cousin. Il se dresse verticalement comme un mât, et l'esquif tournoie sous le vent sans chavirer et se remplir d'eau. Ensuite, les pattes et les ailes se dégagent ; les pattes se posent sur l'eau, les ailes s'écartent. Si la brise souffle doucement sur ces voiles, cent fois plus fines que la dentelle, le navigateur est poussé vers la rive : si un vent impétueux s'élève, la frêle embarcation est submergée, et le cousin trouve la mort dans les flots qui tout à l'heure lui donnaient la vie.

Les *maringouins* ou *moustiques*, très voisins des cousins, sont le fléau des pays humides, plus encore dans les régions froides que sous les tropiques (fig. 291). Ils rendent certaines localités inhabitables. Ils sont en telle quantité dans le haut Canada, pays des grands lacs, que les bisons sauvages et les bestiaux passent les mois d'été enfoncés dans l'eau tout le jour, ne laissant sortir que le mufle, tant ils sont tourmentés. Nous empruntons sur ces moustiques du Nord de curieux extraits à l'exploration du capitaine Bach, à la recherche de la rivière du Poisson qui se jette dans l'océan Arctique américain (*Voyages dans les glaces du pôle arctique*, Hervé et de Lanoye. Paris, Hachette, 1865, p. 323 et 330) :

« Parmi les nombreuses misères inhérentes à la vie aventureuse du voyageur, il n'en est point, dit Bach, de plus insupportable et de plus humiliante que la torture que vous fait subir cette peste ailée. En vain vous essayez de vous défendre contre ces petits buveurs de sang, en vain en abattez-vous des milliers, d'autres milliers arrivent aussitôt pour venger la mort de leurs compagnons, et vous ne tardez pas à vous convaincre que vous avez engagé un combat où votre défaite est certaine. La peine et la fatigue que vous éprouvez à chasser ces innombrables assaillants deviennent à la fin si grandes, qu'à moitié suffoqué vous n'avez d'autre ressource que de vous envelopper d'une couverture et de vous jeter la face contre terre, pour tâcher d'obtenir quelques minutes de répit. »

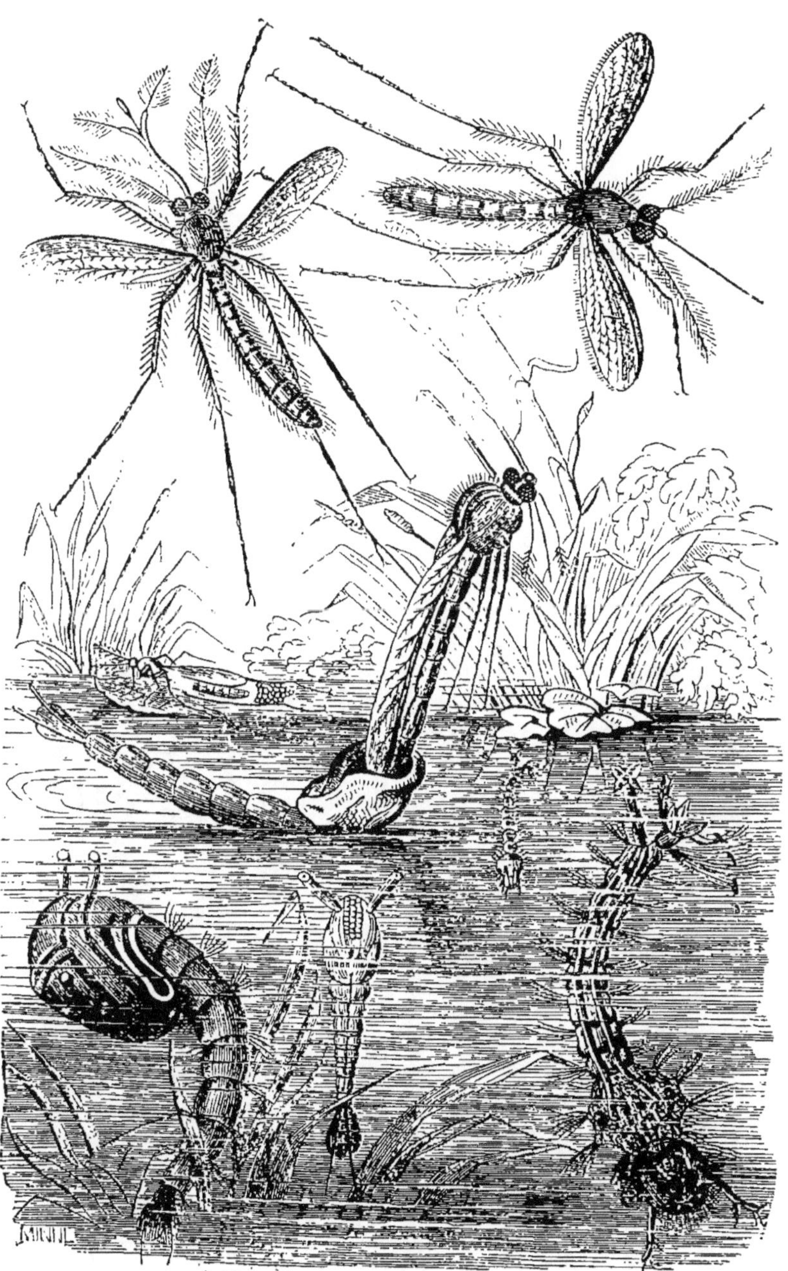

Fig. 288, 289 et 290. — Le cousin, mâle et femelle, larve, nymphe, éclosion.
(Figures très grossies.)

Et plus loin :

« Mais comment décrire les souffrances que nous causèrent,
dans ce trajet, les moustiques et leurs alliés les maringouins ?
Nos figures ruisselaient de sang
comme si l'on y eût appliqué
les sangsues. La cuisante et
irritante douleur que nous
éprouvions, immédiatement
suivie d'inflammation et de ver-
tige, nous rendait presque fous.
Toutes les fois que nous nous
arrêtions, et nous y étions souvent forcés, nos hommes, même
les Indiens, se jetaient la face
contre terre en poussant des
gémissements semblables à
ceux de l'agonie. »

A ce sujet, il rapporte une
anecdote assez curieuse :

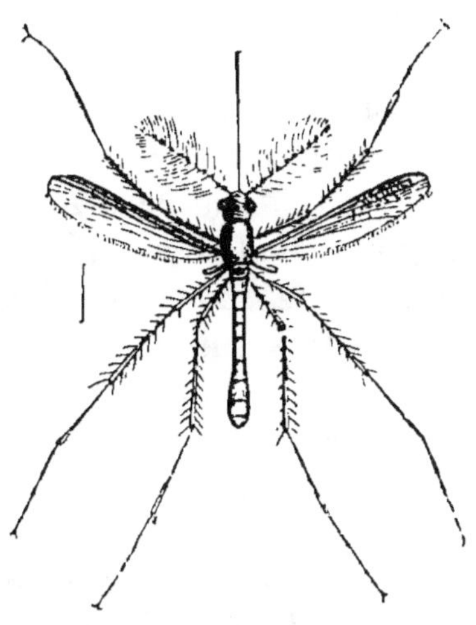

Fig. 291.
Ædes cendré moustique grossi.

Leur guide Maufelly, le voyant remplir sa tente de fumée,
se jeter à terre, agiter des branches pour chasser les intoléra-
bles insectes, témoigna sa surprise de ce qu'il ressemblait si
peu à l'ancien capitaine, sir John Franklin. Il paraît, en effet
que celui-ci, se faisant scrupule de tuer une mouche, avait
assez d'empire sur lui-même pour continuer tranquillement
son ouvrage, en dépit de toutes les piqûres de ces venimeux
essaims. Un jour qu'il en était affreusement tourmenté, il se
contenta de souffler dessus en disant : « Allez, le monde est
assez grand pour vous et pour moi. »

C'est pour se garantir des moustiques que beaucoup de peuplades sauvages s'enduisent le corps de graisse, et que le pauvre Lapon se condamne à vivre dans une hutte enfumée. Les
régions boréales, et aussi, moins souvent, les vallées humides
des Cévennes, des basses Alpes, offrent parfois de véritables
nuées de moustiques noirâtres qui obscurcissent littéralement
l'éclat du jour. Ainsi, dans les Cévennes, au commencement
de septembre, « des ouvriers employés au reboisement d'une
partie de la montagne de l'Espérou ont été témoins d'un phé-

nomène extraordinaire dans ces contrées. A deux heures du soir, un bruit sourd et monotone, à peu près analogue à celui que produit un orage lointain, fixa leur attentiou sur un épais brouillard qui traversait un mamelon à environ deux kilomètres devant eux. L'air était très calme; ils furent étonnés de ce bourdonnement, et leur première pensée leur fit croire à un incendie du côté de l'Espérou ; mais, voulant connaître la cause réelle de ce brouillard intense, ils ne furent pas peu surpris lorsque, s'étant avancés, ils reconnurent que c'était une colonne immense de moucherons dont la longueur était de plus de 1500 mètres sur une largeur de 30 et une hauteur de 50. Cette colonne d'insectes se dirigeait de l'est à l'ouest[1]. » Les cousins et les moustiques ont la bouche munie de stylets très grêles, capables cependant de percer les peaux les plus épaisses. La salive est venimeuse et produit des ampoules causant une douleur qui persiste longtemps.

Les *tipulaires* ressemblent d'aspect aux cousins, mais ils ont la bouche trop faible pour attaquer l'homme et les animaux, et ne peuvent que sucer les fluides végétaux. Il en est dont les larves vivent dans l'eau. Tel est le *chironome plumeux*, dont la larve, d'un beau rouge de sang, ressemble à un ver délié. Cette larve, connue sous le nom de *ver de vase*, est fort recherchée des pêcheurs parisiens pour amorcer les lignes destinées aux petits poissons. On amoncelle en tas le sable tiré de la Seine, surtout près d'Asnières, on laisse l'eau s'égoutter, et on récolte en abondance, en fouillant le sable, ces larves qu'on doit conserver toujours humides. De grandes espèces de tipules se voient dans les champs et dans les jardins potagers. Souvent on les aperçoit, appuyées sur les feuilles par leurs longues pattes, balançant leur corps d'un mouvement saccadé et rapide. La tipule femelle pond sur le sol humide (fig. 292, 293, 294). Les larves allongées, grises, sans pattes, à la tête écailleuse, dévorent les racines, et sont souvent très nuisibles aux légumes. Elles changent de peau pour devenir une nymphe immobile, laissant reconnaître les ailes et les pattes couchées de l'adulte.

1. Bibliothèque des Merveilles, *les Météores*, p. 254.

Dans ces tipulaires nous devons citer les *mycétophiles*, dont
es larves à tête noire vivent dans les champignons, les *sciara*,
mies des truffes, mais ne servant nullement à propager ce
avoureux cryptogame ; les petites *cécidomyies*, dont plusieurs
spèces attaquent les céréales. Une d'elles ravage les blés en

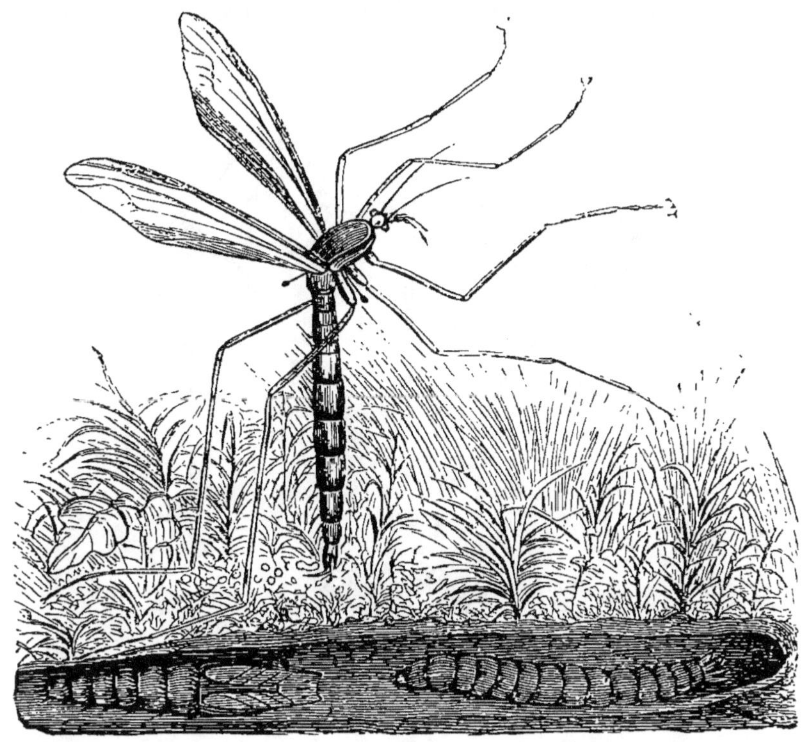

Fig. 292, 293 et 294. — Tipule des potagers pondant, nymphe, larve.

Amérique, et a reçu dans ce pays le nom de *mouche de Hesse*,
car elle fut importée avec les fourrages des troupes merce-
naires de Hesse dans la guerre de l'Indépendance.

La *Cécidomyie du froment* cause parfois beaucoup de ravages dans nos blés. De la moitié de juin à la moitié de juillet,
on voit s'abattre les myriades funestes, afin de pondre sur
les épis. Elles y passent la nuit, et, par les temps couverts,
pondent quelquefois pendant le jour. Ces cécidomyies sont de
très petites mouches jaunes, ayant un peu l'apparence svelte
et grêle de nos cousins. Les femelles, longues de 2 millimè-

tres, sont d'un beau jaune citron, quelquefois tendant à l'orangé. Leur tête porte de gros yeux noirs, des antennes longues en grains de chapelet, et le thorax a des ailes transparentes ciliées sur les bords. Leur corps se termine par une longue tarière, aussi ténue qu'un fil de ver à soie; elles l'enfoncent entre les glumes des épillets, avant la floraison, et les œufs qui descendent par ce conduit écloront en leur temps à

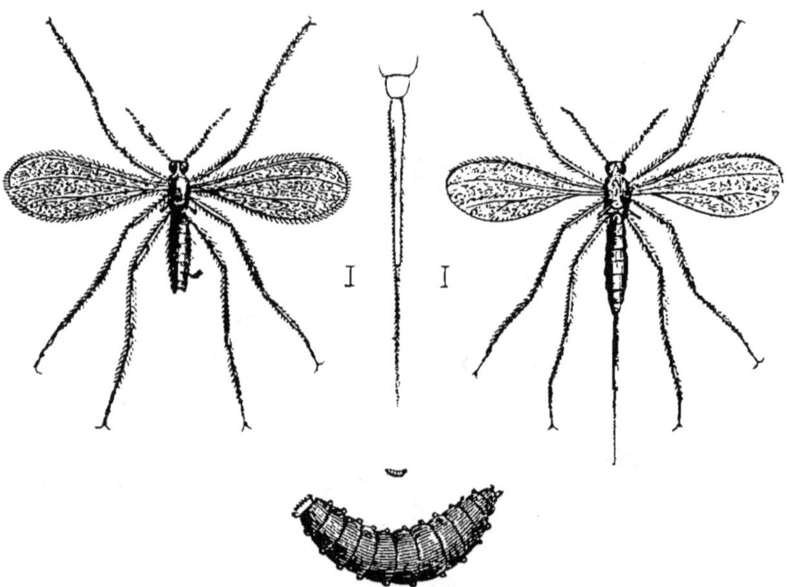

Fig. 295, 296 et 297. — Cécidomye du froment, mâle, femelle, larve, très grossis.

l'abri des intempéries. Le mâle, beaucoup plus rare, se distingue de la femelle par un corps moins long, dépourvu de tarière, une couleur plus foncée, d'un jaune brun, les ailes légèrement enfumées, à nervures plus visibles (fig. 295, 296). Au bout de quelques jours, les larves sortent des œufs. D'abord blanchâtres, elles deviennent bien vite d'un jaune vif, et, sous cette dernière couleur, on les voit très facilement au nombre de cinq, dix et même vingt pour un seul grain. Selon la quantité de ces larves apodes (fig. 297), le grain avorte complètement ou reste contourné et amaigri, destiné au vannage à grossir le tas du *petit blé,* souvent plus riche en son qu'en farine.

Les larves bien développées doivent gagner la terre pour y
hercher un abri. Pour exécuter cette manœuvre, elles se
ourbent en arc de cercle et se lancent dans l'espace, de peur
le rester accrochées à l'épi; toutefois quelques larves demeu-
ent dans les épis et sont transportées dans les granges. La
grande majorité se réfugie au pied des chaumes. Pendant le
estant de l'été, l'automne, l'hiver, le printemps, elles demeu-
ent engourdies, sans métamorphose, à l'*état dormant*. Puis
lles restent quelques jours en nymphe, et l'adulte prend son
essor au moins de juin. On trouve souvent à cette époque des
écidomyies naissantes qui sortent de la terre qui, l'année pré-
édente, était couverte de blé. Aussi, M. C. Bazin, à qui nous
empruntons ces utiles notions, conseille, pour détruire ces
etites mouches si nuisibles, de retourner les chaumes aus-
itôt après la moisson, ou de les herser, ou de les brûler, ou
enfin d'y répandre des tourteaux de colza ou de navette développant une essence insecticide.

Mais les meilleurs agents de destruction sont des êtres aussi
chétifs que les fléaux dont ils nous délivrent. Des parasites de
la famille des Proctotrupides [hyménoptères du genre *Platy-
gaster* (fig. 296)] viennent pondre sur les larves des cécidomyies des œufs d'où sortiront les microscopiques protecteurs de
la récolte. On peut dire que ces petits insectes noirs, à pattes
fauves, ignorés de tous, et dont les larves dévorent les jeunes
cécidomyies, sont de véritables agents providentiels auxquels
l'humanité a dû bien des fois sa préservation contre de hideuses
famines (fig. 298, 299, 300).

D'autres cécidomyies ont été l'occasion récente de découvertes
très étranges, celles d'un mode de reproduction tout à fait insolite dans une classe aussi élevée que les insectes, et qu'on
croyait seulement propre aux animaux les plus dégradés. On
savait que des vers parasites du foie, les distomes, pondaient
des œufs d'où naissaient des larves sans sexes, dites *Scolex*.
Dans celles-ci se formaient d'autres larves, incluses à l'intérieur
et en sortant par déchirement, devenant enfin, après une série
de métamorphoses, des distomes à sexes distincts et ovigères.
Un naturaliste russe, M. N. Wagner, trouva dans les tiges du
peuplier et du saule de petites larves de cécidomyies (ou d'un

genre très voisin) ayant quelques millimètres de longueur. A leur intérieur se formèrent de petites larves, déchirant ensuite la peau de leur mère pour devenir libres, et présentant, quelques jours après, de nouveaux embryons de larves incluses (fig. 301). C'est dans cette série d'emboîtements que se passèrent la fin de l'été, l'automne, l'hiver et presque tout le printemps suivant. Puis apparurent des larves plus petites qui se changèrent en nymphes allongées (fig. 302), de couleur orange, ayant d'un et demi à deux millimètres et demi de longueur. Au bout de quelques jours, il en sortit des adultes, mâles et femelles, à ailes un peu nervulées, ciliées, à grands balanciers (fig. 303). Les femelles ont des œufs énormes pour leur taille, de près d'un millimètre, de sorte que cinq suffisent à remplir son abdomen. Il en provient les curieuses larves citées plus haut.

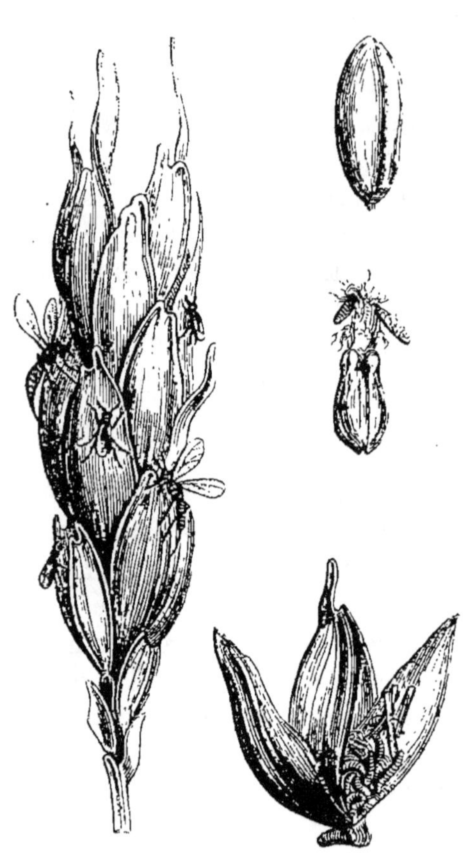

Fig. 298, 299 et 300. — Ponte des cécidomyes du froment et de leurs parasites. — Larves rongeant les grains entre les glumes. — Grain attaqué avec deux nymphes et grain sain.

Cette espèce fut retrouvée en Danemark sous l'écorce d'une bûche de hêtre; une autre, à larves vivipares moitié plus petites, en Allemagne, dans des résidus altérés de betteraves ayant servi à la fabrication du sucre; enfin on observa en Russie une troisième espèce voisine, de taille intermédiaire, dont les larves vivaient en hiver dans le plancher vermoulu

l'une maison, dans de vieilles graines et divers détritus. Il
era fort intéressant de rechercher en France des espèces pa-
eilles ou analogues, qui doivent certainement exister ; mais
ious prévenons avant tout que, pour entreprendre ces curieuses
xplorations, il faut un microscope et surtout l'habitude de
'en servir.

Les diptères dont il vient d'être question ont de longues
ntennes (*némocères*). La plus grande partie, au contraire,

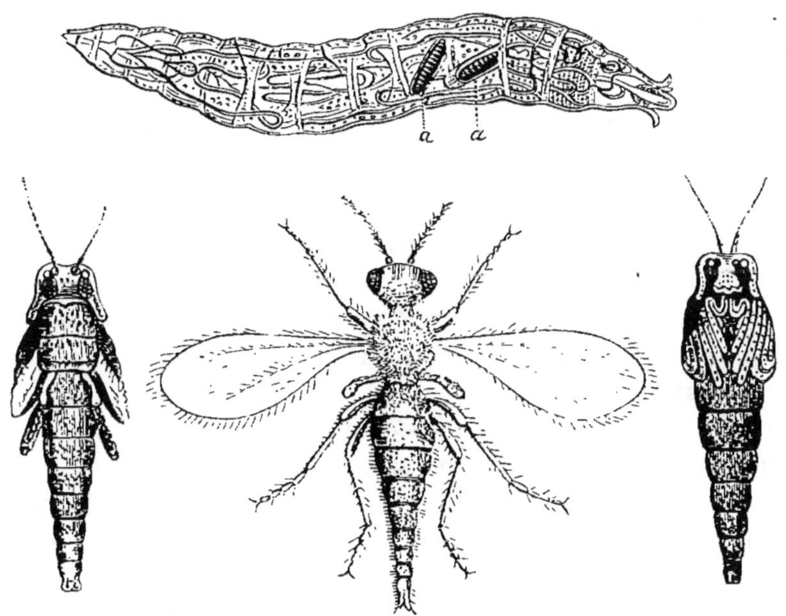

Fig. 301, 302 et 303. — Cécidomyie vivipare et petites larves incluses. —
Adulte et nymphe en dessus et en dessous figures rossies.

es insectes de cet ordre ne présente que des antennes courtes
rachycères), formées de trois articles, dont le troisième est
omme un gros bouton renflé, présentant sur le côté une tige
rêle, avec indices d'articulations, qui sont le reste de l'antenne,
éplacé et atrophié.

Parmi ces brachycères est un genre qui partage avec les
iurmilions, de l'ordre des névroptères, le curieux instinct
e la chasse à l'affût dans un entonnoir. Aussi l'insecte s'appelle
er-lion ou *vermilion,* d'après les mœurs de sa larve. Cette
urieuse bête fut indiquée pour la première fois en 1706, sous

le nom de *fourmi-renard*, et étudiée en 1753 par Réaumur, puis par de Géer, en Suède, sur un individu envoyé par Réaumur à la reine Ulrique-Eléonore, sœur de Charles XII, passionnée pour l'entomologie, et possédant un riche musée d'insectes de tous pays. On trouve l'espèce (*Leptis* ou *Psammorycter vermileo*) en Provence, dans le Lyonnais, en Auvergne. Réaumur la chercha vainement aux environs de Paris, où elle n'a pas encore été trouvée, à ma connaissance. Cette larve, comme celle des fourmilions, et souvent en leur compagnie, se tient au pied des murs dégradés ou au bas des talus abrités de la pluie par une roche en surplomb.

Le corps de la larve d'un gris sale, un peu jaunâtre, va régulièrement en augmentant de grosseur de la tête à la région opposée. La tête est effilée comme celle des asticots, et rentre au repos dans le premier anneau du corps. Il en sort deux mandibules en forme de dards, qu'elle enfonce dans ses victimes, et dont elle se sert comme point d'appui pour marcher, tirant son corps après elle. En outre, elle saute en débandant sa région postérieure. Le dernier anneau, plus long que les autres et un peu aplati, se recourbe en dessous, comme un crampon qui fixe la larve au sable de l'entonnoir pendant que sa proie se débat. Il se termine par quatre appendices charnus, que Réaumur compare à une main ouverte à quatre doigts. Elle n'a pas de pattes et s'enfonce comme un éclair dans le sable dès qu'on touche à son entonnoir ; très agile, elle s'élance du fond sur la victime, qui y tombe, et l'enlace comme un petit serpent. Elle ne commence pas par tracer l'enceinte de son entonnoir, ainsi que le fourmilion. Elle s'enfonce dans le sable, de haut en bas, par sa tête pointue. Le sable est lancé au dehors par les inflexions alternatives de son corps ; parfois il se plie en compas, dont la plus longue branche tourne autour de la plus courte, formée par la partie postérieure, de sorte que le bout de la partie antérieure jette le sable en tournoyant. On comprend que ce mouvement est très propre à faire un cône : aussi, l'entonnoir du vermilion est plus profond, eu égard à sa taille, que celui du fourmillion, et à parois plus abruptes (fig. 304, 305, 306). Il en aplanit les bords escarpés en frottant son corps contre eux, et lance une pluie de sable sur l'insecte infortuné qui cherche à lui échapper en remontant la surface du cône meurtrier.

La larve paraît vivre plusieurs années. Elle devient nymphe sans faire de coque, entourée de grains de sable collés à elle et gardant la peau de larve plissée et attachée au dernier segment. La nymphe fait pressentir les formes de l'adulte. Elle a une petite tête, un petit thorax renflé et comme bossu, avec

Fig. 304, 305 et 306. — Entonnoir, larve et nymphe du vermilion.

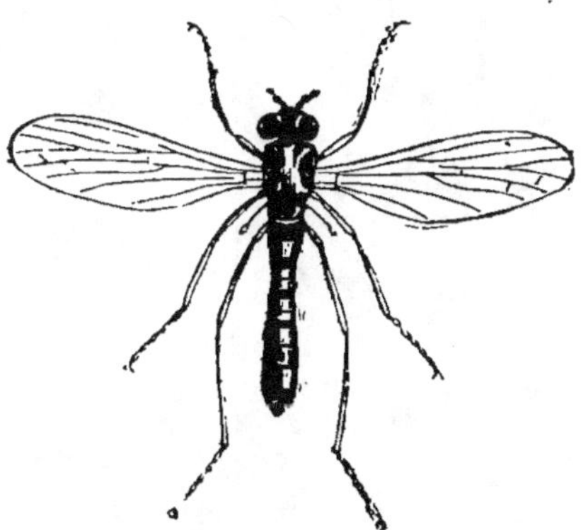

Fig. 307. — Vermilion adulte, grossi.

des ailes enroulées autour du thorax, des rudiments de pattes, un abdomen long et mince. Au bout de quinze jours, vers la fin de juin, les adultes sortent de la peau de la nymphe fendue sur le dos. Ils sont jaunâtres, avec des traits et des taches noires, et ont un aspect général de tipules, en raison de leur corselet renflé et de leurs longs balanciers (fig. 307). Souvent ils recourbent en dessous leur abdomen, grêle à l'origine, déprimé, arrondi à l'extrémité. Ces diptères ont un vol léger et rapide; au repos, leurs ailes transparentes, légèrement embrunies et irisées, se placent l'une sur l'autre le long du corps, atteignant presque l'extrémité de l'abdomen.

Nous avons près de Paris plusieurs espèces de Leptis. L'une d'elles, le *Leptis strigosa*, plus grande et plus robuste que le *vermileo*, à ailes maculées de gris jaunâtre, se trouve dans nos bois en mai et juin. Les femelles, plus grosses que les mâles, à abdomen en pointe extensible pour pondre dans les trous, ont les ailes moins tachetées. Les deux sexes se posent au soleil, sur les troncs d'arbre, avec une sorte d'obstination, et toujours la tête en bas. La larve ne fait pas d'entonnoir (fig. 308).

En été et en automne, on voit les *volucelles* tournoyer dans nos bois d'un vol rapide et bourdonnant.

Fig. 308. — Leptis strigosa mâle et femelle.

Leur corps paraît souvent comme vésiculeux par la transparence des téguments. Tantôt elles sont velues et ornées de poils jaunes, blancs et rouges comme les bourdons chez lesquels elles pénètrent; ou bien, faiblement poilues, et parées de bandes jaunes et brunes, elles ressemblent aux guêpes et aux frelons, et envahissent sans crainte, sous ce masque trompeur, leur asile redoutable (fig. 309). Il semble prouvé par là que les insectes n'ont pas à distance une vision très nette, et sont plus facilement impressionnés par les couleurs que par es formes des objets. Les volucelles pondent dans les gâteaux, nais leurs larves, bien moins innocentes que celles des psi-hyres, puissamment cuirassées contre l'aiguillon, dévorent les arves des hyménoptères. Réaumur avait observé les ravages les larves du *Volucella bombylans* dans les nids de bour-lons. M. Künckel d'Herculaïs, a étudié complètement les mé-amorphoses de cette espèce et de plusieurs autres. Il a contaté es plus curieux changements dans les terminaisons extérieures le l'appareil respiratoire. Chez la larve, hérissée de spinules,)n trouve quatre stigmates, deux antérieurs au second anneau, leux postérieurs au douzième. Les pattes existent bien visibles.

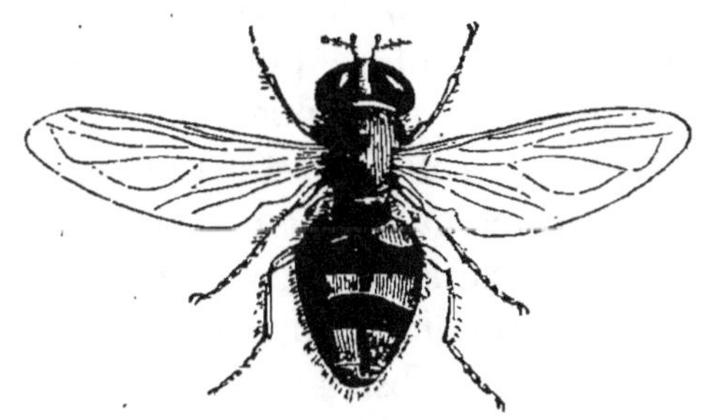

Fig. 309.
Volucella zonaria,
adulte.

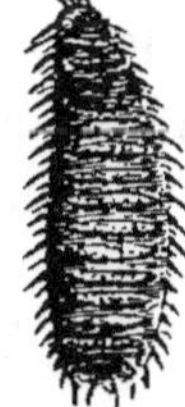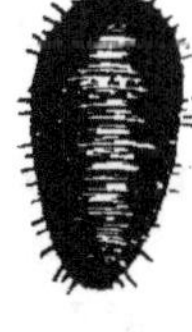

Fig. 310 et 311
Larve et pupe de Volucella
zonaria.

Lors de la nymphose, le tégument s'isole de la peau de la larve; on a une pupe, plus raccourcie, offrant aussi des cou-ronnes de spinules. Ces pupes des volucelles ont été décou-vertes par M. Künckel. Les orifices d'entrée de l'air ont disparu, et la région antérieure offre au dos deux tuyaux qui simulent deux courtes cornes. A leur surface est un nombre considé-rable de petits orifices d'entrée de l'air, spéciaux à ces pupes (fig. 310, 311). Enfin, chez l'adulte, cet appareil transitoire si singulier n'existe plus; il y a sept paires de stigmates aux places habituelles, et cette multiplicité d'orifices correspond à des trachées perfectionnées. Nous représentons les divers états du *Volucella zonaria* des nids de frelons et aussi de guêpes.

Les larves, sans pattes, ne changent pas de peau, dans la grande majorité des espèces de diptères à courtes antennes, pour prendre l'état intermédiaire, mais deviennent des pupes brunes et immobiles dans l'ancienne peau séchée, à l'intérieur de laquelle s'organise l'adulte, sans que rien au dehors atteste sa forme. La plus grande puissance de locomotion que présente le règne animal est celle de certains de ces diptères, si l'on considère que, malgré leur petite taille, nous en voyons des espèces, en été, attirées par l'odeur, suivre quelque temps des convois de chemin de fer lancés à toute vitesse et pénétrer dans les wagons. Ecoutons Macquart nous exposer le rôle harmonique de l'ordre innombrable des Diptères : « Voyez ces nuages vivants de tipulaires qui s'élèvent du sein de nos prairies comme l'encens de nos temples, et qui rendent également hommage à la Divinité en nous montrant sa puissance créatrice ; voyez ces myriades de muscides répandues sur toutes les parties du globe, tourbillonnant autour de tous les végétaux, de tous les êtres animés, et même particulièrement de tout ce qui a cessé de vivre : la profusion avec laquelle ils sont jetés leur fait remplir deux destinations importantes dans l'économie générale : ils servent de subsistance à un grand nombre d'animaux supérieurs ; l'hirondelle les happe en rasant l'eau ; le rossignol les saisit de son bec effilé pour les porter à ses nourrissons ; ils sont pour tous une manne toujours renaissante. D'autre part, ils travaillent puissamment à consommer et à faire disparaître tous les débris de la vie, toutes les substances en décomposition, tout ce qui corrompt la pureté de l'air : ils semblent chargés de la salubrité publique. Telle est leur activité, leur fécondité et la succession rapide de leurs générations, que Linné a pu dire, sans trop d'hyperbole, que trois mouches consomment le cadavre d'un cheval aussi vite que le fait un lion. »

Les plus connues des mouches proprement dites sont celles qui sont attirées par les matières putréfiées ou mortes. La *mouche domestique*, si commune dans les maisons, pond ses œufs dans le fumier où vivent ses larves. Eloignez avec soin les amas de fumier des maisons de campagne si vous voulez diminuer en été leur innombrable multitude. Les animaux abattus, les viandes dépécées attirent aussitôt des légions de diptères, parmi lesquels la *mouche à viande (Calliphora vo-*

mitoria), d'un bleu d'acier, et la *mouche dorée* (*Lucilia Cæsar*), qui y pondent des œufs, et les *sarcophages*, mouches grises, rayées de noir, qui déposent de petites larves vivantes, les œufs étant éclos dans le corps de la mère (fig. 312). Les femelles ont l'abdomen prolongé pour la ponte en une sorte de tuyau. Les larves molles, sans pattes, blanches, rampant sans cesse en contournant leurs anneaux, sont les *asticots* des pêcheurs à la ligne. Elles deviennent des pupes brunâtres. Il se dégage de la chaleur de ces animaux à nutrition si active,

Fig. 312.
Sarcophage de la viande

et les pêcheurs en éprouvent la sensation quand ils versent ces larves dans leur main engourdie par le froid. Ces mouches, attirées par les odeurs fortes, pondent parfois accidentellement sur les plaies de l'homme, ou s'introduisent dans la bouche et

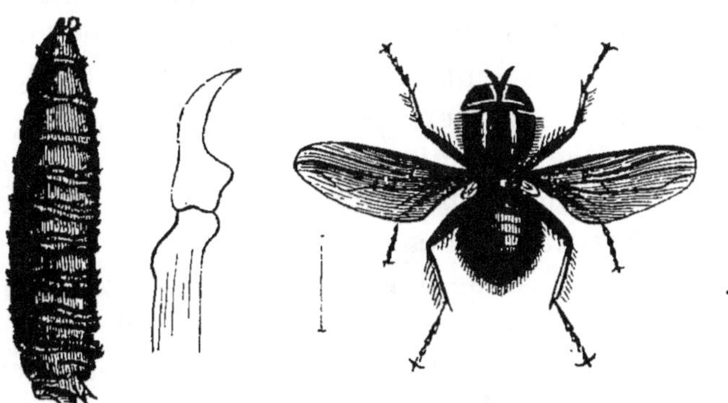

Fig. 313 et 314. — *Lucilia macellaria*, larve, adulte.

dans les narines de malheureux endormis dans une dégoûtante ivresse. Pendant que les condamnés aux travaux forcés ont été transportés à Cayenne, on a constaté cinq cas mortels causés par un insecte de ce groupe (fig. 311, 312). D'autres condamnés ont perdu le nez. La larve, à crochets des mandibules très aigus, vit dans l'intérieur des fosses nasales et des sinus frontaux. On en voit gagner le globe de l'œil et gangrener les paupières; elle peut entrer dans la bouche, corroder les gen-

cives, l'entrée de la gorge, dévorer le pharynx, avec les symp-
tômes d'une angine aiguë. Des larves, sorties des malades, ont
été nourries de viande, et on a obtenu la mouche. Celle-ci n'est
pas un parasite de l'homme, car les véritables épizoïques ne
tuent pas leurs animaux; ils sont destinés à vivre l'un de
l'autre. Il n'y a que des faits accidentels dus à une horrible
malpropreté et à l'ivresse. La mouche brillante qui cause ces
accidents mortels s'appelle *Lucilia Macellaria*, Fabricius, répandue de la République Argentine au Canada, avec diverses
variétés, peut-être espèces. C'est la mouche-vis, *Screw-
Worms*, des Américains. Diverses de nos mouches à asticots
peuvent produire de pareils effets ; ainsi, en 1826, le Dr J. Clo-
quet eut à traiter à Paris, à l'hôpital, un malheureux dont le
visage était dévoré par les asticots. Il s'était endormi, étant
ivre, dans un fossé, près du charnier d'équarrissage de Mont-
faucon.

Le docteur Coquerel a fait connaître une autre mouche (*Idia
Biyoti*) piquant, au Sénégal, les soldats des petits postes de la
côte, probablement en introduisant sa tarière dans la peau
avant de pondre. La larve a été rencontrée dans des furoncles
du dos, des bras, des jambes. Les nègres sont souvent attaqués
par cet insecte et savent extirper la larve. Enfin, tout récemment, une mouche d'un autre genre, dite au Sénégal *mouche
de Cayor*, couverte de poils d'un gris jaunâtre, et nommée
par M. E. Blanchard *Ochromyie anthropophage*, vit à l'état de
larve, au Cayor, dans des tumeurs sous-cutanées de l'homme,
et aussi, je crois, de divers animaux. Une partie de ces diptères, encore fort mal connus, appartient probablement aux
OEstres, dont nous parlerons plus loin, et qui produisent eux-
mêmes les tumeurs où vivent leurs larves.

Quand les mouches ordinaires des viandes et des cadavres
ont rempli leur office, tout n'a pas encore satisfait à la voracité de la gent à deux ailes. Des mouches, qu'on peut qualifier
de funèbres, vivent de la graisse des os des squelettes. L'espèce la plus célèbre de ces *thyréophores* se trouve, en janvier
et en février, sur les squelettes de cheval, de mulet, d'âne,
dans les charniers des équarrisseurs. Elle est très rare et singulière, parce que sa tête répand, la nuit, une lueur phospho-

escente, peut-être pour éclairer l'insecte dans son œuvre de
ernière destruction. Une autre espèce, plus commune, fré-
uente les squelettes des chiens morts dans la campagne. Le
quelette du roi de la création n'est pas à l'abri des outrages
e ces mouches. Une imperceptible espèce réduit en poussière
mpalpable les os, les ligaments, les muscles desséchés. Elle
bondait, dans l'année 1821, sur les préparations du Musée de
'Ecole de médecine de Paris.

D'autres muscides déposent toujours leurs œufs dans des
nimaux vivants, et leurs larves doivent se nourrir des tissus
nimés. Les hyménoptères ne sont pas les seuls auxiliaires que
a nature nous présente pour détruire les insectes hostiles à
'agriculture. Une foule de mouches, nommées pour cette rai-
on *entomobies*, ont des larves dont l'instinct est de dévorer
es amas graisseux des insectes, pour n'attaquer qu'à la fin de
eur existence les viscères essentiels de l'insecte dont le corps
st à la fois leur berceau et leur magasin de vivres. Ces ento-
nobies peuvent subsister dans beaucoup d'insectes d'ordres
différents, et même dans des araignées, mais elles attaquent
urtout les chenilles des lépidoptères. Les mouvements inquiets
le la tête, les poils, les épines, défendent peu les chenilles. La
nouche pond ses œufs sur la peau, sans faire de trous à la
açon des femelles des ichneumoniens. Les petites larves,
closes très promptement, se hâtent de déchirer la peau de la
chenille avec leurs crochets ; parvenues à toute leur croissance,
lles sortent de la chenille ou de la chrysalide, et très rarement
le l'adulte, et deviennent pupes immobiles dans leur dernière peau durcie. Il faut remarquer que les larves doivent se
métamorphoser au dehors, parce que la mouche adulte manque
l'organe pour perforer la peau de l'animal où a vécu la larve.
En Chine, les vers à soie sont attaqués par des insectes de
cette section ; ce qu'on nomme la *maladie de la mouche*. J'ai
publié, pour la première fois, des observations analogues
aites en France sur des vers à soie élevés à Passy par M. Caillas.
L'instinct avait trompé la femelle de l'entomobie, cherchant
seulement de la chair vivante pour ses enfants, car les larves
ne peuvent sortir de l'épais cocon, et les mouches y trouvent
la mort à côté du berceau. C'est en ouvrant des cocons desti-

nes au grainage et qui ne donnaient pas de papillons qu'on a pu reconnaître ces faits.

Il ne faudrait pas croire que les mouches produisent seulement la mort de chétifs insectes (les cas mortels pour l'homme sont des accidents anomaux). Une des causes qui rendent si difficile l'exploration de l'intérieur de l'Afrique est l'existence d'une simple mouche (*Glossina morsitans*) nommée la *tsetsé*, dont il existe probablement plusieurs espèces. Cette mouche infeste d'une manière permanente le centre de l'Afrique australe, entre 18° et 25° latitude sud et de 22° à 28° long. Elle remonte périodiquement vers le nord en certaines saisons, car elle fut indiquée autrefois par Agatharchides, puis par Bruce en Abyssinie. Ne peut-on pas admettre qu'à l'ordre du Seigneur, dépassant ses limites ordinaires, elle causa la quatrième plaie d'Egypte? « Une multitude de mouches très dangereuses vint dans les maisons de Pharaon, de ses serviteurs et par toute l'Egypte. » (Exode, chap. viii, v. 24). La cinquième plaie, la peste sur les bêtes, devient alors la conséquence de la quatrième.

Les premiers renseignements sur ce terrible insecte sont ceux de MM. Livingstone et Oswald, qui le rencontrèrent en 1849 dans leur voyage au Zambèse, sur la rive méridionale du Chobé, un des affluents septentrionaux du lac Ngami. La tsetsé n'est pas plus grosse que la mouche domestique ; elle est brune avec quelques raies jaunes et transversales sur l'abdomen (fig. 315, 316). Ses ailes sont plus longues que son corps. Sa vue est très perçante ; et, rapide comme la flèche, elle s'élance du haut d'un buisson où elle guette ses victimes, et immédiatement sur le point qu'elle veut attaquer. C'est une succeuse de sang. Si on la laisse agir sans la troubler, dit M. Livingstone[1], on voit sa trompe se diviser en trois parties dont celle du milieu s'insère assez profondément dans votre peau. La piqûre prend une teinte cramoisie ; l'abdomen de la mouche, flasque et aplati auparavant, se gonfle peu à peu, et, si l'insecte n'est pas tourmenté, il s'envole tranquillement aussitôt qu'il n'est gorgé de sang.

---

1. *Explorations dans l'intérieur de l'Afrique australe*, par le docteur Livingstone. Hachette, 1859, p. 86, 92 et suiv.

Il y a probablement bien des erreurs dans le récit de Living-
tone, que la tsetsé fait périr les chevaux, les bœufs, les mou-
ons et les chiens, tandis que sa piqûre est sans danger pour
'homme, la chèvre, le porc, l'âne. Les accidents ressemblent
)eaucoup à l'affection charbonneuse. Je suis porté à croire que
;e redoutable diptère inocule le charbon dans certains cas, selon

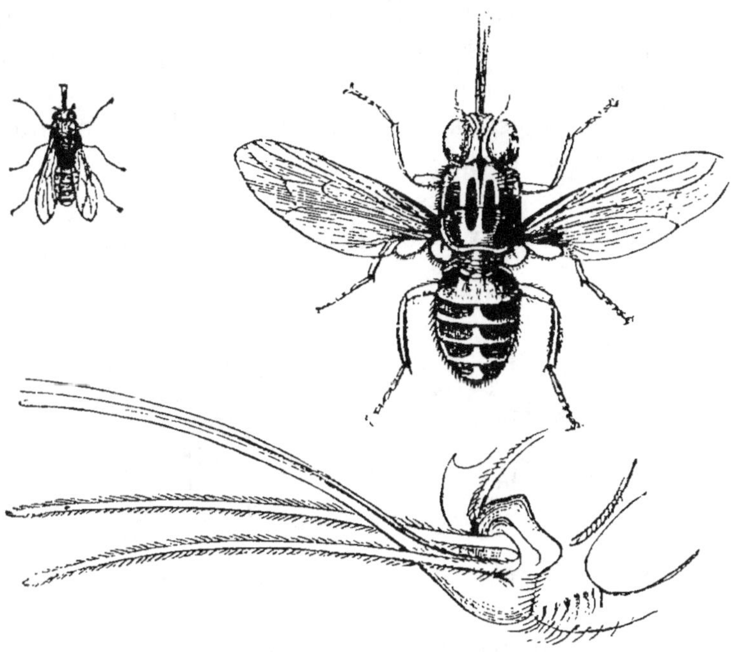

Fig. 515 et 516. — Mouche tsetsé de grandeur naturelle et grossie,
avec détail des pièces buccales.

les sucs qu'il a aspirés, comme le font en France les *Simulies*,
voisines des Cousins, et les *Stomoxes*, qui sont des Muscides.

La mouche tsetsé paraît peu en plaine, mais fréquente les
buissons et les roseaux qui bordent les fleuves et les marais.
Son bourdonnement, bien connu des bestiaux, les frappe d'é-
pouvante. Elle est localisée dans certains cantons de la manière la plus complète et ne franchit jamais leurs limites. Les
deux rives du Zambèse en sont infestées, et beaucoup de peuplades qui les habitent ne peuvent avoir d'autre animal domestique que la chèvre. Quand des troupeaux doivent traverser
les domaines de cette mouche si redoutable, on choisit les clairs

de lune des nuits de la saison froide, où elle est trop engourdie
pour piquer. Les docteurs indigènes ont aussi mis à profit le
dégoût qu'inspirent aux tsetsés les excréments des animaux;
on barbouille de fiente mêlée de lait les bœufs qui doivent traverser les cantons dangereux. Les rares observateurs de la
tsetsé ne nous ont encore rien appris de certain sur ses métamorphoses. Ils s'accordent à dire que sa disparition suivra celle
des animaux sauvages devant l'extension de l'empire de l'homme
et l'emploi des armes à feu, car le sang de ces animaux est sa
seule nourriture. C'est sans doute à eux qu'elle emprunte les
bactéridies charbonneuses.

Il semble que les diptères sont les insectes créés le plus spécialement pour vivre aux dépens des grands animaux. Les *œstres*

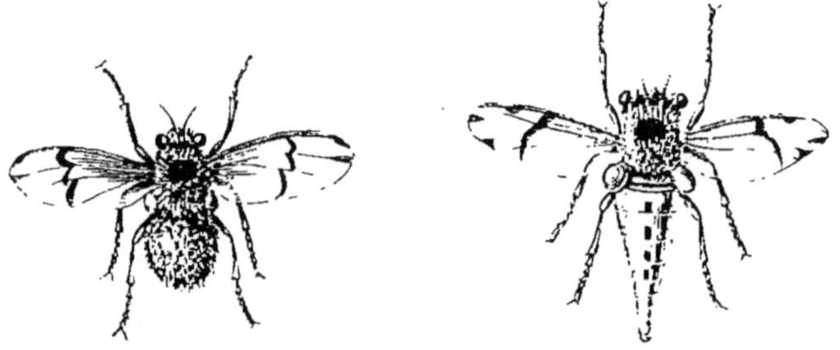

Fig. 317 et 318. — Œstre du cheval, mâle et femelle.

au corps velu, à la bouche à peine formée chez l'adulte, ne
paraissent pas prendre de nourriture à l'état parfait, où ils ne
vivent que peu de jours (fig. 317, 518). Les femelles s'approchent des chevaux, se balancent quelque temps les ailes ouvertes, puis se posent sur eux, l'abdomen replié. Un œuf adhère
au poil touché par le diptère. Le même manège est répété un
grand nombre de fois. Tandis que les chevaux craignent beaucoup les taons dont le bourdonnement les effraie, ils ne semblent pas s'apercevoir de la présence des œstres, au vol silen-
cieux. Les œufs sont déposés sur les poils dans toutes les parties
que la langue du cheval peut atteindre (fig. 319). En se léchant,
le cheval les colle à sa langue, puis, avec la nourriture, elles
passent dans l'estomac. Les larves s'accrochent aux parois par
des couronnes de crochets qui les entourent et qui leur servent
aussi à ramper (fig. 320). Quand leur développement au moyen

le sucs digestifs est achevé, elles sortent avec des excréments
et, dans leur peau durcie, deviennent pupes à la surface du
sol. La *cephalémyie du mouton* pond ses œufs dans les narines

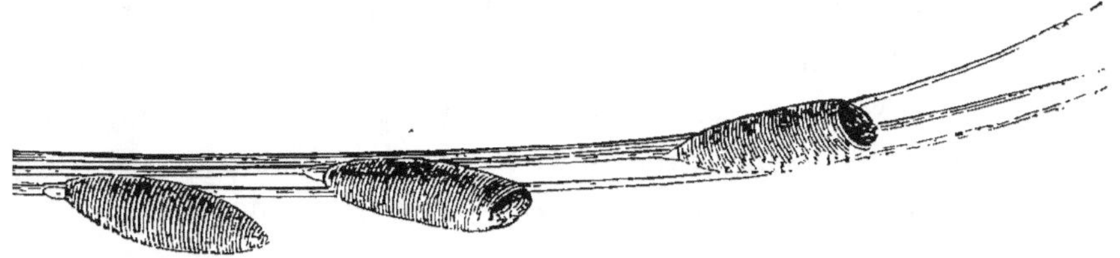

Fig. 519. — Œufs collés aux poils.

de l'animal ; les larves remontent avec leurs crochets dans les
cavités olfactives. On trouve fort souvent ces larves dans les
boucheries quand on fend les têtes de mouton pour en extraire
la cervelle. C. Duméril rapporte avoir recueilli les insectes

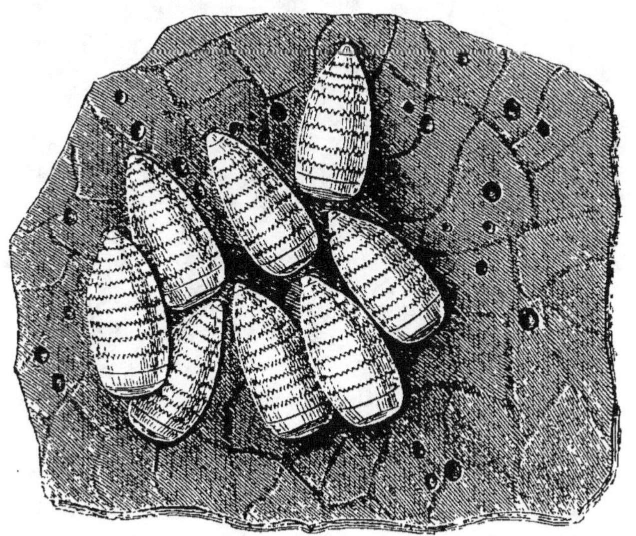

Fig. 320. — Portion d'estomac avec larves d'œstres.

adultes en grande quantité sur les solives du plafond des ber-
geries. Au moment où cet insecte touche le nez du mouton, le
pauvre animal secoue la tête et frappe violemment la terre avec
ses pattes de devant. Il se sauve, le museau baissé contre le
sol, il flaire l'herbe en courant de crainte qu'une autre mouche
n'y soit cachée, et, s'il l'aperçoit, s'éloigne avec terreur. Il

cherche les ornières pleines de poussière, et y place son museau pour en rendre l'accès impossible.

Les larves des genres voisins doivent vivre dans des tumeurs excitées par elles. Les femelles déposent l'œuf sur la peau percée ensuite par les larves. Ces larves sont munies de crochets pour se mouvoir dans leur horrible berceau. Elles en sortent et se laissent tomber sur le sol à l'état de pupes encore molles. L'*hypoderme du bœuf* en France fait développer des

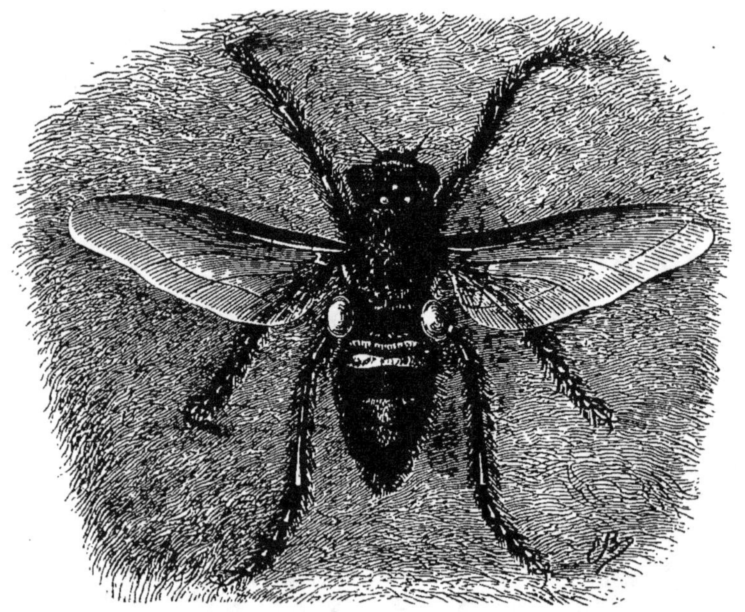

Fig. 321. — Hypoderme du bœuf, très grossi.

tumeurs sur le dos du bétail. Réaumur en étudiait les larves sur les vaches de l'abbaye de Malnoue en Brie. Les diptères qui proviennent de ce genre de larves sont très velus, et Réaumur les compare à des bourdons. Les cuillerons sont très développés, et leurs balanciers ont de gros boutons ovales (fig. 321). D'autres espèces produisent des tumeurs sur le dos des cerfs, des daims et des chevreuils dans nos bois, et les oiseaux insectivores viennent parfois les becqueter et les débarrasser des larves. Le renne, dans les marécages glacés de la Laponie, souffre des attaques d'un diptère analogue, et une espèce spéciale vit aussi sur l'élan aux bois gigantesques. Dans les pays

ropicaux, les *cutérèbres* ont les mêmes mœurs. Une espèce, à
a Nouvelle-Grenade (*Cuterebra noxialis*) couvre de tumeurs
es bœufs et les chiens (fig. 322, 323, 324). Ce diptère est
ussi à redouter pour l'homme, et l'on voit souvent le ventre
les naturels couvert de petites tumeurs où vit la larve pourvue
le cercles de crochets. Quand ces larves se sont fixées sur les
ambes, elles peuvent produire de graves ulcères, avec de vives

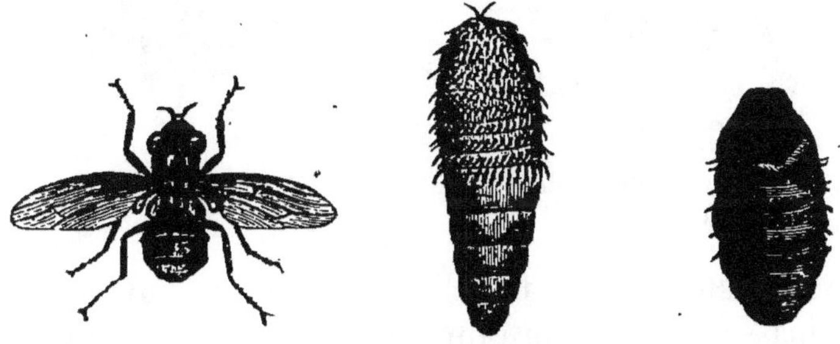

Fig. 322, 323 et 324. — Cutérèbre nuisible, adulte, larve, nymphe.

louleurs, et mettre obstacle à la marche. On les force à sortir
u moyen de cataplasmes de tabac. La larve en question, ou
elle d'une espèce voisine, est connue à Cayenne sous le nom
le *ver macaque*, et a été indiquée par Arture, médecin du roi,
lans un mémoire adressée en 1753 à l'Académie des sciences.
l est probable que le *ver moyacuil*, du Mexique, qui attaque
'homme et le chien, est une espèce analogue.

Les derniers diptères présentent les signes de la dégradation
a plus manifeste. Ils ne peuvent plus vivre seuls, mais courent
ntre les poils ou les plumes de certains mammifères et oi-
eaux. Les balanciers ont disparu ; les ailes ne leur servent qu'à
passer d'un animal à l'autre ; la bouche est munie de deux
oies qu'ils enfoncent dans la peau pour aspirer le sang ou la
graisse. Enfin l'abdomen, sorte de poche volumineuse, est
garni d'une peau très extensible. Ce sont les métamorphoses
qui rendent curieuse au plus haut point cette famille d'insec-
es dégénérés. Elles ont été très bien décrites par Réaumur sur
a *mouche-araignée* du cheval, qu'on trouve en été entre les
poils du ventre des chevaux et sous la queue. Son abdomen est
arge et cuirassé ; elle pique parfois l'homme et le chien. Tous

ces insectes très agiles, courant même de côté, à longues pattes munies de forts ongles crochus pour se cramponner aux poils ou aux plumes, ressemblent à des araignées. On voit sortir de

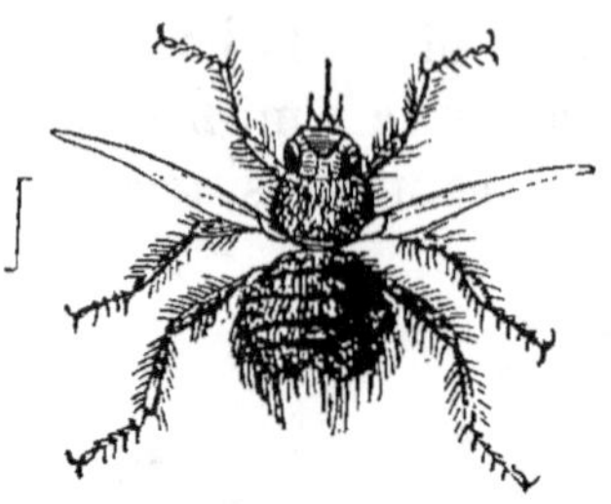

Fig. 325.
Sténoptéryx de l'hirondelle,
grossi.

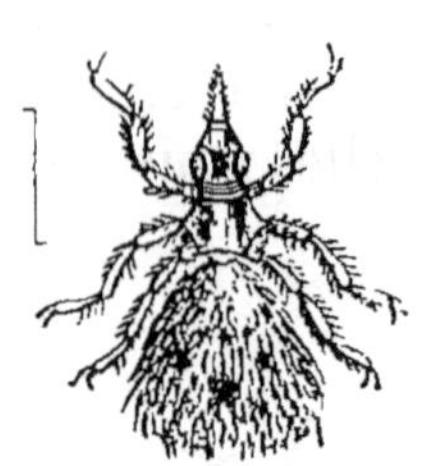

Fig. 326
Mélophage du mouton,
grossi.

l'abdomen distendu des femelles non pas un œuf, mais une énorme masse blanche, presque aussi grosse que la mère, en forme de lentille ronde et plate. C'est une larve qui a accompli son évolution à l'intérieur du corps de la mère. Bientôt elle brunit et l'on reconnaît que réellement le diptère a mis au monde une pupe, d'où l'insecte parfait sort bientôt en soulevant la portion supérieure comme un couvercle. L'*hippobosque du cheval* a les ailes assez développées; elles deviennent longues et très étroites dans le *sténoptéryx de l'hirondelle*, qu'on rencontre entre les plumes des jeunes hirondelles et dans les nids de ces oiseaux (fig. 325). Elles

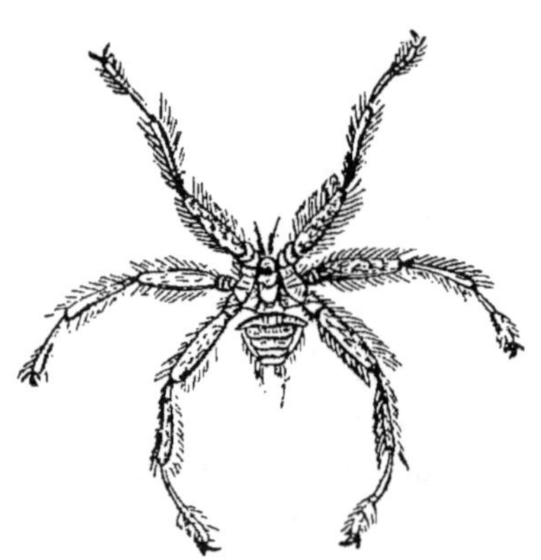

Fig. 527. — Nyctéribie de la chauve-
souris, grossie.

sont presque nulles dans une espèce qui vit sur le cerf, le *leptotène du cerf*, et enfin manquent tout à fait dans les *mélophages*, qui restent accrochés au milieu de la toison des moutons (fig. 326). Leur présence nous explique ces vols d'étourneaux suivant les troupeaux, et se cramponnant sur le dos des moutons au point de s'empêtrer parfois les pattes dans la

ne : ils cherchent ces diptères parasites. La tête se distingue
peine du thorax chez tous ces insectes imparfaits ; elle se
nfond tout à fait avec lui dans les *nyctéribies* cachées entre
. poils des chauves-souris et ressemblant beaucoup à des
aignées qui n'auraient que six pattes (fig. 327). On ne sait
)p si ces singuliers insectes ont des métamorphoses. Les
otères nous conduisent ainsi, de dégradation en dégrada-
n, aux insectes épizoïques, les poux des mammifères et
s ricins des oiseaux, chez lesquels les changements se ré-
iisent à de simples mues.

II

INSECTES A MÉTAMORPHOSES INCOMPLÈTES

—

CHAPITRE VIII

ORTHOPTÈRES

Les perce-oreilles. — Les blattes cosmopolites et leurs ravages. — Les mantes et les empuses ; chasse à l'affût. — Les érémiaphiles du désert. — Les bacilles pareils à des branches. — Les grillons et les courtilières. — Les sauterelles, leur chant. — Les acridiens voyageurs, dévastations ; l'Algérie en 1866 et 1873.

Il y a encore des broyeurs et des suceurs dans les insectes où les changements se bornent à l'acquisition graduelle des ailes. Les orthoptères sont les gros mangeurs de la création entomologique. Leurs estomacs multipliés rappellent les animaux ruminants. Leurs espèces sont peu variées, mais nombreuses en individus au point de constituer parfois d'épouvantables fléaux. Ces insectes ne sont pas d'une organisation élevée ; les sens et les instincts sont médiocres ; tout paraît subordonné à une continuelle voracité. En effet, au sortir de l'œuf, ces insectes sont déjà ce qu'ils seront plus tard au point de vue de l'appareil digestif. Ils sont agiles et mangeront à tous les âges de leur existence ; une évolution considérable s'est donc accomplie à l'intérieur de l'œuf. C'est l'opposé des hyménoptères.

Nous commencerons l'étude des orthoptères par un petit groupe dont l'aspect rappelle les staphylins. Les *forficules* présentent, sous de très courtes élytres, des ailes très larges, se repliant d'une façon compliquée, et que l'insecte emploie rarement. Le plissenent est à la fois en éventail et deux fois en travers (fig. 328, 329, 330). On a répandu, fort à tort, la fable que ces insectes peuvent entrer dans les oreilles, les percer à l'intérieur et pénétrer dans le cerveau. Il est probable que cette erreur découle d'une fausse interprétation de leur nom. La pince qui termine

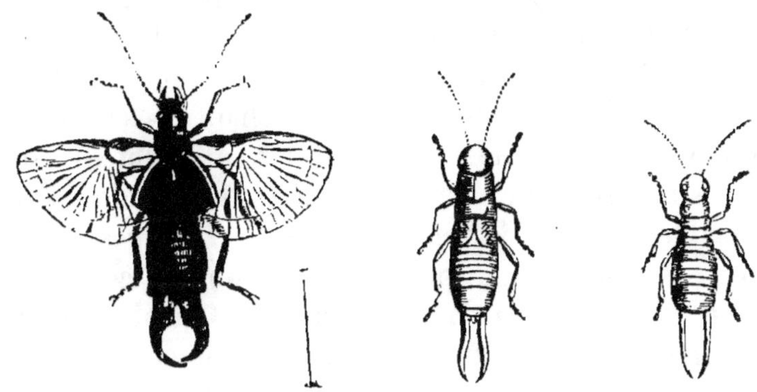

Fig. 328, 329 et 330.
Forficule auriculaire, adulte grossi, nymphe et larve.

leur abdomen dans les deux sexes ressemble aux anciennes pinces des bijoutiers pour percer les oreilles des enfants. Elle ne serre pas d'une façon sensible et ne fait aucun mal, sauf chez de très gros sujets.

Les forficules fuient la lumière, vivent de fruits et de détritus, mangent l'intérieur des fleurs, surtout des roses, des dahlias, des œillets, des oreilles d'ours. Les femelles pondent leurs œufs en tas, dans un coin obscur, sous une écorce. Elles se tiennent au-dessus, comme des poules sur leurs poussins. Si on les disperse, la mère les recueille et les transporte délicatement. Les petits éclosent vers le mois de mai, d'abord blancs, presque transparents. La mère veille sur eux et les protége jusqu'à ce que les larves soient devenues brunes et assez fortes. Ces soins après l'éclosion sont très rares chez les insectes. J'aimerais à pouvoir dire que les jeunes forficules récompensent par leur affection cette touchante sollicitude ; mais je ne sais pas faire de roman à propos d'histoire naturelle. Les jeunes larves se hâtent de manger cette tendre mère, si elle vient à mourir, de même que les frères et sœurs dévorent les plus faibles d'entre eux.

Les autres orthoptères coureurs nous offrent une famille encore plus nuisibles, celles des *blattes*. Ce sont des insectes nocturnes, à couleurs brunes ou fauves. Elles étaient bien connues des anciens. Horace leur reproche de dévorer les vêtements comme les teignes. Virgile croit, à tort, qu'elles vont dévaster, la nuit, les ruches des abeilles. Les dépôts amoncelés par les blattes[1] lucifuges souillent les rayons, » dit-il (*Géorg.*, livre IV, vers 244).

Ces insectes ont un corselet large, cachant la tête, de longues antennes ténues, des pattes grêles, mais fortes : aussi sont-ils très agiles. Leur corps aplati leur permet de passer à travers les fentes des caisses et, dans les voyages au long cours, on est obligé de protéger les objets contre leur voracité en les enfermant dans des boîtes de fer-blanc soudées à l'étain. Les femelles, très fécondes, pondent leurs œufs entourés d'une coque, en forme de haricot ou de fève, où chaque œuf a sa capsule. Elles traînent avec elles cette coque, la surveillent, la fendent et aident les larves à sortir des œufs. Les blattes sont omnivores, et répandent une odeur forte qui reste sur tout ce qu'elles touchent. Les substances alimentaires sont surtout l'objet de leur gloutonnerie. Comme les dermestes, elle n'ont plus de patrie, et se naturalisent partout où le commerce les transporte. Quelques petites espèces vivent dans nos bois sous les mousses. Deux espèces qui sont en liberté près de Paris, dans nos bois, sont devenues domestiques dans les maisons en raison d'un climat plus rude, et très nuisibles dans les pays du Nord, la *blatte germanique* en Russie et la *blatte laponne* dans les huttes des pauvres Lapons, où elle dévore les poissons fumés préparés pour l'hiver. Ces insectes voraces s'excluent l'un l'autre des maisons, et la blatte laponne, la plus faible, a dû se réfugier tout à fait au Nord. Chez nous ils sont de même probablement chassés par le *Periplaneta orientalis* ou *kakerlac oriental.* Cependant la *blatte germanique* existe en Belgique et dans les Ardennes dans les maisons et même dans certains restaurants de Paris. Les pays chauds nous ont transmis par les vaisseaux les hideux *can-*

---

1. Peut-être le mot *blatta* désigne-t-il les cloportes, crustacés lucifuges.

relats ou *kakerlacs*, à ailes plus courtes que les vraies blattes, manquant quelquefois chez les femelles. Le *kakerlac améri-cain* infeste les navires, court la nuit sur les passagers endor-mis, se trouve dans les docks, les raffineries de sucre exoti-que, et a été apporté dans les serres du Muséum. Cette espèce est un véritable fléau à la Havane. Aussi l'on conserve avec grand soin des crapauds dans les maisons pour s'en débarras-ser. Ces utiles batraciens se promènent partout très respectés et courent sans cesse à la recherche des kakerlacs. Les dames

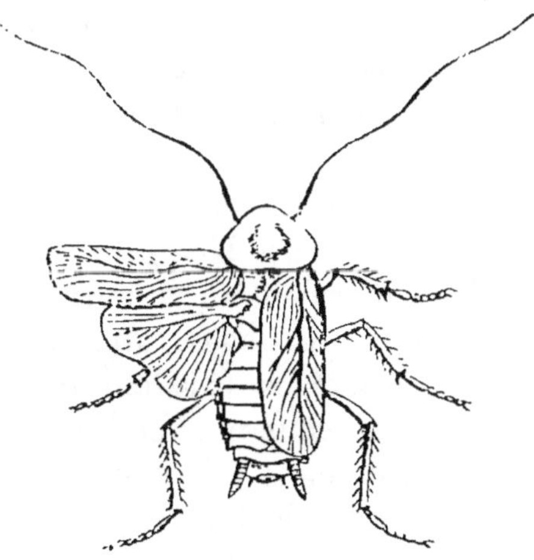

Fig. 531. — Kakerlac oriental, mâle.

du pays les tolèrent même sous leurs robes, en raison de leurs continuels services. On cite un voyageur nouvellement débarqué se réveillant au milieu de la nuit et voyant dans la chambre, autour de son lit, cinq énormes crapauds. Effrayé de ce cénacle étrange, il appelle. Un enfant de la maison arrive, se contente de prendre chaque crapaud, un par un, sans lui faire aucun mal, et de le porter dans une pièce voi-sine Le *kakerlac oriental*, de l'odeur la plus repoussante, est bien répandu dans l'Europe. On le nomme *cafard, noirot, bête noire, blatte des cuisines*, etc. (fig. 331). Il aime la cha-leur, vit dans les boulangeries, dans les cuisines, près des machines à vapeur, se cache dans les fentes des murailles, contre les gonds des portes.

Des maisons ont été rendues inhabitables du fait de cet insecte. Un jugement de la cour de Bordeaux, du 17 janvier 1869, confirme une résiliation du bail avec dommages-intérêts, accordés aux locataires d'un hôtel garni infecté par ces blattes. Les experts avaient constaté qu'avec deux kilogrammes de poudre insecticide de Vicat répandue à minuit dans les salles fréquentées par ces animaux on avait ramassé, quatre heures après, 2244 de ces insectes.

Qu'on entre à l'improviste dans le calme de la nuit, avec une lumière, dans la cuisine de quelque restaurant mal tenu, on verra ces révoltants animaux courir sur les tables, dévorant tous les débris d'aliments. On dit que la *blatte géante*, de l'Amérique du Sud, ronge pendant la nuit les ongles des gens endormis.

Que ne peut-on naturaliser dans nos maisons un autre groupe d'orthoptères de mœurs bien différentes, avides chasseurs d'insectes? Ils renferment aussi leurs œufs dans des coques, oblongues, à plusieurs loges, attachées aux branches. Ces *mantes* sont remarquables par leur corps élancé, leurs grandes ailes. Théocrite, dans une de ses idylles, donne ce nom, par analogie à une jeune fille maigre, à bras minces et allongés. Ces insectes assez lents, verts ou jaunâtres comme les feuilles avec lesquelles on les confond, emploient la ruse pour chasser. Ils s'approchent peu à peu, en tapinois, des insectes, et tout à coup les saisissent entre la jambe et la cuisse de devant, repliées l'une contre l'autre, garnies d'épines acérées qui s'entrecroisent. Près de Buénos-Ayres est une espèce de mante qui ronge la tête des petits oiseaux, et dans l'Amérique du Nord, il en est qui attaquent les jeunes grenouilles et lézards. Qu'on se défie, en saisissant les mantes, des blessures aiguës de ces pattes ravisseuses. La férocité de ces élégants insectes est incroyable ; les petites larves sans ailes s'attaquent au sortir de l'œuf, les femelles mangent les mâles qui sont plus petits qu'elles. Poiret rapporte qu'ayant voulu donner un mâle à une mante femelle qu'il conservait en captivité, celle-ci coupa immédiatement la tête de son époux infortuné ; puis le ménage parut vivre en excellente intelligence ; mais, le lendemain, la femelle, se ravisant, acheva complètement le mâle pour son

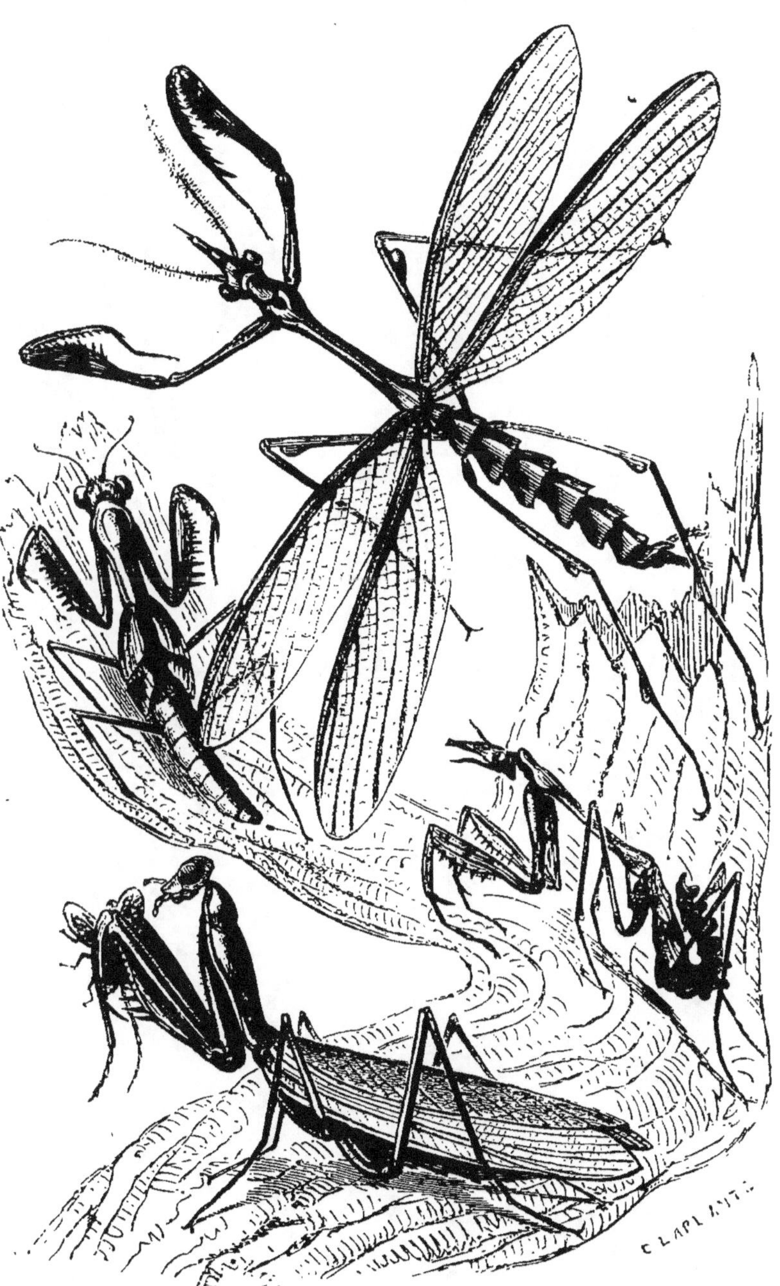

Fig. 332 et 333. — Mante religieuse et sa larve ; Empuse appauvrie mâle
et sa larve.

déjeuner. En Chine, les enfants s'amusent à mettre des mantes
dans de petites cages et à les regarder se battre avec leurs pattes
de devant, jusqu'à ce que l'une mange la tête de l'autre. L'attitude d'affût a valu à ces insectes leur nom, qui signifie *devin*
(fig. 332). On s'est imaginé qu'immobiles pendant des heures
entières, le corps et les pattes relevés en avant, ils interrogeaient
l'avenir. On les nomme, dans le midi de la France, *préga-diou*
(prie-Dieu); on a vu une adoration dans la pose de leurs pattes
ravisseuses. Au dire d'une légende monacale, l'apôtre des Indes
et du Japon, saint François Xavier, aperçut un jour une mante
qui tenait ses bras étendus vers le ciel, et la pria de chanter les
louanges de Dieu : aussitôt l'insecte entonna un cantique des
plus édifiants.

Ce sont de sanguinaires prières que les leurs ! Les noms
d'espèces portent la preuve de ces croyances superstitieuses. La
mante religieuse s'avance, en France, jusqu'à Fontainebleau et
à Lardy et aussi, parfois, près du Havre. La *mante oratoire*,
plus petite, s'étend moins loin. On a eu l'idée que les mantes
indiquent le chemin qu'on leur demande par le mouvement
d'une des pattes de devant. L'ancien naturaliste Moufet rapporte
avec bonhomie : « Cette petite bête est réputée si divine qu'à
l'enfant qui l'interroge sur son chemin elle l'enseigne en étendant une de ses pattes, et le trompe rarement ou jamais. »
Les *empuses*, à longue tête grêle, avec des antennes à deux
rangs de barbules chez les mâles, ont les mêmes mœurs (fig. 333).
On en trouve une espèce en Provence. Les femelles ont les antennes très grêles; les larves de mâles ont déjà les antennes
élargies.

Dans les déserts de la haute Egypte, sur des sables sans la
moindre végétation, courent les *érémiaphiles*, petites mantes
trapues et à organes du vol rudimentaires. Ces insectes ont pris
exactement la couleur grise, jaune ou rouge des sables sur
lesquels ils vivent. Il y a là, comme moyen de protection, une
véritable adaptation volontaire à la couleur des sols. De même
les caméléons prennent la couleur des objets voisins, les soles
et les turbots celle des fonds sableux où ils se cachent à l'affût
de la proie. Chez ces vertébrés, si on leur crève les yeux, la
faculté imitatrice cesse. Peut-être en est-il de même chez les

érémiaphiles. Outre l'Egypte, on en trouve quelques espèces en Syrie et en Algérie, dans des lieux un peu moins arides que le désert libyque.

Aux environs de Cannes, d'Hyères, nous rencontrons un orthoptère encore plus étrange. On dirait un mince bâton vert ou brunâtre. C'est le *bacille de Rossi*, inoffensif insecte vivant de feuilles, et qui échappe aux regards de ses ennemis par cette ressemblance. Il marche lentement sur les arbres, et reste au repos au soleil, les longues pattes de devant étendues (fig. 334, 535, 356). Les petites larves, toutes semblables à lui, à la taille près, se trouvent souvent dans les feuilles sèches. Une seconde espèce voisine, le *Bacille français*, à antennes plus courtes, à corps un peu granuleux, se trouve avec le précédent sur le littoral méditerranéen et remonte par places dans l'intérieur de la France, toujours très rare. Cette curieuse espèce remonte jusqu'à la Loire, et un peu au-dessus, mais toujours très rare dans ce cas. Ainsi elle a été prise à Fontainebleau et près du Mans; je viens de la recevoir capturée aux environs d'Ancenis (Loire-Inférieure). On l'indique aussi assez fréquente à l'île de Ré. Ces insectes sans ailes n'ont que trois ou quatre mues; ce sont de vraies larves devenant propres à la reproduction. Dans les pays tropicaux, on trouve de plus grosses espèces nommées vulgairement *bâtons animés*, *chevaux du diable*, *grands soldats de Cayenne;* d'autres espèces pourvues d'ailes s'appellent *spectres*, *feuilles ambulantes*, etc.

Rien de plus curieux que le *phénomène mimique* par lequel les phasmiens affectent la forme des branches ou des feuilles. Ils demeurent des heures entières collés sur les végétaux, immobiles, confondus avec la plante par la forme, les rugosités, la couleur, les expansions foliacées de leur corps ou de leurs membres. Ils trompent ainsi les yeux de l'homme et des oiseaux, Les espèces en forme de baguette cachent la tête entre leurs longues pattes de devant, étendues ou redressées en l'air; les autres pattes se portent en arrière, et parfois l'une d'elles se détache sur le côté. simulant une petite branche latérale qui complète l'illusion.

Les autres orthoptères, que nous passerons rapidement en

Fig. 334, 335 et 336. — Bacille de Rossi, mâle, femelle et larves.

revue, ont les pattes postérieures fortes et renflées, et exécutent des sauts plus ou moins étendus. Il en est des fouisseurs, creusant des trous dans la terre pour y placer les œufs et s'abriter. Qui n'a vu, au soleil, le *grillon champêtre*, l'œil au guet, à moitié hors de son trou, montrant sa grosse tête noire (fig. 337)? Qu'on lui présente une paille, il la saisit avec ses mandibules et se laisse tirer au dehors : d'où le proverbe de quelques pays : Plus sot qu'un grillon. Il sort la nuit, chasse aux insectes et mange aussi des végétaux. Le mâle appelle

Fig. 337. — Grillon champêtre, mâle.

la femelle en frottant l'une contre l'autre ses élytres à nervures épaisses. Les femelles ont une tarière prolongée ou *sabre;* servant à la ponte. Les grillons sont très frileux et tournent toujours au midi l'orifice de leurs trous. Au printemps, on ne voit guère que des larves qui ont passé l'hiver engourdies ; les adultes sont morts. Le *grillon domestique*, qui mange nos provisions, est un peu plus petit, d'une teinte jaunâtre et cendrée. Il se tient, le jour, derrière les plaques des cheminées, dans les crevasses des fours de boulanger. Il sort quelquefois au soleil pendant le jour, mais rentre à la maison dès que l'astre disparaît. La nuit, il se promène et fait entendre son *cri-cri*. Il paraît toujours altéré, se noie dans les vases pleins de liquide et fait des trous aux vêtements humides qu'on met sécher. On prétend qu'en introduisant dans les cuisines des grillons champêtres, ils ont bientôt détruit les grillons domes-tiques et les blattes. Le *grillon silvestre* est beaucoup plus petit que les précédents, et parfois si commun dans les bois que ses sauts sur les feuilles sèches produisent le bruit de gouttes de pluie. Il sort en troupes et au milieu du jour ; quelques sujets hivernent et reparaissent aux soleils de février. Moufet raconte que, dans certaines parties de l'Afrique, on vend des grillons dans de petites cages, et qu'on aime à en-tendre leur chant, qui provoque au sommeil. Chez nous, au contraire, on a souvent regardé comme de funeste augure le chant du grillon du foyer.

Dans cette famille, il faut encore citer le *tridactyle pana-ché*, qui vit dans les sables des rivières, ainsi sur les bords du Rhône et de l'Adour, et, en Algérie, sur les rives des lacs Tonga et Honbeira, près de la Calle, dans la province de Bone ; il creuse de longs puits verticaux et saute très agilement. Men-tionnons aussi les rares *myrmécophiles*, à grosses cuisses, sans ailes, qu'on a trouvés dans les fourmilières en Allemagne, en France, notamment à Sèvres, près de Paris.

Les *courtilières* sont des fouisseurs bien plus énergiques que les grillons. Elles sautent encore moins bien. Leurs pattes de devant sont élargies en pelles robustes, ressemblant aux mains de la taupe ; de là le nom de *taupes-grillons* donné à ces insectes. L'autre nom vient du vieux mot *courtille* ou jardin, d'après le séjour habituel de ces orthoptères. Les ailes sont longues, repliées en lanières. Elles servent peu ; cependant, le soir, la courtilière vole en s'élevant un peu, puis retombant en courbe. Le corselet très vaste ressemble à une carapace d'écrevisse ; il n'y a pas d'oviscapte saillant chez la femelle ; il y a, dans les deux sexes, deux filets terminaux, comme chez les grillons. Les courtilières vivent de végétaux et égale-ment de proie vivante, qu'elles cherchent avec avidité en per-forant les racines des plantes ; aussi sont-elles très nuisibles. Elles se retirent volontiers dans le fumier, surtout à cause des insectes qu'elles y trouvent. La femelle creuse un trou ovale, chambre d'incubation où elle déposera ses œufs (fig. 338, 339). Une galerie verticale y communique, et, en outre, des galeries en divers sens aboutissent à la galerie verticale, de sorte que

Fig. 538 et 539. — Courtilière, larves et œufs.

'insecte a de nombreux refuges. Les œufs éclosent vers la fin
le l'été, et les larves, d'abord molles et blanches, sont gardées
ivec sollicitude par la mère, qui les tient rassemblées dans le
iid, et va, dit-on, leur chercher de la nourriture. Elles ne de-
iiennent nymphes, c'est-à-dire ne prennent des rudiments
l'ailes, que l'année suivante. Il faut, paraît-il, trois ans pour
e développement complet. Dès le mois d'avril, les mâles font
intendre leur cri d'appel, sur une note lente, monotone,
noins pénétrante que le grillon, ressemblant au cri de la
:houette ou de l'engoulevent. Ce sont les mâles seuls, chez
es courtilières et les grillons, qui peuvent striduler. Aussi, le
ioète grec comique Xénarque félicite, dans une de ses pièces,
es grillons mâles : « Que vous êtes heureux, dit-il, vous qui
.vez des femmes silencieuses ! »

Les sauts deviennent bien plus étendus chez les *locustiens*,
[ui marchent peu à cause de la grande disproportion de leurs
iattes. Ce sont les *sauterelles*, c'est-à-dire les orthoptères
auteurs par excellence. Les femelles ont au bout de l'abdo-
nen une longue tarière recourbée, à deux valves, qu'on ap-
ielle quelquefois leur sabre, et qui leur sert à entamer la
erre pour y pondre leurs œufs. Ces œufs passent l'hiver, et
es jeunes larves n'éclosent qu'au printemps suivant. Elles
essemblent dès lors complètement aux insectes parfaits, sauf
es ailes, et on peut immédiatement en reconnaître l'espèce.
:lles subissent trois mues, puis, à une quatrième, deviennent
iymphes en prenant des rudiments d'ailes. Enfin, à la cin-
[uième mue, du milieu de l'été à l'automne, les ailes sont dé-
eloppées, et l'insecte est apte à reproduire. Les sauterelles
ieuvent émettre des sons comme les grillons, surtout les
nâles. C'est encore le même mécanisme ; ces insectes sont
les cymbaliers et frottent leurs élytres l'une contre l'autre. Le
on n'est plus produit dans toute l'étendue de l'élytre, mais à
a base, dans une partie transparente qu'on appelle le *miroir*.
Jne seule note répétée constitue ce chant monotone. Il est des
spèces cachées dans l'herbe qui chantent le soir seulement ;
l'autres se font entendre pendant le jour. Ainsi, la *grande*
auterelle verte, qu'on appelle à tort la *cigale* dans le nord de
i France, fréquente les prairies un peu humides, les orties ;

le mâle, perché sur quelque buisson, chante pendant toute la nuit à la fin de l'été. On croirait entendre *zic*, *zic*, *zic*, avec des interruptions égales à la durée de chaque note. A cette espèce se rapporte par erreur la célèbre fable de La Fontaine : *la Cigale et la Fourmi*. Je ne sais trop si le fabuliste, né en Champagne, connaissait la vraie cigale. Dans de très anciennes éditions illustrées de ses fables, imprimées sous ses yeux, est

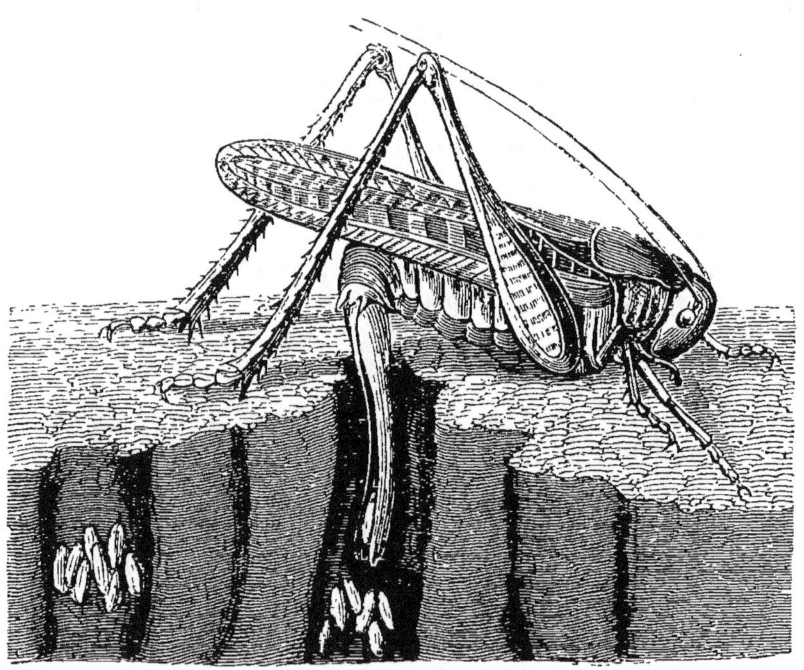

Fig. 340. — Dectique verrucivore pondant.

dessinée la grande sauterelle verte. C'est, au contraire, pendant le jour qu'une aussi grosse espèce, le *dectique verrucivore*, varié de noir, de gris et de jaunâtre, au milieu des blés mûrs, produit une stridulation analogue, un peu plus lente (fig. 340). Au dire de Linnæus, les paysans suédois croient que cet insecte, en mordant les verrues qu'on a sur les doigts, les fait dispa- raître, grâce à la liqueur dégorgée. De petites espèces de dec- tiques, pareillement grises, habitent les prairies, et on trouve dans les vignes, en automne, près de Paris, mais surtout dans le midi de la France, les *éphippigères* dont le corselet, fortement excavé, ressemble à une selle de cheval. Les mâles et les femelles sont également bruyants, en frottant l'une contre l'autre deux écailles voûtées qui représentent leurs élytres rudimentaires. Tous ces insectes chanteurs sont très timides, et cessent de s'appeler dès qu'ils entendent le moindre bruit.

D'autres orthoptères, encore mieux organisés pour le saut que les précédents, par suite de la longueur et de la force de leurs pattes postérieures, ne possèdent plus chez les femelles cette longue tarière de ponte des sauterelles. Ces *acridiens* ou *criquets* sont tous diurnes, et aiment pour chanter à grimper au soleil sur les herbes; ils fréquentent les lieux secs et recherchent la chaleur. Les pays de montagnes en ont de nombreuses espèces, se rassemblant en grande quantité dans les sentiers qui sillonnent les pentes gazonnées, là où les mulets ont répandu leur urine. Les chants des criquets sont plus variés que ceux des sauterelles, peuvent avoir plusieurs notes et se modifier, tantôt chant d'appel pour la femelle, tantôt chant de colère, si plusieurs mâles se rencontrent. Les sons sont moins musicaux que ceux des grillons et des sauterelles. Il y a là plutôt un bruit de crécelle, mais avec des timbres très divers, selon les espèces, comme si les pièces sonores étaient en carton, ou en bois, ou en métal. Yersin, en Suisse, et M. S. Scudder, à Boston, ont noté en musique les chants des orthoptères. Les criquets sont des violonistes. Leur chant se produit par le frottement des pattes de derrière contre les élytres. Ordinairement, les deux pattes frottent à la fois. La note est grave si le mouvement de la patte est allongé et lent, aiguë si ce mouvement est court et rapide. Il y a des espèces où une tout autre note que la note habituelle est donnée par des mouvements alternatifs des pattes.

Le chant s'accélère à mesure que le soleil monte au-dessus de l'horizon, et se ralentit à l'approche de la nuit, ou quand la saison devient plus froide. Enfin, les femelles de ces mâles si bruyants, et les deux sexes de certaines espèces, font le même mouvement des pattes sans que notre oreille perçoive de son. Très probablement, il y a là une musique très douce qui n'est destinée qu'à ses auditeurs naturels. Il semble que

les criquets musiciens habitent de préférence les contrées tem
pérées et froides de l'Europe, et que les espèces à stridulation
insensible aiment mieux les régions chaudes du Midi. Là, les
orthoptères musiciens sont remplacés par les cigales (hémiptères), bien plus bruyantes, mais d'un chant moins varié d'une
espèce à l'autre.

Tous, nous connaissons ces criquets qui s'enlèvent à quelques mètres au-devant du promeneur, et lui font admirer leurs
belles ailes rouges ou bleues. La plupart des espèces volent
peu ; mais certaines, sous l'empire de causes inconnues, se
gonflent d'air et entreprennent ces désastreux voyages qui
sont un des plus grands fléaux des régions chaudes. Deux espèces, dans l'ancien monde, sont le désespoir de l'agriculteur.
La plus grande, le *criquet voyageur*, se rencontre des côtes
occidentales de l'Afrique aux rivages de la Chine. Une seconde
espèce, de taille un peu moindre, le *pachytyle migrateur*
(figuré dans l'introduction, p. 18), s'avance plus au nord et
se montre dans le midi de la France et dans toute l'Europe
orientale. On en trouve des individus isolés dans les prairies
de la banlieue de Paris. Le nouveau monde et l'Australie ont
aussi quelques autres espèces d'acridiens à migrations, mais
moins fréquentes et moins désastreuses que dans l'ancien
monde. La Nouvelle-Calédonie présente une espèce dévas-
tatrice qui parfois obscurcit l'air de ses nuages.

On a reconnu, en étudiant en Afrique le criquet voyageur,
qu'il a cinq mues : la première a lieu cinq jours après la sortie
de l'œuf ; la seconde six jours après la première ; la troisième
huit jours après la seconde ; et, dans ces trois premières mues,
l'insecte n'a pas d'ailes. Ensuite se produit la quatrième mue
au bout de neuf jours, et l'insecte est alors en nymphe, avec
des rudiments d'ailes. Enfin, la cinquième mue ou l'état parfait arrive dix-sept jours après ; en tout quarante-cinq jours à
partir de la sortie de l'œuf.

L'histoire de tous les temps a enregistré les sinistres voyages
des acridiens. Les criquets dévastateurs paraissent habituellement prendre leur origine dans les déserts de l'Arabie et de
la Tartarie ; les vents d'est les amènent en Afrique et en Europe. On voit des vaisseaux couverts de ces insectes à 60

u 80 lieues en mer. Les vents sont, en effet, leur auxiliaire
indispensable. Nous ne remonterons pas aux époques éloignées
pour chercher les récits de leurs dévastations, des famines qui
les suivent et des pestes qui résultent de leurs cadavres amoncelés. L'Europe fut particulièrement ravagée en 1747, 1748,
1749. En 1748, une de leurs nuées arriva jusqu'en Angleterre.
L'entomologiste Duponchel rapporte qu'en août 1834, des
Acridiens couvrirent pendant plusieurs jours les murs des
maisons des quartiers les plus habités du centre de Paris (*Ann.
Soc. entom. de France*, 1834, Bull., p. XL). Si les hannetons
ont forcé une diligence à rebrousser chemin, les criquets ont
arrêté l'armée de Charles XII, en retraite dans la Bessarabie,
après sa défaite de Pultawa. L'armée se trouvait dans un défilé,
hommes et chevaux étaient aveuglés par une grêle vivante
sortie d'un nuage épais interceptant le soleil. L'approche des
criquets fut annoncée par un sifflement pareil à celui qui pré-
cède la tempête, et le bruissement de leur vol surpassait le
sombre mugissement de la mer courroucée.

Aux Indes, dans le pays des Mahrattes, on en vit une colonne serrée sur une longueur de 80 lieues et épaisse de plusieurs pieds. Barrow et Levaillant nous rapportent que les
criquets dévastent souvent l'Afrique australe, que leurs cadavres masquent la surface des rivières, et que le sol semble
balayé ou hersé. En 1835, des nuages de criquets cachaient,
en Chine, le soleil et la lune. Après les végétaux sur pied, les
récoltes en magasin et les vêtements dans les maisons furent
dévorés. Les habitants s'enfuirent dans les montagnes. En 1780,
le Maroc fut en proie à la plus affreuse famine, à la suite des
criquets, et les pauvres déterraient les racines et recherchaient
pour se nourrir les grains d'orge dans la fiente des dromadaires. A la fin de 1864, les plantations récentes de cotonniers
furent détruites au Sénégal par les criquets, et on observa un
nuage d'avant-garde de 15 lieues de long. Notre colonie
algérienne, dans toute son étendue, est très souvent leur
proie. Le général Levaillant en a vu à Philippeville un nuage de
3 à 4 myriamètres de longueur former sur le sol, en s'abattant, une couche de $0^m,3$. Les récoltes furent ruinées en 1847.

En 1845, l'Algérie avait été éprouvée en entier par le fléau des Acridiens. Depuis, leurs invasions avaient été partielles ; mais, en 1866, leurs bandes, sorties du Sahara, couvrirent de nouveau toute notre colonie, et les désastres méritèrent le nom de calamité publique qui leur est donné dans la circulaire du comité central de souscription, présidé par le maréchal Canrobert (*Moniteur* du 6 juillet 1866). L'invasion commença au mois d'avril ; les criquets, sortis des gorges et des vallées du sud, s'abattirent d'abord sur la Mitidja et le Sahel d'Alger ; la lumière du soleil était interceptée par leurs nuées ; les colzas, les avoines, les blés, les orges, les légumes furent dévorés, et les insectes dévastateurs pénétraient même dans les maisons. Les Arabes tentaient d'empêcher par de grands feux et d'épaisses fumées, et par divers bruits, la descente de leurs faméliques essaims. A la fin de juin, les jeunes criquets sortis des œufs, affamés en raison de la déprédation précédente, comblaient les sources, les canaux, les ruisseaux. L'armée, par corvées de plusieurs milliers d'hommes réunit ses efforts à ceux des colons et des indigènes pour enfouir les cadavres amoncelés, mais avec peu de succès devant le nombre immense des criquets. Presque en même temps, les provinces d'Oran et de Constantine furent envahies. Le sol était jonché de criquets à Tlemcen, où de mémoire d'homme ils n'avaient paru. Ils attaquèrent à Sidi-Bel-Abbès, à Sidi-Brahm, à Mostaganem, les tabacs, les vignes, les figuiers, les oliviers même, malgré leur amer feuillage ; à Rélizane et à l'Habra, les cotonniers. La route de 80 kilomètres, de Mascara à Mostaganem, en était couverte sur tout son parcours. On les rencontra, dans la province de Constantine, du Sahara à la mer et de Bougie à la Calle, dévastant les environ de Batna, Sétif, Constantine, Guelma, Bone, Philippeville. Le fléau n'a pas disparu les années suivantes, et il a amené en grande partie, sur le territoire arabe, une désolante famine, aidé, il faut le dire, par un mauvais système de propriété et de culture et le fanatisme musulman. Quelle pénible stupeur, quelle angoisse profonde, dans toute la France intelligente et instruite, à la lecture de cette lettre lamentable de l'archevêque d'Alger, pleine de charité et si dignement évangélique !

En 1873, l'Algérie a subi une nouvelle invasion du criquet

voyageur. A la fin de mai, des volées considérables se sont abattues à Magenta, dans la province d'Oran, et en peu de jours, les champs de pommes de terre, de blé et d'orge étaient détruits. Des escadrons de cavalerie, des détachements d'infanterie, auxquels sont venus se joindre colons et indigènes, ont coopéré à la chasse de ces ennemis ailés. D'énormes quantités ont été écrasées par les pieds des chevaux, assommées, brûlées sur les broussailles au moyen d'arrosages de pétrole, enfin ramassées par sacs et jetées au feu vengeur; mais ce n'est là qu'un verre d'eau enlevé à la mer! On a vu plusieurs fois, en Algérie, les cadavres amoncelés des criquets ralentir les trains des chemins de fer.

Il semble qu'après tant de désastres on devrait admirablement connaître ces criquets et surtout l'*acridien voyageur* de 1866. Il n'en est rien, et, dans l'article du *Moniteur*, qui annonce officiellement le fléau à toute la France (1er juillet 1866), et inscrit la souscription dont la famille impériale s'empresse de prendre l'initiative, il est dit que les sauterelles donnent naissance à des légions de criquets. Autant confondre un bœuf avec un cerf. Dans notre pays, ces erreurs sont continuelles; triste mais inévitable conséquence de la part presque nulle accordée dans l'enseignement élémentaire à l'histoire naturelle, malgré ses applications si fréquentes!

Il est facile d'établir la distinction. Les sauterelles ou locustes ont de longues et fines antennes, des tarses au bout des pattes, à quatre articles. L'abdomen des femelles se termine par une longue tarière ou *sabre* leur servant à pondre dans des trous (fig. 341). Les acridiens ou criquets ont des antennes plus ou moins courtes et épaisses, des tarses de trois articles, et l'abdomen des femelles manque toujours de la longue tarière cornée, remplacée par quatre pièces, deux supérieures, deux inférieures, plus ou moins acuminées (fig. 342). Aussi la ponte a lieu sur le sol même. L'*acridien voyageur* dépose environ quarante œufs, disposés sur trois rangs longitudinaux, oblongs, d'un jaune pâle, entourés d'une matière visqueuse, à laquelle se colle la terre ou le sable, de sorte que ses œufs sont dans une sorte de nid, courbé, arrondi à un bout et tronqué à l'autre, qui est fermé par une calotte de terre (fig. 343).

Pour s'opposer à tant de désastres, on ramasse les criquets

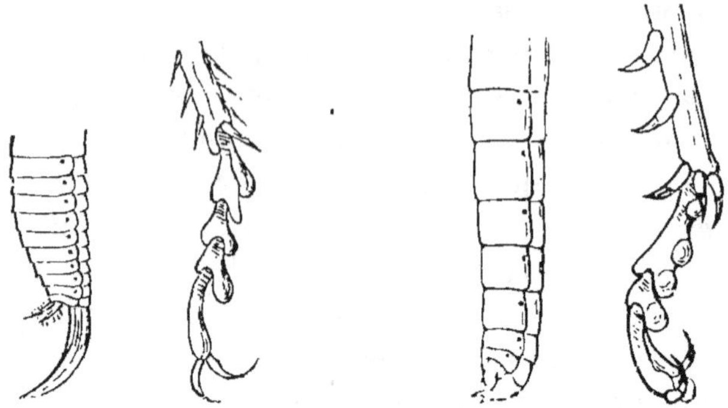

Fig. 341.
Abdomen de locustien et tarse grossi.

Fig. 342.
Abdomen d'acridien et tarse grossi.

avec de grands filets traînants, et on recherche pour les brûler leurs œufs déposés sur le sol ou sur les branches. Les nègres

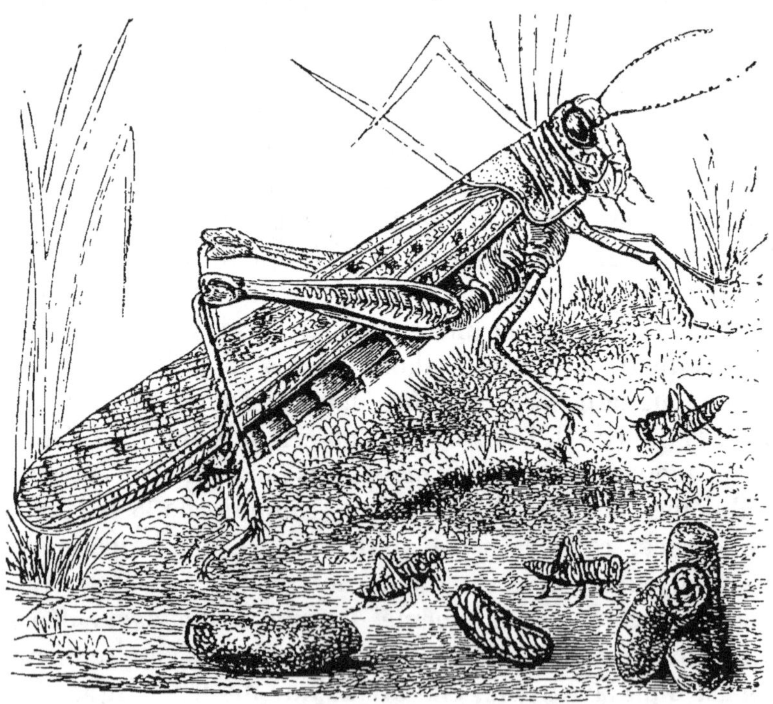

Fig. 343. — Grand criquet d'Afrique, petites larves sortant de l'œuf, œufs
(acridien voyageur).

du Soudan essayent d'épouvanter les criquets dans leur vol

par leurs cris sauvages, et on a vu, en Hongrie, employer à cet effet les détonations du canon. Dans la Grèce antique, des lois imposaient les citoyens de diverses provinces à un certain nombre de mesures de criquets. En 1613, en Provence, on paya des primes de 50 centimes par kilogramme d'œufs, et moitié de ce prix pour les adultes. Marseille dépensa alors 25 000 trancs, et Arles 25 000. Plus récemment on dépensa dans le même pays, pour cette chasse, 2227 francs en 1822; 2842 en 1823; 5842 en 1824, et 6200 en 1825. En 1850, on donna en Algérie une prime de 25 centimes par sac de criquets, et on les apportait à Médéah par charges de trente à quarante dromadaires.

Par une sorte de vengeance due à une cruelle nécessité, des populations se nourrissent de ces insectes, et ont mérité le nom d'*acridophages*. Moïse en permet quatre espèces aux Hébreux (Lévit., vi, v. 21 et 22); les Grecs les vendaient au marché (Aristophane, *les Acharniens*, v. 1115); saint Jean-Baptiste en fit sa nourriture dans le désert (Matth., Évang., c. iii, v. 4), et Diodore de Sicile rapporte que les Étiopiens les servaient sur leurs tables. De nos jours, en Algérie, les indigènes mangent le criquet voyageur, l'espèce la plus commune, nommée par eux *djerad el arbi* (la sauterelle arabe). M. H. Lucas a observé que ce sont surtout les Bédouins, ou habitants des plaines, et les Kabyles, ou habitants des montagnes, et très rarement les Maures, qui l'emploient comme aliment. A cet effet, les Arabes leur coupent la tête en prononçant les mots suivants : *Bism Allah* (Au nom de Dieu); *Allah akbar* (Dieu le plus grand), enlèvent les ailes et les plus grandes pattes, puis salent le corps et le mangent au bout de quelque temps. La saveur du mets n'est pas très désagréable, au dire de M. H. Lucas. En Arabie, les femmes et les enfants enfilent les criquets en chapelets pour les vendre après dessiccation. Les prophètes s'en nourrissaient autrefois dans les grottes du Carmel; aujourd'hui, en Orient, on les mange au café comme dessert et friandise. Il est des pays où on les fait frire ou bouillir; les Hottentots les aiment beaucoup. A Bagdad, on vend des criquets frits sur le marché.

CHAPITRE IX

NÉVROPTÈRES

Comme dans l'autre section de l'ordre des névroptères, ceux qui n'ont que des métamorphoses incomplètes se divisent, sous ce rapport, en deux groupes, selon que les larves et les nymphes sont terrestres comme les adultes, ou qu'elles habitent l'eau à ce premier état.

Les *termites* sont les plus curieux représentants des premiers. On les nomme souvent *fourmis blanches*, à cause de leurs teintes blanchâtres; *poux de bois, vagvagues, carias,* etc. Les prétendus peuples mangeurs de fourmis se nourrissent réellement de termites, dont on dit que les nègres sont très friands. Nous retrouvons chez ces insectes l'existence de sociétés nombreuses, et la fonction de reproduction, pivot unique de ces prétendus gouvernements, est divisée en un plus grand nombre d'individus que partout ailleurs, même chez les bourdons et les abeilles. La fonction de reproduction exige ici quatre individus et non plus seulement trois. Il faut le père, la mère, la nourrice et le soldat. Il y a certaines espèces de fourmis où cette même division quaternaire paraît exister.

Comme la plupart des espèces de termites sont exotiques, elles n'ont été l'objet que d'observations peu scientifiques. On se préoccupe surtout des dégâts qu'ils causent, et beaucoup de

oints de leur histoire restent encore obscurs. Il n'est nulle-
ient certain qu'on soit autorisé à généraliser ce qui n'a encore
:é constaté que sur un très petit nombre d'espèces. Il existe
1 France, principalement dans les Landes de Gascogne, deux
spèces de termites. La plus abondante fait des nids en par-
elles de bois rongé, composés de quelques centaines d'indi-
idus, dans les souches de pin qui restent en grand nombre
ur le sol après que les arbres ont été coupés. On nomme cette
spèce *termite lucifuge*, parce que, à l'ordinaire de tous les
ermites, ils rongent les objets ligneux à l'intérieur, en res-
ectant toujours la surface externe, de sorte qu'on se trouve
ans la plus parfaite ignorance de leurs atteintes.

Un grand nombre de maisons de la Rochelle, Rochefort,
onnay-Charente, ont eu leurs poutres entièrement détruites à
'intérieur. A Tonnay-Charente, une salle à manger s'écroula,
t l'amphitryon et ses convives tombèrent à la cave. On peut
oir dans les galeries du Muséum les colonnes de bois qui sou-
enaient la salle et qui furent rapportées par Audouin, en mis-
ion pour constater les dégâts des termites. L'hôtel de la pré-
ecture de la Rochelle était envahi par ces insectes, et les
rchives furent en partie détruites, la reliure des registres
estant intacte. On est forcé de les enfermer maintenant dans
les boîtes de zinc. M. E. Blanchard a vu, aux voûtes des caves
le la préfecture, des tubes formés par des matériaux agglu-
inés, servant de galeries aux termites qui ne paraissaient pas
 l'air libre. Le linge est aussi exposé à la dent de ces insectes.
Audouin a rapporté de Tonnay-Charente le voile de noces d'une
lame entièrement troué par eux. Certains quartiers d'Agen et
le Bordeaux commencent à souffrir des ravages de ces in-
ectes. Leurs sociétés restent séparées dans les bois : elles se
éunissent dans les villes pour leurs déprédations.

Lespès a reconnu dans les termitières des Landes cinq sortes
l'individus bien distincts. Chaque nid présente d'abord un
ouple fécond, *roi* ou *reine*, ou *petit roi et petite reine*. Il
'y trouve des neutres des deux formes différentes. Les plus
iombreux sont des *ouvriers*, de la taille d'une forte fourmi,
hargés de creuser les galeries dans le bois, de soigner les
œufs, les larves et surtout les nymphes, en les aidant à opérer

leurs mues, les brossant, les léchant, d'aller à la recherche des provisions, de les emmagasiner dans le nid. D'autres neutres, bien moins abondants, au lieu de la tête arrondie des ouvriers et de leurs courtes mandibules, ont une énorme tête, presque moitié du corps, un peu carrée et avec de très fortes mandibules croisées. Ce sont les *soldats* chargés de la défense du nid, se précipitant pour mordre les agresseurs. Ces défenseurs, de même que les ouvriers, n'ont que deux petits ocelles. L'anatomie a fait voir à Lespès que ces neutres des deux sortes sont les uns des mâles, d'autres les femelles, toujours à organes avortés. Il se rencontre des larves de deux variétés, ressemblant beaucoup aux ouvriers. Les unes doivent devenir des neutres, les autres des mâles ou des femelles, et on les reconnaît en ce qu'elles ont de très légers rudiments d'ailes. Les nymphes à ailes imparfaites deviendront des mâles et des femelles. Il en est qui ont de longs fourreaux pour les ailes; d'autres, plus ramassées, ont des fourreaux alaires plus courts. Les larves et les nymphes des individus sexués ont les yeux cachés sous la peau. Les mâles et femelles seuls ont des yeux des deux espèces, composés et simples. Ils prennent des ailes et émigrent; puis, comme les fourmis, les perdent aussitôt après que la fécondité des femelles est assurée. Les mâles et femelles provenant des nymphes à longs fourreaux deviennent les petits rois et petites reines, après leur essaimage qui a lieu à la fin de mai. En août, des autres nymphes proviennent des mâles et des femelles plus volumineux, plus féconds, qui sont les rois et reines. Les couples des deux sortes, recueillis par les ouvriers et les soldats, forment le noyau des colonies de printemps et d'automne. Il y a là, comme on le voit, une remarquable complication. L'abdomen de la reine est énorme et traîne à terre. Elle se tient dans une galerie profonde du nid, sans cellule spéciale; le mâle ordinairement près d'elle. Quoique très embarrassée de son gros ventre, elle marche cependant assez bien, et le roi est toujours très vif. Les ouvriers ne paraissent pas avoir pour eux de soins d'aucun genre.

Des faits analogues, mais avec un caractère plus tranché, plus exagéré, se montrent chez les termites exotiques. Quelques espèces ont été étudiées dans l'Afrique australe par un voyageur hollandais, Smeathman, à la fin du siècle dernier. L'une d'elles, le *termite belliqueux* ou *fatal*, construit en terre gâchée des nids en monticules coniques, pouvant dépasser 3 mètres de hauteur, assez solides pour supporter le poids des taureaux sauvages. Smeathman et ses compagnons se cachaient en embuscade entre ces grands nids pour chasser; il rapporte qu'il monta une fois sur l'un d'eux avec quatre hommes pour chercher à l'horizon si quelque navire n'était pas en vue. Dans le voyage dans l'intérieur de l'Afrique du lieutenant de Serpa-Pinto, il est fait mention de ces termitières d'argile, qui ressemblent de loin à des villages. Au milieu de la partie inférieure du nid est la cellule royale oblongue, à voûte arrondie, ayant jusqu'à $0^m,25$ de longueur. Elle est entourée des salles de service du couple royal. Au-dessus sont des magasins remplis de parcelles de gomme et de sucs de plantes solidifiées. Dans le pourtour du nid sont de grandes chambres ou nourriceries, avec cellules de bois collé à la gomme. Là sont déposés les œufs de la reine, et éclosent les jeunes larves. Ces chambres, grandes parfois comme une tête d'enfant, sont bien ventilées. Le haut du nid est occupé par un dôme creux, plein d'air. On trouve dans ce nid une multitude d'ouvriers, de $0^m,005$ de longueur, des soldats, de $0^m,010$, dont chacun pèse autant que dix ouvriers, des mâles et des femelles non fécondées, de $0^m,018$ de longueur, pesant autant que trente ouvriers. Les ailes des mâles, qui ne subsistent que quelques heures, ont $0^m,050$ d'envergure.

« La cellule royale, dit M. de Quatrefages [1], renferme toujours un couple unique, objet des soins les plus empressés, mais qui achète sa grandeur au prix d'une reclusion perpétuelle, car les portes et les fenêtres du palais, suffisantes pour laisser passer un ouvrier ou un soldat, sont trop étroites pour livrer passage au roi et plus encore à la reine. Celle-ci, toujours au centre de la chambre princière et reposant à plat, frappe tout d'abord les yeux de l'observateur. Qu'elle ressemble peu à ce gracieux insecte aux ailes fines, à la taille svelte, qui n'avait que trois à quatre fois la longueur et trente fois le poids

1. *Souvenir d'un naturaliste*, t. II, p. 387.

d'un ouvrier! Ses ailes ont disparu, la tête et le corselet sont restés à peu près les mêmes ; l'abdomen, au contraire, a pris un développement monstrueux et tend à s'accroître sans cesse. Dans une vieille femelle, il est deux mille fois plus gros que le reste du corps, et atteint jusqu'à 0^{m},15 de long. Cette femelle pèse alors autant que trente mille ouvriers, et, grâce à cette obésité exagérée, les précautions prises pour prévenir la fuite sont parfaitement inutiles, car elle ne peut faire un seul pas. Quant au mâle, il a aussi perdu ses ailes, mais il n'a d'ailleurs changé ni de dimensions, ni de formes. Toutefois il use peu de sa faculté de locomotion, et tapi d'ordinaire sous un des côtés du vaste abdomen de sa compagne, il se borne à être le mari de la reine. Les travailleurs et les soldats ont l'air de faire assez peu d'attention au roi; mais ils sont fort occupés de la reine. L'espace laissé libre autour de celle-ci est constamment rempli par quelques milliers de serviteurs empressés qui circulent autour d'elle en tournant toujours dans le même sens (fig. 344, 345, 346, 347). Les uns lui donnent à manger d'autres enlèvent les œufs qu'elle ne cesse de pondre, car ici, comme chez les abeilles, cette reine est avant tout la mère de ses sujets. » Sa fécondité est devenue vraiment prodigieuse chez les termites exotiques. Son corps déformé n'est plus qu'un sac à œufs. Il y en a toujours un de mûr, et on voit de continuels mouvements de contraction s'exécuter, tantôt sur un point, tantôt sur l'autre. Elle pond au delà de soixante œufs par minute, plus de quatre-vingt mille par jour. De ces œufs naissent des petites larves blanches, objets des soins les plus attentifs; elles se nourrissent de champignons qui poussent sur les murs gommeux et humides des couvoirs. Vers la saison des pluies, les nombreux mâles et femelles de la termitière prennent des ailes, et sortent par millions, lors d'une soirée d'orage, de leurs retraites souterraines. Leur vie aérienne dure peu, leurs ailes flétries se détachent au bout de quelques heures. Le sol est jonché de ces insectes qui deviennent la proie de mille ennemis. Quelques couples, recueillis par des ouvriers, protégés par des soldats, sont les noyaux de nouvelles termitières, et bientôt se trouvent cloîtrés chacun dans une cellule royale.

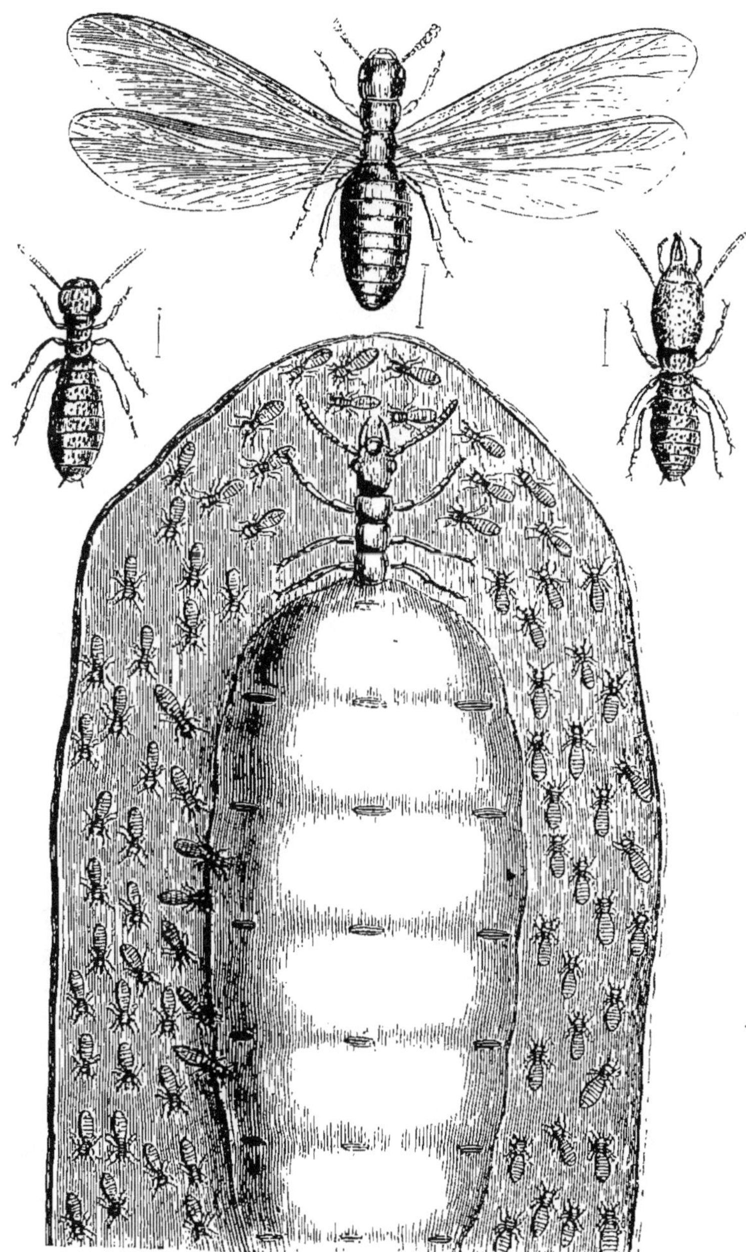

Fig. 344, 345, 346 et 347. — Termite lucifuge : mâle, ouvrier, soldat, grossis.
Femelle féconde d'un termite exotique.

Smeathman signale encore un *termite mordant*, construisant des nids en forme de colonnes cylindriques, terminées par des chapeaux voûtés comme des champignons, et un *termite destructeur*, établissant aux fortes branches des arbres ces nids en forme de grosses boules composées d'un mélange de branchages, de feuilles et de terre réunis à des sucs gommeux et résineux. Les insectes y abordent au moyen de tubes clos et maçonnés descendant le long de l'arbre. Rien de plus curieux, rapporte-t-il, que les voyages des termites. Les soldats, qui font l'office d'inspecteurs quand les ouvriers réparent une brèche au nid, se postent ici en défenseurs sur les

Fig. 348. — Raphidie remarquable, mâle.   Fig. 349. — Larve du raphidie, grossie.   Fig. 350. — Nymphe de raphidie, grossie.

flancs de la colonne d'ouvriers. Certains se placent en sentinelle sur des plantes, et de temps en temps battent des pattes de façon à produire un cliquetis. A ce signal, l'armée répond par une sorte de sifflement prolongé, et tous doublent le pas avec la plus grande ardeur.

On rencontre au printemps dans les bois, volant contre les troncs d'arbres, surtout les pins et sapins, des insectes à grosse tête triangulaire, suivie d'un long corselet. Les ailes ont de fines nervures et les femelles ont une longue tarière pour déposer leurs œufs entre les écorces où vivent les larves (fig. 348). Celles-ci sont allongées, carnassières, et se tordent comme de petits serpents (fig. 349). De là le nom de *raphidie serpentine* donné à l'une des espèces. Il y en a plusieurs se ressemblant beaucoup, toujours rares. On les nomme, en Allemagne, *mouches à tête de chameau*. Les nymphes, pourvues de fourreaux d'ailes, sont agiles et commencent à ressembler aux adultes (fig. 350). Près de ces raphidies se rangent les *mantispes*. La forme du corps et des ailes est analogue; les pattes de devant sont élargies, épineuses et repliées pour saisir les insectes, comme chez les mantes. Une des plus rares captures qu'on puisse faire dans les bois des environs de Paris est celle de la *Mantispe villageoise* que ne connaissait pas Geoffroy (fig. 351).

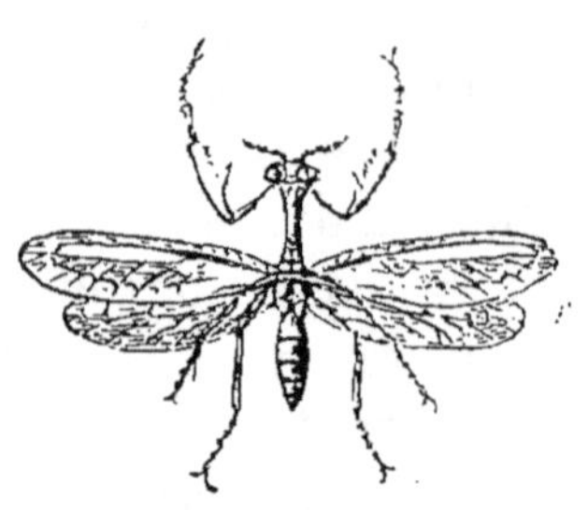
Fig. 351.
Mantispe villageoise.

Les métamorphoses des mantispes ont été tout récemment découvertes en Autriche, et publiées par M. F. Brauer. Elles offrent des faits si étranges qu'on ne s'étonne plus du temps très long pendant lequel elles restèrent complètement ignorées. Il y a un parasitisme et des transformations qui ont des analogies avec le cas des sitaris, passant leurs premiers états dans les nids de mellifiques solitaires. Pour les mantispes, les victimes de la voracité de leurs larves sont certaines espèces d'araignées vagabondes, ne faisant pas ou très peu de toiles, mais qui savent confectionner des cocons d'une soie très fine dans lesquels seront déposés les œufs que la mère veille et protège avec la plus touchante sollicitude. Les lycoses portent parfois le cocon à œufs sous leur ventre, puis les petites araignées rassemblées en tas sur le dos et voyageant avec la mère. D'autres lycoses gardent leur précieux cocon au fond d'un trou où elles se retirent; la célèbre tarentule de l'Italie appartient à ce groupe. Les clubiones ont des mœurs un peu différentes. Elles attachent aux tiges des végétaux leurs cocons soyeux, parfois d'une belle soie blanche qui brille au soleil, parfois revêtus de grains de sable. Le ménage se tient dans cette chambre nuptiale, qui devient ensuite le berceau des enfants. Le *clubione nutrix* (actuellement genre *cheiracanthium*), assez commun près de Paris, attache un grand cocon blanc dans les épis des plus hautes graminées, en réunissant souvent entre eux plusieurs épis, ainsi dans les avoines, les paturins, les *holcus*, etc. Ces cocons de ponte sont très abondants au mois de juillet dans les landes sèches de Champigny, de la Varenne, près de Paris.

Ces sacs à œufs sont le théâtre des premiers états des mantispes, comme l'observateur autrichien l'a reconnu sur la *mantispe villageoise*, assez commune aux environs de Vienne sur les buissons et les ombellifères. Les faits qui vont suivre ont été reconnus dans des éducations en captivité, dans des vases de verre à fond garni de terre. On donnait aux jeunes mantispes les cocons blancs remplis d'œufs de diverses lycoses et dolomèdes qui se trouvent dans les trous de refuge de ces araignées. La mantispe femelle pond en juillet de très petits et très nombreux œufs roses d'où sortent en août des larves agiles, hexapodes allongées, courant çà et là (fig. 352). Elles demeurent longtemps en plein air sans nourriture, fait analogue à celui que nous a présenté la première larve du sitaris. C'est seulement en avril de l'année suivante qu'il faut leur donner les cocons à œufs des araignées. Elles ne tardent pas à s'y cramponner, les grattent et les examinent, puis, enfonçant leurs mandibules acérées dans la soie, y font des trous où elles se glissent en entier (fig. 353). Fait digne de remarque et bien conforme aux harmonies qui régissent les parasites! on peut laisser les araignées mères près de leurs sacs à œufs; elles ne font aucune attention aux petites larves des mantispes qui s'apprêtent à porter le carnage dans la progéniture affectionnée.

La petite larve reste plusieurs semaines sans manger, visible à travers la paroi extérieure du cocon, attendant l'éclosion des œufs. Elle grossit ensuite peu à peu, au milieu d'une sorte de bouillie formée par les cadavres des jeunes araignées. Parvenue à son entier développement (fig. 354), elle subit une mue fort importante, qui est une sorte de métamorphose. La seconde larve n'a plus que des pattes rudimentaires, grosses et coniques, impropres à la marche, une très petite tête transversalement ovale avec six ocelles de chaque côté; les mandibules servant à la succion sont séparées par un bourrelet et il y a de grosses antennes tri-articulées. La larve est boursouflée (fig. 355), et les derniers segments sont très rétrécis avec des filières anales analogues à celles des araignées. Cette larve, comme dans la précédente période, reste enroulée au milieu des cadavres des petites araignées, dans le cocon à œufs, et finit par atteindre sept à dix millimètres de longueur. Elle se file un cocon jaune ou vert, rond ou ovale, à l'intérieur du sac à œufs de la lycose, et on ne remarque à l'extérieur aucune trace du parasite. La larve demeure enroulée dans ce cocon environ une quinzaine de jours sans changer de peau ; puis elle se change en une nymphe à gros yeux bruns, toujours à très petite tête (fig. 356) et avec les pattes antérieures ravisseuses pliées sur le côté. Cette nymphe est agile, ce qui n'est pas le cas des vraies métamorphoses complètes. D'abord blanche, puis jaunâtre et s'étant formée au milieu de juin, au bout d'un mois elle sort de son cocon, qu'elle abandonne dans le sac à œufs, et perce aussi l'enveloppe de celui-ci. Après cette sortie la nymphe éprouve encore un changement de peau avant de devenir mantispe adulte.

Nous espérons que ce court exposé de faits si étranges et si peu connus en France engagera nos jeunes amateurs à collecter les cocons à œufs des araignées, et à les mettre en boîte sur de la terre. Ce sera un moyen de se procurer, par l'éclosion de la nymphe, notre rarissime mantispe villageoise.

Les névroptères aquatiques dans leurs premiers états quittent peu le bord des eaux. On les a réunis dans un groupe commun, sous le nom de névroptères amphibiotiques, qui indique bien la double existence, aérienne à l'état parfait, aquatique sous les formes de nymphe et de larve. Les *libellules* volent avec rapidité en repassant sans cesse aux mêmes endroits. La grâce de leurs mouvements, leurs riches couleurs, qui disparaissent malheureusement par la dessiccation, leur ont valu le nom de *demoiselles*. Les Anglais les nomment plus justement *Mouches-Dragons*. Leurs yeux énormes, embrassant tout l'horizon, leurs fortes mandibules indiquent des insectes cruels et carnassiers. Chacun a son territoire de chasse, saisit au passage les mouches, les papillons et les déchire aussitôt. On voit souvent les femelles planer au-dessus des eaux, surtout des eaux stagnantes et vaseuses.

L'extrémité de leur long abdomen se replie et touche l'eau de temps à autre. C'est un œuf qui tombe au fond et donne

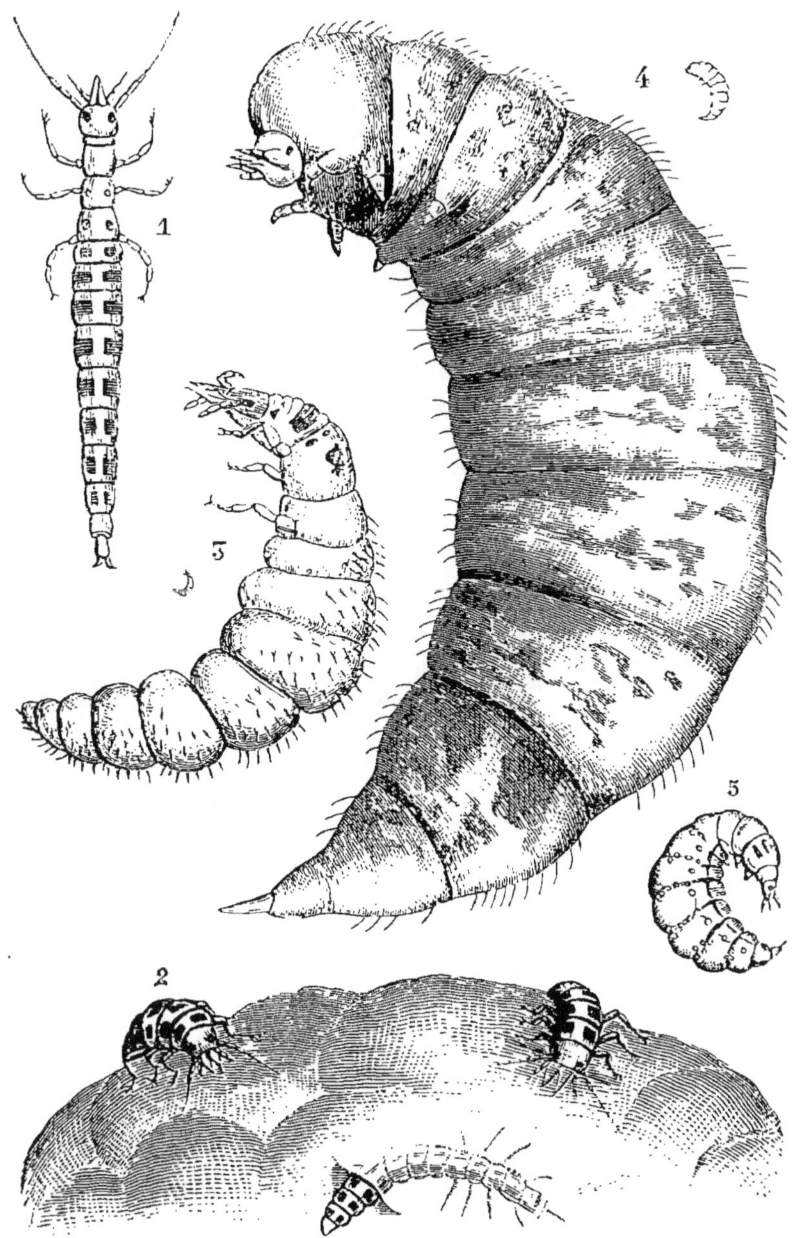

Fig. 552, 553, 554, 555 et 556.

Métamorphoses de la mantispe païenne. — 1. Larve récente. — 2. Son entrée dans le cocon à œufs. — 3. Larve développée avant la première mue. — 4. Larve adulte. — 5. Nymphe.

naissance à une larve. Celle-ci rappelle la forme de l'adulte,
mais plus ramassée. Elles sont souvent couvertes de la vase
dans laquelle elles aiment à vivre. Leur respiration est fort
étrange. L'eau pénètre dans la partie terminale du tube digestif
très élargie, et dont les parois portent un réseau de délicates
branchies communiquant avec les trachées. Cette eau sort ensuite refoulée brusquement, et la larve s'avance par un effet

Fig. 357 et 358. — Larve de libellule et éclosion de l'adulte.

de recul. Elle n'a plus ces branchies latérales en panaches qu
servent en outre à la natation chez d'autres larves aquatiques,
Cette larve, lourde et peu agile, est cependant très carnassière,
avide d'insectes, de mollusques, de petits poissons. Elle s'approche lentement de sa victime; puis, tout d'un coup, dé-
bande sa lèvre inférieure, très longue, qui était repliée sous le
thorax. Deux crochets, situés à l'extrémité, forment une pince
pour saisir la proie, qui, par le retrait de cette lèvre, se trouve
naturellement portée à la bouche. Les nymphes, un peu plus

allongées que les larves et à moignons d'ailes, ont les mêmes mœurs (fig. 357, 558). Pour se transformer elles sortent de l'eau et s'attachent par les pattes à quelque plante. Le soleil sèche peu à peu la peau, qui se fend en long sur le dos, et la libellule se débarrasse de son fourreau. Elle reste molle pendant quelques heures; puis, ses téguments bien raffermis, prend son essor. Les adultes vivent plusieurs mois. Les grandes espèces sont souvent emportées, dans l'ardeur de leur chasse, fort loin des eaux. On rencontre, même dans les bois secs, la plus grande espèce des environs de Paris, atteignant $0^m,1$ de longueur, l'*æchsne grande*, dont le vol dépasse en vélocité celui de l'hirondelle. Ce sont surtout les ailes antérieures qui concourent au vol des libellules, et qui peuvent encore le produire seules, quand on a coupé les autres. Quand ces insectes se tiennent au repos à l'extrémité des branches, les ailes restent étalées.

Dans des genres voisins, les insectes volent beaucoup plus lentement, et tiennent au repos les ailes relevées. Ainsi les *caloptéryx*, dont les larves aiment les eaux courantes, et dont les adultes, pourvus d'ailes colorées, volent au bord des fleuves et des rivières. Le *caloptéryx vierge* est très commun dans toute la France. Le mâle, d'un bleu métallique, a ses ailes diaphanes traversées d'une bande bleu verdâtre, et la femelle offre le corps d'un vert de bronze et les ailes d'un brun clair. Les ailes sont brunâtres chez les jeunes mâles récemment éclos et ne prennent leurs belles bandes bleues qu'au bout de quelques jours. Ils se posent fréquemment sur les roseaux. Les *agrions* ont le corps très grêle, les yeux très éloignés l'un de l'autre et très saillants. Leur corps est tantôt d'un blanc de lait, tantôt brun, tantôt vert. Ils volent faiblement, et abondent sur les buissons qui bordent les mares. Ils peuvent voler avec l'une ou l'autre paire d'ailes qui sont bien égales. Leurs larves sont minces et allongées.

Les *éphémères* sont des sortes de libellules dégradées, dont les adultes ne vivent que quelques heures sans prendre d'aliments, comme l'indique leur bouche imparfaite. L'éclosion a lieu le soir, plus rarement le matin, et la nuit ou le jour suffit pour accomplir leur reproduction et mettre fin à leur existence.

C'est ce qu'indique leur nom. Bientôt les étangs, les rivières sont jonchées de leurs cadavres, véritable manne pour les poissons. Le sol semble parfois couvert de neige et on assure même que, dans certaines parties de la Hollande, on les ramasse à pleines charrettes, et qu'on s'en sert comme engrais. Au-dessus des eaux, on voit une nuée de ces éphémères qui se précipitent en tournoyant autour des lumières. A Compiègne, sur l'Oise, on guette le soir leur apparition, et une foule de personnes, postées aux bords de la rivière, les ramassent comme amorces de pêche sur des linges devant lesquels est une chandelle ou une lampe allumée. Chez les éphémères, les ailes de la seconde paire sont très petites, et manquent dans certains genres. Les antennes sont deux soies très courtes comme celles des libellules. L'abdomen se termine par deux ou trois longs filets ; les pattes antérieures, très grandes, se tiennent dirigées en avant. L'*éphémère vulgaire* est brune, tachée de jaune, avec les ailes enfumées, à taches brunes, et les trois filets de l'abdomen écartés (fig. 359). Les *éphémères*, dans leur vol, s'élèvent et s'abaissent continuellement ; en agitant

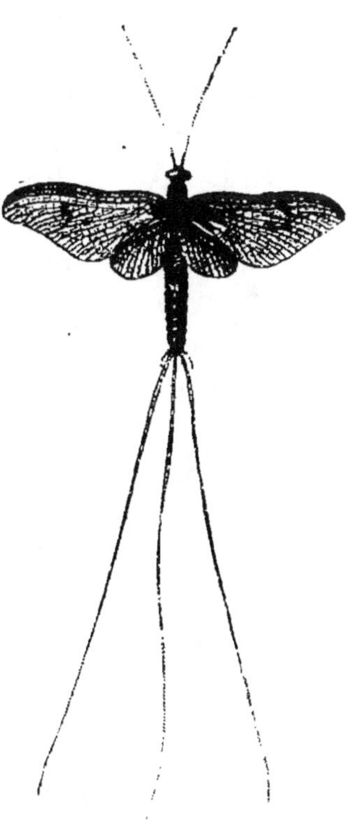

Fig. 359.
Éphémère vulgaire, adulte.

leurs ailes, elles montent ; en les laissant étalées et immobiles, ainsi que les filets de l'abdomen, elles retombent. Les poètes et les philosophes se sont complu à établir leurs comparaisons sur la vie si courte de cet élégant insecte. Le fait n'est même pas exact pour les adultes, car on peut prolonger leur vie pendant une à deux semaines en empêchant la reproduction. Il est tout à fait faux, si on prend l'existence entière de l'insecte, qui est d'un an ou plus. Les femelles laissent tomber dans l'eau leurs œufs en deux ou trois paquets portés au dehors de l'abdomen, et cette ponte se fait avec une extrême rapidité. Les paquets d'œufs s'imbibent d'eau et vont au fond. Il en naît des larves très agiles, entourées sur les côtés de longs panaches de branchies qui leur servent en même temps à nager. L'ex-

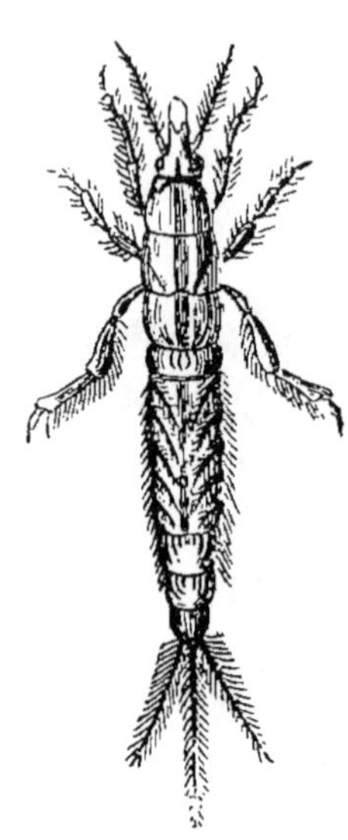

Fig. 360. — Larve d'éphémère vulgaire, grossie.

trémité de l'abdomen est munie de deux ou trois longs filets, comme dans les insectes parfaits. Selon les genres, ces larves offrent des différences intéressantes. Celle des *éphémères* proprement dites et des *palingénies*, de forme cylindrique, sont fouisseuses, et se creusent avec leurs mandibules et leurs pattes de devant des galeries droites, séparées les unes des autres et à deux ouvertures, dans la vase argileuse et molle des bords des rivières et des étangs (fig. 360). Dans cet abri qui les soustrait à la voracité des poissons, elles se nourrissent de petits insectes, et vivent deux ou trois ans. Les *bœtis* ont des larves plates qui ne creusent pas de terriers, mais demeurent appliquées contre les pierres dans les ruisseaux rapides.

Elles sont carnassières, et vivent un an. Les *cloës* ont des larves nageuses allongées et cylindriques qui chassent en nageant les petites proies. On trouve souvent dans les maisons, contre les vitres et les rideaux, la *cloë diptère*, qui n'a que deux ailes et vole peu (fig. 361). Enfin, les larves rampantes des *potamanthes* ne peuvent fouir, se traînent sur le limon, s'entourent de vase et chassent à l'embuscade.

Les nymphes des éphèmères ne diffèrent des larves que parce qu'elles ont des rudiments d'ailes (fig. 362). Elles se meuvent et se nourrissent de la même manière. Le dos, sorti de l'eau, se gonfle et se fend lors de l'éclosion de l'adulte. Elle a lieu à la surface même de l'eau pour les larves cylindriques, et la peau de la nymphe sert de radeau à l'adulte. Les larves plates sortent de l'eau et s'attachent. En s'échappant de la peau de nymphe, les éphèmères présentent une particularité remar quable. L'animal paraît lourd, il vole mal, ses ailes sont en partie opaques. Il se fixe sur quelque plante, et se débarrasse, au bout d'une ou deux heures, d'une dernière peau, très fine et blanche, qui recouvrait le corps et les ailes, et reste attachée au support en conservant la forme de l'insecte. On obtient,

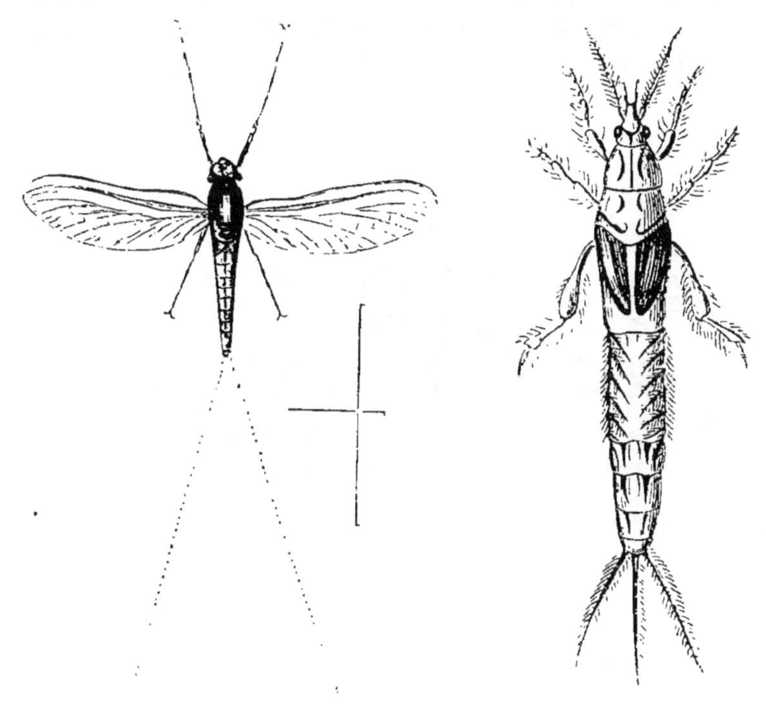

Fig. 561.
Cloë diptère, grossie.

Fig. 562.
Nymphe d'éphémère vulgaire,
grossie.

au lieu de la première forme (*subimago*), un insecte à ailes diaphanes, volant beaucoup mieux, et dont les antennes, les soies caudales et les pattes sont plus longues (*imago*). Cette dernière mue est spéciale aux métamorphoses des éphémères.

Les *perles* et les *némoures* sont des insectes au vol faible, ne quittant pas le bord des eaux. Leur corps est large, la tête surtout, leurs ailes amples et celles de la seconde paire très développées en arrière, et se repliant sur elles-mêmes dans le

repos (fig. 363). En outre, les supérieures s'entre-croisent.
Les larves sont toujours nues, sans fourreaux, toujours aquatiques (fig. 364). Les unes respirent au moyen de branchies
placées latéralement, les autres par la peau. Elles nagent peu.
mais marchent au fond des eaux, en laissant leur abdomen
traîner sur la vase. Elles se cachent sous les pierres, ou contre
les feuilles et les tiges des plantes aquatiques. Elles aiment les
eaux courantes, et se plaisent là où l'eau se précipite et se brise

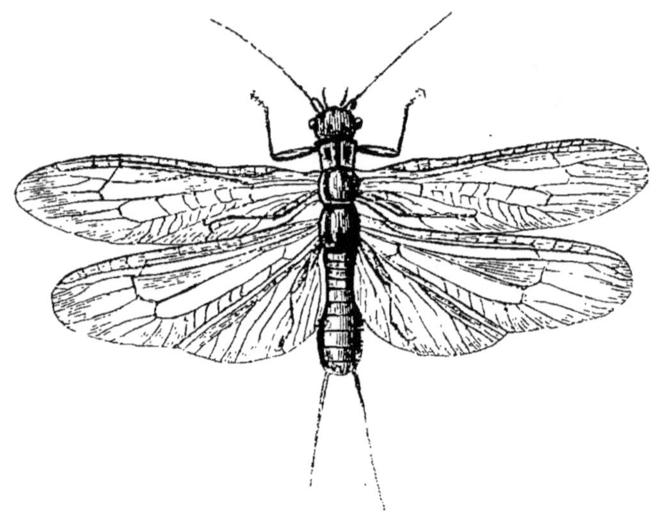

Fig. 365. — Perle à deux points, adulte.

sur les pierres. On les voit souvent balancer leur corps, en se
tenant fixées par leurs pattes contre une pierre. Elles sont exclusivement carnassières, vivant de petits insectes, de larves
d'éphémères ou de larves d'espèces de leur genre. Elles chassent
à l'affût en se cachant dans la vase. Les nymphes prennent des
rudiments d'ailes, et à cela près, ont la vie et les habitudes
des larves (fig. 365). Pour se métamorphoser, elles sortent de
l'eau et attendent, en se séchant, qu'une couche d'air soit venue s'intercaler entre l'ancienne peau et la nouvelle. Alors,
la peau se fend au milieu du thorax. L'adulte ne vit que peu
de jours, car sa bouche est imparfaite et il ne mange pas. Les
larves ont passé l'hiver, et c'est surtout au printemps qu'éclosent les adultes. Une espèce est très commune à Paris, au com-

ncement d'avril, et se trouve sur les parapets des quais et des
onts, et contre les maisons des rues voisines. Les femelles
ont bien plus fortes que les mâles, et pondent dans l'eau les
œufs associés en paquets peu compacts, sans gelée comme les
hryganes et se séparant facilement.

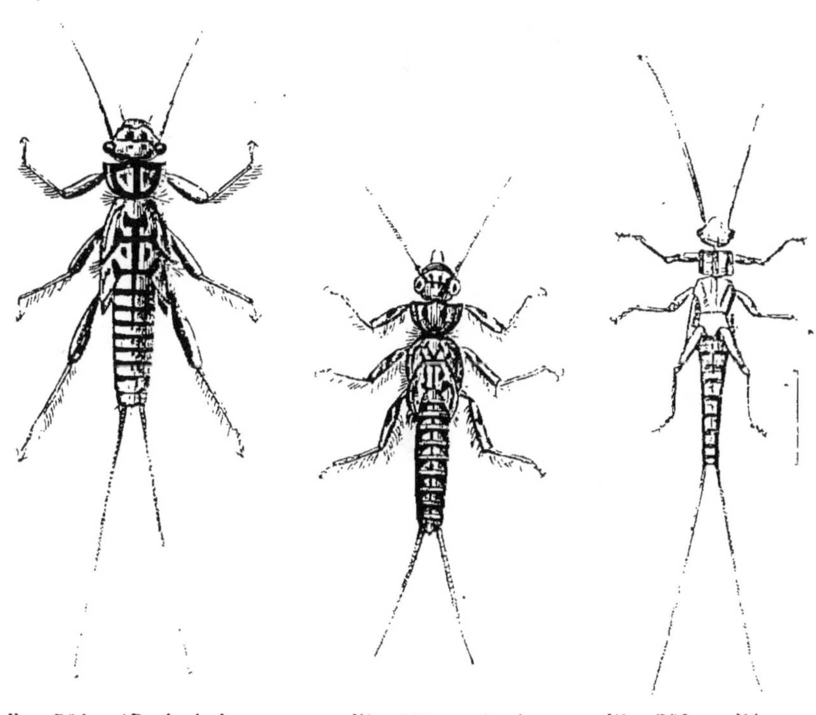

<table>
<tr><td>Fig. 564. — Perle à deux
points, larve.</td><td>Fig. 565. — Perle
bordée, larve-nymphe.</td><td>Fig. 566. — Némoure
trifasciée, larve.</td></tr>
</table>

Les larves et les nymphes des perles ont à l'extrémité de
l'abdomen deux longs filets qui subsistent chez les adultes. Il
en est de même pour les premiers états des némoures (fig. 366);
mais chez celles-ci les soies caudales demeurent attachées à la
dépouille de la nymphe, et les adultes en manquent ou n'en
sont que des vestiges (fig. 367). Ils sont plus grêles et plus
délicats que les perles, avec une tête plus petite, plus ronde et
moins aplatie. Dans quelques espèces, les mâles ont les ailes
plus petites que les femelles, et même quelquefois à l'état de
rudiments. C'est une exception fort remarquable chez les in-

sectes, où ce sont au contraire les femelles qui d'habitude
présentent, dans certains types des divers ordres, une réduction

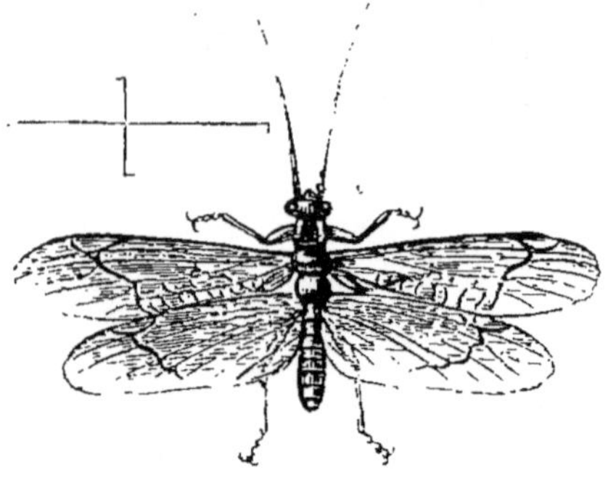

Fig. 567. — Némoure bigarrée.

des ailes. Les mâles de certains petits hyménoptères entomo-
phages internes ont aussi les ailes rudimentaires.

CHAPITRE X

HÉMIPTÈRES

Les cigales et les fables anciennes. — Les cigales de France et leur chant. — Les fulgores, les lystres et leur cire. — La cercope sanglante, l'aphrophore écumeuse. — Le petit diable, les membraces aux formes étranges. — Les pucerons, double reproduction. — Le puceron lanigère du pommier. — Le phylloxéra de la vigne, ses phases. — Les cochenilles, espèces utiles. — Les punaises des eaux, pain d'œufs de punaises. — Les gerris et les hydromètres courant sur l'eau. — Les punaises de bois. — La punaise des lits et le réduve. — Les puces, leurs laves.

Les hémiptères ont tous un bec replié en dessous et plus ou moins long, droit et non courbé en spirale comme la trompe des papillons. On appelle *homoptères* ceux dont les ailes supérieures sont partout de même consistance. Parfois les ailes inférieures sont pareilles aux précédentes, parfois plus minces.

Les plus remarquables représentants de ce premier groupe d'insectes sont les *cigales*. Nous empruntons à l'érudition d'un de nos anciens collègues de la Société entomologique, Amyot, quelques détails sur les croyances antiques dont les cigales furent l'objet. Les Grecs étaient des partisans déclarés des cigales et faisaient leurs délices de leur chant qui nous paraît, à si juste titre, étourdissant et monotone. Platon, au début de *Phèdre*, s'exprime ainsi : « Par Junon, le charmant lieu de repos !... Il pourrait bien être consacré à quelques nymphes et au fleuve Achéloüs, à en juger par ces figures et ces statues. Goûte un peu le bon air qu'on respire ; quel charme et quelle douceur ! On entend comme un bruit d'été, un murmure harmonieux qui accompagne le chœur des cigales. J'aime surtout cette herbe si douce dont la pente mollement inclinée semble disposée tout exprès pour s'y coucher et y reposer sa tête, avec quel plaisir! » Homère compare les sages vieillards troyens, assis près des portes Scées, aux cigales, à cause de la suavité de leur éloquence. Platon a reçu aussi le même éloge. On parle d'un monument qui avait été élevé en Laconie à la beauté du chant des cigales, avec une inscription destinée à en célébrer le mérite. Les cigales, disaient les Grecs, provenaient d'hommes nés du limon de la terre (c'est toujours la vieille fable des générations spontanées). Ils enseignèrent aux Muses l'art de la musique : mais ils avaient une telle passion d'harmonie, qu'oubliant de boire et de manger pour chanter, ils moururent de faim. Les Muses reconnaissantes les changèrent en cigales, en leur donnant la faculté de vivre sans manger, pour ne s'occuper qu'à chanter. Cette fable ingénieuse peint l'insouciance des artistes, oublieux des soins de la fortune par amour de leur art. Aussi la cigale était l'emblème de la musique. On la représentait posée sur un instrument à cordes, la cithare. Eunome et Ariston, luttant un jour ensemble de talent sur cet instrument, et une des cordes de celui d'Eunome s'étant brisée, une cigale vint se poser dessus et remplaça avec tant de succès la corde manquante, qu'il remporta la victoire. Les Égyptiens traçaient aussi la figure de la cigale dans leurs hiéroglyphes comme symbole de la musique. La cigale était, spécialement chez les Athéniens, un signe de noblesse; ceux qui se vantaient de l'antiquité de leur race, qui se prétendaient autochthones ou nés de la terre du pays, portaient une cigale d'or dans les cheveux. Les Locriens frappaient sur leurs monnaies la figure d'une cigale. La rive du fleuve où Locres était bâtie se faisait, dit-on, remarquer par l'abondance et le bruit des cigales, tandis que sur l'autre rive du même fleuve où Rhège était située, on ne les entendait jamais chanter. Une fable populaire prétendait qu'Hercule ayant un jour voulu chercher le sommeil sur cette rive, fut tellement tourmenté par le bruit des cigales, qu'il s'emporta en imprécations contre elles, et obtint des dieux qu'elles ne pourraient plus chanter en ces lieux.

Dans toute l'antiquité et jusqu'aux temps modernes, on croyait que la cigale ne prenait aucune nourriture, si ce n'est en suçant la rosée. De là l'ode charmante d'Anacréon :

Heureuse cigale, qui, sur les plus hautes branches des arbres, abreuvée d'un peu de rosée, chantes comme une reine ! ton royaume, c'est tout ce que tu vois dans les champs, tout ce qui naît dans les forêts. Tu es aimée du laboureur ; personne ne te fait de mal ; et les mortels te respectent comme le doux prophète de l'été. Tu es chérie des Muses, chérie de Phébus même qui t'a donné ton chant harmonieux [1]. La vieillesse ne t'accable point. O sage petit animal, sorti du sein de la terre, amoureux des chants, libre de souffrances, qui n'as ni sang [2], ni chair, que te manque-t-il pour être dieu ?

Les Grecs enfermaient les cigales dans des pots ou dans de petites cages pour se donner le plaisir de les entendre. Ils regardaient leur corps comme un mets délicat, en choisissant, d'après Aristote, les femelles remplies d'œufs, et surtout les nymphes qu'on cherchait en terre au pied des arbres. On se servait de cigales dans l'ancienne pharmacopée comme remède contre les calculs urinaires. Il paraît que les Chinois tiennent aussi des cigales captives dans les appartements pour entendre leur bruit. Les Latins avaient le chant des cigales en médiocre estime, et n'y trouvaient qu'un son rauque et désagréable. Virgile s'écrie, avec l'habitude antique de personnifier toute la création :

Et les cigales criardes rompront les oreilles des arbustes par leur chant !
(*Bucol.*)

Plus la chaleur du jour est forte, plus le chant des cigales est vif et continu. C'est l'instant où les moissonneurs quittent le travail pour prendre leur repas et se reposer. Les anciens disaient que les cigales aimaient à se réjouir en même temps que les hommes, et que plus elles les voyaient riant, buvant,

1. Λιγυρός signifie proprement *clair*, *aigu;* mais les Grecs le prennent presque toujours dans le sens d'*harmonieux*.

2. Homère, *Il.*, V, 342, dit que les dieux n'ont pas de sang, mais une certaine humeur aqueuse appelée ἰχώρ.

Cette traduction, comme celle du *Phèdre*, est d'une grande exactitude. Nous en remercions un de nos anciens élèves, M. Carrau ; mais comment rendre toute la grâce et l'élégance de cette langue divine !

chantant, plus elles redoublaient de vivacité dans leurs stridulations. Virgile fait allusion à cette heure du chant des cigales, quand il a dit, dans sa seconde églogue : « Thestilis broie les plantes odorantes de l'ail et du serpolet pour les moissonneurs succombant sous une chaleur accablante, tandis que moi, à l'ardeur du soleil, je cherche tes traces, et les arbustes résonnent de bruyantes cigales. »

Le bruit des cigales est assourdissant et insuportable dans le midi de l'Europe. A Solférino, les mûriers étaient couverts de leurs légions, mais bientôt une terrible musique fit concurrence aux pauvres artistes, qui tombaient avec les branches brisées par la mitraille.

Dès la plus haute antiquité, on a observé que le mâle seul des cigales d'Europe chante, tandis que la femelle est silencieuse. Il y a des cigales exotiques où sans doute elles stridulent comme les mâles, car elles offrent les organes développés et non rudimentaires comme chez les femelles des cigales européennes. Aristote (*Hist. des animaux*, livre V, chap. xxx) indique l'existence de l'organe sonore sous la ceinture du mâle. On voit, en effet, à la base de l'abdomen du mâle, deux volets écailleux qui recouvrent l'appareil musical (fig. 368). Il consiste essentiellement en deux cavités où sont deux *timbales* ou membranes ridées, contournées et convexes en dehors, résonnant comme du parchemin sec, et munies de sillons. Deux muscles s'y attachent : l'un, très petit, tend la timbale; l'autre, très développé, fixé aux parois de l'abdomen, se relie à un

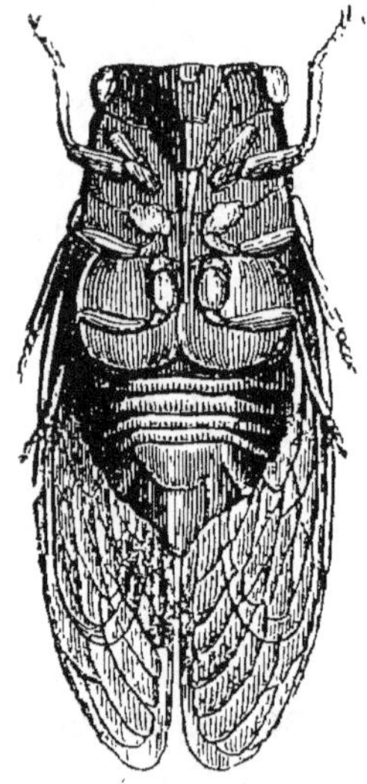

Fig. 368.
Cigale plébéienne,
mâle, vue en dessous.]

tendon qui s'attache au fond de la concavité de la timbale. Par les contractions et relâchements très rapidement réitérés de ce muscle, la timbale se déprime et reprend brusquement sa forme convexe en vertu de son élasticité. De là le son qu'on peut produire, comme l'a vu Réaumur en disséquant des cigales mâles, si on tire le tendon avec une pince sur l'animal mort. D'autres membranes accessoires servent à renforcer le son, comme la table d'harmonie d'une guitare. On ne se rend pas encore compte dans tous ses détails de l'appareil compliqué de la stridulation.

C'est à tort que les fabulistes ont fait des cigales un modèle d'imprévoyance. Des insectes qui doivent mourir à l'arrière-saison n'ont pas à faire de provisions pour l'hiver. Les cigales vivent de la sève des arbres qu'elles piquent avec leur ros-tre. On prétend qu'en Calabre la *manne purgative* découle des ornes (sorte de frênes) par suite des piqûres des cigales.

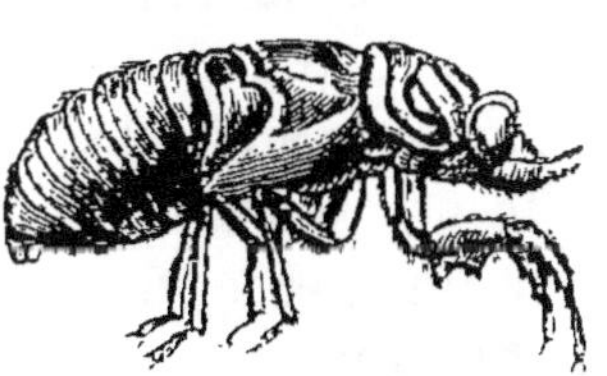

Fig. 369.
Larve de cigale.

Fig. 370.
Nymphe de cigale.

Fig. 371.
Cigale sortant de sa nymphe.

Les femelles ont à l'extrémité de l'abdomen une tarière munie de trois pièces. Au milieu est un poinçon qui s'enfonce dans une branche et maintient l'insecte, tandis que les deux valves dentelées scient le bois et produisent un trou où la femelle pond ses œufs. Dans chaque incision sont déposés de cinq à huit œufs, vers la fin de l'été. Des œufs naissent de petites larves blanches, de la grosseur d'une puce. Elles descendent le long des tiges et s'enfoncent en terre, où elles sucent les racines des arbres (fig. 369). Elles se changent en nymphes très peu agiles, avec rudiments d'ailes. Leurs pattes antérieures très développées leur permettent de fouir la terre et de s'attacher aux racines (fig. 370). A la fin du printemps, les nymphes sortent de terre, s'accrochent au tronc, et les cigales se dé-pouillent le soir de la peau de la nymphe qui reste entière et désséchée (fig. 371). Elles sont d'abord faibles et se traînent péniblement sur les tiges. Le lendemain, réchauffées par le soleil, elles voltigent, et les mâles se mettent à chanter.

Dans le midi de la France se trouvent plusieurs espèces de cigales. La *cigale plébéienne* ou du *frêne* est très commune en Provence, et remonte assez loin au nord. On la prend tous les ans, en petite quantité, à Fontainebleau, et, de temps à autre, accidentellement dans la Brie. Quand elle chante, elle remue rapidement son abdomen, de manière à l'éloigner et à le rapprocher alternativement des opercules des cavités sonores. Sa stridulation est forte et aiguë, formée d'une seule note fréquemment réitérée, finissant par s'affaiblir peu à peu et se terminant par une sorte de sifflement, comme *st*, analogue au bruit de l'air sortant d'une petite ouverture d'une vessie que l'on comprime. Si on la saisit, elle jette des cris intenses qui diffèrent assez notablement de son chant en liberté, et paraissent évidemment le résultat de la frayeur.

L'entomologiste Solier rapporte une observation très intéressante faite sur cet insecte par son ami Boyer, pharmacien à Aix, et qu'il a répétée avec lui. Les cigales, en général, sont très craintives, et s'envolent au moindre bruit suspect qu'elles entendent. Cependant, lorsqu'une d'elles chante, on peut s'en approcher en sifflant d'une manière tremblotante, à peu près comme elle, de façon à dominer son chant. Elle descend d'abord un peu le long de l'arbre, comme pour se rapprocher du siffleur, puis elle s'arrête. Si on lui présente une canne, en continuant de siffler, elle s'y pose et redescend lentement encore à reculons ; elle s'arrête de temps en temps, comme pour écouter, et finit, sous l'attrait de cette harmonie, par venir jusqu'à l'observateur. Boyer parvint un jour à en faire placer une sur son nez, où elle chantait en même temps qu'il sifflait d'accord avec elle. La cigale semblait charmée par ce concert et avait perdu sa timidité naturelle. On croirait, avec un peu d'illusion, assister à la lutte musicale d'Eunome et d'Ariston. De même, en Amérique, les chasseurs d'iguanes (sauriens comestibles très estimés) s'approchent lentement et en sifflant de ces reptiles placés sur les arbres, et finissent, au moyen d'une longue perche, par leur passer au cou un nœud coulant et faire tomber à terre l'animal fasciné. Une autre espèce, la *cigale de l'orne*, abonde surtout dans le midi occidental de la France, entre Bordeaux et Bayonne, et en Andalousie. Son chant est d'une intonation plus

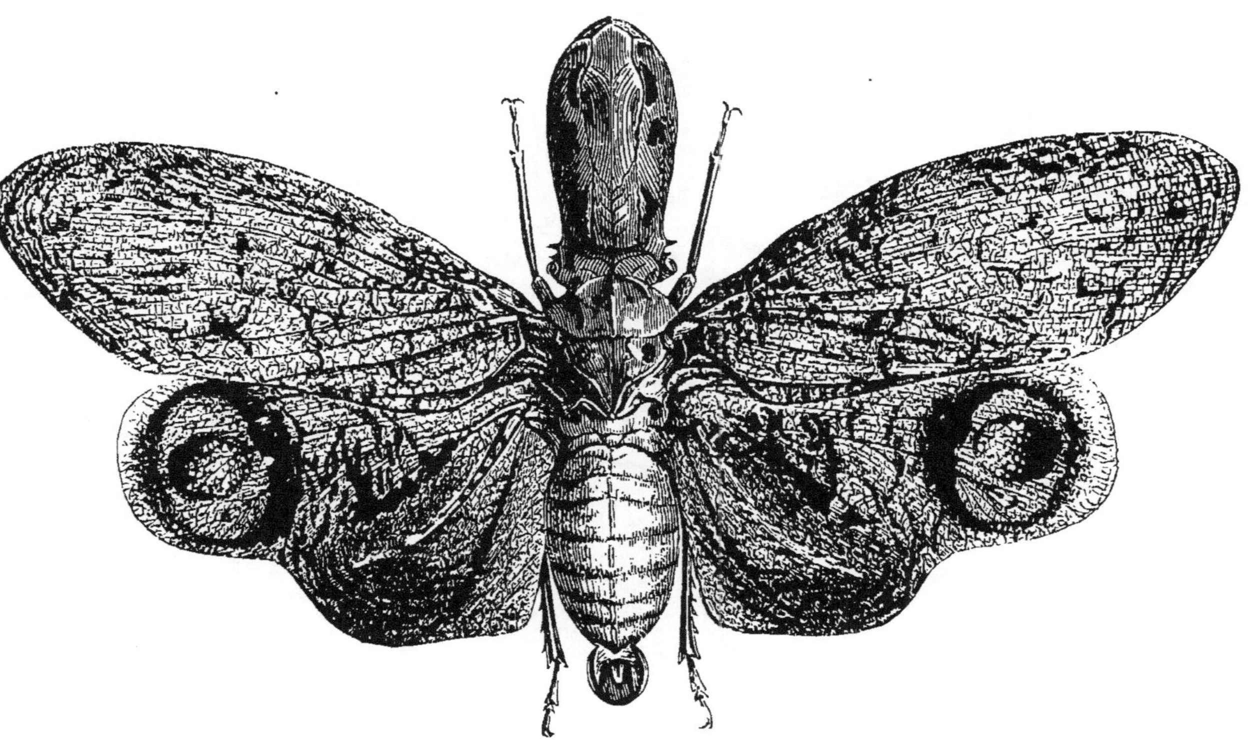

Fig. 572. — Fulgore porte-lanterne.

basse, moins accéléré et dure moins longtemps; il ne se termine pas par l'expiration qui caractérise celui de l'autre espèce.

A côté des cigales viennent les *fulgores*, remarquables par leur tête vésiculeuse, tantôt gonflée et massive, tantôt offrant un prolongement grêle et recourbé. La plus grande espèce est le célèbre *fulgore porte-lanterne* de la Guyane (fig. 372). Mademoiselle Sibylle Mérian rapporte qu'en ayant renfermé plusieurs dans une boîte, ils s'échappèrent la nuit, et remplissaient la chambre de l'éclat phosphorescent que jetait leur énorme tête. Un de ces insectes lui servit à lire la *Gazette de Leyde*, dont les caractères étaient très petits. Depuis on a révoqué en doute la phosphorescence de la tête des fulgores. Il est proba-

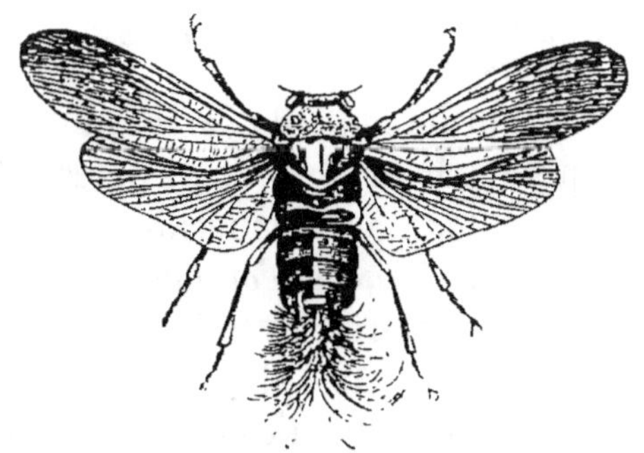

Fig. 573. — Lystre pulvérulente.

ble que cette propriété n'existe que dans un des sexes et à certaines époques. En Chine, une espèce plus petite, le *fulgore porte-chandelle*, est souvent représentée sur les papiers peints de ce pays. Une petite espèce toute verte, à front prolongé et strié de cinq lignes longitudinales, existe en Europe. C. Duméril dit l'avoir recueillie deux fois sur les noyers. Ce *fulgore d'Europe* se rencontre dans les Landes, a été capturé à Agen par le docteur Laboulbène. L'abdomen des fulgores offre une sécrétion de poussière blanche, cireuse. Dans des genres voisins, les *phénax*, les *lystres*, cette cire blanche sort de l'abdomen en longs filaments (fig. 373). Cette matière, mêlée à de l'huile, s'emploie dans certains pays comme la cire d'abeilles.

Il existe dans l'Europe centrale, et septentrionale même, un certain nombre de petits hémiptères sauteurs qu'on nomme *cicadelles*, mot diminutif de cigale. On trouve fréquemment, dans les lieux ombragés des environs de Paris, la *cercope sanglante* (*cigale à taches rouges* de Geoffroy), ornée de trois taches rouges sur les ailes supérieures, et ayant l'abdomen et les pattes mêlés de rouge et de noir (fig. 374). Elle saute sur les

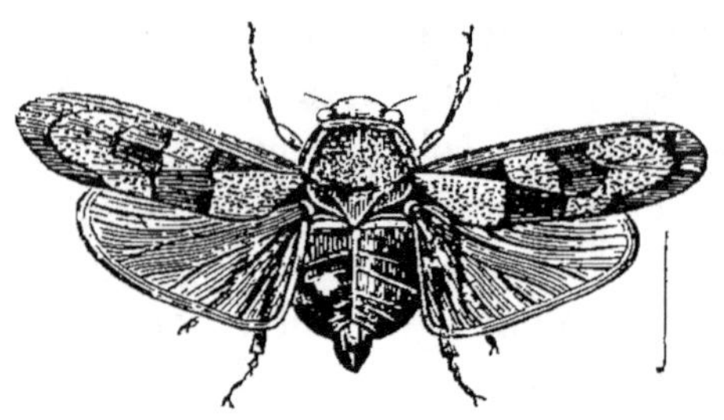

Fig. 374. — Cercope sanglante, grossie.

buissons, mais assez lourdement, de sorte qu'on la saisit sans difficulté. Cette espèce a beaucoup de variétés à taches diversement modifiées dans les parties méridionales de l'Europe. L'*aphrophore écumeuse* (*cigale écumeuse* de Linnæus) est d'un gris cendré ou jaunâtre, avec deux bandes obliques blanches sur les élytres du mâle, plus ou moins marquées selon les sujets, qui firent appeler l'espèce *cigale bedeaude* par Geoffroy, d'après l'analogie avec la robe à deux couleurs des bedeaux. Les métamorphoses très curieuses de cette espèce ont été étudiées par de Geer. Aux mois de mai et de juin, les larves molles et sans défense de cet insecte ont recours à un singulier mode de protection. Elles ont la tête, le thorax et les pattes noires, l'abdomen mou, gonflé, d'un blanc grisâtre, avec le bout ou dernier anneau noir. On trouve sur les tiges des arbres de toute espèce, surtout à l'aisselle des feuilles, des amas d'écume très blanche, que les paysans nomment *écume printanière*, *crachat de coucou* (fig. 375). Ce sont surtout les saules jeunes et ombragés et les petits peupliers qui offrent ces écumes; elles sont plus rares sur les chênes et ont moins de larves. A l'intérieur de chaque flocon se trouve une larve, et souvent plusieurs, jusqu'à cinquante environ (fig. 376, 377). La larve suce la sève de la plante, et bientôt rejette par l'anus une bulle d'air entourée d'une pellicule liquide, qu'elle fait glisser au-dessous de son corps. Les bulles successives entourent la larve d'une mousse qui prévient la dessiccation par le soleil de son corps délicat. La viscosité du liquide empêche l'air de s'échapper. Par moment l'écume dégoutte des arbres de manière à imiter une pluie. De Geer rapporte que des hyménoptères chasseurs savent arracher ces larves au milieu de l'écume qui les cache aux regards. Si on met la larve

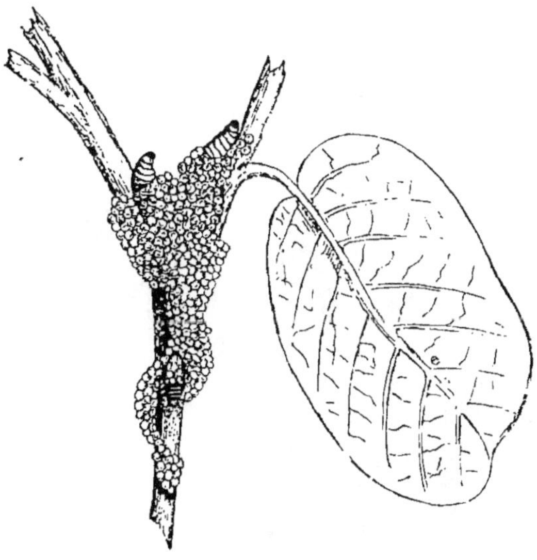

Fig. 375. — Larves d'aphrophore écumeuse.

sur une plante desséchée, l'écume s'évapore peu à peu, et la larve n'en produisant plus, s'amaigrit et meurt bientôt. Les nymphes ne quittent point l'écume où ont vécu les larves pour subir leur dernière métamorphose. Elles ont l'art de faire évaporer et dessécher la couche d'écume qui les couvre immédiatement, de manière à se trouver à sec au centre d'une voûte moussue. Alors la peau de nymphe se fend sur le dos et l'adulte sort de son enveloppe. C'est au mois de septembre qu'on trouve sur les plantes les insectes parfaits, faisant, malgré leur petite taille, des sauts de 2 mètres. On a peine à saisir les mâles et à les retrouver si on les laisse échapper. Les femelles, au contraire, sont peu sauteuses, à cause de leur ventre gonflé d'œufs. Il est probable qu'elles les pondent dans de petites entailles faites avec leur tarière sur les branches, et qu'ils y passent l'hiver.

Dans les endroits humides des bois des environs de Paris et de la plus grande partie de l'Europe, de préférence sur les hautes

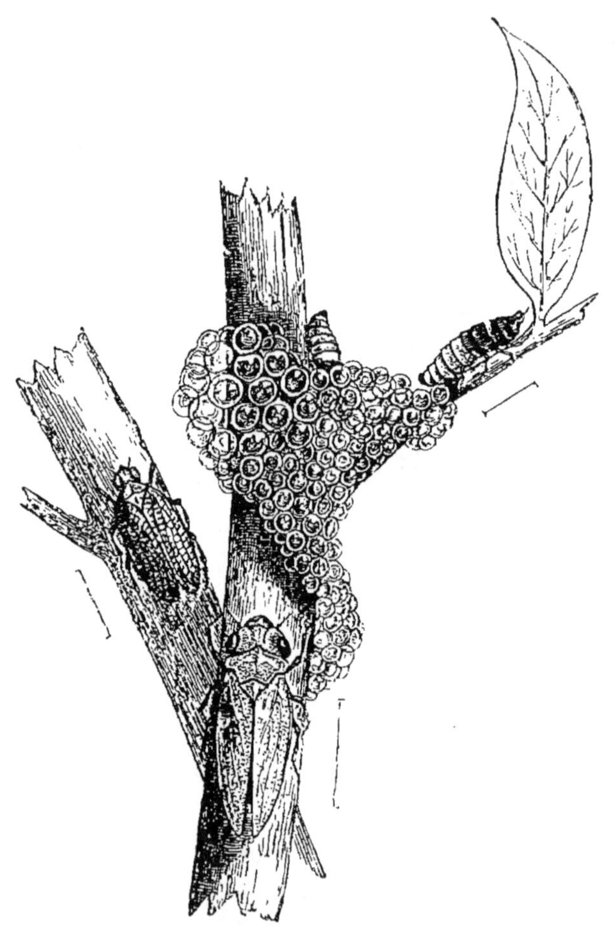

Fig. 376 et 377. — Aphrophore écumeuse, mâle et femelle,
avec ses larves, grossis.

tiges de fougère et sur les chardons, on voit sauter avec vigueur un petit insecte d'un brun noirâtre, ayant à la partie antérieure du corselet deux cornes aiguës et trigones, avec une partie postérieure très rétrécie, ondulée et bossue dans le milieu, atteignant l'abdomen à l'extrémité de cette proéminence.

Cette forme bizarre avait frappé Geoffroy, le vieil historien des insectes des environs de Paris, et il appelait le *Petit diable* ce bizarre *Centrote cornu*. Cet insecte appartient à un type très

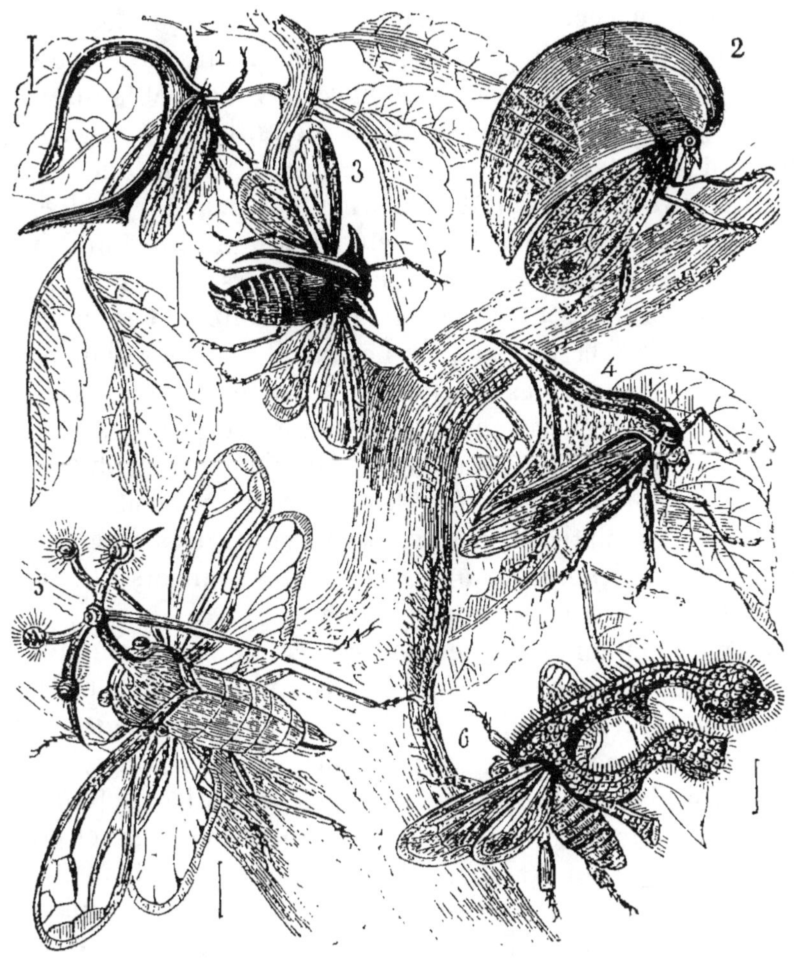

Fig. 378, 379, 380, 381, 382, 383. — Les membraces grossies.

1. Hypsauchénie baliste. — 2. Membrace feuillée. — 3. Centrote cornu. — 4. Umbonie épineuse. — 5. Bocydie globuleuse. — 6. Cyphonie fourchue.

étrange, les *membraces*, dont le corselet se prolonge en des-sus de la façon la plus singulière et la plus variée, comme la figure permet de s'en convaincre (fig. 378 à 383). Presque tous ces singuliers hémiptères de petite taille sont américains, de la Guyane, du Brésil et de la Floride. On croirait volontiers à quelque caprice extravagant de l'artiste dans le dessin si fidèle de ces créatures anomales.

Des insectes dégradés, remarquables par leur extrême multiplication et par leurs dégâts, terminent la section des hémiptères homoptères. Il n'y a presque pas de plantes qui ne possèdent une ou plusieurs espèces de *pucerons*. Ces petits insectes très lents, de couleurs diverses, verts, noirs, bronzés, bigarrés, enfoncent dans les végétaux un long bec au moyen duquel ils sucent la sève et amènent des déformations dans les feuilles et les tiges. On a encore fort peu étudié les pucerons qui produisent sur les feuilles des saules, des peupliers, des ormes, etc., des galles où ils sont logés en grand nombre. Ces insectes éjaculent, pour la plupart, de l'extrémité de leur abdomen, un liquide sucré que les fourmis, et aussi certaines noctuelles (lépidoptères), recherchent avec avidité. Il paraît servir à nourrir les très jeunes pucerons. Ce liquide sucré imbibe les feuilles et les tiges où vivaient les pucerons, et bientôt se développent des matières noires, cryptogames très inférieurs, constituant la *fumagine*, qui recouvre les orangers, les oliviers, etc., et cause de grands dommages.

La reproduction des pucerons est entourée de singuliers phénomènes, qui sont encore l'objet des plus récentes études. Bonnet reconnut le premier, en 1740, sur le *puceron du plantain*, ce fait général pour les pucerons, que pendant toute la belle saison il n'existe que des femelles sans ailes mettant au monde de petits pucerons vivants également femelles, et ainsi de suite pendant un grand nombre de générations. Bonnet obtint neuf générations de ce genre. Duveau en observa jusqu'à onze en une saison. A l'approche de l'hiver apparaissent des nymphes à moignons d'ailes, puis des mâles munis d'ailes transparentes, le plus souvent, et des femelles ordinairement sans ailes. Très différentes des précédentes femelles, celles-ci pondent des œufs, qui passent l'hiver, et d'où naissent au printemps exclusivement des femelles vivipares. La température a une très grande influence sur ce double mode de reproduction, car Kyber, en 1812, publia des expériences faites sur le *puceron de l'œillet*, dont il obtint, en serre chaude, des générations exclusivement femelles et sans ailes pendant quatre années successives.

Un type spécial et qui conduit au Phylloxéra nous est offert par le puceron lanigère du pommier, du genre *Schizoneura* (fig. 384). On dit, mais sans certitude, que ce funeste insecte nous vient d'Amérique et a été introduit en France, à

Fig. 384. — Branche de pommier avec pucerons et nodosité.

la fin du dernier siècle, avec des pommiers du Canada. Les piqûres de son rostre produisent sur les écorces des branches et sur les racines des boursouflures morbides ou galles ligneuses, qui amènent d'abord la suppression des fruits, puis bientôt la mort de l'arbre. Sous la forme la plus habituelle, ce Puceron de 2^{mm},5 de longueur, privé d'ailes, est ovoïde, d'un rouge violacé, tachant en rouge les doigts qui le pressent. Il

est pourvu d'un long rostre, d'antennes minces, de pattes
grêles, portant de chaque côté du septième anneau deux pores
tuberculeux, manquant à l'extrémité du corps des deux corni-
cules qu'on voit chez les vrais pucerons, comme le puceron
vert du rosier. Tout le corps de l'insecte est couvert de longs
flocons de filaments de cire blanche, qui semblent une toison
laineuse, empêchent le corps d'être mouillé par l'eau (fig. 385).
Ces pucerons lanigères se reproduisent par des petits vivants,

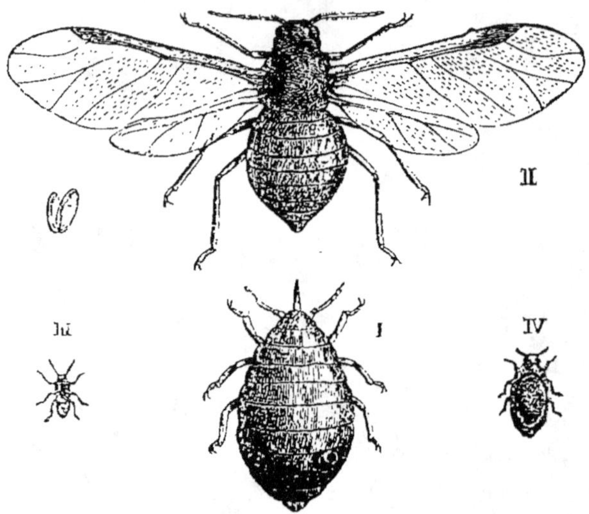

Fig. 385 à 389. — I, aptère ordinaire ; II, femelle ailée et œufs ; III, sexué mâle
IV, sexué femelle avec œuf unique.

suçant les tiges pendant la belle saison, se réfugiant en
hiver sur les racines. Si l'hiver est doux, ils se contentent de
se retirer contre la muraille sur les pommiers en espalier.

D'après l'observation de M. J. Lichtenstein, de Montpellier,
il y a deux phases de migration, où le puceron, toujours rougeâtre et long de 2mm,5, prend quatre ailes très fines, avec
une épaisse nervure près de la côte (fig. 386 à 387), et va se
porter sur d'autres pommiers où il pond des œufs d'où naissent
des aptères vivipares. En outre, il y a des sexués très petits,
ne mangeant pas, sans ailes et sans rostre. Le mâle n'a que
0mm,5 de long. La femelle, de 1mm de long (fig. 388 et 389),
est entièrement remplie par un œuf unique qu'elle pond en
automne sur les écorces ; il passe l'hiver et donne au printemps

un puceron lanigère, sans ailes et vivipare, renouvelant les funestes colonies. On détruit le puceron lanigère par des lavages à l'alcool, ou mieux en enduisant d'huile le pommier en totalité.

LE PHYLLOXERA

On connaissait, depuis assez longtemps, une sorte de petit puceron, decouvert par Boyer de Fonscolombe sous les feuilles du chêne et qu'il avait nommé *Phylloxera* (dessécheur de feuille). Il y en a réellement plusieurs espèces sur les différents chênes; mais tout cela n'avait pas fait grand bruit. A partir de 1860, on commença, dans le midi de la France, à constater l'affaiblissement progressif de divers vignobles, en faisant comme la *tache d'huile* autour de certains centres. Les ceps se rabougrissent, les feuilles flétries, jaunies ou rougies, se contournent sur les bords, les raisins se rident, arrêtés dans leur croissance. En examinant les racines, on voit que les radicelles se renflent en nodules gonflés de sucs, allongés, plus ou moins contournés. Sur ces renflements se montrent de petits insectes suceurs d'un jaune un peu verdâtre, et M. Planchon, de Montpellier, qui les observa le premier en 1868, s'aperçut d'une grande analogie avec le puceron du chêne de Boyer et les nomma *Phylloxera vastatrix*. Ils sont, en effet, la seule cause de l'épouvantable fléau qui menace de ruine la viticulture de toute l'Europe (fig. 390, 391).

Le renflement disparaît, l'insecte gagne les petites racines, puis les grosses racines (fig. 392), à mesure que la pourriture gagne le système souterrain, qui est comme l'estomac de la plante, et la vigne meurt, privée de nourriture.

L'insecte dévastateur, importé avec les vignes enracinées provenant de l'Amérique du Nord, est aujourd'hui bien connu, grâce aux beaux travaux de M. Balbiani[1].

Le phylloxéra de la vigne, qu'on peut prendre comme type des Phylloxériens, est une espèce polymorphe, à plusieurs

1. Nous lui exprimons toute notre reconnaissance pour les dessins inédits des sexués qu'il nous a permis de reproduire; plusieurs des autres dessins sont tirés du mémoire de M. Maxime Cornu.

phases de développement, dans chacune desquelles a lieu la reproduction toujours par des œufs. Il y a réellement trois sortes de femelles, toutes pondeuses : les premières, *agames*

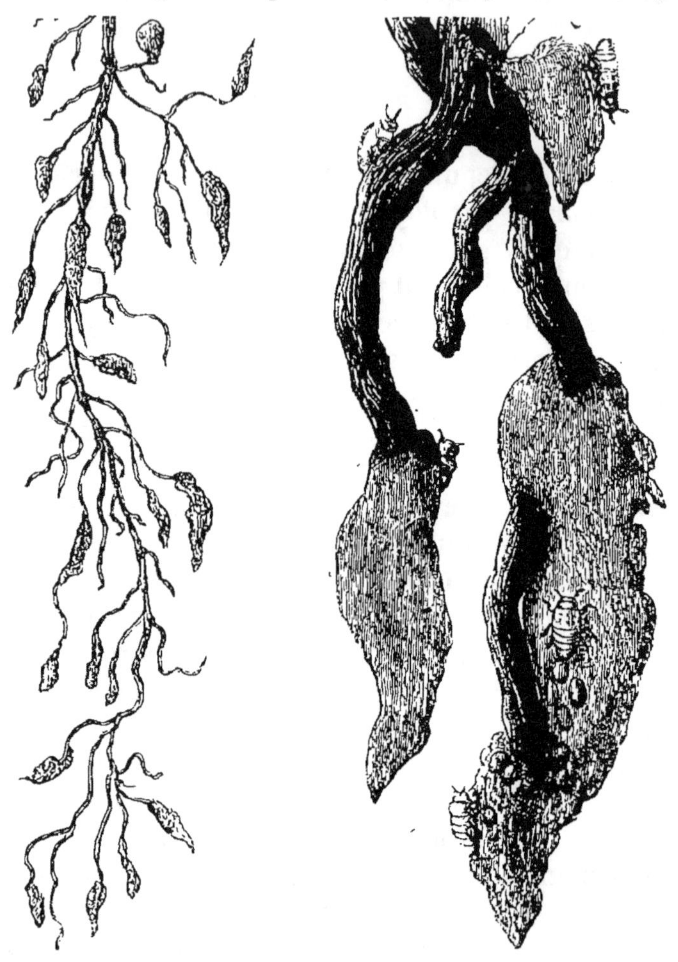

Fig. 590 et 391. — Renflements des radicelles causés par le phylloxéra (début du mal). — Renflements grossis portant des phylloxéras.

sédentaires, se rencontrent *pendant toute la belle saison*, principalement sur les racines des vignes malades. Elles sont *aptères* ou privées d'ailes et constituent le principal agent de la destruction des racines; à la façon des pucerons de la belle saison, elles se reproduisent sans mâles. A l'état de mères pondeuses, ce sont des insectes dodus et renflés, ayant un peu l'apparence de petits poux, d'un jaune brunâtre, ayant environ $^5/_4$ de millimètre de long sur $^1/_2$ de large. On les voit très bien à la loupe, et même, avec un peu d'habitude, à la vue simple. Les racines sont parfois tellement chargées de ces femelles, de leurs larves et de leurs œufs, qu'elles paraissent couvertes d'une poussière jaune et tachent en iaune les doigts qui les pressent.

Fig. 592. — Racines et radicelles couvertes de phylloxéras. (Mal déjà avancé)

Le corps de l'insecte est arrondi en avant, atténué en arrière, partagé en segments par des sillons transversaux, dont les premiers portent six, les suivants quatre rangées de petits tubercules (fig. 393; 394). La tête se replie un peu en dessous du corps; elle porte sur les côtés deux yeux bruns composés de trois facettes. En effet, quand la nourriture manque, ces femelles, outre qu'elles passent sous terre d'une racine à l'autre, sortent par les crevasses du sol, se promènent à la surface et ont besoin de voir les ceps voisins à la lumière du our pour descendre sur leurs racines. La tête offre en avant deux fortes antennes, organes de l'odorat et de l'ouïe. Elles ont trois articles, les deux premiers gros et courts, le dernier en massue allongée, ridée en travers, l'extrémité taillée en biseau oblique. Une trompe assez grêle ou bec, l'analogue du suçoir de la cigale ou de la punaise, formée de quatre articulations, se recourbe sous la tête, tantôt droite, souvent oblique, et semble constituée par trois soies : une centrale, deux divergentes. La soie centrale est due à deux pièces accolées, les

deux autres constituent une gaine, et la sève monte par capillarité dans l'espace intermé-
diaire. Le premier tiers du
suçoir seulement entre dans
la racine (fig. 395). Les pattes
sont courtes et grêles.

Fig. 393.
Femelle agame aptère,
en dessus.

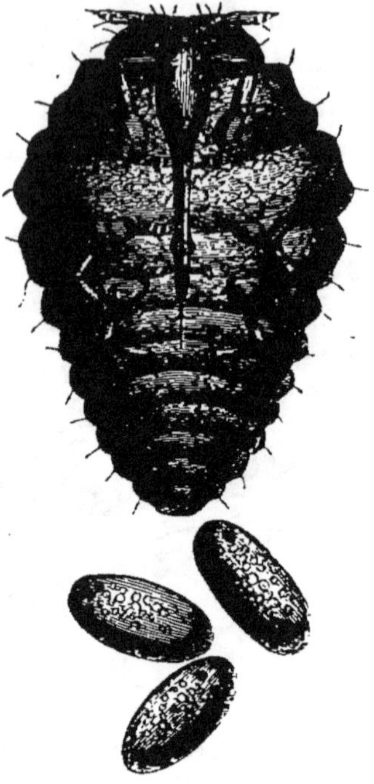

Fig. 594.
Femelle agame aptère,
en dessous, et œufs.

L'extrémité de l'abdomen de cette femelle fixée s'allonge;
elle pond autour d'elle, en petits tas, des œufs bien ellipsoïdes

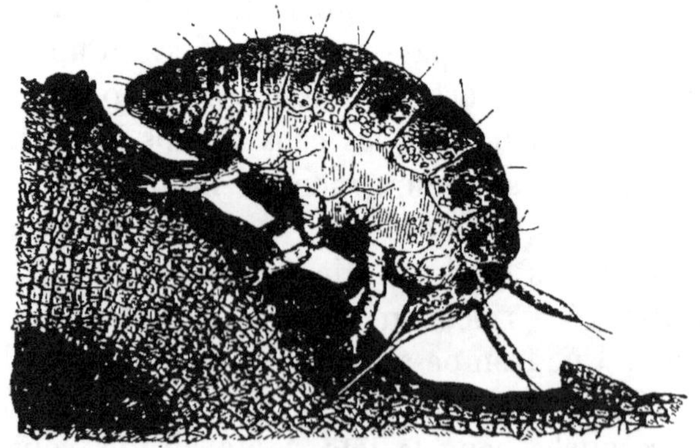

Fig. 595. — Phylloxéra de profil, suçant une racine.

d'abord d'un beau jaune soufre, puis devenant peu à peu grisàtres et enfumés. Au microscope, on voit deux points rouges, qui sont les yeux de l'embryon. Ces œufs mesurent $0^{mm},34$ de long sur $0^{mm},15$ de large. Au bout d'environ huit jours sortent des larves d'un jaune un peu verdâtre, sans tubercules saillants, subissant plusieurs mues. Après l'éclosion, elles ont les pattes, les antennes et la trompe relativement plus grandes que l'adulte aptère, sont agiles et errantes pendant trois ou quatre jours, puis se fixent par le suçoir.

Il y a environ, selon la température, huit générations pendant la saison chaude, ce qui, à trente œufs par mère, donne en octobre une postérité de 25 à 50 millions de sujets, pour un seul individu du printemps, ce qui explique la progression effrayante de la maladie de la vigne. Les pontes s'arrêtent aux premiers froids et les mères meurent ; un nombre énorme de larves hivernent engourdies sur les racines, aplaties, ridées, brunâtres, ne prenant pas de nourriture. Au printemps, un peu avant l'époque des pleurs de la vigne, ces larves gonflent, ce qui prouve que, réveillées, elles aspirent de nouveaux sucs ; puis une mue s'opère, et, de leur peau fendue le long du dos, sort une nouvelle larve, jaune et dodue, qui deviendra bientôt mère pondeuse.

La vitalité de l'engeance funeste s'épuiserait peu à peu avec la destruction des vignes, si ces femelles aptères des racines existaient seules ; en outre, on arrêterait aisément leurs ravages en entourant le vignoble attaché de rigoles pleines de substances insecticides ; malheureusement la nature a prévu cette cause d'anéantissement ; il se produit, chez tous les Phylloxériens, d'autres femelles également sans mâles, mais *migratrices* et pouvant propager l'espèce à grandes distances, passer d'un vignoble épuisé à un vignoble sain. Lors des chaleurs de l'été, certaines femelles des racines présentent deux mues supplémentaires, qui les amèneront à l'état d'insectes doués de la locomotion aérienne. On voit sous la peau de quelques larves des rudiments de fourreaux d'ailes, devenant, après la mue, deux moignons noirs superposés, fourreaux chez la nymphe (fig. 396), les deux paires d'ailes de l'adulte.

Après une dernière mue, la nymphe étant remontée près

du sol, paraît la femelle *ailée* (fig. 397), un peu plus grande que l'aptère, atteignant parfois 1^{mm},5 de long. Les quatre ailes, claires, irisées, un peu enfumées au bout, dépassent beaucoup le corps, les antérieures larges et arrondies au bout, les postérieures plus étroites et plus courtes. Les fortes nervures dénotent un bon voilier. L'insecte se retourne et marche avec agilité, volant vivement d'un bout à

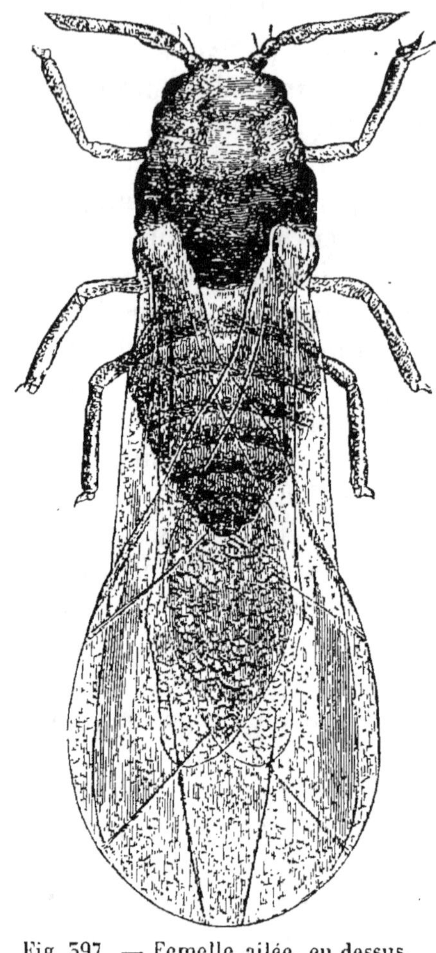

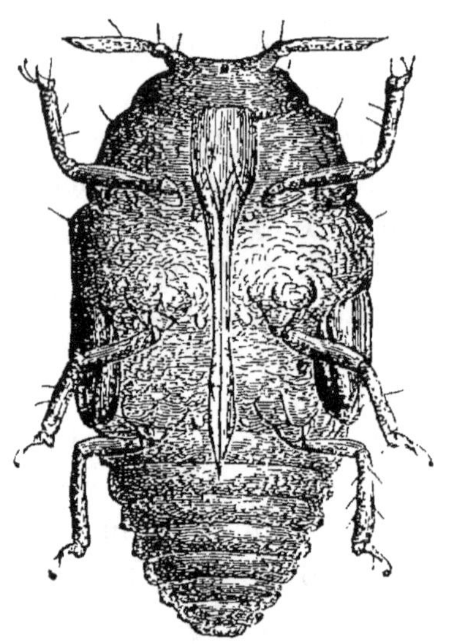

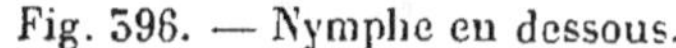

Fig. 396. — Nymphe en dessous.   Fig 597. — Femelle ailée, en dessus.

l'autre du bocal où l'on a placé des renflements garnis de nymphes. Normalement ces femelles ne volent pas à plus de 10 à 15 kilomètres, et c'est là la marche ordinaire de l'invasion phylloxérienne ; mais les vents violents peuvent les porter beaucoup plus loin. En outre, elles voyagent posées sur les voitures, les vagons, sur les pampres servant d'enveloppe, et ces accidents expliquent les foyers d'infection à très grande distance les uns des autres.

La tête large de ces femelles migratrices présente en dessous

deux yeux très noirs, à nombreuses facettes, appareil panora-
mique qui leur montre au loin les vignes sur lesquelles elles
s'abattront par véritables essaims. En outre, elles ont les deux
yeux à trois cornées de l'aptère et trois ocelles, c'est-à-dire des
visions à toutes distances.

Un suçoir existe, semblable à celui de l'aptère agame, car
l'insecte suce le suc des jeunes feuilles ou des bourgeons de
vigne. Le corps est plus grêle que chez l'aptère, les pattes et
les antennes plus longues. La couleur est d'un jaune un peu
terne, avec une bande brune irrégulière sur le dos, le bout de
l'abdomen appointi en angle un peu obtus. Il y a une certaine
ressemblance avec une cigale microscopique. Cette femelle ailée
pond un petit nombre d'œufs, de six à dix dans les duvets des
jeunes feuilles et des bourgeons (Balbiani, Boiteau) et aussi
sur les ceps (Boiteau). Ces œufs sont de deux grandeurs et
plus gros que ceux de l'aptère des racines. Les uns (œufs femelles) ont $0^{mm},40$ de long sur $0^{mm},20$ de large, les autres
(œufs mâles) $0^{mm},26$ sur $0^{mm},13$. D'un blanc jaunâtre au moment de la ponte, ils deviennent ensuite d'un jaune plus intense, surtout les gros.

La troisième phase phylloxérienne revient aux lois ordinaires, et la fécondité de l'espèce va être assurée pour un grand
nombre de générations par l'apparition des *sexués*. Des gros
œufs précédents naissent des femelles sans ailes, des petits des
mâles également sans ailes. Ces sexués marchent pendant
quelques jours çà et là sur les ceps ; leur seule fonction est
la reproduction. Ils sont très petits, comme des avortons, incapables de se nourrir, manquant dans les deux sexes du suçoir, qui est réduit à un tubercule court et aplati (fig. 398,
399, 400, 401). La femelle a le troisième article des antennes
pédonculé. Elle pond bientôt un œuf unique, toujours à l'air
et *sur le cep seul*. La femelle, après la ponte, meurt bientôt,
toute ridée et ratatinée et ayant pris une couleur d'un brun
rougeâtre. Cet œuf d'*hiver*, cylindroïde et bien plus allongé
que les trois autres formes d'œufs, n'est pas jaune, mais d'un
vert olivâtre avec des piquetures noirâtres ; il est très difficile
à apercevoir sur l'écorce du cep, où le fixe un petit crochet.
Il passe l'hiver et donne au printemps un sujet sans ailes, res-

semblant à l'aptère des racines, à suçoir très long. Ce sujet printanier est très fécond et ses descendants se reproduisent sans mâles. Les uns se fixent sous les feuilles de vigne, dans des galles ou petites cupules enfoncées de 2 ou 3 millimètres, poilues, vertes ou rougeâtres, logeant une mère pondeuse et sa descendance.

Après quelques générations, aux premières chaleurs, ces galles, du moins sur les vignes françaises, se dessèchent et leurs insectes meurent ; mais une partie des larves nées des œufs d'hiver est descendue aux racines et a renouvelé les colonies souterraines.

La solution du problème est donc de tuer l'œuf d'hiver sur le cep par un badigeon en goudron ou par la vapeur d'eau bouillante, puisque cet œuf reproduit les générations des racines.

La famille presque immobile des *cochenilles* est aussi singulière que celle des pucerons et des phylloxéras. Les femelles, qui sont les plus nombreuses, sont privées d'ailes, de forme globuleuse et attachées par leur bec au végétal, dont elles aspirent la sève. Elles se fixent ainsi et pondent un grand nombre d'œufs qu'elles font passer à mesure sous leur corps. Celui-ci se vide et devient, après la mort de la mère, un toit protecteur des œufs et des jeunes larves. Celles-ci, d'abord agiles, se fixent à leur tour, si elles sont femelles. Les mâles sont des insectes à deux ailes (les inférieures avortent), très petits comparativement à leurs femelles, sans bec et toujours agiles ; ils ont des antennes pareilles à celles des femelles, mais plus complètes ; leur abdomen se termine par deux longs filets, qui sont au contraire fort courts chez les femelles. Comme certains pucerons, les cochenilles sécrètent une matière cireuse qui revêt leur corps d'un duvet blanc plus ou moins épais. Il en est aussi qui produisent des liquides sucrés, et que les fourmis viennent visiter avec une affection peu désintéressée.

Beaucoup de végétaux sont recouverts par ces singulières excroissances, dues aux femelles enveloppant leurs œufs, et, qui, confondues autrefois avec les galles, firent donner à leurs producteurs le nom de *gallinsectes*. On en rencontre sur l'orme, sur le chêne, le tilleul, l'aune, le houx, l'oranger, le laurier

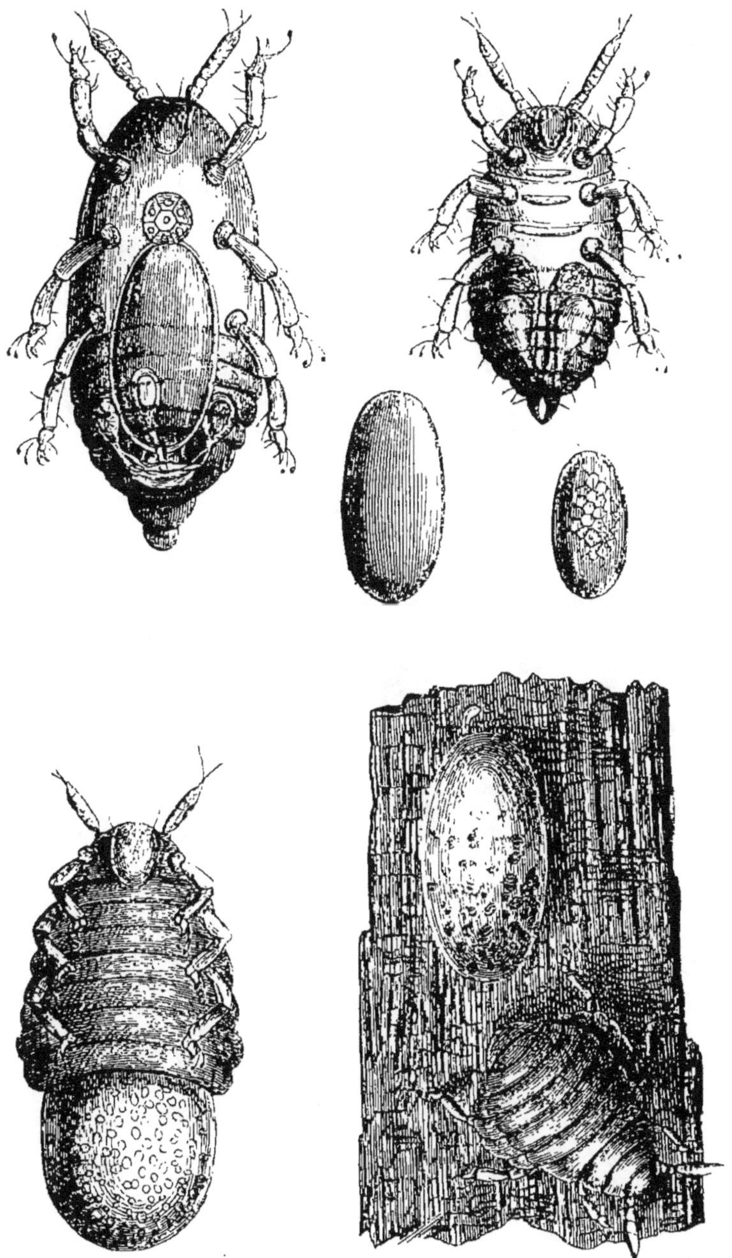

Fig. 398, 399, 400 et 401.

Œufs mâle et femelle et sexués qui en proviennent, la femelle ayant l'œuf un
que à l'intérieur. — Femelle prête à pondre. — Œufs d'hiver et femelle
après la ponte.

rose, etc. Certaines de ces espèces d'hémiptères sont remarquables par les belles matières colorantes rouges qu'elles renferment. Le nom de *cochenilles* ou *graine d'écarlate* vient de ce qu'on prit d'abord pour une graine les femelles desséchées que les Espagnols importèrent du Mexique, où on les employait déjà à la teinture avant l'invasion européenne. La *cochenille du cactus,* saupoudrée seulement de points blancs, s'élève sur le cactus nopal, et exige certaines précautions (fig. 402, 403). On récolte les femelles avant la ponte, en laissant sur la plante quelques-unes de celles-ci pour la reproduction. L'insecte a été introduit aux Antilles, en Andalousie, à Madère, en Algérie, où les essais ont été heureux, mais où cette éducation se répand peu, par ignorance des soins à y apporter. Cette cochenille, qui donne le meilleur carmin, ne passant pas à l'air comme les rouges des goudrons de houille, est de la grosseur d'un pois, et son mâle est à peine visible à l'œil. L'histoire de son

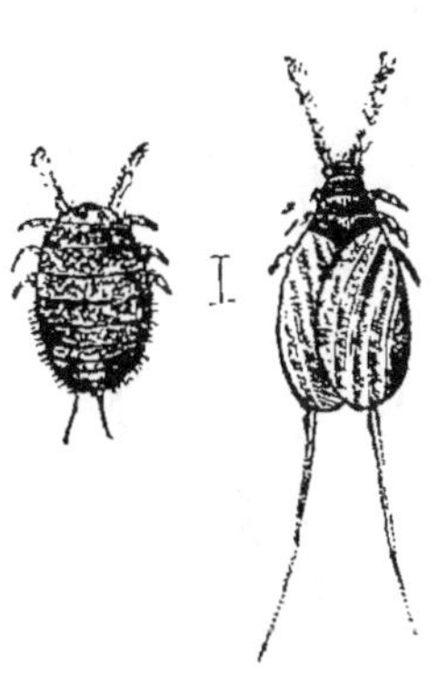

Fig. 402 et 403.
Cochenille du cactus nopal, mâle et femelle, grossis.

importation aux îles Canaries est assez curieuse. Elle y prospéra, jusqu'en 1832, sur le cactus à *figues de Barbarie;* mais comme elle épuisait ces plantes, dont les fruits douceâtres sont d'une grande ressource pour la classe pauvre, une véritable émeute se produisit, et fut suivie du massacre des cochenilles. Actuellement il n'en reste que dans quelques propriétés. Une seconde espèce, la *Cochenille silvestre,* couverte d'un duvet qui la rend peu délicate, et bien moins sensible aux pluies, se récolte au Mexique à l'état sauvage et donne une couleur moins vive. Autrefois on employait, pour obtenir des rouges violacés, la *cochenille du chêne vert,* du midi de l'Europe, et la *cochenille de Pologne,* insectes assez délaissés maintenant. Aux Indes orientales, la *cochenille laque,* qui vit sur les figuiers, s'entoure ainsi que ses larves d'une abondante sécrétion de gomme laque. C'est une cochenille qui, en piquant les tamarix, produit la manne alimentaire, dont la rencontre causait la joie des Hébreux émigrant vers la Terre promise.

La seconde catégorie d'hémiptères renferme ceux qu'on nomme les *hétéroptères*, parce que les ailes supérieures, coriaces à la base, sont membraneuses à l'extrémité. Le vulgaire comprend tous ces insectes sous le nom de *punaises*. Nous les diviserons très simplement d'après leur mode d'habitation. Les unes vivant dans l'eau, les autres à l'air libre.

Toutes les *punaises d'eau* sont des insectes très carnassiers, et qu'il ne faut saisir qu'avec précaution, car ils font pénétrer dans les doigts leur rostre acéré. Ils sucent avec avidité des insectes et les mollusques des eaux, auxquels ils livrent une chasse active. Nous nous bornerons à indiquer les deux principaux types. Les *nèpes* ou *scorpions d'eau* ont l'abdomen terminé par une longue tarière formée de deux pièces servant à introduire l'air dans les trachées, et probablement aussi à la ponte des œufs (fig. 404). Ceux-ci, présentent plusieurs pointes, sont enfoncés dans les tiges submergées des plantes aquatiques. Les nèpes nagent mal et se traînent lentement dans la vase. Elles volent très rarement. Leurs pattes antérieures sont recourbées en pinces, à l'instar de celles des mantes et des mantispes, pour saisir la proie et l'apporter contre la bouche. Les *notonectes*, à face ventrale aplatie tandis que l'autre est convexe, nagent renversées sur le dos, au moyen de leurs longues pattes postérieures contournées, qui leur ont valu le nom de *punaises à avirons*. Un fin duvet retient autour de leur corps, comme un fourreau d'argent, l'air nécessaire à leur respiration. Elles se rencontrent dans les mares et s'y meuvent avec vélocité. Le soir elles en sortent en marchant et surtout en volant. Les femelles pondent un grand nombre d'œufs qu'elles attachent aux plantes aquatiques, et les larves éclosent au printemps. On trouve en abondance près de Paris une assez grande espèce, la *notonecte glauque*, à corps noir, à élytres d'un jaune brunâtre (fig. 405). On ne se douterait guère du singulier

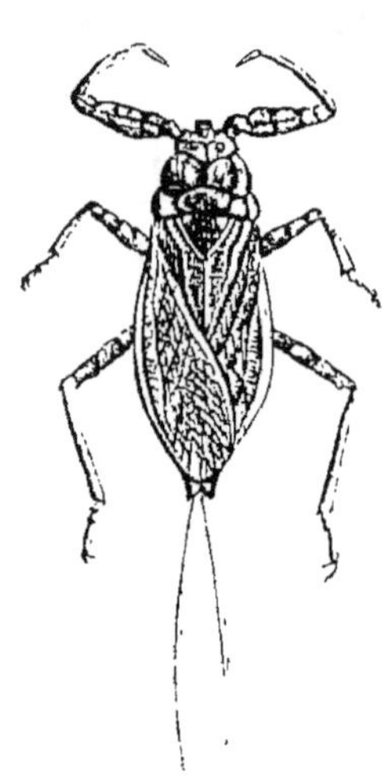

Fig. 404.
Nèpe cendrée.

usage de certaines punaises d'eau de petite taille au Mexique
(*Corixa femorata*, G. Mén.). Dans les lacs voisins de Mexico,
et principalement dans le lac Tescuco, ces hémiptères aquatiques sont en nombre immense.
On recueille leurs œufs pondus contre les joncs, on les réduit en farine dont on fait des
galettes d'un pain appelé *hau-
tlé*, et qui a un goût prononcé
de poisson. Les indigènes du
Mexique faisaient usage de ce
pain d'œufs de punaises avant
la conquête. On dit que le malheureux empereur Maximilien
l'aimait beaucoup. Ces punaises

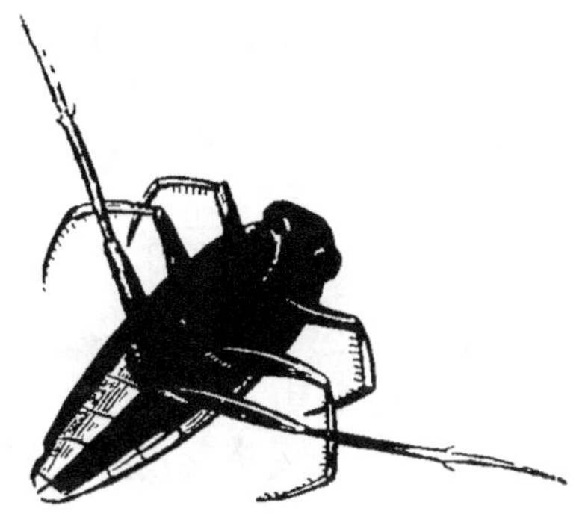

Fig. 405. — Notonecte glauque.

séchées, de la grosseur d'un fort grain de millet, se vendent
dans les rues de Mexico, sous le nom de *mosquitos*, pour
nourrir les petits oiseaux en cage.

Les punaises qui vivent à l'air libre renferment des genres
qui courent à la surface de l'eau sans y pénétrer. Leur corps
est comme huilé, afin de ne pas être mouillé, et une matière
grasse, qui existe à l'extrémité des pattes, empêche l'eau d'y
adhérer et la courbe au-dessous. Il en résulte, par les lois de
la capillarité, une force plus que suffisante pour porter l'insecte, de même qu'on fait surnager une aiguille d'acier enduite
de graisse. Si on lave avec un pinceau imbibé d'éther les bouts
des pattes de ces insectes, ils enfoncent dans l'eau et n'y marchent plus qu'avec peine. Les *gerris* courent très vite, sous
leurs trois états, à la surface des eaux calmes, et sautent rapidement par bonds à peu près égaux. Les *hydromètres*, dont
le corps est beaucoup plus grêle et la tête plus allongée, sont
très souvent terrestres, et ont des mouvements plus lents à la
surface de l'eau (fig. 406).

On rencontre au pied des arbres, au bas des murs exposés
au midi, des hémiptères assez allongés, bariolés de noir et de
rouge vermillon. C'est la *Pyrrhocoris aptère* (*punaise rouge
des jardins* de Geoffroy, *punaise sociable* de Stoll.) Les paysans
et les enfants des environs de Paris l'appelaient autrefois le *suisse*,

d'après l'uniforme rouge des troupes suisses au service de la France. La très majeure partie de ces insectes ne prend pas d'ailes ; on en trouve fort rarement qui présentent des élytres à membrane noire, et, au-dessous, des ailes de même couleur. Ces individus ailés sont plus communs dans les départements méridionaux. Ces punaises, dépourvues de mauvaise odeur, sucent des végétaux, des fruits tombés, des insectes morts.

Fig. 406. — Hydromètre des étangs, grossi.

Elles s'engourdissent en hiver sous les pierres et les écorces. Les femelles déposent sous les feuilles humides des œufs d'un blanc de perle, lisses et brillants, devenant ensuite bleuâtres. Les petites larves sont blanches en sortant de l'œuf; elles se colorent bientôt à l'air, et leur abdomen, de forme lenticulaire, est d'abord entièrement d'un beau rouge vermillon. Peu à peu, avec les mues, il s'allonge et se raye de bandes transversales noires.

Les végétaux nourrissent de nombreuses espèces d'hémiptères larges et aplatis, répandant une odeur infecte, qui persiste longtemps sur les doigts qui la saisissent. D'après M. J. Künckel d'Herculais, deux glandes odorifiques occupent, chez les larves et les nymphes, la région dorsale de l'abdomen. Chez l'adulte les ailes mettraient obstacle à leur fonction ; une autre glande se développe sur la partie inférieure du thorax, produisant la même matière odorante, moyen de défense de ces insectes appelés *punaises de bois*. Nous signalerons parmi elles la *pentatome grise*, à corps et à élytres d'un jaune grisâtre ponctué de noir (fig. 407). Très commune dans toute l'Europe, elle vit en famille sur les troncs des arbres, principalement des bouleaux et des ormes qui bordent les routes. De Geer rapporte que la femelle, au mois de juillet, conduit ses petites larves, au nombre de vingt à quarante, comme une poule ses poussins; elles la suivent quand elle se déplace. Si on l'inquiète, elle bat des ailes comme pour les défendre, sans fuir ni s'envoler. Elle a surtout à les protéger contre le mâle qui,

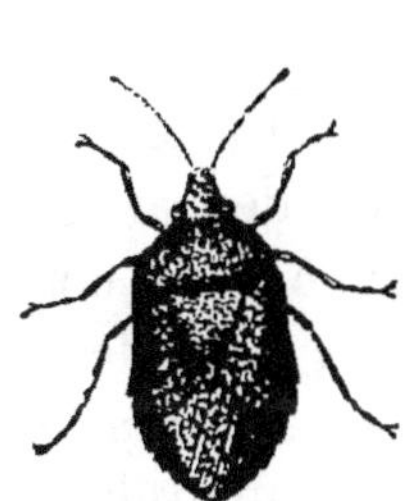

Fig. 407.
Pentatione grise.

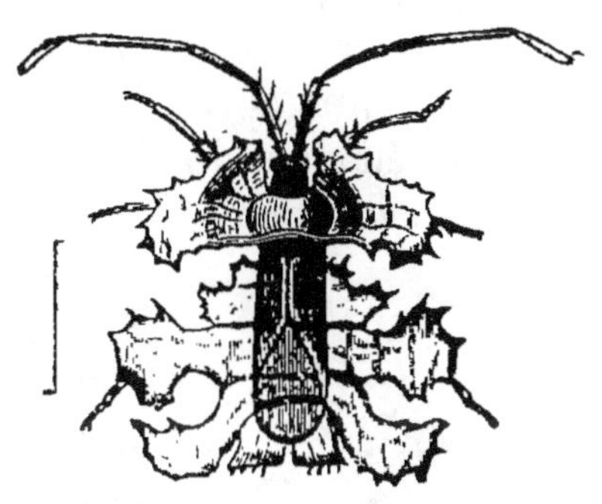

Fig. 408.
Phyllomorphe de Madagascar, grossie.

nouveau Saturne, cherche avec empressement à les dévorer. Certaines de ces punaises de bois sont remarquables par des appendices bizarres. Telle est, par exemple, la *phyllomorphe de Madagascar*, qui ressemble à une feuille à demi déchirée (fig. 408).

Une odeur plus infecte encore relie ces espèces sylvestres avec un insecte domestique, fléau des maisons malpropres, la *punaise des lits*. Cet insecte n'était pas inconnu des anciens, mais paraît avoir été rare autrefois. Aristote le désigne, avec les poux et les puces, parmi les insectes qui ne sont pas carnivores, mais qui vivent des humeurs de la chair vivante. Pline, Dioscoride, Martial en font mention. C'est à partir du seizième siècle que la punaise devint commune dans une partie de l'Europe. Mouffet raconte qu'elle fit son apparition en Angleterre en 1503, et que deux dames nobles, épouvantées des pustules produites par ses piqûres, firent venir en toute hâte leur médecin, se croyant atteintes de quelque contagion. La punaise des lits est inconnue dans le nord de la Suède et la Russie, et paraît manquer aussi dans l'extrême midi de l'Europe. M. E. Blanchard dit n'en avoir rencontré que deux en Sicile, et pas une en Calabre, pays où l'espèce humaine ne brille pas cependant par la propreté. C'est le centre de l'Europe qui en est infesté, et Lyon est connu en France comme leur quartier général. Un célèbre naturaliste, voyageur espagnol, Azzara, remarquant que les punaises sont inconnues chez les sauvages et n'attaquent que les hommes civilisés rassemblés dans des maisons, arrive à cette conclusion singulière, qu'elles ont été créées longtemps après l'homme, et seulement quand il fut parvenu à l'état urbain. Il paraît probable que la punaise des lits provient des Indes orientales et qu'elle y acquiert un déve-loppement complet des ailes et des élytres. En Europe, au contraire. c'est une extrême rareté de voir la punaise des lits avec des ailes; elle reste à la mue des nymphes et n'a que des vestiges d'ailes (fig. 409). L'aplatissement de la punaise, passé en proverbe, lui permet de se loger dans les tentures des murailles et dans les interstices des lits. Cet abo-minable insecte a l'instinct de se lais-ser tomber verticalement du plafond

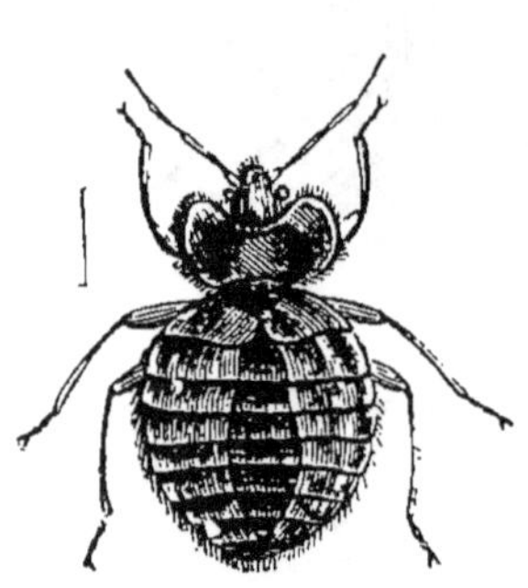

Fig. 409.
Punaise des lits, grossie.

sur le lit qu'on a eu la précaution d'écarter du mur. Les œufs des punaises sont pondus dans les encoignures, en petits tas, couchés, allongés les uns contre les autres. Leur coque est couverte de sortes de poils destinés à faciliter leur adhé-rence contre les corps et tissus où ils sont déposés. C. Dumé-ril dit en avoir trouvé sous les ongles des grands orteils de cadavres provenant des hôpitaux. L'œuf (c'est le cas habituel des hémiptères) a un couvercle à un de ses bouts, que la pe-tite punaise pousse pour sortir. On comprend qu'un insecte qui n'a qu'un suçoir effilé ne pourrait percer une coque. Ces larves sont d'abord pâles et blanchâtres, puis leur tube diges-tif devient rouge par le sang qu'elles absorbent, ensuite tout leur corps. Une espèce voisine de la punaise des lits a été ren-contrée dans les nids des perdrix, des pigeons, des hirondelles et dans les poulaillers.

Dans les maisons vole souvent le soir un hémiptère noc-turne, sans odeur, qu'on ne doit saisir qu'avec précaution, car il pique avec son rostre imprégné d'un venin, et produit

lus de douleur qu'une abeille. Cet insecte noir et velu (figuré
ans l'Introduction, p. 21) est la *punaise-mouche* de Geoffroy,
u le *réduve masqué*, à cause des curieuses habitudes de la
rve et de la nymphe. Elles sont peu agiles, et s'enveloppent
e poussière, de flocons de laine, de toiles d'araignée, au
oint de doubler leur volume. Elles s'avancent ainsi par
etits soubresauts, et trompent sous ce déguisement les in-
ectes qui deviennent leur proie. Adulte et volant bien, le ré-
uve abandonne ce travestissement. Sous leurs trois états, les
éduves font une guerre active aux punaises des lits, aux
ouches et aux araignées.

LES PUCES

Les puces semblent des hémiptères dégradés, présentant les
eux paires d'ailes à l'état de vestiges, d'écailles de la même
ouleur que le corps. Elles sucent le sang de l'homme et de

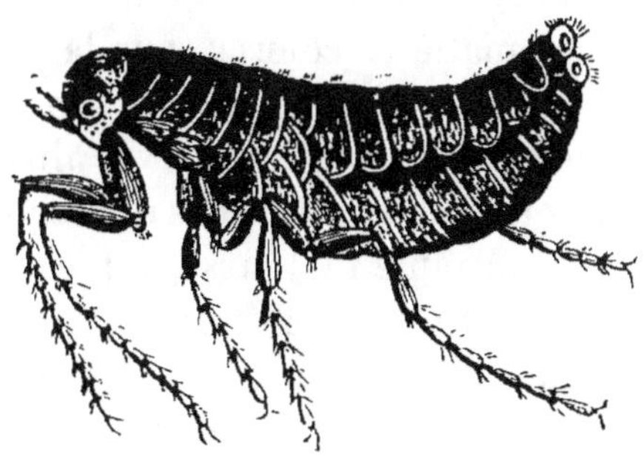

Fig. 410. — Puce de l'homme, grossie.

livers animaux. La *puce de l'homme*, ou *puce irritante*, a le
ront lisse (fig. 410). Elle devient plus grosse que la puce du
hien et du chat. On prétend qu'elle acquiert une forte taille
ur les bords de la mer. Les mâles sont quatre à cinq fois plus
etits que les femelles. La puce abonde dans les pays chauds;
es Arabes, très malpropres, logent dans les plis crasseux de
eurs burnous des œufs de puces, et des légions de ces insectes à tous leurs états. Les puces du chat et du chien peuvent piquer l'homme, mais moins fortement que la puce irritante, et elles le quittent volontiers. La **puce du chien**

ressemble beaucoup à celle de l'homme. La puce irritante choisit avec prédilection les peaux plus délicates des femmes et des enfants. Beaucoup d'animaux ont leurs puces; ainsi le pigeon, l'hirondelle. la chauve-souris, la taupe, le hérisson, le blaireau, le mulot, le rat, la musaraigne, etc. La puce du lérot (le loir des jardins) est très allongée et très aplatie, la plus allongée des puces connues. Elle saute très faiblement. C'est probablement le *Pulex fasciatus*, Bosc.

Par une anomalie singulière, les puces si dégradées ont des métamorphoses complètes. Les œufs sont pondus dans la poussière, dans les fentes du plancher, sur les coussins où dorment les animaux, dans les langes des jeunes enfants. Il en sort des larves blanches et transparentes, sans pattes, très remuantes.

Ces larves, pourvues de mandibules pour déchirer et arracher, de mâchoire pour scier et couper, se nourrissent indistinctement de diverses matières organiques, telles que sang desséché, détritus, débris de poils et de plumes, cadavres d'insectes, etc. On voit les matières colorer sous la peau leur tube digestif. Il nous faut à regret rejeter la jolie légende des mères puces venant dégorger du sang à leurs larves abritées dans les fentes des planchers, ou dans le duvet des couvertures. Chaque larve, au bout d'une quinzaine de jours, se file un petit cocon entremêlé de poussière. Elle s'y change en nymphe dont la forme rappelle l'adulte, et qui en a déjà les longues pattes. Des observations récentes ont été faites par M. Balbiani. Ces études ont principalement porté sur le développement de la puce du chat. On se procure en abondance les œufs et les petites larves en peignant un chat au-dessus d'une feuille de papier. Les larves naissantes dépassent à peine le millimètre, et se tordent comme des petits serpents (fig. 411). Elles sont aveugles, blanches, sans pattes, munies de poils portés sur des mamelons. Elles possèdent des pièces buccales broyeuses, tandis que la puce adulte aura les appendices qui entourent la bouche transformés en organe de succion. Le fait le plus saillant qui constitue la découverte de M. Balbiani, existant sur les jeunes Faucheurs (arachnides) et sur quelques larves de divers insectes, c'est la présence sur le front de la larve un tubercule corné, de couleur acajou, offrant une arête

rénée en haut, logé dans une
vité de la tête et sécrété par une
atrice formée d'un tas de celles glandulaires (fig. 412). Ce
bercule est l'analogue de la corne
ntale transitoire des *Zoés*, ou
unes larves de certains crabes,
ises autrefois pour des espèces
rticulières. M. Balbiani a nourri
s petites larves de la puce du
at avec des morceaux de sang
illé de divers animaux; elles
s rongent avec avidité, et on
it bientôt par transparence une
gne rouge qui indique leur tube
gestif. Elles sont très voraces,
mangent d'une manière indif-
rente les caillots de sang de
ammifère ou d'oiseau. Elles se
nt nourries aussi de sang de
enouille ou de poisson; mais
tte alimentation ne semble pas
ur convenir, car elles sont de-
nues anémiques, et n'ont pu
river à la nymphose. La puce
u chat, qui provient de ces lar-
es, est plus petite que celle de
homme et du chien, et en dif-
re par quelques détails des ap-
endices anaux. La puce de
homme a aussi le tubercule cé-
halique corné chez la larve nais-
nte (fig. 413). D'après M. Bal-
iani, la cavité céphalique où ré-
de la corne brune de la larve de
puce de l'homme est entourée

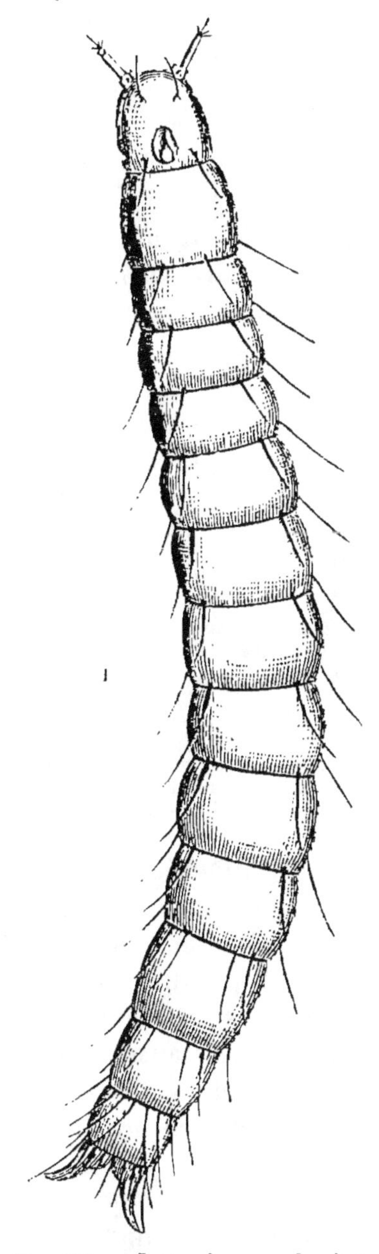

Fig. 411. — Larve de puce du chat,
naissante, très grossie.

'un péritrème corné brun, bordure qu'on n'aperçoit pas pour

la cavité analogue de la larve de puce de chat. Les tubercules cornés de la tête de ces larves servent à percer la coque de l'œuf, qui se fend dans le sens de la longueur, comme le tubercule corné caduc de la mandibule supérieure du bec des oiseaux sortant de l'œuf.

Les puces ont une grande force musculaire. On en a montré, sous le nom de *puces tra-*

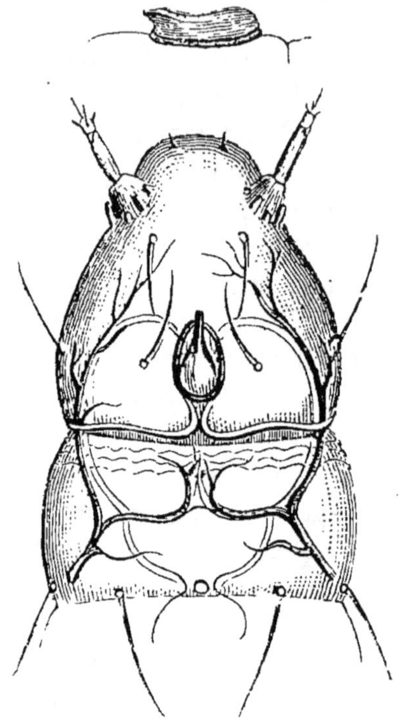

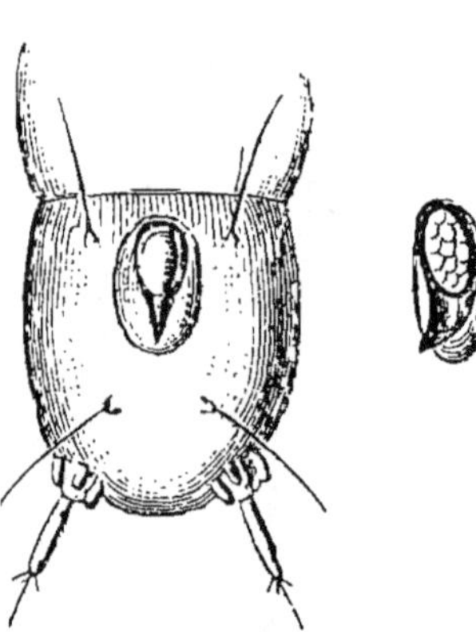

Fig. 412. — Tête grossie de la larve naissante de la puce du chat, et tubercule avec les cellules formatrices.

Fig. 413. — Tête grossie de la larve naissante de la puce de l'homme, et tubercule de profil.

vailleuses, attachées par des fils de soie de cocon, traînant des chariots, des petits canons. Cette récréation n'est pas récente, car Moufet (1634) et Geoffroy en parlent dans leurs écrits. A propos de la force des puces, gardons-nous de croire, au mépris des mathématiques, qu'une puce de la taille d'un homme sauterait aussi haut que le Panthéon ; elle ne sauterait pas à deux mètres.

L'homme est encore la proie de la *puce pénétrante* ou *chique*. Son bec est très long, son corps effilé et étroit (fig. 414). Le mâle demeure toujours grêle et errant, plus petit que la puce irritante. La femelle pénètre sous la peau et se gonfle peu à peu par les liquides qu'elle aspire. Son abdomen devient énorme, gros comme un pois, sur lequel la tête et le thorax ne paraissent plus que comme un point brunâtre. La ponte a

ieu ; de graves ulcérations en résultent, et on a vu des cas
uivis de mort. Ces chiques abondent aux Antilles, à la Guyane,
u Brésil, en Colombie. Les pieds nus des nègres et des Indiens
n sont souvent attaqués. De vieilles négresses savent les enle-
'er avec dextérité, à la pointe d'une aiguille, de manière à pré-
'enir tout danger si l'on opère à
emps. Le docteur Guyon rap-
oorte qu'au Mexique une compagnie de chasseurs de Vincennes
fut obligée d'abandonner un vieux
bâtiment où elle devait passer la
nuit, en raison des insupportables
piqûres d'une armée de ces puces
pénétrantes. C'était la 6ᵉ compagnie du 18ᵉ bataillon de chasseurs
qui, dans la nuit du 19 au 20
mars 1862, avait reçu l'ordre de

Fig. 411.
Puce pénétrante, grossie.

séjourner sous une vaste voûte, dont le sol était couvert de
pierres et de débris. Les lancettes envenimées des chiques
furent plus puissantes que le fusil à aiguille. Toutes les parties du corps de l'homme peuvent être leur proie. Elles piquent aussi les animaux domestiques, et les singes élevés en
captivité dans les maisons. Le docteur Laboulbène a observé
la chique à Paris sur un sujet revenant du Brésil, d'où il avait
rapporté ce parasite vivant et bien développé. Ce dangereux
parasite de l'espèce humaine a été récemment introduit sur
toute la côte occidentale de l'Afrique et s'est déjà répandu
dans l'intérieur, loin de la mer. C'est un nouvel ennemi des
explorateurs de ces régions.

FIN.

TABLE DES GRAVURES

TABLE DES MATIÈRES

I. — INSECTES A MÉTAMORPHOSES COMPLÈTES.

II. — INSECTES A MÉTAMORPHOSES INCOMPLÈTES.

FIN DE LA TABLE DES MATIÈRES.

Lefebvre (E.) : *Le sel.* 1 volume avec 49 gravures.

Lefèvre (A.) : *Les merveilles de l'architecture ;* 4ᵉ édition. 1 vol. avec 60 gravures d'après Thérond, Lancelot, etc.

— *Les parcs et les jardins ;* 3ᵉ édition. 1 volume avec 29 gravures d'après A. de Bar.

Le Pileur (Dʳ) : *Les merveilles du corps humain ;* 5ᵉ édit. 1 vol. avec 45 gravures d'après Léveillé et 1 planche en couleurs.

Lesbazeilles (E.) : *Les colosses anciens et modernes ;* 2ᵉ édit. 1 vol. avec 53 gravures d'après Lancelot, Goutzwiller, etc.

— *Les merveilles du monde polaire.* 1 vol. avec 38 gravures d'après Riou, Grandsire, etc.

— *Les forêts.* 1 vol. avec 43 gravures d'après Slom, etc.

Lévêque : *Les harmonies providentielles ;* 3ᵉ édit. 1 vol. avec 4 eaux-fortes.

Marion (F.) : *L'optique ;* 3ᵉ édit. 1 vol. avec 68 gravures d'après A. de Neuville et Jahandier, et une planche en couleurs.

— *Les ballons et les voyages aériens ;* 4ᵉ édit. 1 volume avec 30 gravures d'après P. Sellier.

— *Les merveilles de la végétation ;* 4ᵉ édit. 1 vol. avec 45 gravures d'après Lancelot.

Marzy (F.) : *L'hydraulique ;* 3ᵉ édit. 1 vol. avec 39 grav. d'après Jahandier.

Masson (M.) : *Le dévouement ;* 3ᵉ édit. 1 vol. avec 14 gravures d'après P. Philippoteaux.

Menault (E.) : *L'intelligence des animaux ;* 5ᵉ édit. 1 vol. avec 58 gravures d'après E. Bayard.

— *L'amour maternel chez les animaux ;* 2ᵉ édit. 1 vol. avec 78 gravures d'après A. Mesnel.

Meunier (Mme S.) : *L'écorce terrestre.* 1 vol avec 75 gravures.

Meunier (V.) : *Les grandes chasses ;* 5ᵉ édit. 1 vol. avec 38 gravures d'après Lançon.

— *Les grandes pêches ;* 2ᵉ édition. 1 vol. avec 85 gravures d'après Riou.

Millet : *Les merveilles des fleuves et des ruisseaux ;* 2ᵉ édition. 1 vol. avec 66 gravures d'après Mesnel, et 1 carte.

Moitessier : *L'air ;* 1 vol. avec 95 gravures d'après B. Bonnafoux, Jahandier, etc.

— *La lumière ;* 1 vol. avec 121 gravures d'après Taylor, Jahandier, etc.

Moynet (G.) : *L'envers du théâtre ou les machines et les décors ;* 2ᵉ édit. 1 vol. avec 60 gravures ou coupes d'après l'auteur.

Narjoux (F.) : *Histoire d'un pont.* 1 vol. avec 80 gravures d'après Dosso et l'auteur.

Petit (M.) : *Les sièges célèbres de l'antiquité, du moyen âge et des temps modernes.* 1 vol. avec 52 gravures d'après C. Gilbert.

— *Les grands incendies.* 1 vol. avec 34 gravures d'après Deroy.

Radau (R.) : *L'acoustique ;* 2ᵉ édit. 1 vol. avec 116 grav. d'après Lœschin, Jahandier, etc.

— *Le magnétisme ;* 2ᵉ édition, 1 volume avec 104 gravures d'après Bonnafoux, Jahandier, etc.

Renard (D.) : *Les phares ;* 3ᵉ édit. 1 vol. avec 38 gravures d'après Jules Noël, Rapine, etc.

— *L'art naval ;* 4ᵉ édition. 1 vol. avec 52 gravures d'après Morel Fatio.

Renaud (A.) : *L'héroïsme ;* 2ᵉ édition. 1 vol. avec 15 gravures d'après Poquier.

Reynaud (J.) : *Histoire élémentaire des minéraux usuels ;* 6ᵉ édition. 1 volume avec 2 planches en couleurs et 1 planche en noir.

Sauzay (A.) : *La verrerie depuis les temps les plus reculés jusqu'à nos jours ;* 2ᵉ édition. 1 vol. avec 66 gravures d'après B. Bonnafoux.

Simonin (L.) : *Les merveilles du monde souterrain ;* 3ᵉ édition. 1 vol. avec 18 gravures d'après A. de Neuville, et 9 cartes.

— *L'or et l'argent*. 1 vol. avec 67 gravures d'après A. de Neuville, P. Sellier, etc.

Sonrel (L.) : *Le fond de la mer ;* 3ᵉ édition. 1 vol. avec 93 gravures d'après Mesnel, Yan Dargent et Férat.

Ternant (A.) : *Les télégraphes.* 1 vol. avec 192 grav. d'après E. Chauvet, Ferdinandus, C. Gilbert et Th. Weber.

Tissandier (G.) : *L'eau :* 3ᵉ édition. 1 vol. avec 77 gravures d'après A. de Bar, Clerget, Riou, Jahandier, etc., et 6 cartes.

— *La houille ;* 2ᵉ édit. 1 vol. avec 66 grav. d'après A. Jahandier, A. Marie et A. Tissandier.

— *La photographie ;* 3ᵉ édition. 1 vol. avec 76 gravures d'après Bonnafoux et Jahandier.

— *Les fossiles* 1 vol. avec 133 grav. d'après Delahaye.

Viardot (L.) : *Les merveilles de la peinture.* Iʳᵉ série ; 4ᵉ édition. 1 vol. avec 24 reproductions de tableaux par Paquier.

— *Les merveilles de la peinture.* IIᵉ série ; 2ᵉ édition. 1 vol. avec 12 reproductions de tableaux par Paquier.

— *Les merveilles de la sculpture ;* 2ᵉ édition. 1 vol. avec 62 reproductions de statues, par Petot, P. Sellier, Chapuis, etc.

Zurcher et Margollé : *Les ascensions célèbres aux plus hautes montagnes du globe ;* 3ᵉ édition. 1 vol. avec 59 gravures d'après de Bar.

— *Les glaciers ;* 3ᵉ édition. 1 vol. avec 45 gravures d'après E. Sabatier.

— *Les météores ;* 4ᵉ édition. 1 vol. avec 23 gravures d'après Lebretou.

— *Volcans et tremblements de terre ;* 4ᵉ édition. 1 vol. avec 61 gravures d'après E. Riou.

— *Les naufrages célèbres ;* 4ᵉ édition 1 vol. avec 30 gravures d'après Jules Noël.

— *Trombes et cyclones ;* 2ᵉ édit. 1 vol. avec 42 gravures d'après A. de Bérard et Riou.

— *L'énergie morale ;* Beaux exemples. 1 vol. avec 15 gravures d'après P. Fritel et A. Brouillet.

EXTRAIT DU CATALOGUE

BIBLIOTHÈQUE DES MERVEILLES

PUBLIÉE SOUS LA DIRECTION DE M. ÉDOUARD CHARTON

FORMAT IN-16, A 2 FR. 25 C. LE VOLUME

La reliure en percaline bleue avec tranches rouges se paye en sus 1 fr. 25 c.

Augé (L.) : *Voyage aux sept merveilles du monde.* 1 vol. avec 21 grav. d'après Sidney Barclay.

— *Les tombeaux.* 1 vol. avec 31 gravures d'après Barclay.

Badin (A.) : *Grottes et cavernes;* 3ᵉ édition. 1 vol. avec 55 grav. d'après C. Saglio.

Ouvrage couronné par la Société pour l'Instruction élémentaire

Baille (J.) : *Les merveilles de l'électricité;* 5ᵉ édition. 1 vol. avec 71 grav. d'après Jahandier.

Bernard (F.) : *Les évasions célèbres;* 3ᵉ édition. 1 vol. avec 25 gravures d'après Bayard.

— *Les fêtes célèbres de l'antiquité, du moyen âge et des temps modernes.* 1 vol. avec 23 gravures d'après Goutzwiller.

Bocquillon (H.) : *La vie des plantes;* 4ᵉ édition. 1 vol. avec 172 gravures d'après Faguet.

Bouant (E.) : *Les grands froids.* 1 vol. avec 31 grav. d'après Weber.

— *Le feu.* 1 vol. avec 98 gravures d'après Dosso, etc.

Brévans (A. de) : *La migration des oiseaux.* 1 volume avec 89 gravures d'après Mesnel.

Castel (A.) : *Les tapisseries.* 1 vol. avec 22 gravures d'après P. Sellier.

Cazin (A.) : *La chaleur;* 4ᵉ édition. 1 vol. avec 92 gravures d'après Jahandier et 1 planche en couleurs.

— *Les forces physiques;* 3ᵉ édition. 1 vol. avec 58 gravures d'après A. Jahandier.

— *L'étincelle électrique.* 1 vol. avec 76 gravures d'après B. Bonnafoux et Jahandier.

Collignon (E.) : *Les machines.* 1 vol. avec 82 gravures d'après B. Bonnafoux, Jahandier et Marie.

Colomb (C.) : *La musique.* 1 vol. avec 119 gravures d'après Gilbert et Bonnafoux.

Deharme : *Les merveilles de la locomotion.* 1 vol. avec 77 gravures d'après A. Jahandier et L. Bayard.

Deherrypon : *Les merveilles de la chimie;* 2ᵉ édit., 1 vol. avec 54 gravures d'après Marie, Férat, Jahandier, etc.

Deleveau (P.) : *La matière et ses transformations.* 1 vol. avec 89 gravures par Chauvet, Gilbert, etc.

Depping (G.) : *Les merveilles de la force et de l'adresse;* 2ᵉ édition. 1 vol. avec 69 gravures d'après E. Ronjat et Rapine.

Dieulafait : *Diamants et pierres précieuses;* 3ᵉ édition. 1 vol. avec

130 gravures d'après Bonnafoux, P. Sellier, etc

Ouvrage couronné par la Société pour l'Instruction élémentaire.

Du Moncel : *Le téléphone ; 4ᵉ édition.* 1 vol. avec 67 gravures par Bonnafoux.

— *Le microphone, le radiophone et le phonographe.* 1 vol. avec 119 gravures d'après Bonnafoux et Chauvet.

— *L'éclairage électrique*, 1ʳᵉ partie : *Générateurs de lumière.* 1 vol. avec 70 gravures d'après Bonnafoux, Chauvet, etc.

— *L'éclairage électrique*, 2ᵉ partie : *Les lampes.* 1 vol. avec 80 gravures d'après Chauvet.

Du Moncel et Geraldy : *L'électricité comme force motrice.* 1 vol. avec 112 gravures d'après Alix, Léger et Poyet.

Duplessis (G.) : *Les merveilles de la gravure ; 3ᵉ édition.* 1 vol. avec 34 gravures d'après P. Sellier.

Flammarion (C.) : *Les merveilles célestes,* lecture du soir ; 7ᵉ édition. 1 vol. avec 89 gravures et 2 planches.

Fonvielle (W. de) : *Les merveilles du monde invisible ; 4ᵉ édit.* 1 vol. avec 120 gravures.

— *Éclairs et tonnerre ; 3ᵉ édition.* 1 vol. avec 39 gravures d'après É. Bayard et H. Clerget.

Garnier (E.) : *Les nains et les géants.* 1 vol. avec 80 gravures d'après A. Jahandier.

Garnier (J.) : *Le fer ; 2ᵉ édit.* 1 vol. avec 70 gravures d'après A. Jahandier.

Gazeau (A.) : *Les bouffons.* 1 vol. avec 63 gravures d'après P. Sellier.

Girard (J.) : *Les plantes étudiées au microscope ; 2ᵉ édit.* 1 vol. avec 208 gravures d'après les photographies de l'auteur.

Girard (M.) : *Les métamorphoses des insectes ; 4ᵉ édition.* 1 vol. avec 378 gravures d'après Mesnel, Delahaye, Clément, etc.

Ouvrage couronné par l'Académie des Sciences.

Graffigny (de) : *Les moteurs anciens et modernes.* 1 volume avec 106 gravures d'après l'auteur.

Guillemin (A.) : *Les chemins de fer ;* 5ᵉ édition. 1 volume avec 125 gravures d'après Jacquemard.

— *La vapeur ; 3ᵉ édit.* 1 vol. avec 117 grav. d'après B. Bonnafoux, etc.

Hanno (G.) : *Les villes retrouvées.* 1 volume avec 75 gravures d'après P. Sellier, E. Thérond, etc.

Hélène (M.) : *Les galeries souterraines.* 1 vol. avec 66 gravures d'après J. Férat, etc.

— *La poudre à canon et les nouveaux corps explosifs.* 1 vol. avec 44 gravures d'après Férat.

Jacquemart (A.) : *Les merveilles de la céramique.* 1ʳᵉ partie (Orient) ; 4ᵉ édition. 1 vol. avec 53 gravures d'après H. Catenacci.

— *Les merveilles de la céramique.* IIᵉ partie (Occident) ; 3ᵉ édition. 1 vol. avec 221 gravures d'après J. Jacquemart.

— *Les merveilles de la céramique.* IIIᵉ partie (Occident) ; 3ᵉ édition. 1 vol. avec 855 monogrammes et 49 gravures d'après J. Jacquemart.

Joly (H.) : *L'imagination ; 2ᵉ édition.* 1 volume avec 4 eaux-fortes par L. Delaunay et L. Massard.

Lacombe (P.) : *Les armes et les armures. 3ᵉ édition.* 1 vol. avec 60 gravures d'après H. Catenacci.

— *Le patriotisme ; 2ᵉ édition.* 1 vol. avec 4 héliogravures.

Landrin (A.) : *Les plages de la France.* 3ᵉ édit. 1 vol. avec 107 gravures d'après Mesnel.

— *Les monstres marins ; 3ᵉ édit.* 1 vol. avec 66 grav. d'après Mesnel.

— *Les inondations.* 1 vol. avec 24 gravures d'après Vuillier

Lanoye (F. de) : *L'homme sauvage ;* 2ᵉ édit. 1 volume avec 35 gravures d'après E. Bayard.

Lasteyrie (F. de) : *L'orfèvrerie ;* depuis les temps les plus reculés jusqu'à nos jours ; 2ᵉ édition. 1 vol. avec 62 gravures.

9531. — PARIS, IMPRIMERIE A. LAHURE

9, rue de Fleurus, 9

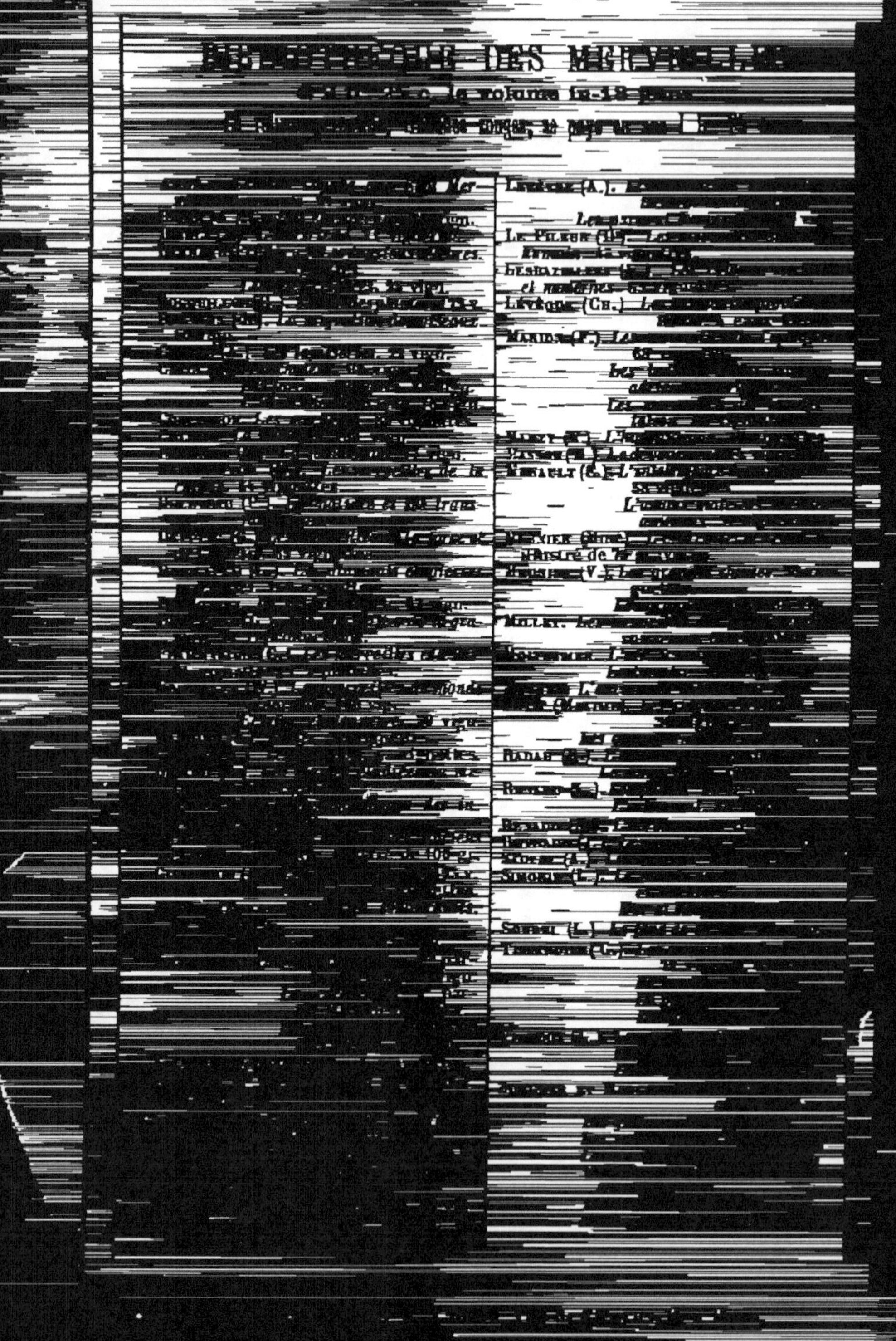